Teubner Studienbücher

Mathematik

Ahlswede/Wegener: **Suchprobleme.** DM 32,–

Aigner: **Graphentheorie.** DM 29,80

Ansorge: **Differenzenapproximationen partieller Anfangswertaufgaben.** DM 32,– (LAMM)

Behnen/Neuhaus: **Grundkurs Stochastik.** 2. Aufl. DM 36,–

Bohl: **Finite Modelle gewöhnlicher Randwertaufgaben.** DM 32,– (LAMM)

Böhmer: **Spline-Funktionen.** DM 32,–

Bröcker: **Analysis in mehreren Variablen.** DM 34,–

Bunse/Bunse-Gerstner: **Numerische Lineare Algebra.** 314 Seiten. DM 36,–

Clegg: **Variationsrechnung.** DM 19,80

v. Collani: **Optimale Wareneingangskontrolle.** DM 29,80

Collatz: **Differentialgleichungen.** 6. Aufl. DM 34,– (LAMM)

Collatz/Krabs: **Approximationstheorie.** DM 29,80

Constantinescu: **Distributionen und ihre Anwendung in der Physik.** DM 22,80

Dinges/Rost: **Prinzipien der Stochastik.** DM 36,–

Fischer/Sacher: **Einführung in die Algebra.** 3. Aufl. DM 23,80

Floret: **Maß- und Integrationstheorie.** DM 34,–

Grigorieff: **Numerik gewöhnlicher Differentialgleichungen**
Band 2: DM 34,–

Hackbusch: **Theorie und Numerik elliptischer Differentialgleichungen.** DM 38,–

Hainzl: **Mathematik für Naturwissenschaftler.** 4. Aufl. DM 36,– (LAMM)

Hässig: **Graphentheoretische Methoden des Operations Research.** DM 26,80 (LAMM)

Hettich/Zenke: **Numerische Methoden der Approximation und semi-infiniten
Optimierung.** DM 26,80

Hilbert: **Grundlagen der Geometrie.** 13. Aufl. DM 28,80

Jeggle: **Nichtlineare Funktionalanalysis.** DM 28,80

Kall: **Analysis für Ökonomen.** DM 28,80 (LAMM)

Kall: **Lineare Algebra für Ökonomen.** DM 24,80 (LAMM)

Kall: **Mathematische Methoden des Operations Research.** DM 26,80 (LAMM)

Kohlas: **Stochastische Methoden des Operations Research.** DM 26,80 (LAMM)

Kohlas: **Zuverlässigkeit und Verfügbarkeit.** DM 38,– (LAMM)

Krabs: **Optimierung und Approximation.** DM 28,80

Lehn/Wegmann: **Einführung in die Statistik.** DM 24,80

Müller: **Darstellungstheorie von endlichen Gruppen.** DM 25,80

Rauhut/Schmitz/Zachow: **Spieltheorie.** DM 34,– (LAMM)

Schwarz: **FORTRAN-Programme zur Methode der finiten Elemente.** DM 25,80

Schwarz: **Methode der finiten Elemente.** 2. Aufl. DM 39,– (LAMM)

Stiefel: **Einführung in die numerische Mathematik.** 5. Aufl. DM 34,– (LAMM)

Stiefel/Fässler: **Gruppentheoretische Methoden und ihre Anwendung.** DM 32,– (LAMM)

Fortsetzung auf der dritten Umschlagseite

Teubner Studienbücher Mathematik

J. Kohlas
Zuverlässigkeit und Verfügbarkeit

Leitfäden der angewandten Mathematik und Mechanik LAMM

Unter Mitwirkung von
Prof. Dr. G. Hotz, Saarbrücken
Prof. Dr. P. Kall, Zürich
Prof. Dr. Dr.-Ing. E. h. K. Magnus, München
Prof. Dr. E. Meister, Darmstadt

herausgegeben von
Prof. Dr. Dr. h. c. H. Görtler, Freiburg

Band 55

Die Lehrbücher dieser Reihe sind einerseits allen mathematischen Theorien und Methoden von grundsätzlicher Bedeutung für die Anwendung der Mathematik gewidmet; andererseits werden auch die Anwendungsgebiete selbst behandelt Die Bände der Reihe sollen dem Ingenieur und Naturwissenschaftler die Kenntnis der mathematischen Methoden, dem Mathematiker die Kenntnisse der Anwendungsgebiete seiner Wissenschaft zugänglich machen. Die Werke sind für die angehenden Industrie- und Wirtschaftsmathematiker, Ingenieure und Naturwissenschaftler bestimmt, darüber hinaus aber sollen sie den im praktischen Beruf Tätigen zur Fortbildung im Zuge der fortschreitenden Wissenschaft dienen.

Zuverlässigkeit und Verfügbarkeit

Mathematische Modelle, Methoden und Algorithmen

Von Dr. phil. Jürg Kohlas
o. Professor an der Universität Freiburg i. Ue. (CH)

Mit zahlreichen Abbildungen und Algorithmen

Springer Fachmedien Wiesbaden GmbH

Prof. Dr. phil. Jürg Kohlas

Geboren 1939 in Winterthur. Von 1960 bis 1965 Studium
der Mathematik und Physik an der Universität Zürich. Von
1965 bis 1971 wiss. Mitarbeiter am Institut für Operations
Research und Elektronische Datenverarbeitung an der Universität Zürich. 1967 Promotion, ab 1972 Privatdozent für
angewandte Mathematik an der Universität Zürich. Von
1971 bis 1973 Tätigkeit als Wissenschafter am Forschungs-
zentrum der Firma Brown, Boveri & Cie., Baden (CH).
Seit 1973 o. Professor für Operations Research und Infor-
matik an der Universität Freiburg i. Ue. (CH). 1976 Präsi-
dent der Schweizerischen Vereinigung für Operations
Research. Seit 1978 Direktor des Instituts für Automation
und Operations Research an der Universität Freiburg i. Ue.
(CH).

CIP-Kurztitelaufnahme der Deutschen Bibliothek

Kohlas, Jürg:
Zuverlässigkeit und Verfügbarkeit : math.
Modelle, Methoden u. Algorithmen / von
Jürg Kohlas. – Stuttgart : Teubner, 1987
    (Leitfäden der angewandten Mathematik und
    Mechanik ; Bd. 55)
    (Teubner Studienbücher : Mathematik)
    ISBN 978-3-519-02357-9   ISBN 978-3-322-99891-0 (eBook)
    DOI 10.1007/978-3-322-99891-0
NE: GT

© Springer Fachmedien Wiesbaden 1987
Ursprünglich erschienin bei B.G. Teubner, Stuttgart 1987

Satz: Elsner & Behrens GmbH, Oftersheim

Umschlaggestaltung: M. Koch, Reutlingen

Vorwort

Die Zuverlässigkeitstheorie befaßt sich mit der Frage der Funktionstüchtigkeit oder
Funktionssicherheit von technischen Systemen. Diese Problematik ist außerordentlich
vielschichtig. Ein sehr wichtiger Fragenkomplex betrifft dabei die Beeinflussung der
Zuverlässigkeit oder Verfügbarkeit eines Systems durch die S t r u k t u r des Systems.
Gemeint ist damit die Empfindlichkeit oder Verletzlichkeit eines Systems gegenüber
dem Ausfall oder dem fehlerhaften Funktionieren von einer oder von mehreren Komponenten, von Teilsystemen oder von Systemfunktionen. Diese Thematik ist Gegenstand dieses Buches.

Genauer gesagt geht es zunächst um die Beschreibung oder M o d e l l i e r u n g von
funktionalen Systemstrukturen im Hinblick auf Zuverlässigkeits- und Verfügbarkeits-
untersuchungen. Sodann geht es um die Ansätze und die M e t h o d e n z u r m a t h e -
m a t i s c h e n Untersuchung dieser Modelle und ihrer Eigenschaften. Und schließlich
geht es um die A l g o r i t h m e n zur computergestützten Analyse der Zuverlässigkeit
und der Verfügbarkeit.

Es wird hier der Begriff der m o n o t o n e n Systeme in das Zentrum der Betrachtung
gestellt (siehe Kapitel 6). Kommunikations- und Transport- oder Verkehrsnetzwerke
sind besonders wichtige Fälle von monotonen Systemen, und sie finden hier dementsprechend auch besondere Beachtung. Es wird die d e t e r m i n i s t i s c h e und die
p r o b a b i l i s t i s c h e Analyse der Verletzlichkeit oder Zuverlässigkeit solcher
Systeme diskutiert. In beiden Fällen kommen k o m b i n a t o r i s c h e Methoden
zum Tragen. Eine wichtige Methode zur Verbesserung der Zuverlässigkeit und der Verfügbarkeit komplexer Systeme besteht in der Reparatur und Wartung. Zur Darstellung
und Untersuchung von Reparatur- und Wartungsprozessen werden M a r k o f f s c h e
M o d e l l e eingeführt und besprochen. Es ist in allen Teilen des Buches im Hinblick
auf die computergestützte Zuverlässigkeitsrechnung großes Gewicht auf die a l g o -
r i t h m i s c h e n Aspekte der Modelle und Methoden gelegt.

Ein großer Teil der in diesem Buch besprochenen Methoden und Algorithmen wurden
von J. P a s q u i e r und C u n g B i n h D u y e t in interaktiven, computergestützten Methoden- und Modellbanksystemen für die Zuverlässigkeitsanalyse implementiert
und erprobt. P. A. M o n n e y hat den Text des Buches insbesondere in mathematischer Hinsicht überprüft und viele wertvolle Hinweise gegeben. Er hat zusammen mit
F. G e i n o z auch die Druckfahnen korrigiert, wofür ich beiden sehr dankbar bin.
Der Text des Buches wurde im Winter-Semester 1985/86 einem Seminar an der Universität Zürich zugrunde gelegt. Die Seminarteilnehmer, insbesondere K. Frauendorfer,
A. Ruszczynski, L. Rüst, F. Geinoz, N. Giagiozis, E. Duttweiler, haben manche Fehler
entdeckt und korrigiert und viele Ideen beigetragen.

Zum Schluß noch einige formale Hinweise zum Aufbau des Buches: Das Ende von
Beweisen ist mit ■ markiert. Die Formeln sind in jedem Abschnitt, beginnend ab (1),

neu numeriert. Der Hinweis auf eine Formel (k) im Abschnitt j des Kapitels i lautet daher (i.j.k). Am Ende jedes Kapitels ist ein Kommentar eingefügt, der Hinweise auf die Literatur enthält. Es soll damit einerseits auf die Originalarbeiten zum Stoff der jeweiligen Kapitel hingewiesen werden, andererseits aber auch auf Lehrbücher oder Monographien, die ergänzenden Stoff enthalten. Das Literaturverzeichnis selbst befindet sich am Ende des Buches.

Freiburg i. Ü. (CH), Ende 1986 J. Kohlas

Diagramm der Abhängigkeiten der Kapitel:

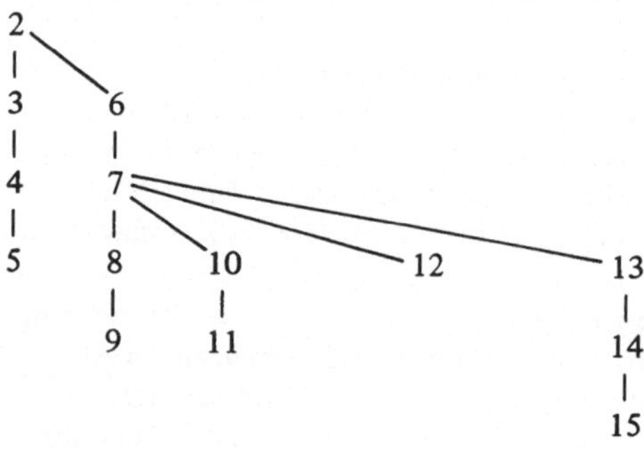

Inhalt

1   Einführung

Die zunehmende Komplexität technischer Systeme rückt die Frage nach deren Funktionssicherheit immer mehr in den Vordergrund. Die Funktionssicherheit eines Systems schließt insbesondere auch die Systemzuverlässigkeit ein. Diese betrifft die Empfindlichkeit des Systems gegen den Ausfall oder das fehlerhafte Funktionieren von einem oder mehreren Teilsystemen oder Systemfunktionen. Dies ist vor allem dort von Bedeutung, wo der Verlust der Funktionssicherheit eine Gefahr für das System selber oder seine Umgebung darstellt, oder dort, wo ein Systemausfall oder ein ungenügendes, fehlerhaftes Funktionieren des Systems schwerwiegende wirtschaftliche Folgen nach sich zieht.

Das Bedürfnis nach vorausschauender, quantitativer Analyse der Zuverlässigkeit komplexer Systeme hat zur Entwicklung wirkungsvoller mathematischer Methoden der Zuverlässigkeitsanalyse geführt. Diese erlauben die Gestaltung leistungsfähiger, computergestützter Analyseinstrumente für die Zuverlässigkeitsbeurteilung komplexer Systeme. Solche Analyse-Werkzeuge bilden je länger je mehr einen wesentlichen Bestandteil von CAD(Computer Aided Design)-Systemen.

Der Begriff der Funktionsfähigkeit eines Systems

Man kann im Hinblick auf Zuverlässigkeitsbetrachtungen den Zustand eines gegebenen Systems in jedem Zeitpunkt daraufhin klassifizieren, ob das System „funktionsfähig" oder „nicht-funktionsfähig" ist. Diese Betrachtungsweise führt zur klassischen Zuverlässigkeitstheorie b i n ä r e r Systeme. Man kann sich allerdings auch Fälle vorstellen, wo eine weitergehende Klassifizierung der Systemzustände nützlich ist, etwa dort, wo ein System unterschiedlich leistungsfähig sein kann. Ansätze zu einer Theorie solcher m e h r w e r t i g e r Systeme gibt es zwar, sie erschöpfen sich aber noch in einigen verstreuten Einzelergebnissen. Aus diesem Grunde konzentriert sich die Betrachtung in diesem Buch auf die Zuverlässigkeit binärer Systeme. Man vergleiche die Referenzen zum Kapitel 6 für einige Hinweise auf die Literatur mehrwertiger Systeme.

Ein System kann unterschiedliche Aufgaben übernehmen oder mehrere, verschiedene Funktionen haben. Es ist durchaus möglich, daß ein solches System in der beschriebenen binären Betrachtungsweise bezüglich einer Funktion oder Aufgabe funktionsfähig ist und gleichzeitig bezüglich einer anderen Funktion oder Aufgabe als ausgefallen zu betrachten ist. Das eine und selbe p h y s i k a l i s c h e System wird im Rahmen der Zuverlässigkeitstheorie binärer Systeme in einem solchen Fall durch mehrere l o g i - s c h e Systeme beschrieben. Es ist daher bei jeder einzelnen Zuverlässigkeitsanalyse genau festzuhalten, bezüglich welcher Systemfunktion die Funktionsfähigkeit bzw. Funktionsunfähigkeit betrachtet und das logische System definiert wird. Man muß für jede wesentliche Aufgabe oder Funktion, die das System übernehmen soll, eine besondere Zuverlässigkeitsuntersuchung durchführen. Es ist auch zu bedenken, daß ein Systemausfall bezüglich den verschiedenen Aufgabenstellungen, sehr unterschiedliche wirtschaftliche Konsequenzen oder Folgen für die Sicherheit haben kann.

Als Beispiel kann ein Computersystem betrachtet werden, das an ein lokales Netz angeschlossen ist. Die eine Aufgabe (oder ein Aufgabenkomplex) des Systems besteht in der lokalen Datenverarbeitung, eine andere Aufgabe ist die Kommunikation mit einem anderen System über das Netz. Dann ist es sehr gut möglich, daß das System die erste Aufgabe gut erfüllen kann, während das System in bezug auf die Kommunikationsfunktion nicht funktionsfähig ist, weil vielleicht eine dazu notwendige Schnittstelle ausgefallen ist.

Wichtige Beispiele binärer Systeme bilden Kommunikationsnetzwerke aller Art. Dabei sind mehrere Knoten durch gewisse Leitungen miteinander verbunden. Wenn Leitungen und Knoten ausfallen, dann können gewisse Punkt-zu-Punkt-Verbindungen nicht mehr möglich sein, und das Kommunikationssystem ist dann bezüglich dieser Kommunikationsaufgabe funktionsunfähig. Der Zuverlässigkeit solcher Systeme wird in diesem Buch besondere Beachtung geschenkt. Diese Systeme bilden auch gute Beispiele mehrwertiger Systeme. Der Ausfall von Leitungen und Knoten verunmöglicht nicht nur eventuell gewisse Funktionen, er reduziert insbesondere auch die Transportkapazität des Systems und damit die Leistungsfähigkeit des Systems. Dieser Aspekt kann ebenso wichtig sein wie der rein binäre Gesichtspunkt der Existenz oder Nichtexistenz einer Verbindungsmöglichkeit zwischen zwei Knoten.

Verletzlichkeit von Systemen

Ist ein logisches, binäres System gegeben, dann kann man sich fragen, wie verletzlich dieses System ist. Wieviele Elemente können ausfallen, ohne daß die Funktionsfähigkeit des Systems verloren geht, mit anderen Worten: wie empfindlich oder unempfindlich ist ein System gegen den Ausfall seiner Elemente? Es gibt Systeme, bei denen schon der Ausfall eines beliebigen Elements das System funktionsunfähig macht. Diese sog. S e r i e s y s t e m e sind offenbar von der Struktur her extrem verletzlich. Es gibt andererseits Systeme, die noch funktionsfähig sind, wenn noch wenigstens irgendein beliebiges Element nicht ausgefallen ist. Solche P a r a l l e l s y s t e m e stellen einen Extremfall von R e d u n d a n z dar: alle Elemente des Systems können einander ersetzen, um die Funktionsfähigkeit des Systems zu gewährleisten. Ein solches System ist relativ wenig verletzlich. Zwischen diesen beiden Extremfällen gibt es ein ganzes Spektrum von mehr oder weniger redundanten und damit mehr oder weniger verletzlichen Systemen. Ein Beispiel dafür sind die sog. k-von-n- S y s t e m e , bei denen es genügt, daß von insgesamt n Elementen mindestens deren k noch intakt sind, damit das System funktionsfähig bleibt. Die n Triebwerke von mehrmotorigen Flugzeugen bilden ein solches System.

Die Verletzlichkeit von Kommunikationsnetzen ist durch die Anzahl von Leitungen oder Knoten gekennzeichnet, die ausfallen müssen, damit eine bestimmte oder irgendeine beliebige Punkt-zu-Punkt-Verbindung nicht mehr möglich ist. Je nach der Gestalt des

Netzwerkes kann eine Verbindung zwischen zwei verschiedenen Knoten durch mehrere
Kombinationen von Ausfällen von Leitungen oder Knoten unterbrochen werden. Im
Sinne einer „Worst-Case"-Betrachtung, kann man nach der m i n i m a l e n Zahl von
Leitungen oder Knoten fragen, die ausfallen müssen, damit die Verbindung unterbro-
chen wird. Ein Netzwerk bei dem schon der Ausfall einer einzigen Leitung oder eines
einzigen Knotens gewisse Verbindungen verunmöglicht, ist offenbar verletzlicher, als
ein solches wo das nur beim Ausfall von mehreren Leitungen oder Knoten möglich ist.
Diese Minimalzahl hängt natürlich von der Gestalt, der Topologie, des Netzwerkes ab.
Solche Fragen sind unter dem Begriff des Z u s a m m e n h a n g s von Graphen in der
Graphentheorie seit langem untersucht worden. Im Teil I dieses Buches werden die ein-
schlägigen Methoden und Algorithmen zur Untersuchung des Zusammenhangs von
Netzwerken eingehend dargestellt.

Kommunikationsnetzwerke sind nur ein Beispiel von binären Systemen, die die wichtige
Eigenschaft haben, daß der Ausfall eines Elements (einer Leitung, eines Knotens), die
Zuverlässigkeit des Systems, die Gewähr für dessen Funktionsfähigkeit nur vermindern,
keinesfalls aber erhöhen, kann. Das tönt sehr vernünftig: Man hat wohl Mühe, sich
Systeme vorzustellen, bei denen der Ausfall eines Elements die Zuverlässigkeit des
Systems erhöht (obwohl es paradoxerweise doch auch vernünftige Fragestellungen gibt,
bei denen in einem gewissen Sinne gerade das der Fall ist). In der Tat bilden allgemeine,
binäre Systeme mit dieser vernünftigen, zusätzlichen Eigenschaft, die sog. m o n o t o -
n e n S y s t e m e die Grundlage für die Zuverlässigkeitstheorie binärer Systeme.

Neben der rein deterministischen Betrachtungsweise über den Zusammenhang zwischen
dem Ausfall von Elementen und der Funktionsfähigkeit von Systemen, hat sich in der
Zuverlässigkeitstheorie insbesondere die p r o b a b i l i s t i s c h e Analyse der Funktionsfähigkeit von Systemen als wichtig erwiesen. Der Ausfall von Elementen und damit
auch eventuell der Ausfall des Systems wird von unbeeinflußbaren und unvorhersehba-
ren Faktoren, z. B. äußeren Störeinflüssen, wechselnden Belastungen oder variierender
Qualität der verwendeten Materialien, etc. bewirkt. Solche Effekte und Phänomene
werden am besten wahrscheinlichkeitstheoretisch beschrieben und ihr Effekt auf die
Zuverlässigkeit eben wahrscheinlichkeitstheoretisch ausgedrückt. Das ist das Thema des
zweiten und dritten Teils dieses Buches.

Zuverlässigkeitsfaktoren

Zuverlässigkeitsanalysen dienen der Systemplanung unter dem Gesichtspunkt der
Zuverlässigkeit. Es ist daher wichtig, daß man sich klar macht, welche Faktoren die
Zuverlässigkeit eines Systems bestimmen. Als erstes ist dabei die Z u v e r l ä s s i g -
k e i t o d e r V e r f ü g b a r k e i t d e r E l e m e n t e , die das System bilden, zu
nennen. Diese ist einerseits durch die Qualität der Elemente, sowie ihrer Belastung
bestimmt und andererseits durch die Wartung und Reparatur, die man den Elementen
zukommen läßt. Der zweite Aspekt kommt weiter unten noch kurz zur Sprache.

Bei einer wahrscheinlichkeitstheoretischen Beschreibung der Zuverlässigkeit und Verfügbarkeit von Elementen gelangt man im wesentlichen zu einer Wahrscheinlichkeit, daß

das Element zu einer bestimmten Zeit intakt ist. Man beachte den wesentlichen Aspekt, daß die so ausgedrückte Zuverlässigkeit z e i t a b h ä n g i g ist. Die Bestimmung der Zuverlässigkeit von Elementen eines Systems hat auch zu tun mit Daten über die Qualität der Elemente und ihre Belastung. Die wichtige Frage dieser Datenbeschaffung geht über den Rahmen dieses Buches hinaus, weil sie nicht in erster Linie ein Problem mathematischer Methoden sondern der Prüf- und Meßtechnik, verbunden mit statistischer Auswertung ist.

Als zweiten wichtigen Faktor der Zuverlässigkeit ist die S y s t e m s t r u k t u r zu nennen, wie sie im logischen, binären System festgelegt ist. Es wurde schon erwähnt, daß diese Struktur maßgebend für die Verletzlichkeit des Systems ist. Die Systemstruktur zusammen mit der Zuverlässigkeit oder Verfügbarkeit der Elemente bestimmt die Zuverlässigkeit oder Verfügbarkeit des Systems. Im wesentlichen geht es ähnlich wie bei den Elementen darum, die Wahrscheinlichkeit zu bestimmen, daß zu einer bestimmten Zeit das System funktionsfähig ist. Als Daten zur Lösung dieser Aufgabe sind die entsprechenden Wahrscheinlichkeiten für die Elemente und die Systemstruktur gegeben. Der ganze zweite Teil dieses Buches ist verschiedenen Methoden zur Lösung dieser nicht ganz einfachen Aufgabe gewidmet.

Der dritte wichtige Faktor, der die Zuverlässigkeit und Verfügbarkeit eines Systems bestimmt, betrifft die R e p a r a t u r u n d W a r t u n g der Elemente sowie des Systems. Die Reparatur hat nicht nur die Aufgabe, die Lebens- oder Nutzungsdauer eines Systems zu verlängern. Dort wo Redundanz vorhanden ist, kann die Reparatur und die Wartung von Elementen auch verhindern, daß ein System funktionsunfähig wird. Damit wird unter Umständen großer Schaden abgewendet. Der Einbezug der Reparatur in die Zuverlässigkeitsanalyse vergrößert natürlich die Komplexität des Analyseproblems. Das Hauptinstrument zur Untersuchung der Reparatur ist die Theorie s t o c h a s t i s c h e r P r o z e s s e. Der dritte Buchteil ist diesem Thema gewidmet. Dabei werden vor allem die M a r k o f f s c h e n M o d e l l e in den Vordergrund gestellt, weil diese die einfachsten stochastischen Prozesse darstellen, gleichzeitig aber zweifellos auch zu nützlichsten Analyseansätzen gehören.

Ablauf einer Zuverlässigkeitsstudie

Es ist vielleicht nicht unnütz, in einem Buch, das in erster Linie mathematische Methoden und Algorithmen der Zuverlässigkeitstheorie darstellen will, etwas über die Organisation einer praktischen Zuverlässigkeitsanalyse zu sagen. Das kann allerdings nur sehr summarisch geschehen und nicht in der Ausführlichkeit, die der Bedeutung des Themas angemessen wäre.

Das Skelett für das Vorgehen ist in obigen Ausführungen bereits enthalten. Der erste Schritt besteht in einer Definition der relevanten Aufgaben, die an das System gestellt werden, der Funktionen, die das System zu erfüllen hat. Dazu kommt eine Beurteilung der Konsequenzen der Ausfälle in den einzelnen Funktionsarten und in Funktion davon eventuell eine Festlegung von Zuverlässigkeitszielen, die zu erreichen sind.

Auf der Grundlage dieser vorbereitenden, qualitativen Analyse kann die mathematische Modellierung der logischen Systeme (für die einzelnen Aufgaben) an die Hand genommen werden. Dazu kommt die Erhebung der Daten über die Zuverlässigkeit der Elemente. Ebenso zu dieser Modellierungsphase gehört eventuell die Festlegung möglicher Reparatur- und Wartungsorganisationen und deren mathematische Modellierung. Die Wahl der mathematischen Modelle und Analysemethoden wird dabei beeinflußt sein, von den zur Verfügung stehenden Daten, aber auch den Hilfsmitteln, die zur Auswertung der Modelle zur Verfügung stehen.

Diese Auswertung der Modelle bildet den nächsten Schritt. Bei größeren Problemen wird die Verwendung des Computers mindestens in diesem Schritt unerläßlich sein. Die Ergebnisse erlauben eine Beurteilung der Systeme und einen Vergleich verschiedener Systeme. Falls die gesetzten Zuverlässigkeitsziele nicht erreicht werden, erlauben die Ergebnisse eine Entdeckung der Schwachstellen, bei denen eine Verbesserung anzusetzen hat.

Es ist schon aus der letzten Bemerkung klar, daß eine Zuverlässigkeitstudie nicht in einer linearen Abfolge der geschilderten Schritte durchgeführt werden kann, sondern daß in Schleifen immer wieder auf frühere Überlegungen zurückgekommen werden muß. Es ist klar, daß der Computer a l l e geschilderten Aktivitäten einer Zuverlässigkeitstudie unterstützen kann, nicht nur die numerischen Auswertungen. Die in diesem Buch dargestellten Modelle, Methoden und Algorithmen sind vor allem für die Modellierungsphase und die Auswertungen der Modelle relevant.

Teil I   Deterministische Analyse

2   Grundlagen

2.1   Graphentheoretische Grundbegriffe

Im einleitenden Kapitel wurden des öfteren Netzwerke als wichtige logische Systemstrukturen erwähnt. Man denke etwa an ein Kommunikationsnetz, an ein Computernetz oder an ein Verkehrsnetz. In einem solchen Fall stellt das Netzwerk gerade auch die logische Systembeschreibung für die Zuverlässigkeitsanalyse dar. Es zeigt sich, daß Netzwerke grundlegende Strukturen für die Untersuchung der Zuverlässigkeit komplexer Systeme sind. Aus diesem Grund werden in diesem Kapitel die wichtigsten Grundbegriffe aus der Theorie der Graphen zusammengestellt. Darüber hinaus wird die Darstellung von Netzwerken oder Graphen auf dem Computer betrachtet und eine grundlegende Klasse von Graphenalgorithmen eingeführt.

Netzwerke werden mathematisch durch Graphen dargestellt. Ein Graph ist definiert durch eine e n d l i c h e Menge V von K n o t e n und eine e n d l i c h e Menge E von B ö g e n. Die Bögen verbinden die Knoten untereinander. Diese Zusammenhänge werden durch die I n z i d e n z f u n k t i o n I beschrieben, die jedem Bogen $e \in E$ seine zwei Endknoten $I(e) = \{u, v\}$ zuordnet. Man beachte, daß die Bögen hier als u n g e r i c h t e t angenommen werden. Dementsprechend spricht man auch von einem u n g e r i c h t e t e n G r a p h e n. Mehrere Bögen können die gleichen Endknoten haben. Man spricht dann von p a r a l l e l e n Bögen. Es sei jedoch ausgeschlossen, daß ein Bogen einen Knoten mit sich selbst verbindet. Ein Graph G ist dementsprechend ein Tripel $G = (V, E, I)$. Sehr oft schreibt man auch nur $G = (V, E)$, wenn keine Gefahr für ein Mißverständnis besteht. Die Knoten von V können durchnumeriert und mit $v_1, v_2, \ldots, v_m$ bezeichnet werden. Ebenso können die Bögen in E mit $e_1, e_2, \ldots, e_n$ durchnumeriert werden. Abb. 1a) zeigt ein Beispiel eines Graphen.

Man kann auch g e r i c h t e t e Graphen betrachten. Im Unterschied zu den ungerichteten Graphen gibt dann die Inzidenzfunktion I für jeden Bogen $e \in E$ ein geordnetes Paar $I(e) = (u, v)$ von einem Anfangs- und einem Endknoten an. Der Bogen e führt dann von u nach v und besitzt demnach eine Richtung. In der graphischen Darstellung ist die Richtung jedes Bogens entsprechend durch einen Pfeil gekennzeichnet, siehe Abb. 1b) für ein Beispiel eines gerichteten Graphen. Die Betrachtungen in diesem Buch werden sich vorwiegend auf ungerichtete Graphen konzentrieren. Manches läßt sich auf gerichtete Graphen übertragen, jedoch keineswegs alles. Der Leser sei daher gewarnt, hier Sorgfalt walten zu lassen. Im folgenden ist unter einem Graphen immer ein ungerichteter Graph verstanden, wenn nicht explizite das Gegenteil gesagt ist.

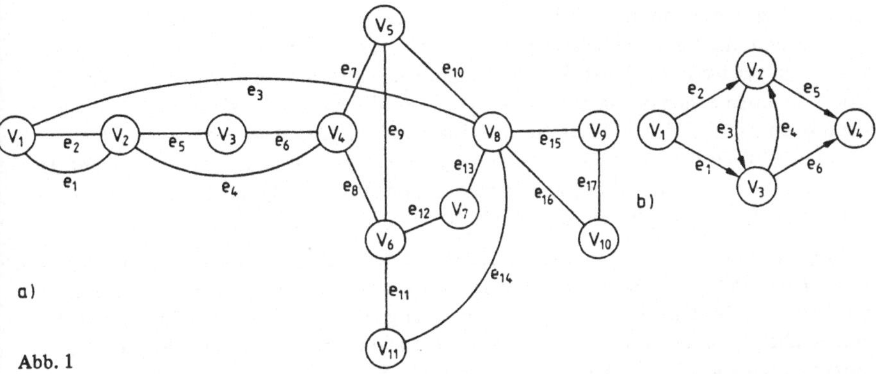

Abb. 1

In solchen Graphen sind hier nun ganz besonders die Verbindungen zwischen verschiedenen Knoten von Interesse. Eine solche Verbindung etwa zwischen zwei Knoten s und t von V wird durch einen P f a d von s nach t gebildet. Ein solcher Pfad ist eine alternierende Folge $v_0, e_1, v_1, e_2, v_2, \ldots, e_r, v_r$ von Knoten und Bögen mit $v_0 = s$ und $v_r = t$ und derart, daß $I(e_i) = \{v_{i-1}, v_i\}$ gilt. Ist $s = t$, dann spricht man von einem Z y k e l. Sind alle Bögen eines Pfades voneinander verschieden, $e_i \neq e_j$, dann heißt der Pfad e i n f a c h. Ein Pfad heißt e l e m e n t a r , wenn alle seine Knoten voneinander verschieden sind (eventuell mit Ausnahme des Anfangs- und Endknotens), $v_i \neq v_j$. Ein elementarer Pfad enthält keinen Zykel. In Abb. 1a) ist $v_3, e_6, v_4, e_7, v_5, e_9, v_6, e_8, v_4$ ein Pfad der einfach, aber nicht elementar ist. Der Pfad $v_1, e_3, v_8, e_{15}, v_9, e_{17}, v_{10}$ dagegen ist elementar.

Bei gerichteten Graphen gilt ein analoger Begriff von Pfaden. Nur müssen die Knoten-Bogen-Knoten-Folgen in der Richtung der Bögen durchlaufen werden. D. h. es muß für jeden Bogen e_i des Pfads $v_0, e_1, v_1, e_2, v_2, \ldots, e_r, v_r$ gelten $I(e_i) = (v_{i-1}, v_i)$. So ist in Abb. 1b) v_2, e_2, v_1, e_1, v_3 kein Pfad, weil der erste Bogen in der falschen Richtung durchlaufen wird. v_1, e_2, v_2, e_5, v_4 dagegen ist ein korrekter, elementarer Pfad.

$I(v)$ bezeichne für alle Knoten $v \in V$ die Menge der Bögen $e \in E$, die inzident zu v sind, d. h. für die $v \in I(e)$. Die Anzahl der Elemente von $I(v)$ heißt der G r a d des Knotens v. Dieser wird auch mit $g(v)$ bezeichnet: $g(v) = |I(v)|$. Bei einem gerichteten Graphen hat man zu unterscheiden zwischen $I^+(v)$, der Menge der Bögen e, die von v ausgehen (d. h. v als Anfangsknoten haben) und $I^-(v)$, der Menge der Bögen, die in v münden (d. h. v als Endknoten haben). Dementsprechend unterscheidet man auch zwischen dem A u ß e n g r a d $g^+(v)$ und dem I n n e n g r a d $g^-(v)$ eines Knotens v. Der Außengrad ist gleich der Anzahl ausgehender Bögen, $g^+(v) = |I^+(v)|$. Der Innengrad ist gleich der Anzahl einmündender Bögen, $g^-(v) = |I^-(v)|$. Der G r a d $g(v)$ ist dann gleich der Summe von Außen- und Innengrad, $g(v) = g^+(v) + g^-(v)$.

In der Menge der Knoten V eines Graphen G kann wie folgt eine Äquivalenzrelation definiert werden: $u \sim v$ (lies: u ist äquivalent zu v) wenn in G ein Pfad von u nach v existiert. Diese Relation ist symmetrisch ($u \sim v$ impliziert $v \sim u$) und transitiv ($u \sim v$ und $v \sim w$ impliziert $u \sim w$). Da ein einzelner Knoten als ein Pfad zu sich selbst betrachtet werden kann, ist die Beziehung auch reflexiv ($u \sim u$). Dementsprechend zerfällt V in

Äquivalenzklassen von unter sich verbundenen Knoten. Zwei Knoten in verschiedenen Klassen sind nicht miteinander verbunden. Insbesondere kann kein Bogen von G zwei Knoten in zwei verschiedenen Klassen verbinden. Damit zerfällt auch die Menge E der Bögen in entsprechende Klassen. Sind $V_1, \ldots, V_s$ die Äquivalenzklassen der Knoten, dann seien $E_1, \ldots, E_s$ die dazugehörigen Klassen der Bögen. Die T e i l g r a p h e n $G_i = (V_i, E_i)$ werden Z u s a m m e n h a n g s k o m p o n e n t e n von G genannt. Ist G selber die e i n z i g e Zusammenhangskomponente, dann heißt G z u s a m m e n - h ä n g e n d. Der Graph von Abb. 1a) ist offenbar zusammenhängend.

Bei gerichteten Graphen folgt aus der Existenz eines Pfades von u nach v nicht, daß auch v mit u verbunden ist. Die entsprechende Relation ist daher nicht symmetrisch und damit keine Äquivalenzrelation. Die Zusammenhangssituation ist bei gerichteten Graphen entsprechend komplizierter als bei ungerichteten Graphen. Immerhin kann eine Äquivalenzrelation eingeführt werden, indem $u \sim v$ definiert wird, wenn u mit v u n d v mit u verbunden ist. Bei den dadurch entstehenden Äquivalenzklassen kann es sein, daß ein Knoten u der einen Klasse mit einem Knoten v einer anderen Klasse verbunden ist. Dann kann jedoch umgekehrt v nicht auch mit u verbunden sein. Innerhalb jeder Klasse sind alle Knoten untereinander in beiden Richtungen verbunden. Besteht der gerichtete Graph G aus nur einer solchen Äquivalenzklasse, dann heißt er s t a r k z u s a m m e n - h ä n g e n d.

Im Hinblick auf die Zielsetzung dieses Buches, nämlich die Untersuchung der Verletzlichkeit von Netzwerken oder allgemeinerer Systemen interessiert nun eben, was mit einem Graphen geschieht, wenn gewisse seiner Elemente, also etwa Knoten oder Bögen ausfallen. Als erstes sei der Ausfall von Bögen in Betracht gezogen. Da man wohl annehmen darf, daß ein völlig intakter Graph vollständig funktionsfähig ist, also Verbindungen zwischen allen seinen Knoten besitzt, wird vorausgesetzt, daß $G = (V, E)$ z u s a m - m e n h ä n g e n d ist. Fällt nun eine Teilmenge $A \subseteq E$ von Bögen aus irgendwelchen Gründen aus, dann sind diese Bögen aus dem Graphen G zu entfernen und es entsteht ein Teilgraph $(V, E - A)$, bei dem immer noch alle Knoten vorhanden sind, jedoch eben nur noch die Bögen $E - A$. Dieser Teilgraph von G sei mit $G - A$ bezeichnet.

Wenn nun $G - A = (V, E - A)$ n i c h t m e h r z u s a m m e n h ä n g e n d ist, dann nennt man A eine B o g e n - S c h n i t t m e n g e. Der Ausfall der Bögen einer Schnittmenge ist somit hinreichend dafür, daß nicht mehr alle Knoten des Graphen untereinander verbunden sind. Die Familie der Bogen-Schnittmengen hat eine einfache, aber interessante Grundstruktur, die insbesondere im zweiten Teil des Buches noch eine beträchtliche Rolle spielen wird. Ist nämlich A eine Schnittmenge und A' eine Obermenge von A, $A' \supseteq A$, dann ist A' sicherlich auch eine Schnittmenge. Die Bogen-Schnittmengen bilden eine m o n o t o n e F a m i l i e. Solche monotone Systeme spielen ganz allgemein eine bedeutende Rolle in der Zuverlässigkeitstheorie.

Eine Bogen-Schnittmenge A, die derart beschaffen ist, daß keine echte Teilmenge von A ebenfalls eine Schnittmenge ist, nennt man eine m i n i m a l e B o g e n - S c h n i t t - m e n g e. Die Liste aller minimaler Bogen-Schnittmengen eines Graphen G kann eine instruktive Kennzeichnung seiner Verletzlichkeit gegenüber Bogenausfällen darstellen. Darüber hinaus wird sich zeigen, daß diese minimalen Bogen-Schnittmengen auch für die probabilistische Analyse der Netzwerk-Zuverlässigkeit eine wichtige Rolle spielen. Algorithmen zur Aufzählung aller minimaler Bogen-Schnittmengen werden im zweiten Teil des Buches besprochen.

Ist A eine Schnittmenge und befinden sich die zwei Knoten v_i und v_j in zwei verschiedenen Zusammenhangskomponenten von $G - A$, dann nennt man A auch einen v_i-v_j-Bogen-Schnitt. Man kann nun die Verletzlichkeit der Verbindungen zwischen den Knoten v_i und v_j im Graphen G durch die Mächtigkeit des kleinsten aller v_i-v_j-Schnitte ausdrücken:

$$C^e(v_i, v_j) = \min |A| \text{ über alle } v_i\text{-}v_j\text{-Bogen-Schnitte A.} \tag{1}$$

Dieses Maß gibt also die minimale Anzahl der Bögen an, deren Entfernung zu einem Unterbruch der Verbindungen zwischen den Knoten v_i und v_j führt. Es ist gewissermaßen eine Betrachtung des schlimmsten Falles: Im schlimmsten Fall genügt schon der Ausfall von $C^e(v_i, v_j)$ Bögen um die Verbindung zwischen den beiden Knoten zu unterbrechen. Im gleichen Sinn und Geist kann man die Verletzlichkeit von G gegen Bögenausfällen insgesamt durch die minimale Anzahl der Bögen kennzeichnen, deren Ausfall den Verlust des Zusammenhanges nach sich zieht. Da jede Bogen-Schnittmenge selbstverständlich Schnitt bzgl. zweier Knoten ist, ergibt sich dieses Maß als

$$C^e(G) = \min C^e(v_i, v_j). \tag{2}$$

Das Minimum ist dabei über alle Knotenpaare von G zu nehmen. $C^e(G)$ wird B o g e n - Z u s a m m e n h a n g oder K o h ä s i o n von G genannt. Da die Menge der zu einem Knoten v inzidenten Bögen offenbar eine Bogen-Schnittmenge ist, kann die Kohäsion des Graphen G nicht größer als der Grad eines jeden Knotens v des Graphen sein. Es gilt also

$$C^e(G) \leqslant \min_{v \in V} g(v). \tag{3}$$

Algorithmen zur Berechnung von $C^e(v_i, v_j)$ und $C^e(G)$ werden in den folgenden Kapiteln entwickelt. Im Beispiel Abb. 1a) sieht man jedoch, daß mehrere Knoten nur den Grad zwei haben. D. h. in diesem Beispiel kann die Kohäsion den Wert zwei nicht übersteigen. Man sieht sofort, daß der Ausfall eines einzigen Bogens nicht genügt, um den Zusammenhang des Graphen zu zerstören. Daraus folgt, daß die Kohäsion gleich zwei ist. Es gibt in der Tat mehrere Bogen-Schnittmengen mit nur zwei Bögen (z. B. $\{e_{15}, e_{16}\}$ oder $\{e_{11}, e_{14}\}$, etc.).

Als nächstes soll nun der Ausfall von Knoten betrachtet werden. Ist A eine Teilmenge von Knoten, $A \subseteq V$, eines Graphen $G = (V, E)$, so ist beim Ausfall dieser Knoten die Knotenmenge A aus dem Graphen zu entfernen. Gleichzeitig werden aber auch alle Bögen, die inzident zu Knoten aus A sind unbenützbar. Daher sind auch alle diese Bögen aus dem Graphen zu entfernen. Die entsprechende Bogenmenge wird als Vereinigung der Mengen I(v) über alle $v \in A$ gebildet. Der entstehende Teilgraph von G wird mit $G - A$ bezeichnet. Er besteht aus den folgenden Knoten- und Bogenmengen:

$$G - A = (V - A, E - \bigcup_{v \in A} I(v)). \tag{4}$$

Ist nun G − A nicht mehr zusammenhängend, dann wird A eine K n o t e n - S c h n i t t - m e n g e genannt. Sind v_i und v_j sodann zwei Knoten, die sich in verschiedenen Zusammenhangskomponenten von G − A befinden, dann nennt man A einen v_i-v_j-Knoten-Schnitt.

Wie die Bogen-Schnittmengen bilden auch die Knoten-Schnittmengen eine monotone Familie von Mengen. Man kann auch hier m i n i m a l e Knoten-Schnittmengen betrachten; d. h. solche bei denen keine echten Teilmengen immer noch Schnittmengen bilden. Weiterhin kann in Analogie zu den Bogenausfällen die Verletzlichkeit der Verbindungen zwischen zwei Knoten v_i und v_j eines Graphen G gegenüber Knotenausfällen durch die kleinste Anzahl Knotenausfälle, die die Unterbrechung aller Verbindungen zwischen v_i und v_j herbeiführen können, gemessen werden.

Sind die beiden Knoten v_i und v_j b e n a c h b a r t , d. h. durch einen Bogen miteinander verbunden, dann gibt es keinen Knoten-Schnitt der diese Knoten trennen könnte. Andernfalls definiert man

$$C^v(v_i, v_j) = \min |A| \text{ über alle } v_i\text{-}v_j\text{-Knoten-Schnitte A.} \tag{5}$$

Diese Zahl nennt man den K n o t e n - Z u s a m m e n h a n g zwischen v_i und v_j. Die Verletzlichkeit des Graphen G insgesamt gegenüber von Ausfällen von Knoten kann dann durch die minimale Zahl von Knoten gemessen werden, deren Ausfall den Zusammenhang des Graphen zerstören. Da auch hier wieder jede Knoten-Schnittmenge mindestens zwei Knoten voneinander trennt, kann dieses Maß durch

$$C^v(v) = \min C^v(v_i, v_j) \tag{6}$$

bestimmt werden. Das Minimum ist dabei über alle nichtbenachbarten Knotenpaare von G zu nehmen. Ist der Graph G allerdings v o l l s t ä n d i g , d. h. sind alle Knotenpaare durch Bögen untereinander verbunden, dann ist (6) nicht definiert. Es ist üblich in diesem Fall $C^v(G) = |V| - 1$ zu setzen. $C^v(G)$ wird K n o t e n - Z u s a m m e n h a n g oder kurz Z u s a m m e n h a n g des Graphen G genannt. In den folgenden Kapiten werden Algorithmen zur Bestimmung des Zusammenhangs von Graphen dargestellt.

Ist $m \leqslant C^v(G)$, dann heißt G m - z u s a m m e n h ä n g e n d . Ein Knoten v, der für sich allein schon eine Knoten-Schnittmenge bildet, d. h. dessen Entfernung schon genügt, um den Zusammenhang von G zu zerstören, heißt ein S c h n i t t k n o t e n . In Abb. 1a ist v_8 ein Schnittknoten. Es ist damit auch klar, daß für den Graphen in Abb. 1a) $C^v(G) = 1$ gilt. Ein solcher Graph mit einem oder mehreren Schnittknoten heißt z e r - l e g b a r . Ein solcher Graph ist in den Schnittknoten natürlich besonders verletzbar. Ein unzerlegbarer Graph ist somit mindestens b i z u s a m m e n h ä n g e n d (2-zusammenhängend, $C^v(G) \geqslant 2$). Ein t r i z u s a m m e n h ä n g e n d e r (3-zusammenhängender) Graph ($C^v(G) \geqslant 3$) hat nicht nur keine Schnittknoten, sondern auch keine Knoten-Schnittmengen die nur aus zwei Knoten bestehen.

2.2   Bäume

Ist ein u n g e r i c h t e t e r Graph $G = (V, E)$ z u s a m m e n h ä n g e n d und besitzt er k e i n e n e i n f a c h e n Z y k e l (Zykel der keinen Bogen mehrfach enthält), dann nennt man G einen B a u m. Bäume sind also spezielle Graphen, die in mancher Hinsicht besonders wichtig sind, wie die folgenden Kapitel zeigen werden. Es gibt viele äquivalente Definitionen von Bäumen. Der folgende Satz stellt die wichtigsten zusammen:

Satz 1 *Es sei* $G = (V, E)$ *ein ungerichteter Graph. Folgende Bedingungen sind dann* ä q u i v a l e n t:

(a) G *ist ein Baum.*

(b) G *hat keinen einfachen Zykel, aber wenn ein beliebiges Knotenpaar aus* V *durch einen neuen Bogen verbunden wird, dann entsteht ein einfacher Zykel.*

(c) *In* G *ist jedes Knotenpaar durch genau einen elementaren Pfad verbunden.*

(d) G *ist zusammenhängend; für jeden Bogen* $e \in E$ *ist aber* $G - \{e\}$ *nicht mehr zusammenhängend.*

(e) G *hat keinen einfachen Zykel und* $|E| = |V| - 1$.

(f) G *ist zusammenhängend und* $|E| = |V| - 1$.

B e w e i s. Es werden die Implikationen (a) $\Rightarrow$ (b) $\Rightarrow$ (c) $\Rightarrow$ (d) $\Rightarrow$ (e) $\Rightarrow$ (f) $\Rightarrow$ (a) bewiesen.

(a) $\Rightarrow$ (b): Da G ein Baum ist, besitzt G keinen einfachen Zykel. Sind u, $v \in V$, dann existiert ein elementarer Pfad zwischen u und v, denn G ist zusammenhängend. Wird zwischen u und v ein neuer Bogen e eingeführt, dann ergänzt dieser den Pfad zu einem einfachen Zykel.

(b) $\Rightarrow$ (c): Sei u, $v \in V$. Gibt es keinen Pfad zwischen u und v, dann gibt es insbesondere keinen Bogen zwischen u und v. Das Hinzufügen eines neuen Bogens zwischen u und v würde entgegen (b) k e i n e n einfachen Zykel erzeugen. Also muß es einen Pfad zwischen u und v geben. Gibt es zwei oder mehr verschiedene elementare Pfade zwischen u und v, dann bilden Teile zweier solcher Pfade einen einfachen Zykel, was nicht sein kann. Also kann es nur einen Pfad zwischen u und v geben und dieser Pfad muß elementar sein.

(c) $\Rightarrow$ (d): Nach (c) ist G zusammenhängend. Gibt es ein $e \in E$, so daß $G - \{e\}$ auch noch zusammenhängend ist und sind u und v die Endknoten von e, $I(e) = \{u, v\}$, dann sind u und v in $G - \{e\}$ immer noch durch einen Pfad verbunden. Dann gibt es aber zwei elementare Pfade zwischen u und v entgegen (c) und daher kann $G - \{e\}$ nicht zusammenhängend sein.

(d) $\Rightarrow$ (e): Der Beweis wird durch Induktion nach $n = |V|$ geführt. Die Behauptung stimmt für $n = 1$. Sie gelte für $|V| < n$ und es sei jetzt G ein Graph, der (d) erfüllt und $|V| = n$. Dann ist $G - \{e\}$ für jedes $e \in E$ nicht mehr zusammenhängend und G kann keinen Zykel enthalten, denn sonst könnte $G - \{e\}$ immer noch zusammenhängend sein. $G - \{e\}$ zerfällt also in zwei zusammenhängende Teilgraphen, etwa in (V_1, E_1) und

(V_2, E_2) mit $|V_1| < n$, $|V_2| < n$. Also gilt nach Induktions-Voraussetzung
$|E| = |E_1| + |E_2| + 1 = (|V_1| - 1) + (|V_2| - 1) + 1 = |V| - 1$.

(e) $\Rightarrow$ (f): Wählt man ein $e \in E$, dann kann e auf beiden Seiten durch Anfügen weiterer Bögen von G zu einem einfachen Pfad verlängert werden. Da G keinen Zykel enthält kann dabei kein Zykel entstehen und da E endlich ist, muß der Pfad schließlich auf beiden Seiten in zwei Knoten u und v mit $g(u) = g(v) = 1$ enden. G enthält daher mindestens zwei Knoten mit Grad 1. Der Beweis wird nun durch Induktion nach $n = |V|$ geführt. Die Behauptung stimmt für $n = 1, 2$. Sie gelte für $|V| < n$. Sei G ein Graph ohne Zykel und $|V| = n$. Ist u ein Knoten mit $g(u) = 1$, dann entferne man diesen Knoten und den zu ihm inzidenten Bogen. Es entsteht ein Graph G' mit $n - 1$ Knoten und ohne Zykel. Nach Induktionsvoraussetzung ist er zusammenhängend und hat $n - 2$ Bögen. Dann muß aber auch G zusammenhängend sein und $|E| = |V| - 1$.

(f) $\Rightarrow$ (a): Hätte G einen einfachen Zykel, dann könnte man Bögen entfernen, bis ein Baum entsteht. Weil (a) $\Rightarrow$ (f) hat dann der Graph $|V| - 1$ Bögen. Das ist aber gleich der Anzahl der Bögen von G. Also kann kein Bogen entfernt werden und G hat keinen einfachen Zykel und ist daher bereits ein Baum.   ∎

Ist $G = (V, E)$ ein B a u m , dann werden Knoten $v \in V$ mit einem Grad von eins, $g(v) = 1$, B l ä t t e r genannt. Nach dem obigen Beweis ((e) $\Rightarrow$ (f)) hat jeder Baum m i n d e s t e n s   z w e i Blätter.

Oft werden Bäume $B = (V', E')$ betrachtet, die Teilgraphen von Graphen $G = (V, E)$ sind, $V' \subseteq V$, $E' \subseteq E$. Ein Baum B mit $V' = V$, $E' \subseteq E$ wird ein s p a n n e n d e r B a u m von G genannt. Es gilt dann nach Satz 1 $|E'| = |V| - 1$. Ein Graph G kann nur dann spannende Bäume enthalten, wenn er z u s a m m e n h ä n g e n d ist. Sind den Bögen $e \in E$ eines Graphen G Gewichte oder Bewertungen $b(e) > 0$ (Längen, Kosten, etc.) zugeordnet, dann kann zu jedem spannendem Baum B ein Gewicht

$$\sum_{e \in E'} b(e) \tag{1}$$

definiert werden. Es geht dann darum, einen s p a n n e n d e n B a u m m i t m i n i m a l e m G e w i c h t oder kurz einen m i n i m a l e n s p a n n e n d e n B a u m zu finden. Das ist eine wohlbekannte Aufgabe der kombinatorischen Optimierung, die auch im Themenkreis dieses Buches eine gewisse Rolle spielt. Es gibt einfache und wirkungsvolle Algorithmen zur Lösung dieser Aufgabe, wobei diese alle auf dem gleichen Prinzip beruhen. Bevor eine Variante eines solchen Algorithmus angegeben wird, sind noch ein paar Begriffe einzuführen. Ist $U \subseteq V$ eine Teilmenge von Knoten des Graphen G, dann bezeichne $N(U)$ die Menge alle Bögen $e \in E$, die Knoten von U mit Knoten von $\bar{U} = V - U$ verbinden; $N(U) = \{e \in E: I(e) = \{u, v\}, u \in U, v \in \bar{U}\}$. $G(U)$ sei der Teilgraph von G mit Knotenmenge U und allen Bögen $e \in E$, die Knoten von U verbinden.

Im nachfolgenden Algorithmus zur Konstruktion eines minimalen spannenden Baumes wird vorausgesetzt, daß der Graph G keine parallelen Bögen enthält. Sind solche vorhanden, dann kann jeweils der Bogen mit minimalen Gewicht zurück behalten werden, und alle anderen können entfernt werden.

Minimaler spannender Baum

Input: Zusammenhängender Graph $G = (V, E)$, ohne parallele Bögen;
Gewichte $b(e) > 0$ für alle Bögen $e \in E$;
Output: Menge B von Bögen $e \in E$, die einen spannenden Baum von G
mit minimalem Gewicht bilden
begin
    wähle $s \in V$ beliebig;
    $U := \{s\}$; $B := \emptyset$;
    while $|U| \neq |V|$ **do**
        begin
            wähle $e \in N(U)$ mit minimalem Gewicht, $b(e) \leq b(e')$ für
            alle $e' \in N(U)$; $I(e) = \{u, v\}$, $u \in U$, $v \in V$;
            $B := B + \{e\}$;
            $U := U + \{v\}$
        end
end.

Daß dieser Algorithmus das gewünschte Resultat liefert, wird durch den folgenden Satz
bestätigt:

Satz 2 *Am Schluß des Algorithmus definiert* B *einen spannenden Baum von* G *mit
minimalem Gewicht.*

B e w e i s. Zuerst wird durch Induktion nach $n = |U|$ gezeigt, daß B immer ein s p a n -
n e n d e r B a u m von $G(U)$ und daher am Schluß des Algorithmus, wenn $U = V$ ist,
ein spannender Baum von G ist. Das stimmt sicher zu Beginn, wenn $U = \{s\}$ und $B = \emptyset$
ist. Es stimme auch nach $n - 1$ Durchläufen der Schleife. In der n-ten Schleife erhält U
einen zusätzlichen Knoten v, B erhält einen zusätzlichen Bogen e und $B + \{e\}$ ist
zusammenhängend, weil B es nach Induktionsvoraussetzung war. Aus der Induktions-
voraussetzung folgt nach Satz 1 (f) auch $|B| = |U| - 1$. Daraus folgt $|B + \{e\}| = |U + \{v\}| - 1$
und wieder nach Satz 1 (f) ist $B + \{e\}$ ein Baum und da B $G(U)$ spannt, spannt $B + \{e\}$
auch $G(U + \{v\})$.
Zweitens wird gezeigt, daß B am Schluß einen m i n i m a l e n spannenden Baum in G
darstellt. Sei $B' = (V, E')$ ein minimaler spannender Baum von G. Nun ist zu Beginn des
Algorithmus $B = \emptyset$ und somit $B \subseteq E'$. Es sei nun als Induktionsvoraussetzung angenommen, daß nach Ablauf von m Schleifen $B \subseteq E'$. e sei der Bogen, der im $(m + 1)$-ten
Durchlauf der Schleife neu B zugefügt wird. Ist $e \in E'$, dann ist auch $B + \{e\} \subseteq E'$.
Andernfalls enthält der Graph $B' + \{e\}$ nach Satz 1 einen einfachen Zykel. Es gibt somit
auf diesem Zykel einen von e verschiedenen Bogen e' in E' und in $N(U)$ und nach dem
Algorithmus muß $b(e) \leq b(e')$ sein. Daraus folgt aber, daß der Baum $B'' = (V, E'')$ mit
$E'' = E' - \{e'\} + \{e\}$ ein nicht größeres Gewicht als B' hat und daher ebenfalls ein minimaler spannender Baum ist. Hier ist aber $e \in E''$. Somit ist B in allen Schleifen-Durch-
läufen Teil eines minimalen spannenden Baums und weil B am Schluß selbst ein spannender Baum ist, muß es sich in der Tat um einen minimalen spannenden Baum
handeln. ∎

Es gibt auch im Bereich der gerichteten Graphen einen dazu analogen Begriff des Baumes. Ist $G = (V, E)$ ein g e r i c h t e t e r Graph, dann heißt $s \in V$ eine W u r z e l , wenn es von s aus zu jedem anderen Knoten $v \in V - \{s\}$ einen (gerichteten) Pfad gibt. Man kann zu jedem gerichteten Graphen die u n g e r i c h t e t e V e r s i o n betrachten, in dem man einfach die Richtung der Bögen nicht mehr beachtet und diese als ungerichtet ansieht. Ein g e r i c h t e t e r Graph G heißt dann W u r z e l b a u m mit der Wurzel s, wenn s eine Wurzel von G ist, und die ungerichtete Version von G ein B a u m ist. Auch zu dieser Definition gibt es eine Reihe äquivalenter Definitionen:

Satz 3 *Ist* $G = (V, E)$ *ein* g e r i c h t e t e r *Graph, dann sind die folgenden Bedingungen äquivalent:*

(a) G *ist ein Wurzelbaum.*

(b) G *hat eine Wurzel, von der aus ein einziger, gerichteter Pfad zu jedem Knoten von* G *geht.*

(c) G *hat eine Wurzel* s, *es gilt* $g^-(s) = 0$ *und* $g^-(v) = 1$ *für alle anderen Knoten* v.

(d) *Die ungerichtete Version von* G *ist zusammenhängend, und es gibt einen Knoten* $s \in V$, *so daß* $g^-(s) = 0$ *und für alle anderen Knoten* $v \in V - \{s\}$ *gilt* $g^-(v) = 1$.

(e) *Die ungerichtete Version hat keinen einfachen Zykel, und es gibt einen Knoten* $s \in V$, *so daß* $g^-(s) = 0$ *und für alle anderen Knoten* $v \in V - \{s\}$ *gilt* $g^-(v) = 1$.

Der Beweis dieses Satzes nach dem Vorbild des Beweises von Satz 1 wird dem Leser überlassen.

Ist ein Knoten $v \in V$ ein B l a t t der ungerichteten Version eines Wurzelbaumes, dann wird v auch ein B l a t t des Wurzelbaumes genannt, w e n n v n i c h t d i e W u r - z e l i s t . Nach dem Beweis von Satz 1 muß ein Wurzelbaum mindestens e i n Blatt haben. Da der Grad eines Blattes gleich 1 ist, und das Blatt nicht die Wurzel ist, muß für ein Blatt v $g^+(v) = 0$ gelten. Die Menge aller Knoten, die von einem Knoten u aus durch einen Bogen erreicht werden können, nennt man die S ö h n e von u. Ein Knoten u hat $g^+(u)$ Söhne; ein Blatt hat demnach keine Söhne. Alle Knoten v, die von einem Knoten u aus über einen gerichteten Pfad im Wurzelbaum erreichbar sind, heißen N a c h k o m m e n von u. Man beachte, daß u zusammen mit seinen Nachkommen einen Wurzelbaum mit Wurzel u bilden, der ein Teilgraph oder Teilbaum von G ist.

2.3   Darstellung von Graphen in Computern

Die Zuverlässigkeitsanalyse von Netzwerken ist derart rechenaufwendig, daß realistischerweise größere Netzwerke nur mit dem Computer untersucht werden können. Ja, es wird sich im zweiten Teil dieses Buches sogar zeigen, daß einige Aufgaben der Zuverlässigkeitsberechnung von Netzwerken zu den komplexesten Aufgaben im Sinne des Rechenaufwandes gehören, die die Computerwissenschaft kennt. Auf jeden Fall ist jedoch eine geeignete Darstellung oder Kodierung der Graphen im Computer die Voraussetzung für jede Anwendung des Computers zur Analyse von Netzwerken.

Es gibt sehr verschiedene Möglichkeiten einen Graphen im Computer darzustellen. Die Algorithmen zur Berechnung von Graphen werden jeweils auf die gewählte Darstellungsform Rücksicht nehmen müssen oder umgekehrt wird die Darstellungsform geeignet gewählt für den ins Auge gefaßten Algorithmus. Es gibt keine uniform über alle Aufgaben beste Darstellung von Graphen in Computern. Um die für jede Aufgabenstellung optimale oder mindestens geeignete Kodierung des Graphen zur Verfügung zu haben, sind unter Umständen Umkodierungsalgorithmen vorzusehen.

Für die Zwecke dieses Buches sind Darstellungen von Graphen in Form von L i s t e n am besten geeignet. Die Grundform ist die sog. k n o t e n o r i e n t i e r t e Liste. Die Speicherung des Graphen erfolgt dabei derart, daß sukzessive für alle Knoten aus V die Listen aller Nachbarn aufgeführt werden. Für jeden Knoten werden somit alle Knoten festgehalten, die mit ihm durch einen Bogen verbunden sind. Gibt es mehrere parallele Bögen von einem Knoten aus, dann ist der zugehörige Nachbarknoten entsprechend oft in der Liste zu wiederholen. Auf diese Weise indiziert jeder Nachbarknoten in der Tat einen Bogen, der vom fraglichen Knoten ausgeht. Die Darstellung hat dann etwa folgende Form:

$$g(v_1), \text{Liste der anderen Endknoten der Bögen in } I(v_1),$$
$$g(v_2), \text{Liste der anderen Endknoten der Bögen in } I(v_2),$$
$$\vdots$$
$$g(v_m), \text{Liste der anderen Endknoten der Bögen in } I(v_m),$$

Man nennt das auch etwa eine A d j a z e n z l i s t e . Die interne Darstellung einer solchen Struktur hängt bis zu einem gewissen Grade von den Möglichkeiten ab, die die verwendete Programmiersprache bietet. Vorteilhaft ist oft die Verkettung mittels Zeiger (Pointer). In der Liste der Nachbarn stehen dann nicht die Nachbarknoten selbst, sondern ihre Adressen.

Bei gerichteten Graphen genügt es, für jeden Knoten entweder die Liste seiner Nachfolger oder Vorgänger aufzuführen. u ist ein Vorgänger von v, wenn es einen Bogen e mit $I(e) = (u, v)$ gibt, der von u zu v führt. u ist ein Nachfolger von v, wenn es einen Bogen e mit $I(e) = (v, u)$ gibt, der von v zu u führt. Bei parallelen Bögen sind die zugehörigen Vorgänger oder Nachfolger entsprechend wieder mehrmals aufzuführen. Die Länge der Liste eines Knotens v ist dann wenn die Vorgänger aufgeführt werden gleich $g^-(v)$ oder gleich $g^+(v)$, wenn die Nachfolger aufgeführt werden.

2.4   Suche in Graphen

Eine ganze Reihe von Problemen, die mit der Zuverlässigkeitsuntersuchung von Graphen im Zusammenhang stehen, haben mit der S u c h e nach bestimmten Objekten oder Strukturen in einem Graphen G und insbesondere deren vollständigen Aufzählung zu tun. Suchaufgaben in Graphen sind altbekannt. Sie stellen sich in den verschiedensten Anwendungsgebieten der Graphentheorie. Es ist deshalb nicht erstaunlich, daß es zu diesem Thema wohlbekannte und gut verstandene Algorithmen gibt. Insbesondere stellt es sich heraus, daß es ein Grundschema gibt, das in mannigfachen Abwandlungen und Anpassungen für die Lösung der meisten Suchprobleme herbeigezogen werden kann.

Dieses Grundschema tritt hervor bei der Betrachtung der folgenden Grundaufgabe: Es sei ein Graph G, gerichtet oder ungerichtet, gegeben. Er enthalte jedoch keine parallelen Bögen (bzw. parallele Bögen werden jeweils durch einen Repräsentanten ersetzt). In diesem Graphen G seien auf systematische Art und Weise alle Knoten zu besuchen und zu m a r k i e r e n , die von einem Knoten v aus erreichbar sind. Die Idee ist, daß zuerst v markiert wird und alle Nachbarn von v als Kandidaten für die Markierung in eine Liste aufgenommen werden. Dann wird dasselbe mit einem Nachbarn von v wiederholt, einem Nachbarn eines Nachbarn von v etc. Genauer gesagt, wird eine Liste Q betrachtet, die zuerst nur v enthält. In jedem Schritt wird ein Knoten aus Q entfernt, markiert und alle noch nicht markierten Nachbarn $N(v)$ von v werden Q neu beigefügt. Dies wiederholt sich, bis Q leer wird.

Bei einem ungerichteten Graphen G stelle $N(v)$ die Menge der Nachbarn von v dar, also aller Knoten, die mit v durch einen Bogen verbunden sind. Ist G ein gerichteter Graph, dann stelle $N(v)$ die Menge der Nachfolger von v dar, d. h. alle Knoten, die von v aus über einen Bogen erreichbar sind. Dann kann das oben skizzierte Grundschema wie folgt formuliert werden:

> G r u n d s c h e m a   d e s   S u c h e n s
> **Input:** Graph G (etwa in Form von Adjazenzliste), ohne parallele Bögen;
> **Output:** Markierung aller Knoten, die durch einen Pfad vom Knoten v_1 aus erreichbar sind.
> **begin**
> $Q := \{v_1\}$;
>   **while** $Q \neq \emptyset$ **do**
>   **begin**
>   wähle $v \in Q$;
>   entferne v aus Q;
>   markiere v;
>   **for all** $w \in N(v)$ **do**
>   **if** w unmarkiert **then** $Q := Q \cup \{w\}$
>   **end**
> **end.**

Dieses Grundschema bleibt noch in der Wahl von v aus Q unbestimmt: In welcher Reihenfolge sollen die Elemente in Q markiert werden? Diese Frage kann auf viele verschiedene Arten geregelt werden. Das folgende sind zwei grundlegende Organisationsformen für Q. Bei beiden wird Q als eine Warteschlange, d. h. als geordnete Liste von Elementen aufgefaßt:

1. **FIFO:** Es wird immer das e r s t e Element v in Q zur Markierung entnommen, und die unmarkierten Nachbarn aus $N(v)$ werden Q h i n t e n , nach dem letzten Element angefügt. Die Knoten werden also in der Reihenfolge ihrer Ankunft in Q markiert (First In First Out: FIFO):

$$\textbf{if } w \notin Q \textbf{ then}$$
$$\textbf{begin}$$
$$\quad last := last + 1; Q[last] := w$$
$$\textbf{end.}$$

2. **LIFO:** Es wird immer das l e t z t e Element v von Q zur Markierung entnommen. Die unmarkierten Nachbarn aus N(v) werden wieder Q h i n t e n angefügt; wenn Elemente w dabei sind, die sich schon in Q befinden, dann werden diese auf den vorderen Positionen entfernt:

$$\textbf{if } w \in Q \textbf{ then } \text{entferne w aus Q;}$$
$$last := last + 1;$$
$$Q[last] := w.$$

Hier wird also immer das zuletzt beigefügte Element in Q zuerst markiert (Last In First Out: LIFO).

Um den Unterschied zwischen diesen beiden Grundvarianten klar zu erkennen, empfiehlt es sich, die Knoten in der Reihenfolge ihrer Markierung zu numerieren. Dies kann in obigem Grundschema ganz einfach getan werden, indem zu Beginn count := 0 initialisiert wird und dann bei der Markierung eines Knotens v die Anweisungen count := count + 1; o(v) := count beigefügt werden. In der Abb. 1 ist ein Graph dargestellt, der ausgehend von $v_1 = 3$ mit den beiden Verfahren durchnumeriert wurde. Jedem Knoten v ist seine Nummer o(v) aus dem ersten Verfahren beigegeben und in Klammern auch seine Nummer o(v) aus dem zweiten Verfahren.

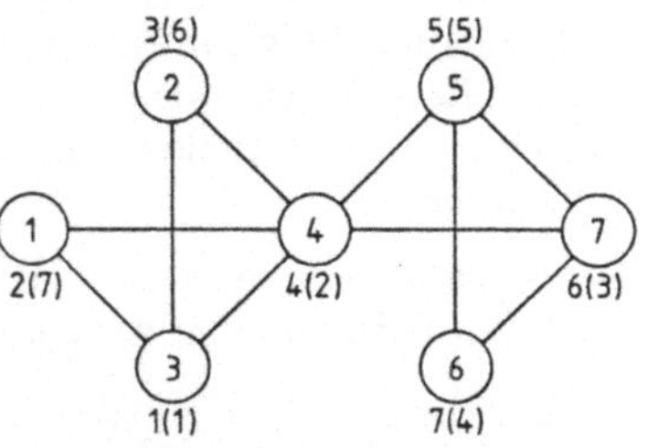

Abb. 1

Man erkennt, daß im ersten Verfahren die Knoten mit steigender Länge des kürzesten Weges von $v_1 = 3$ aus besucht werden. Man spricht daher auch von einer Suche in die Breite (B r e a d t h - F i r s t S e a r c h). Beim zweiten Verfahren dagegen wird ein Pfad soweit wie möglich in die „Tiefe" verfolgt und ein Zurückkommen zu einer Verzweigung von einem früheren Knoten aus wird erst in Betracht gezogen, wenn keine neuen Knoten mehr erreicht werden können. Man spricht hier daher von einer Suche in die Tiefe (D e p t h - F i r s t S e a r c h).

Das Depth-First-Search-Verfahren hat einige interessante Eigenschaften, die hier noch dargestellt werden sollen. Zu diesem Zweck ist im obigen Grundschema noch eine weitere Information einzufügen. Wenn ein Knoten v markiert wird und seine unmarkierten Nachbarn $u \in N(v)$ in die Liste Q eingefügt werden, dann soll für alle diese Knoten u der Knoten v als V a t e r notiert werden: f(u) := v. Es wird damit festgehalten, daß die

Knoten u sozusagen als Nachkommen von v behandelt und markiert werden. Mit dieser zusätzlichen Information über die Reihenfolge, in denen die Knoten von G markiert werden, kann nun ein gerichteter Graph $B = (V, E')$ definiert werden. Seine Knotenmenge ist dieselbe wie diejenige von G. Als Bögen werden alle Verbindungen zwischen einem Knoten $u \in V$ und seinem Vater $f(u)$ aus dem Depth-First-Search-Verfahren definiert und zwar mit der Richtung $(f(u), u)$. Man beachte, daß jedem Bogen $e' \in E'$ vom Graphen B ein Bogen $e \in E$ im Graphen G entspricht. In der Abb. 2 ist der Graph B zum Depth-First-Search-Verfahren angewandt auf den Graphen der Abb. 1 dargestellt. Maßgebend sind dabei die ausgezogenen Bögen, die gestrichelt eingezeichneten Bögen sind vorläufig nicht zu beachten.

Zur Gestalt von B gilt nun das folgende Lemma:

Lemma 1 *Ist* $G = (V, E)$ *ein ungerichteter,* z u s a m m e n h ä n g e n d e r *Graph, dann ist* $B = (V, E')$ *ein gerichteter Wurzelbaum mit Wurzel* v_1.

B e w e i s. Jeder Knoten $u \in V$ – außer v_1 – besitzt einen Vater $f(u)$. Hätte nämlich $u \in V$ keinen Vater, dann wäre u nie markiert worden im Suchverfahren. Dann könnte auch kein Nachbar von u in $N(u)$ markiert sein, ebenso kein Nachbar aller Knoten in $N(u)$ etc. Da G zusammenhängend ist, wird auf diese Weise v_1 als Nachbar von Nachbarn etc. erreicht, und v_1 könnte nicht markiert sein. Das ist aber ein Widerspruch. Dann besitzt jeder Knoten $u \neq v_1$ genau einen Vater, und es gilt $g^-(u) = 1$ in B, während $g^-(v_1) = 0$. Wird nun ausgehend von einem Knoten $u \in V$ die Folge $f(u), f(f(u))$, $f(f(f(u))), \ldots$ betrachtet, dann definiert diese einen Pfad, der nach u führt. Der Pfad muß elementar sein, da $f(v)$ immer vor v markiert wird und es deswegen in der obigen Folge keinen Zykel geben kann. Daraus folgt aber, daß die Folge in v_1 enden muß, beim einzigen Knoten ohne Vater. Die Folge definiert daher einen Pfad von v_1 nach u. Daraus folgt, daß v_1 in der Tat eine Wurzel ist. Nach Satz 2.2.3c) ist somit B wie behauptet ein Wurzelbaum.   ∎

Der Graph B werde nun ergänzt durch alle Bögen $e \in E$, die nicht in E' sind. Ist $I(e) = \{u, v\}$ und $o(u) < o(v)$, dann erhalte der Bogen in der Ergänzung von B die Rich-

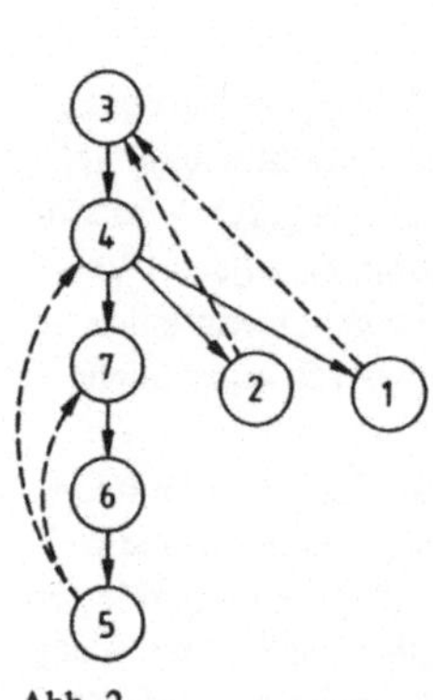

Abb. 2

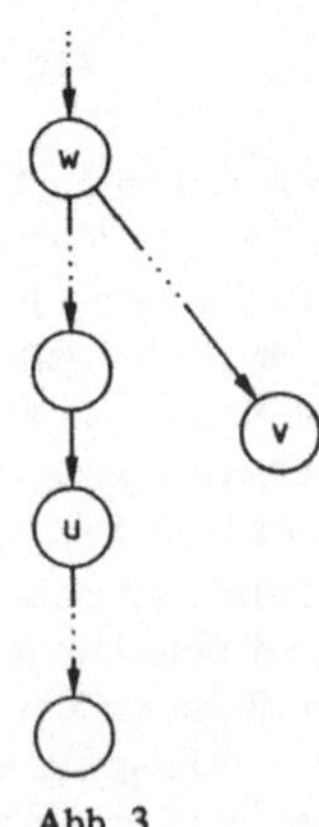

Abb. 3

tung (v, u), d. h. vom später markierten zum früher markierten Knoten. Diese zusätzlichen Bögen sind in der Abb. 2 g e s t r i c h e l t eingezeichnet. Es gilt dann weiter das nachstehende Lemma:

Lemma 2 *Sei* G = (V, E) *ein ungerichteter,* z u s a m m e n h ä n g e n d e r *Graph und* B = (V, E') *der zugehörige Wurzelbaum aus dem Depth-First-Search-Verfahren. Ist* e $\in$ E *ein Bogen mit* I(e) = {u, v}, e $\notin$ E' *und* o(u) < o(v), *dann ist* v *ein* N a c h k o m m e *von* u *in* B.

B e w e i s. Angenommen v sei kein Nachfolger von u. Nach Voraussetzung wird u vor v markiert (wegen o(u) < o(v)). Da v kein Nachkomme von u ist, muß daher nach u noch ein Vorgänger w von u vor v markiert werden (siehe Abb. 3). Ein Rückwärtsschritt (backtrack) von u erfolgt jedoch erst, wenn alle Nachbarn von u schon markiert sind; v ist jedoch ein solcher Nachbar und müßte demnach vor w markiert sein. Das ist aber ein Widerspruch und v muß folglich ein Nachkomme von u sein.   ∎

Abschließend seien hier noch zwei erste Anwendungen dieses Grundschemas kurz betrachtet. Nach dem Beweis von Lemma 1 werden beim Suchverfahren alle Knoten markiert, wenn G zusammenhängend ist. Damit kann das Verfahren eingesetzt werden, um zu testen, ob ein Graph G zusammenhängend ist. Ist G nicht zusammenhängend, dann bilden die markierten Knoten offenbar die Zusammenhangskomponente von v_1. Wählt man anschließend sukzessive weitere unmarkierte Knoten als Startknoten für weitere Anwendungen des Suchverfahrens, dann findet man auf diese Weise schließlich alle Zusammenhangskomponenten eines Graphen G. Ist G ein gerichteter Graph, dann findet das Suchverfahren jedoch nicht etwa die starken Zusammenhangskomponenten (dafür braucht es eine Modifikation des Verfahrens), sondern alle Knoten, die von v_1 aus über einen Pfad erreichbar sind.

In einer zweiten Anwendung soll ein Pfad von irgendeinem Knoten einer Knotenmenge S $\subseteq$ V zu irgendeinem Knoten einer zweiten Knotenmenge T $\subseteq$ V gefunden werden. Diese Aufgabe kann durch das Grundschema sowohl in der Ausprägung des Breadth-First-Search wie derjenigen des Depth-First-Search gelöst werden, wenn noch folgende kleinen Modifikationen durchgeführt werden: Q wird zu S initialisiert; wenn T $\cap$ Q $\neq$ $\emptyset$, dann wird ein v $\in$ T $\cap$ Q gewählt und das Verfahren wird abgebrochen, sobald v $\in$ T ist. Das ergibt die folgende Variante des Grundschemas:

```
F i n d e  P f a d  v o n  S  n a c h  T
Input: Graph G (etwa in Form von Adjazenzliste), ohne parallele Bögen;
Output: Pfad von S nach T, falls ein solcher existiert.
begin
    for all v ∈ S do
        if v ∈ T then return (v)
        else
            begin
                Q := S;
                while Q ≠ ∅ do
```

```
            begin
                wähle v ∈ Q; {sofern möglich wähle v ∈ T}
                if v ∈ T then return PATH(v)
                else
                    begin
                        entferne v aus Q;
                        markiere v;
                        for all w ∈ N(v) do
                            if w unmarkiert then Q := Q ∪ {w}; f(w) := v;
                    end
                end
            end
        end.
```

In diesem Verfahren wird die Existenz einer Prozedur PATH(v) vorausgesetzt, die wenn einmal das Suchverfahren bis zu einem Knoten v ∈ T gelangt ist, den dabei gefundenen Pfad rekonstruiert. Das folgende ist eine r e k u r s i v e Definition einer solchen Prozedur:

```
P r o c e d u r e  P A T H (v)
begin
    if v ∈ S then return (v); stop.
        else return (PATH(f(v)), v)
end.
```

Später (im zweiten Teil des Buches) wird dieses Verfahren ausgebaut, um alle elementaren Pfade zwischen zwei Knoten in einem Graphen zu finden.

Kommentar zu Kapitel 2

Zusammenhangsfragen bei Graphen (gerichtet oder ungerichtet) gehören zum klassischen Themenkreis der Graphentheorie, siehe H a r a r y (1969). Um die Verletzlichkeit von Netzwerken zu beschreiben sind auch weitere Kenngrößen vorgeschlagen worden, neben dem Z u s a m m e n h a n g und der K o h ä s i o n. Man vergleiche dazu F r a n k , F r i s c h (1970), W i l k o v (1972) und B o e s c h , H a r a r y , K a b e l l (1981). Der Abschnitt 2.2 zu den B ä u m e n ist E v e n (1979) entnommen. Dort findet man auch weiteres zum Thema B ä u m e.
D e p t h - F i r s t - S e a r c h - Algorithmen für die Suche von Strukturen in Graphen wurden von T a r j a n (1972) eingeführt und untersucht. Es wird in dieser Arbeit insbesondere das Suchen von stark zusammenhängenden Komponenten von gerichteten Graphen und von bizusammenhängenden Komponenten von ungerichteten Graphen beschrieben (siehe dazu auch Kommentar zu Kapitel 5).

3   Maximale Flüsse und Schnitte minimaler Kapazität

3.1   Das MAXMIN-Theorem

Das Ziel dieses Kapitels besteht darin, Grundlagen für möglichst wirkungsvolle Algorithmen für die Berechnung der Bogen-Zusammenhänge $C^e(v_i, v_j)$, der Knoten-Zusammenhänge $C^v(v_i, v_j)$, der Kohäsion $C^e(G)$ und des Zusammenhangs $C^v(G)$ von Graphen G zu entwickeln. Für die Definition dieser Begriffe und ihre Bedeutung im Zusammenhang mit der Verletzlichkeit oder der Zuverlässigkeit von Netzwerken wird auf den früheren Abschnitt 2.1. verwiesen.

Es erweist sich als günstig, die Berechnung dieser Größen, die mit der Mächtigkeit von Bogen- oder Knoten-Schnittmengen zu tun haben, auf i n d i r e k t e m Weg anzugehen. Der Weg führt effektiv über die Bestimmung m a x i m a l e r F l ü s s e in den betrachteten Graphen G. Und zwar wird jedem Bogen eine D u r c h f l u ß - K a p a z i t ä t von maximal 1 zugeordnet. Alsdann wird der maximale Fluß gesucht, der von einem Knoten v_i zu einem anderen Knoten v_j unter Berücksichtigung der begrenzten Kapazität der Bögen aufgebaut werden kann. Dabei handelt es sich um eine sehr gut bekannte Aufgabenstellung, zu deren Lösung sehr wirkungsvolle Algorithmen entwickelt worden sind.

Der Zusammenhang zwischen dem Problem des maximalen Flusses und dem Bogen-Zusammenhang kann einleitend wie folgt skizziert werden: Es ist anschaulich einleuchtend, daß im maximalen Fluß keine größere Menge von v_i nach v_j transportiert werden kann als die Durchlässigkeit jedes v_i-v_j-Schnitts, der sich zwischen die beiden Knoten stellt, zuläßt. In der Tat erweist es sich, daß die maximale Flußmenge eben gerade gleich der Kapazität oder Durchlässigkeit des Schnittes mit minimaler Kapazität ist. Das ist der Inhalt des klassischen MAXMIN-Theorems bei maximalen Flußproblemen. Bei Einheitskapazitäten ist die Kapazität des Schnitts minimaler Kapazität offenbar gerade gleich der Mächtigkeit dieses Schnitts und damit nach Definition gleich dem Bogen-Zusammenhang $C^e(v_i, v_j)$. Bei der Bestimmung des maximalen Flusses wird gleichzeitig auch der Schnitt minimaler Kapazität gefunden und damit das Problem des Bogen-Zusammenhangs gelöst. In einer Variante kann das Problem des maximalen Flusses sogar auch zur Bestimmung des Knoten-Zusammenhangs zweier Knoten v_i und v_j verwendet werden, wie in Abschnitt 3.3 gezeigt wird.

Zur Bestimmung der Kohäsion $C^e(G)$ sind dann im Prinzip für alle Knotenpaare v_i, v_j Flußprobleme für die Bogen-Zusammenhänge zu lösen. Es zeigt sich aber, daß wesentliche Vereinfachungen der Rechnungen erzielt werden können. Für die Berechnung des Zusammenhangs $C^v(G)$ stellt sich das Problem ähnlich. Auch bei dieser Aufgabenstellung sind Vereinfachungen möglich. Die beiden letzten Aufgabenstellungen werden in den beiden anschließenden Kapiteln behandelt.

In diesem Abschnitt wird zunächst das Problem des maximalen Flusses mathematisch formuliert und das MAXMIN-Theorem bewiesen. Im nächsten Abschnitt wird die Anwendung auf die Bestimmung des Bogen-Zusammenhangs erläutert.

Es wird hier nun ein g e r i c h t e t e r Graph $G = (V, E)$ unterstellt. Einem ungerichteten Graphen $G = (V, E)$ kann man immer einen gerichteten Graphen G' zuordnen, indem man jeden Bogen $e \in E$ mit $I(e) = \{u, v\}$ durch zwei entgegengesetzt gerichtete Bögen e' und e'' mit $I(e') = (u, v)$ und $I(e'') = (v, u)$ ersetzt. Der neue Graph, der auf diese Weise entsteht, ist dann gerichtet. Ferner wird vorausgesetzt, daß der Graph G keine parallelen Bögen besitzt. Andernfalls würden solche unter Addition ihrer Kapazitäten zu einem einzigen Bogen zusammengefaßt.

Nun wird jedem Bogen $e \in E$ mit $I(e) = (v_i, v_j)$ eine Flußvariable $x(e)$ oder x_{ij} sowie eine Durchfluß-Kapazität $k(e)$ oder k_{ij} zugeordnet. Es werden hier noch beliebige (ganzzahlige) Kapazitäten angenommen, auch wenn später besonders der Fall von Einheitskapazitäten interessiert. Es sei nun der m a x i m a l e   F l u ß von einem Knoten $s \in V$ zu einem Knoten $t \in V$ gesucht. Die Flußmenge dieses maximalen Flusses sei mit F bezeichnet. Dann muß der A u s f l u ß aus dem Knoten s gleich F sein, ebenso muß in t die Menge F hineinfließen, während für alle von s und t verschiedenen Knoten der Fluß erhalten bleiben muß, d. h. alles was hineinfließt, muß auch wieder hinausfließen. Diese Bedingungen werden durch die nachstehenden Gleichungen (1) erfaßt. Zudem muß der Fluß auf jedem Bogen n i c h t n e g a t i v sein und darf die Bogen-Kapazität nicht übersteigen. Dies ist in den Ungleichungen (2) dargestellt. Unter diesen Nebenbedingungen oder Restriktionen ist der Fluß F zu maximieren (siehe (3)).

$$\sum_k x_{jk} - \sum_i x_{ij} = \begin{cases} F, & \text{wenn } v_j = s \\ 0 & \text{für alle } v_j \neq s, t \\ -F, & \text{wenn } v_j = t \end{cases} \tag{1}$$

$$0 \leqslant x_{ij} \leqslant k_{ij} \quad \text{für alle } e \in E \tag{2}$$

$$F \overset{!}{=} \max. \tag{3}$$

Das ist eine Optimierungsaufgabe vom Typ der linearen Optimierung. Die sehr spezielle Struktur des Problems erlaubt jedoch eine Lösung dieser Aufgabe unabhängig von der allgemeinen Theorie der linearen Optimierung. Dies wird im folgenden Abschnitt besprochen. Hier soll nun zuerst das grundlegende, klassische MAXMIN-Theorem bewiesen werden. Dazu ist ein vorbereitendes Lemma notwendig.

Sei $X \subset V$ eine Teilmenge von Knoten des Graphen G, die einerseits s enthält, $s \in X$, jedoch andererseits t nicht enthält, $t \in \overline{X}$. Es bezeichne sodann $(X, \overline{X})$ die Menge aller Bögen von G, die Knoten von X mit solchen von $\overline{X}$ verbinden, $(X, \overline{X}) = \{e \in E: I(e) = (u, v), u \in X, v \in \overline{X}\}$. Jeder gerichtete Pfad von s nach t enthält mindestens einen Bogen von $(X, \overline{X})$. Daher kann man $(X, \overline{X})$ einen s-t- S c h n i t t nennen (analog einem s-t-Bogen-Schnitt in einem ungerichteten Graphen, vergleiche Abschnitt 2.1).

Durch einen s-t-Schnitt $(X, \overline{X})$ fließt ein Fluß von total

$$x(X, \overline{X}) = \sum_{e \in (X, \overline{X})} x(e), \tag{4}$$

während die Kapazität dieses s-t-Schnitts durch

$$k(X, \overline{X}) = \sum_{e \in (X, \overline{X})} k(e) \tag{5}$$

gegeben ist. Dann gilt

Lemma 1 *Für jeden* s-t-*Schnitt* $(X, \overline{X})$ *gilt*

$$x(X, \overline{X}) \leqslant k(X, \overline{X}). \tag{6}$$

B e w e i s. Nach (2) ist $x(e) \leqslant k(e)$ für alle $e \in E$. Daraus folgt

$$x(X, \overline{X}) = \sum_{e \in (X, \overline{X})} x(e) \leqslant \sum_{e \in (X, \overline{X})} k(e) = k(X, \overline{X}). \qquad \blacksquare \tag{7}$$

Damit läßt sich nun der Hauptsatz der Theorie des maximalen Flusses, das MAXMIN-Theorem beweisen.

Satz 1 (MaxFlow-MinCut- oder MAXMIN-Theorem) *Der maximale Fluß von* s *nach* t *ist gleich der Kapazität des Schnittes minimaler Kapazität zwischen* s *und* t:

$$F = \min k(X, \overline{X}), \tag{8}$$

wobei das Minimum über alle s-t-*Schnitte* $(X, \overline{X})$, $s \in X$, $t \in \overline{X}$ *zu nehmen ist.*

B e w e i s. x_{ij} sei die optimale Lösung des Problems (1) bis (3) des maximalen Flusses und F die zugehörige maximale Flußmenge. Sei nun $X \subseteq V$ wie folgt definiert: $s \in X$ und ferner, (i) wenn $v_i \in X$ und $x_{ij} < k_{ij}$, dann sei auch $v_j \in X$ oder, (ii) wenn $v_i \in X$ und $x_{ji} > 0$, dann sei auch $v_j \in X$.

Es wird nun zunächst gezeigt, daß $t \in \overline{X}$ ist. Sonst müßte nämlich eine K e t t e $s = v_0$, $e_1, v_1, e_2, v_2, \ldots, v_{r-1}, e_r, v_r = t$ von s nach t existieren. In dieser Kette gilt für jeden Bogen e_i entweder $I(e_i) = (v_{i-1}, v_i)$ und $x_{i-1\,i} < k_{i-1\,i}$ oder $I(e_i) = (v_i, v_{i-1})$ und $x_{ii-1} > 0$. Nur unter diesen Umständen ist $t \in X$. Die erste Art von Bogen in einer solchen Kette nennt man V o r w ä r t s b o g e n. Auf einem Vorwärtsbogen e kann man den Fluß um $k(e) - x(e)$ vergrößern. Die zweite Art von Bögen nennt man R ü c k - w ä r t s b ö g e n. Auf Rückwärtsbögen kann man den Fluß um $x(e)$ verkleinern.

Sei nun

$$\epsilon_1 = \min\,(k(e_i) - x(e_i)), \qquad \epsilon_2 = \min x(e_i) \tag{9}$$

wobei das erste Minimum über alle V o r w ä r t s b ö g e n der obigen Kette von s nach t zu nehmen ist und das zweite Minimum über alle R ü c k w ä r t s b ö g e n derselben Kette. Sei schließlich $\epsilon = \min\,(\epsilon_1, \epsilon_2)$. Dann kann man längs der Kette einen neuen Fluß definieren, indem man den Fluß auf allen Vorwärtsbögen e_i um ϵ vergrößert, $x'(e_i) = x(e_i) + \epsilon$, und indem man den Fluß auf allen Rückwärtsbögen e_i um ϵ verkleinert, $x'(e_i) = x(e_i) - \epsilon$. Dieser neue Fluß x' ist immer noch zulässig, d. h. er erfüllt die Bilanz-gleichungen (1) und die Kapazitätsrestriktionen (2). Darüber hinaus aber hat er einen um ϵ vergrößerten Flußwert $F' = F + \epsilon$. Wenn daher eine solche Kette von s nach t existiert, nennt man sie eine f l u ß v e r g r ö ß e r n d e K e t t e. Da aber nach Vor-aussetzung der ursprüngliche Fluß schon maximal ist, kann keine flußvergrößernde Kette von s nach t existieren, und dieser Widerspruch zeigt, daß $t \in \overline{X}$ sein muß.

Demnach ist $(X, \overline{X})$ ein s-t-Schnitt. Sei $e \in (X, \overline{X})$ mit $I(e) = (u, v)$. Dann muß $x(e) = k(e)$ sein, denn sonst wäre $v \in X$ wegen (i) oben in der Definition von X. Ist dagegen $e \in (\overline{X}, X)$ mit $I(e) = (u, v)$, dann muß $x(e) = 0$ gelten, denn sonst wäre u in X wegen (ii) in der obigen Definition von X. Es folgt somit, wenn (1) über alle $v_j \in X$ summiert wird:

$$F = x(X, \overline{X}) = \sum_{e \in (X, \overline{X})} x(e) = \sum_{e \in (X, \overline{X})} k(e) = k(X, \overline{X}). \tag{10}$$

Da nach Lemma 1 immer $x(X, \overline{X}) \leqslant k(X, \overline{X})$ gilt, muß der Schnitt $(X, \overline{X})$ von minimaler Kapazität sein, und der Satz ist bewiesen.   ∎

An dieser Stelle kann die Verbindung zum Bogen-Zusammenhang $C^e(s, t)$ in einem u n g e r i c h t e t e n Graphen G hergestellt werden. Dies geschieht mit dem folgenden Lemma, das auch später noch von Nutzen sein wird:

Lemma 2 *Ist A eine minimale s-t-Bogen-Schnittmenge in G (im Sinne von Abschnitt 2.1, nicht zu verwechseln mit einem Schnitt minimaler Kapazität im Sinne des MAXMIN-Theorems) und ist X die Menge aller Knoten, die in G − A mit s durch einen Pfad verbunden sind, dann gilt A = $(X, \overline{X})$, wobei hier $(X, \overline{X})$ analog wie oben, die Menge aller Bögen von G bezeichnet, die Knoten von X mit solchen von $\overline{X}$ verbinden.*

B e w e i s. Zuerst wird gezeigt, daß $(X, \overline{X}) \subseteq A$. Ist nämlich $e \in (X, \overline{X})$ und $I(e) = \{u, v\}$, dann ist einer der beiden Endknoten in X (etwa $u \in X$) und der andere in $\overline{X}$ (etwa $v \in \overline{X}$). Wäre nun $e \notin A$, dann könnte auch v von s aus (über u) in G − A erreicht werden, und v wäre ebenfalls in X, was im Widerspruch zu $e \in (X, \overline{X})$ steht. Also muß $e \in A$ und $(X, \overline{X}) \subseteq A$ sein.

Nun ist offenbar $(X, \overline{X})$ eine s-t-Bogen-Schnittmenge, die in A enthalten ist. Da A aber minimal ist, muß $(X, \overline{X}) = A$ gelten.   ∎

Betrachtet man jetzt den gerichteten Graphen G′, den man G zuordnen kann, indem jeder Bogen von G durch ein Paar von entgegengesetzt gerichteten Bögen ersetzt wird, dann wird eine minimale s-t-Bogen-Schnittmenge A = $(X, \overline{X})$ in G zu einem s-t-Schnitt $(X, \overline{X})$ im gerichteten Graphen G′. Sind weiter die Kapazitäten aller Bögen von G′ gleich eins gesetzt, $k(e) = 1$, dann wird die Kapazität eines s-t-Schnittes $(X, \overline{X})$ gleich dessen M ä c h t i g k e i t.

Man sieht nun, daß der s-t-Schnitt $(X, \overline{X})$ minimaler Kapazität aus dem obigen Beweis zu Satz 1 im ungerichteten Graphen G eine s-t-Bogen-Schnittmenge definiert, und zwar eine solche minimaler Mächtigkeit. Daher gilt $k(X, \overline{X}) = C^e(s, t)$. Auf diese Weise kann man also mit der Lösung von bestimmten maximalen Flußproblemen Bogen-Zusammenhänge bestimmen.

Im allgemeinen kann es mehrere, verschiedene Schnitte minimaler Kapazität zwischen s und t geben, wobei natürlich dann alle die gleiche minimale Kapazität besitzen. Das folgende Lemma zeigt, daß man aus zwei Schnitten minimaler Kapazität weitere Schnitte minimaler Kapazität bilden kann.

Lemma 3 *Sind $(X, \overline{X})$ und $(Y, \overline{Y})$ zwei Schnitte minimaler Kapazität zwischen s und t, dann sind $(X \cap Y, \overline{X} \cup \overline{Y})$ und $(X \cup Y, \overline{X} \cap \overline{Y})$ ebenfalls Schnitte minimaler Kapazität zwischen s und t.*

B e w e i s. Ist $X \subseteq Y$, dann gilt $X \cup Y = Y$ und $X \cap Y = X$, so daß $(X \cup Y, \overline{X} \cap \overline{Y})$ $= (Y, \overline{Y})$ und $(X \cap Y, \overline{X} \cup \overline{Y}) = (X, \overline{X})$ gilt.

Sei daher X nicht in Y enthalten (und Y nicht in X). Dann sind die folgenden Mengen nicht leer und paarweise disjunkt

$$P = X \cap Y, \quad Q = \overline{X} \cap Y, \quad R = X \cap \overline{Y}, \quad S = \overline{X} \cap \overline{Y} \tag{11}$$

und es ist $s \in P$, $t \in S$. Sind A und B zwei disjunkte Knotenmenge, dann sei

$$k(A, B) = \sum_{e\,:\,I(e)\,=\,(u,\,v),\,u\in A,\,v\in B} k(e) \tag{12}$$

definiert. Es gilt nun weiter $(X \cap Y, \overline{X} \cup \overline{Y}) = (P, Q \cup R \cup S)$ und $(X \cup Y, \overline{X} \cap \overline{Y})$ $= (P \cup Q \cup R, S)$ und beides sind s-t-Schnitte. Daher folgt

$$k(X, \overline{X}) \leqslant k(P, Q \cup R \cup S), \quad k(X, \overline{X}) \leqslant k(P \cup Q \cup R, S),$$
$$k(Y, \overline{Y}) \leqslant k(P, Q \cup R \cup S), \quad k(Y, \overline{Y}) \leqslant k(P \cup Q \cup R, S). \tag{13}$$

Aus der ersten dieser Ungleichungen ergibt sich unter Berücksichtigung von $(X, \overline{X}) = (P \cup R, Q \cup S)$

$$k(P, Q) + k(P, S) + k(R, Q) + k(R, S) \leqslant k(P, Q) + k(P, R) + k(P, S) \tag{14}$$

oder $\quad k(R, Q) + k(R, S) \leqslant k(P, R). \tag{15}$

Völlig analog ergibt sich aus den restlichen drei Ungleichungen von (13)

$$k(P, Q) + k(R, Q) \leqslant k(Q, S),$$
$$k(Q, R) + k(Q, S) \leqslant k(P, Q),$$
$$k(P, R) + k(Q, R) \leqslant k(R, S). \tag{16}$$

Summiert man die Ungleichungen (15) und (16) alle zusammen, dann folgt

$$2k(R, Q) + 2k(Q, R) \leqslant 0 \quad \text{oder} \quad k(R, Q) = k(Q, R) = 0 \tag{17}$$

da ja alle Kapazitäten $k(e)$ nichtnegativ sind. Setzt man das in (15) und (16) ein, dann stellt sich heraus, daß $k(R, S) = k(P, R)$ und $k(P, Q) = k(Q, S)$ gilt. Daher folgt schließlich

$$k(X, \overline{X}) = k(P, Q) + k(P, S) + k(R, S)$$
$$= k(P, Q) + k(P, S) + k(P, R) = k(X \cap Y, \overline{X} \cup \overline{Y}), \tag{18}$$

$$k(X, \overline{X}) = k(P, S) + k(Q, S) + k(R, S) = k(X \cup Y, \overline{X} \cap \overline{Y}), \tag{19}$$

und das Lemma ist bewiesen. ∎

Zum Abschluß dieses Abschnitts soll nun noch der hier speziell interessierende Fall von Bögen mit Einheitskapazität betrachtet werden. In diesem Fall enthält das MAXMIN-Theorem noch eine weitere Aussage. Wird ein Pfad von s nach t betrachtet und sind alle Bögen auf die Kapazität 1 beschränkt, dann läßt sich längs dem Pfad ein Fluß von genau eins von s nach t verschieben. Pfade von s nach t, die k e i n e n B o g e n gemeinsam haben, nennt man b o g e n d i s j u n k t. Ganz offensichtlich kann man längs jedem Pfad einer Menge von bogendisjunkten Pfaden einen Fluß von 1 von s nach t verschieben. Es sei $p^e(s, t)$ die **m a x i m a l e** Anzahl bogendisjunkter Pfade, die es zwischen s und t gibt. Dann ist ein Fluß der Größe $p^e(s, t)$ zwischen s und t möglich, aber kein größerer. Also ist $p^e(s, t)$, die maximale Zahl bogendisjunkter Pfade zwischen s und t, gleich dem maximalen Fluß zwischen s und t, der seinerseits nach dem MAXMIN-Theorem gleich der Mächtigkeit der kleinsten minimalen Bogen-Schnittmenge zwischen s und t ist. Man hat somit das folgende Korollar zu Satz 1:

Korollar 1 *Die maximale Anzahl bogendisjunkter Pfade zwischen zwei Knoten v_i und v_j eines Graphen G (gerichtet oder ungerichtet) ist gleich der Mächtigkeit der kleinsten Bogen-Schnittmenge zwischen v_i und v_j, oder*

$$p^e(v_i, v_j) = C^e(v_i, v_j). \tag{20}$$

Das ist eine erste Variante eines **M e n g e r s c h e n S a t z e s**. Eine zweite Variante findet sich am Schluß des Abschnitts 3.3.

3.2   Algorithmus zur Bestimmung des maximalen Flusses

Auf der Grundlage der Vorbereitungen des vorangehenden Abschnitts soll in diesem Abschnitt der Algorithmus zur Berechnung des maximalen Flusses von s nach t in einem gerichteten Graphen G dargestellt werden. Dabei werden wieder beliebige (ganzzahlige) Bogen-Kapazitäten angenommen. Dies erlaubt dann die Bestimmung der Bogen-Zusammenhänge $C^e(v_i, v_j)$ für beliebige Paare von Knoten v_i und v_j. Im folgenden Abschnitt wird der Algorithmus dann zur Bestimmung der Knoten-Zusammenhänge $C^v(v_i, v_j)$ abgeändert.

Die Grundidee für den Algorithmus für den maximalen Fluß ist bereits im Beweis zum Satz 1 enthalten. Dort ist mit dem Begriff der **f l u ß v e r g r ö ß e r n d e n K e t t e** das Mittel gegeben, um einen bestehenden Fluß zu **v e r b e s s e r n**, wenn er nicht bereits maximal ist.

Der Algorithmus besteht aus den folgenden Schritten:

1) Man bestimme einen zulässigen Ausgangsfluß $x(e)$, für alle $e \in E$ im Graphen G. Wenn nötig setzt man einfach $x(e) = 0$ für alle Bögen $e \in E$.

2) Man suche eine flußvergrößernde Kette von s nach t für den gegebenen Fluß $x(e)$ in G. Falls keine solche Kette existiert, ist der gegebene Fluß $x(e)$, wie sich nachher zeigen wird, bereits maximal und der Algorithmus kann abgebrochen werden. Wenn andernfalls eine flußvergrößernde Kette mit den Bögen $e_1, e_2, \ldots, e_r$ von s nach t existiert, dann wird über alle **V o r w ä r t s b ö g e n** der Kette $\epsilon_1 = \min(k(e_i) - x(e_i))$ und über alle **R ü c k w ä r t s b ö g e n** der Kette $\epsilon_2 = \min x(e_i)$ ermittelt und $\epsilon = \min(\epsilon_1, \epsilon_2)$ gesetzt.

3) Man bestimme den neuen, **v e r b e s s e r t e n** Fluß. Dazu wird für alle **V o r - w ä r t s b ö g e n** der flußvergrößernden Kette $x(e_i) := x(e_i) + \epsilon$ gesetzt und für alle **R ü c k w ä r t s b ö g e n** der Kette $x(e_i) := x(e_i) - \epsilon$. Für alle anderen Bögen ändert sich der Fluß nicht. Dabei entsteht ein neuer Fluß mit dem Wert $F := F + \epsilon$.

4) Man wiederhole die Schritte 2) und 3), bis in 2) keine neue flußvergrößernde Kette mehr gefunden werden kann.

Zur Bestimmung einer flußvergrößernden Kette kann das Grundschema des Suchens aus dem Abschnitt 2.4 herbeigezogen werden. Dazu wird ein neuer gerichteter Graph G' definiert, der alle Bögen $e \in E$ enthält, für die $x(e) < k(e)$ ist, sowie alle Bögen $e \in E$, jedoch in u m g e k e h r t e r Richtung, für die $x(e) > 0$ gilt. Auf diesen Graphen G' wird der Algorithmus „Finde Pfad von S nach T" des Abschnitts 2.4 für $S = \{s\}$ und $T = \{t\}$ angewandt. Dieser Algorithmus findet entweder einen Pfad von s nach t im Graphen G' oder bricht mit einer Menge $X \subseteq V$ von markierten Knoten ab, wobei $s \in X$ und $t \in \overline{X}$. Im ersten Fall stellt der gefundene Pfad von s nach t in G' eine flußvergrößernde Kette zum Fluß $x(e)$ in G dar. Im anderen Fall ist X genau so definiert wie im Beweis zum Satz 3.1.1. Hat der gegebene Fluß den Wert f, dann gilt demnach $f = k(X, \overline{X})$. Das bedeutet jedoch, daß f der Wert des m a x i m a l e n Flusses ist und daß $(X, \overline{X})$ ein Schnitt m i n i m a l e r Kapazität ist. Daher ist der gefundene Fluß die gesuchte Lösung.

Bei ganzzahligen Kapazitäten ist bei jeder Flußerhöhung ϵ mindestens gleich 1. Da der maximale Fluß endlich ist, können daher nur endlich viele Flußerhöhungen stattfinden, und der Algorithmus bricht somit nach e n d l i c h vielen Schritten mit dem maximalen Fluß ab.

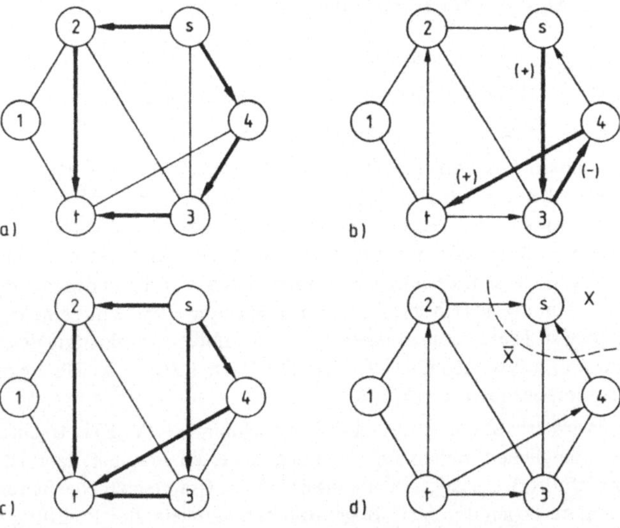

Abb. 1

In der Abb. 1 ist ein Rechenbeispiel zur Bestimmung eines maximalen Flusses zwischen zwei Knoten s und t dargestellt. Es handelt sich um ein Beispiel zur Bestimmung des Bogen-Zusammenhangs zwischen den Knoten s und t. Entsprechend sind die Bogen-Kapazitäten mit 1 angenommen. In der Abb. 1a) ist ein zulässiger Ausgangsfluß angegeben. Bei Einheitskapazitäten auf den Bögen ist klar, daß nur Flüsse $x(e) = 0$ oder 1 für den maximalen Fluß in Betracht kommen und man kann von allem Anfang an sich auf die Untersuchung solcher Flüsse beschränken. Der Graph ist ursprünglich als ungerichtet angenommen. Bögen e ohne Fluß (x(e) = 0) sind ungerichtet eingezeichnet. Bei Bögen mit Fluß (x(e) = 1) ist die Flußrichtung angegeben, und solche Bögen sind fett dargestellt, während der Bogen in der Gegenrichtung nicht dargestellt ist. Dieser Ausgangsfluß hat den Wert F = 2.

In der Abb. 1b) ist zum Ausgangsfluß der Abb. 1a) der Graph G' dargestellt, der zum Auffinden einer flußvergrößernden Kette verwendet wird; dabei sind Paare entgegengesetzt gerichteter Bögen durch einen ungerichteten Bogen dargestellt. Es gibt in der Tat eine flußvergrößernde Kette. Ihre Bögen sind in der Abb. 1b) fett eingetragen. Bei Problemen mit Einheitskapazitäten auf den Bögen und Flüssen mit x(e) = 0 oder 1 ist immer ϵ = 1. Beim neuen, verbesserten Fluß erhalten demnach alle Vorwärtsbögen der flußverbessernden Kette einen Fluß x(e) = 1 und alle Rückwärtsbögen einen Fluß x(e) = 0.

In der Abb. 1c) ist der neue, bessere Fluß mit einem Wert von F = 3 eingetragen (mit gleichen Konventionen wie bei Abb. 1a)). In der Abb. 1d) schließlich ist wieder der dazugehörige Graph G' dargestellt. Es stellt sich heraus, daß es darin keinen Pfad mehr von s nach t gibt; der Fluß mit F = 3 gemäß Abb. 1c) ist somit bereits m a x i m a l. Es kann beim Suchverfahren in G', Abb. 1d) nur gerade der Knoten s markiert werden. Es ist somit X = {s}, und ({s}, {1, 2, 3, 4, t}) ist ein minimaler Schnitt, der 3 Bögen enthält. Also gilt C^e(s, t) = 3 in diesem Beispiel.

3.3   Berechnung von Knoten-Zusammenhängen

In diesem Abschnitt soll die konkrete Bestimmung des Knoten-Zusammenhangs C^v(s, t) zweier Knoten s und t eines Graphen G besprochen werden. Man kann auch dieses Problem auf ein Problem eines maximalen Flusses zurückführen. Damit kann dann erneut der Algorithmus des maximalen Flusses zur Lösung dieser Berechnungsaufgabe herbeigezogen werden. Es zeigt sich jedoch, daß das Problem des maximalen Flusses, das der Bestimmung der Knoten-Zusammenhänge unterlegt wird, eine recht spezielle Struktur aufweist. Diese kann zu einer Anpassung und Vereinfachung des Algorithmus des maximalen Flusses ausgenützt werden. Die Darstellung dieser Überlegungen bildet den Inhalt des vorliegenden Abschnitts.

Es wird erneut ein g e r i c h t e t e r Graph G = (V, E) betrachtet. Bezieht sich das ursprüngliche Problem auf einen ungerichteten Graphen, dann ist dieser wie im Abschnitt 3.1 gezeigt, in einen gerichteten Graphen zu überführen, indem jeder ungerichtete Bogen durch ein Bogenpaar entgegengesetzter Richtung ersetzt wird. Die Grundidee zur Bestimmung des Knoten-Zusammenhangs besteht nun darin, daß jeder Knoten $v \in V$ durch ein K n o t e n p a a r v', v'' und einen Bogen von v' zu v'' ersetzt wird. Die

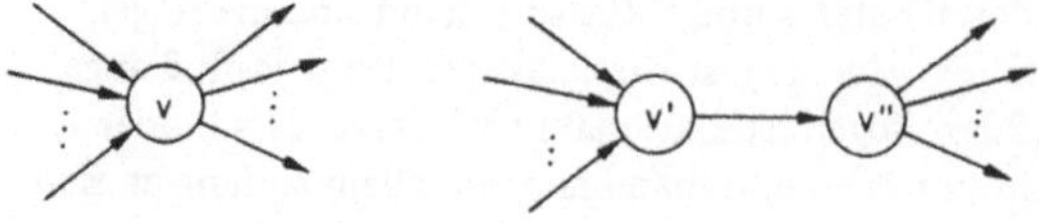

Abb. 1

Bögen in $I^+(v)$, die von v ausgehen, läßt man dann von v'' ausgehen und die Bögen in $I^-(v)$, die in v einmünden, läßt man nun in v' einmünden. In der Abb. 1 ist diese Ausweitung des ursprünglichen Graphen G zu einem neuen Graphen $\overline{G}$ dargestellt.

Den neuen Bögen von v' nach v'' gibt man nun eine Kapazität von 1, während alle alten Bögen unbeschränkte Kapazitäten haben. Damit bringt man zum Ausdruck, daß durch jeden Knoten $v \in V$ im ursprünglichen Graphen G höchstens eine Einheit fließen kann. Dann kann man mit dem Algorithmus des vorangehenden Abschnitts den maximalen Fluß von s'' nach t' suchen. Der Schnitt minimaler Kapazität zwischen s'' und t' wird dann durch Bögen (v', v'') gebildet. Deren Entfernung in G entspricht der Entfernung der entsprechenden Knoten v in G und diese Knoten bilden einen Knoten-Schnitt zwischen s und t in G. Gleichzeitig zeigt das MAXMIN-Theorem angewandt auf das maximale Flußproblem in $\overline{G}$, daß der maximale Fluß gleich der Mächtigkeit des kleinsten Knoten-Schnitts zwischen s und t in G ist. Auf diese Weise kann durch die Bestimmung des maximalen Flusses in $\overline{G}$ tatsächlich der Knoten-Zusammenhang $C^v(s, t)$ in G bestimmt werden.

Dieser Ansatz hat natürlich die unangenehme Folge, daß ein Graph G mit $|V|$ Knoten und $|E|$ Bögen durch einen weit umfangreicheren Graphen G mit $2|V|$ Knoten und $|E| + |V|$ Bögen ersetzt werden muß. Nicht nur wird dadurch der Speicherbedarf für den Algorithmus des maximalen Flusses erhöht, sondern auch der Rechenaufwand, da ja die Suche nach einer flußvergrößernden Kette in einem größeren Graphen stattfinden muß. Da die Struktur des erweiterten Graphen $\overline{G}$ durch den ursprünglichen Graphen G implizit eindeutig festgelegt ist, kann man sich vorstellen, daß der Algorithmus auch auf G ablaufen kann, wenn er entsprechend angepaßt wird; und daß somit die explizite Darstellung und Speicherung von $\overline{G}$ nicht unbedingt notwendig ist. Damit kann der Speicherbedarf im wesentlichen wieder auf den ursprünglichen Umfang reduziert werden. Auf der Seite des Rechenaufwands allerdings gewinnt man dadurch noch nichts. Im Gegenteil dürfte der Aufwand sogar leicht steigen, da man mit einer impliziten statt expliziten Darstellung eines Graphen arbeiten muß. Es zeigt sich aber glücklicherweise, daß Vereinfachungen möglich sind, die auch den Rechenaufwand verkleinern helfen. Daher soll diese Idee im folgenden weiter verfolgt werden.

Die Suche nach einer flußvergrößernden Kette erfolgt im modifizierten Graphen $\overline{G}'$ (siehe den vorangehenden Abschnitt) durch die Anwendung eines entsprechenden Suchalgorithmus wie etwa in Abschnitt 2.4 dargestellt. Bei einem solchen Algorithmus wird zu einem Knoten w, sobald er in Q aufgenommen wird, der Vater $f(w) = v$ notiert, der die Aufnahme von w in die Liste Q veranlaßt. Man beachte, daß je nach Variante des Suchverfahrens ein Knoten w mehrmals neu in die Liste Q aufgenommen wird und daß dabei der Vater immer wieder ändert (vergleiche dazu z. B. das Depth-First-Search-Verfahren). Der endgültige Vater $f(w)$ ist der letzte, bevor w markiert und aus Q entfernt wird. Durch die Vaterfunktion ist der Suchbaum und damit schließlich auch die gefundene, flußvergrößernde Kette bestimmt. Man kann $f(w)$ als eine E t i k e t t e zum Knoten w betrachten, und man kann im vorliegenden Fall der Suche nach einer flußvergrößernden Kette die Etikette noch mit einer „+"- oder „–"-Marke versehen, je nachdem ob der Bogen e, $I(e) = (f(w), w)$ ein V o r w ä r t s b o g e n oder ein R ü c k w ä r t s b o g e n ist.

Auf diese Weise erhalten bei der Suche nach einer flußvergrößernden Kette im Graphen $\overline{G}'$ im allgemeinen sowohl v' als auch v'' gewisse Etiketten, insbesondere (aber nicht nur) wenn die flußvergrößernde Kette durch die beiden Knoten geht. Im Sinne der oben dargestellten Idee des Arbeitens mit G statt mit $\overline{G}$, könnte man den Algorithmus so modifizieren, daß ein Knoten $v \in V$ unter Umständen zwei Etiketten (eine für v' und eine für v'') erhält. Anders ausgedrückt heißt das, daß das Suchverfahren für die flußvergrößernde Kette auf G so abgeändert werden muß, daß ein Knoten v eventuell z w e i - m a l markiert wird (einmal für v' und einmal für v''), bevor er endgültig als erledigt betrachtet und aus der Liste Q entfernt werden kann.

Wie schon gesagt, ist damit noch nicht viel gewonnen. Nun seien aber die möglichen Etikettierungen von v' und v'' genauer betrachtet. Dabei wird im folgenden vorausgesetzt, daß auch die Bögen $e \in E$ des ursprünglichen Graphen G die Kapazität 1 haben. Diese Annahme kann man offensichtlich ohne Schaden für das Problem treffen, da auch ohne diese Einschränkung nie ein Bogen mehr als einen Einheitsfluß tragen wird.

Wenn nun v' vor v'' markiert wird, dann muß es einen Bogen $e \in E$ mit $I(e) = (u'', v')$ und $x(e) = 0$ geben, und die Etikette von v' kann nur von der Form $(u'', +)$ sein. Es gibt in dieser Situation zwei mögliche Fälle. Entweder ist der Fluß von v' nach v'' gleich 1 (siehe Abb. 2a)). Dieser Fall wird als Situation (1) bezeichnet. Dann kann v'' n i c h t von v' aus im Moment wo v' markiert wird etikettiert werden. v'' ist kein Nachfolger von v' in $\overline{G}'$. In diesem Fall wird v'' eventuell später eine Etikette von einem anderen Knoten w' aus erhalten. Diese Etikette muß dann notwendigerweise von der Form $(w', -)$ sein. In der zweiten Situation ist der Fluß von v' nach v'' gleich 0 (siehe Abb. 2b)). Diese Situation wird als Situation (2) bezeichnet. Dann erhält v'' die Etikette $(v', +)$ im Moment, wo v' markiert und aus der Liste Q entfernt wird.

Wenn umgekehrt v'' vor v' markiert wird, dann muß es einen Bogen $e \in E$ mit $I(e) = (v'', w')$ und $x(e) = 1$ geben. Die Etikette von v'' kann somit in diesem Fall nur von der Form $(w', -)$ sein. Dann muß notwendigerweise der Fluß von v' nach v'' gleich 1 sein, d. h. es kann nur die in Abb. 2c) dargestellte Situation vorhanden sein. Das sei die

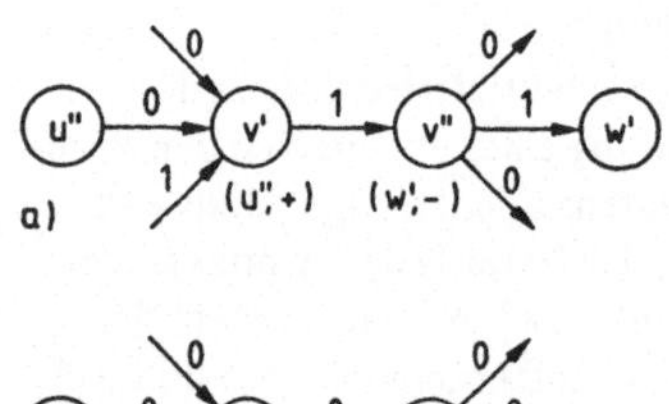

Abb. 2

Situation (3). In dieser Situation erhält aber v′ die Etikette (v″, −) anläßlich der Markierung von v″.

In den Fällen (2) (Abb. 2b)) und (3) (Abb. 2c)) kann sich unter Umständen nach der Markierung von v′ bzw. von v″ die Etikette von v″ bzw. v′ noch ändern, bevor diese Knoten endgültig markiert (und aus der Liste Q entfernt) werden. Das folgende Lemma zeigt aber, daß man ohne Verlust an Allgemeinheit, das Suchverfahren so umgestalten darf, daß in diesen beiden Fällen sich die Etikettierung von v″ bzw. v′ n i c h t m e h r ä n d e r t nach der Markierung von v′ bzw. v″.

Lemma 1 *Gibt es eine flußvergrößernde Kette zwischen s″ und t′ im Graphen $\overline{G}$, die v′ und v″ enthält, dann gibt es auch eine solche die v′ und v″ in genau einer der drei Situationen* (1), (2) *oder* (3) *enthält.*

B e w e i s. Es wird eine flußvergrößernde Kette betrachtet, die v′ und v″ enthält, aber nicht in einer der drei Situationen (1) bis (3). Ist v′ vor v″ auf dieser Kette, dann heißt dies, daß v′ vor v″ markiert wurde (siehe Abb. 3a)). Wenn der Fluß von v′ nach v″ gleich 1 wäre, hätte man hier entgegen der Annahme die Situation (1). Also ist der Fluß von v′ nach v″ gleich 0. Dann kann bei Markierung von v′ wie in Situation (2) v″ die Marke (v′, +) erhalten. Der Rest der flußvergrößernden Kette von v″ bis t′ kann auch bei Markierung von v″ mit dieser Etikette genau gleich gefunden werden. Die Kette mit der Abkürzung über den Bogen von v′ nach v″ gemäß Situation (2) ist in diesem Fall also auch eine flußvergrößernde Kette, und zwar eine, die v′ und v″ in der Situation (2) enthält.

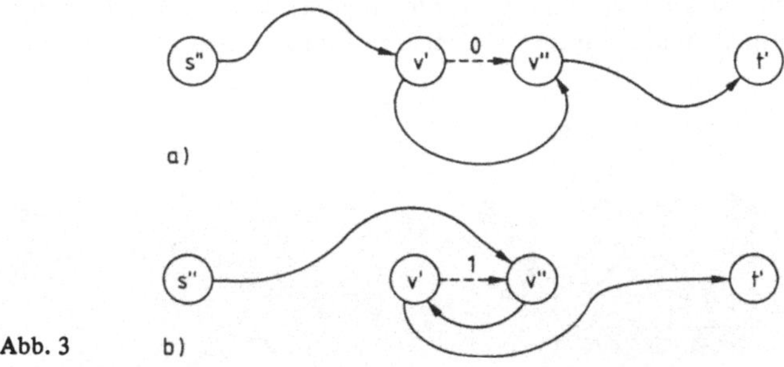

Ist v″ vor v′ auf der flußvergrößernden Kette, dann wurde v″ vor v′ markiert, und es muß daher wie in Situation (3) der Fluß von v′ nach v″ gleich 1 sein (siehe Abb. 3b)). Bei der Markierung von v″ erhielt gemäß Situation (3) der Knoten v′ die Etikette (v″, −). Auch in diesem Fall kann dann die flußvergrößernde Kette von v′ nach t′ fortsetzen wie vorher. Das heißt, die Abkürzung über den Bogen von v′ nach v″ ergibt auch in diesem Fall eine flußvergrößernde Kette, und zwar eine, die jetzt v′ und v″ in der Situation (3) enthält. ∎

Wenn man nun erneut auf G arbeitet, dann ist klar, daß es in der Situation (2) genügt, v mit (u, +) zu etikettieren. Es ist dann implizit, daß v″ mit (v′, +) etikettiert ist. Ebenso genügt es in der Situation (3) v mit (w, −) zu etikettieren, wobei die Etikettierung von v′

in diesem Fall mit (v″, −) implizit ist. In beiden Fällen dürfen v′ u n d v″ als gleichzeitig markiert angenommen werden. Das bedeutet, daß in diesen beiden Fällen bei Markierung von v ein unmarkierter Knoten u so, daß e ∈ E mit I(e) = (u, v) und x(e) = 1 mit (v, −) und alle unmarkierten Knoten w so, daß e ∈ E mit I(e) = (v, w) und x(e) = 0 mit (v, +) etikettiert und in Q aufgenommen werden können.

In der Situation (1) dagegen wird v mit (u, +) etikettiert und darf aber nicht als (endgültig) markiert gelten. Das heißt, die Möglichkeit, daß v nochmals etikettiert und in die Liste Q aufgenommen wird, muß offengehalten werden. In diesem Fall erhält v eine zweite Etikette (w, −). Ist v in dieser Situation erst mit (u, +) etikettiert und wird v in der Liste Q zur Bearbeitung ausgewählt, dann kann in diesem Moment höchstens ein unmarkierter Knoten u so, daß e ∈ E mit I(e) = (u, v) und x(e) = 1 etikettiert werden. Erst, wenn später eventuell v eine zweite Marke erhält, kann v endgültig markiert werden. In diesem Moment können auch alle unmarkierten Knoten w so, daß e ∈ E mit I(e) = (v, w) und x(e) = 0 mit (v, +) etikettiert werden.

Dieses Verfahren sei an einem Beispiel illustriert. In Abb. 4a) ist ein (ungerichteter) Graph dargestellt, und ein Ausgangsfluß ist eingezeichnet. Das oben beschriebene Verfahren der Etikettierung und Markierung kann nun wie erläutert direkt auf diesem Graphen durchgeführt werden. Als erstes wird s mit (+) etikettiert. Wenn nun s endgültig markiert wird, dann kann nur der Knoten 2 mit (s, +) etikettiert werden. Dabei gilt die Situation (2). Daher kann 2 endgültig markiert werden. Dabei werden die Knoten 3 und 4 je mit (2, +) etikettiert. Der Knoten 3 ist aber in der Situation (1), während 4 in der Situation (2) ist. Anschließend wird Knoten 1 von 3 aus mit (3, −) etikettiert. Da Knoten 3 aber wie erwähnt in der Situation (1) ist, kann 3 nicht endgültig markiert werden, er muß eventuell später nochmals mit einer zweiten Etikette versehen werden.

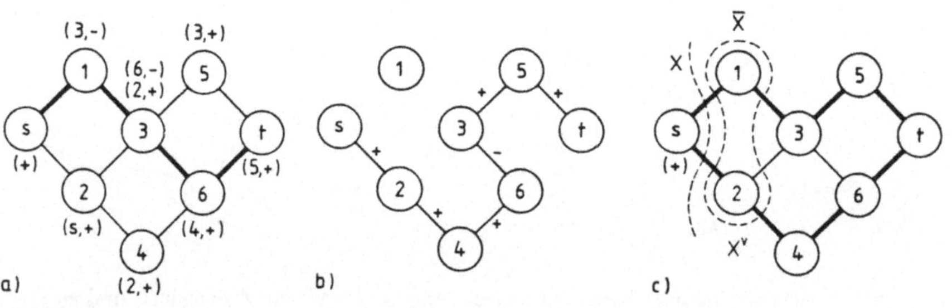

Abb. 4

Der Knoten 4 jedoch (Situation (2)) kann endgültig markiert werden und dabei wird Knoten 6 mit (4, +) etikettiert. Anschließend wird 6 endgültig markiert (Knoten 6 ist auch in der Situation (2)). Dabei erhält Knoten 3 seine zweite Etikette (6, −). Jetzt kann Knoten 3 endgültig markiert werden, wobei Knoten 5 die Etikette (3, +) erhält. Schließlich wird Knoten 5 endgültig markiert, und dabei erhält t die Etikette (5, +).

Da t auf diese Weise markiert werden kann, gibt es eine flußvergrößernde Kette. Diese findet man mit Hilfe der Etiketten der Knoten. Rückwärts, ausgehend von t findet man t, (t, 5), 5, (5, 3), 3 . . . Der Knoten 3 hat zwei Etiketten. Zuerst ist offenbar die zweite

Etikette maßgebend um die Kette weiter rückwärts zu rekonstruieren. Daher findet man weiter ... 3, (3, 6), 6, (6, 4), 4, (4, 2), 2, (2, s), s. Diese flußvergrößernde Kette ist in Abb. 4b) dargestellt. Längs dieser Kette ändert sich der Fluß wie üblich um ±1, je nachdem es sich um Vorwärts- oder Rückwärtsbogen handelt.

In der Abb. 4c) ist der neue Fluß eingezeichnet. Ausgehend von s kann nun hier kein einziger weiterer Knoten markiert werden. Der gefundene Fluß ist daher bereits maximal. Wie aber kann man den minimalen Knoten-Schnitt finden, der diesen Fluß begrenzt? Die eine Möglichkeit wäre zum erweiterten Graphen $\overline{G}$ überzugehen. Einfacher ist es aber, auch für diesen letzten Schritt beim Graphen G zu bleiben.

Dazu sind einige Lemmata notwendig. Sei X die Menge der markierten Knoten, $s \in X$ und $t \in \overline{X}$. Es bezeichne ferner Xg die Menge der markierten Knoten in X, die durch einen Bogen mit einem unmarkierten Knoten verbunden sind, $Xg = \{v \in X:$ es gibt $e \in E$ mit $I(e) = (v, w), w \in \overline{X}\}$. Der Graph G ist als stark zusammenhängend vorausgesetzt. Dann ist Xg nicht leer.

Lemma 2 *Ist* $v \in Xg$, *dann kann* v *keine Etikette der Form* (w, −) *haben.*

B e w e i s. Es gibt einen Bogen $e \in E$, $I(e) = (v, u)$, $u \in \overline{X}$. Dann muß $x(e) = 1$ sein, denn sonst könnte man u von v aus etikettieren. Es kann aber nur einen von v ausgehenden Bogen e mit $x(e) = 1$ geben, nämlich (v, u). Hätte nun v eine Etikette der Form (w, −), dann hätte v diese Etikette nur eben über diesen Bogen e mit $x(e) = 1$ und $I(e) = (v, w)$ erhalten können und $w \in \overline{X}$ hätte markiert sein müssen. Das ist ein Widerspruch und v kann daher keine Marke der Form (w, −) haben. ∎

Sind A und B zwei Mengen von Knoten, dann bezeichne

$$x(A, B) = \sum_{e \text{ mit } I(e) = (u, v),\, u \in A,\, v \in B} x(e) \tag{1}$$

x(A, B) stellt also den gesamten Fluß auf den Bögen, die von A nach B führen, dar. Ist $A = \{a\}$, dann wird für x(A, B) auch x(a, B) geschrieben, ebenso x(A, b) oder x(a, b), wenn $B = \{b\}$.

Lemma 3 *Ist* $v \in Xg$, $v \neq s$ *dann gilt* $x(v, \overline{X}) = 1$ *und* $x(\overline{X}, v) = 0$.

B e w e i s. Nach Lemma 2 hat v nur eine Etikette (u, +). Für den Knoten gilt also Situation (1) oder (2) (siehe Abb. 2a) und b)). Wenn es einen Bogen $e \in E$ mit $I(e) = (u, v)$, $u \in \overline{X}$ und $x(e) = 1$ gäbe, dann könnte u von v aus etikettiert und damit markiert werden. Das ist ein Widerspruch. Daher muß $x(\overline{X}, v) = 0$ gelten. In Tat und Wahrheit kann v nicht in der Situation (2) sein, denn sonst würde es mindestens einen Bogen $e \in E$, $I(e) = (v, w)$, $w \in \overline{X}$ und $x(e) = 0$ geben. Dann könnte aber w von v aus etikettiert werden. Das ist ein Widerspruch.

v ist also in der Situation (1) (siehe Abb. 2a)). Es gibt also insbesondere einen Bogen e mit $x(e) = 1$ und $I(e) = (v, w)$. Wären v und w in X, dann müßte v eine Etikette (w, −) haben, was nach Lemma 2 nicht möglich ist. Also muß $w \in \overline{X}$ sein und es gilt $x(v, \overline{X}) = 1$. ∎

Lemma 4 *Ist* $e \in E$ *ein Bogen mit* $I(e) = (s, u)$, $e \in (X, \overline{X})$, *dann gilt* $x(e) = 1$ *und* $x(u, s) = 0$.

B e w e i s. Wäre auf dem Bogen e, der von s nach u führt, x(e) = 0, dann könnte u von s aus etikettiert werden. Das ist ein Widerspruch und folglich gilt x(e) = 1. Gibt es umgekehrt einen Bogen e, der von $u \in \overline{X}$ nach s führt, I(e) = (u, s) und ist x(e) = 1, dann kann u ebenfalls von s aus etikettiert werden. Auch das ist ein Widerspruch, und folglich gilt x(u, s) = 0. ∎

Xg ist offensichtlich ein s-t-Knoten-Schnitt. Ist $s \notin Xg$, dann bezeichne $X^v = Xg$. Nach Lemma 3 gilt dann $F = |X^v|$, wenn F der maximale Fluß von s nach t in obigem Problem ist. In diesem Fall ist also X^v ein s-t-Knoten-Schnitt minimaler Mächtigkeit. Ist dagegen $s \in Xg$, dann wird

$$X^v = (Xg - \{s\}) \cup \{u \in \overline{X}: \text{es gibt } e \in E \text{ mit } I(e) = (s, u)\} \tag{2}$$

definiert. Nach Lemma 3 und Lemma 4 gilt auch in diesem Fall $F = |X^v|$. Ferner ist X^v immer noch ein s-t-Knoten-Schnitt und daher ist X^v auch in diesem Fall ein s-t-Knoten-Schnitt minimaler Mächtigkeit. Dieses Ergebnis sei in einem Satz festgehalten.

Satz 1 X^v *ist ein* s-t-*Knoten-Schnitt minimaler Mächtigkeit und es gilt*

$$C^v(s, t) = |X^v|. \tag{3}$$

Im Rechenbeispiel, das in Abb. 4 dargestellt ist, konnte am Schluß (siehe Abb. 4c)) nur noch s markiert werden. Es ist also Xg = {s}. Nach (2) findet man $X^v = \{1, 2\}$ als einen s-t-Knoten-Schnitt minimaler Mächtigkeit. Dementsprechend findet man in diesem Beispiel auch $C^v(s, t) = 2$. Das Beispiel zeigt aber auch, daß es noch andere s-t-Knotenschnitte minimaler Mächtigkeit geben kann.

Zum Abschluß dieses Abschnitts wird noch eine weitere Variante eines M e n g e r - s c h e n S a t z e s gegeben; man vergleiche dazu auch Korollar 1 im Abschnitt 3.1. Zwei Pfade von s nach t heißen k n o t e n d i s j u n k t , wenn sie keine gemeinsamen Knoten außer s und t besitzen. Es bezeichne nun $p^v(s, t)$ die maximale Anzahl knotendisjunkter Wege, die es zwischen s und t gibt. Jeder Menge von knotendisjunkter Pfade von s nach t in G entspricht eineindeutig eine Menge von bogendisjunkten Pfaden im erweiterten Graphen $\overline{G}$. Wendet man Korollar 3.1.1 auf $\overline{G}$ an, dann findet man daher das folgende Ergebnis:

Satz 2 *Die maximale Anzahl knotendisjunkter Wege von* s *nach* t *in* G *ist gleich der Mächtigkeit des kleinsten* s-t-*Knoten-Schnitts, oder auch*

$$p^v(s, t) = C^v(s, t). \tag{4}$$

Es ist klar, daß knotendisjunkte Pfade auch bogendisjunkt sein müssen. Die Zahl der letzteren ist also mindestens so groß wie die Zahl der ersteren. Daher ergibt sich aus Korollar 3.1.1 und Satz 2 schließlich noch die Ungleichung

$$C^v(v_i, v_j) \leqslant C^e(v_i, v_j) \tag{5}$$

für alle Paare von Knoten, für die der Knoten-Zusammenhang definiert ist, d. h. die nicht durch einen Bogen verbunden sind.

Kommentar zu Kapitel 3

Das Problem des maximalen Flusses ist wohlbekannt. Der in Abschnitt 3.2 beschriebene Algorithmus und das MAXMIN-Theorem stammen von F o r d , F u l k e r s o n (1962), siehe dazu auch H u (1972). Für neuere Entwicklungen dazu, insbesondere auch den hier interessierenden Fall von Netzwerken mit Kapazität 1 sei auf E v e n (1979) sowie P a p a d i m i t r i o u , S t e i g l i t z (1982) verwiesen.

Der Algorithmus im Abschnitt 3.3 zur Berechnung von Knoten-Zusammenhängen stammt von F r i s c h (1967a und b).

4 Kohäsion von Graphen

4.1 System der Bogen-Zusammenhänge

Das Thema dieses Kapitels ist die konkrete Berechnung der K o h ä s i o n $C^e(G)$ von ungerichteten Graphen $G = (V, E)$. Diese Größe ist gemäß ihrer Definition (2.1.2) das Minimum aller Bogen-Zusammenhänge $C^e(v_i, v_j)$ aller Knotenpaare v_i und v_j des Graphen G. Es scheint demnach auf den ersten Blick, als ob $|V|(|V| - 1)/2$ Bogen-Zusammenhänge zu berechnen sind, um die Kohäsion zu bestimmen. Eine genauere Betrachtung der Situation zeigt aber rasch, daß enge Beziehungen zwischen den Bogen-Zusammenhängen oder eigentlich genauer gesagt, unter den maximalen Flüssen zwischen verschiedenen Knotenpaaren in einem Graphen G bestehen. Diese haben zur Folge, daß es genügt, $|V| - 1$-Bogen-Zusammenhänge zu berechnen, um die Kohäsion bestimmen zu können.

In diesem ersten Abschnitt sollen diese Beziehungen zwischen den Bogen-Zusammenhängen oder maximalen Flüssen in einem Graphen G dargelegt werden. Für u n g e - r i c h t e t e Graphen gibt es, darauf basierend, einen wirkungsvolleren Algorithmus, der im folgenden Abschnitt vorbereitet und im Abschnitt 4.3 dargestellt wird.

Die nachfolgenden Lemmata enthalten einige erste Ergebnisse, die zeigen, daß man in der Tat nicht $|V|(|V| - 1)$-Bogen-Zusammenhänge benötigt, um die Kohäsion bestimmen zu können.

Lemma 1 *Ist* $G = (V, E)$ *ein ungerichtetet, zusammenhängender Graph G und* $v_i \in V$ *ein beliebiger Knoten von G, dann gilt*

$$C^e(G) = \min_{v_j \in V - \{v_i\}} C^e(v_i, v_j). \tag{1}$$

B e w e i s. Sei $T \subseteq E$ eine Bogen-Schnittmenge kleinster Mächtigkeit in G, $|T| = C^e(G)$. Dann gibt es eine Knotenteilmenge X derart, daß $T = (X, \overline{X})$ (vergleiche Lemma 3.1.2). Ist nun etwa $v_i \in X$, dann ist T ein v_i-v_j-Schnitt für alle $v_j \in \overline{X}$ und es gilt $C^e(v_i, v_j) = C^e(G)$. Das beweist das Lemma. ∎

Dieses Lemma zeigt schon, daß es genügt, $|V| - 1$-Bogen-Zusammenhänge bei ungerichteten Graphen zu bestimmen, um die Kohäsion zu finden. Die folgenden zwei Lemmata zeigen, daß noch weitere Beziehungen unter den Bogen-Zusammenhängen, oder allgemeiner, unter den maximalen Flüssen zwischen verschiedenen Knotenpaaren bestehen. Der Wert des maximalen Flusses zwischen den Knoten v_i und v_j sei mit $F(v_i, v_j)$ bezeichnet, wobei unterstellt ist, daß die Kapazitäten $k(e)$ der Bögen $e \in E$ festgehalten werden.

Lemma 2 *Ist* $G = (V, E)$ *ein ungerichteter, zusammenhängender Graph, dessen Bögen* $e \in E$ *mit Kapazitäten* $k(e)$ *versehen sind, dann gilt für alle Tripel* v_i, v_j, v_k *von Knoten* *aus* V

$$F(v_i, v_j) \geqslant \min\ (F(v_i, v_k), F(v_k, v_j)) \tag{2}$$

B e w e i s. Es sei $(X, \overline{X})$ ein Schnitt minimaler Kapazität für das maximale Flußproblem zwischen v_i und v_j, $v_i \in X$ und $v_j \in \overline{X}$. Wenn dann $v_k \in X$ ist, dann gilt $F(v_k, v_j) \leqslant k(X, \overline{X})$ $= F(v_i, v_j)$. Und wenn $v_k \in \overline{X}$ ist, dann gilt $F(v_i, v_k) \leqslant k(X, \overline{X}) = F(v_i, v_j)$. Daraus folgt (2). ∎

Als unmittelbare Folgerung ergibt sich aus (2), daß auch eine analoge Beziehung für die Bogen-Zusammenhänge gilt

$$C^e(v_i, v_j) \geqslant \min\ (C^e(v_i, v_k), C^e(v_k, v_j)). \tag{3}$$

Ferner folgt aus (2) auch, daß für eine beliebige Folge von Knoten $v_1, v_2, \ldots, v_r$

$$F(v_1, v_r) \geqslant \min\ (F(v_1, v_2), F(v_2, v_3), \ldots, F(v_{r-1}, v_r)) \tag{4}$$

gilt, und wiederum gilt auch eine analoge Beziehung für die Bogen-Zusammenhänge. Schließlich ermöglicht das Lemma 2 noch die folgende Aussage:

Lemma 3 *Ist G ein ungerichteter, zusammenhängender Graph, dessen Bögen e $\in$ E alle mit einer Kapazität* $k(e)$ *versehen sind, dann gibt es unter den* $|V|(|V| - 1)/2$ *maximalen Flußgrößen* $F(v_i, v_j)$ h ö c h s t e n s $|V| - 1$ v e r s c h i e d e n e *Werte.*

B e w e i s. Man bilde über V den m a x i m a l e n s p a n n e n d e n B a u m mit den Gewichten $F(v_i, v_j)$ (vergleiche Abschnitt 2.2). Dieser Baum besteht aus $|V| - 1$-Bögen und den dazugehörigen Gewichten. Sind v_i und v_j zwei beliebige Knoten aus V, dann gibt es im spannenden Baum genau einen Pfad von v_i nach v_j. Nach (4) gilt $F(v_i, v_j) \geqslant \min$ $F(v_h, v_k)$ längs diesem Pfad. Dabei ist aber $F(v_i, v_j) > \min F(v_h, v_k)$ nicht möglich, da sonst der spannende Baum nicht maximal wäre. Es muß also Gleichheit herrschen, und es gibt im Baum somit einen Bogen von v_h nach v_k derart, daß $F(v_h, v_k) = F(v_i, v_j)$ gilt. Jeder maximale Flußwert $F(v_i, v_j)$ findet sich demnach auch unter den $|V| - 1$-Werten des spannenden Baumes, und es kann wie behauptet höchstens $|V| - 1$ verschiedene Flußwerte geben. ∎

Als Konsequenz aus diesem Lemma folgt natürlich auch, daß es in einem ungerichteten Graphen G höchstens $|V| - 1$ verschiedene Bogen-Zusammenhänge gibt. Dank diesen Ergebnissen kann man in ungerichteten Graphen alle Bogen-Zusammenhänge besonders wirkungsvoll feststellen. Im Abschnitt 4.3 ist ein diesbezüglicher Algorithmus dargestellt. Im folgenden Abschnitt werden noch einige Vorbereitungen für diesen Algorithmus zusammengestellt.

4.2   Systeme von Schnitten

In diesem Abschnitt werden Bogen-Schnittmengen der Form $(X, \overline{X})$ für verschiedene Knotenpaare v_i, v_j betrachtet. Insbesondere werden einige Ergebnisse über Beziehungen zwischen solchen Schnittmengen hergeleitet und bewiesen. Diese Resultate dienen dann im nächsten Abschnitt der Gestaltung eines wirkungsvollen Algorithmus für die Berechnung der Kohäsion $C^e(G)$ von ungerichteten Graphen G. Es werden dementsprechend in diesem Abschnitt nur u n g e r i c h t e t e Graphen G = (V, E) betrachtet.

Sind $(X, \overline{X})$ und $(Y, \overline{Y})$ zwei Bogen-Schnittmengen eines Graphen G, dann werden folgende Knotenmengen definiert (siehe Abb. 1):

$$P = X \cap Y, \qquad R = X \cap \overline{Y},$$
$$Q = \overline{X} \cap Y, \qquad S = \overline{X} \cap \overline{Y}. \tag{1}$$

Ist keine dieser vier Mengen leer, dann sagt man, daß sich die beiden Schnitte $(X, \overline{X})$ und $(Y, \overline{Y})$ k r e u z e n. Andernfalls ist die eine Schnitthälfte Y oder $\overline{Y}$ des einen Schnitts eine Teilmenge der einen Schnitthälfte X oder $\overline{X}$ des anderen Schnitts. In diesem Fall kann man wenn nötig durch Umbenennung der Schnitthälften immer annehmen, daß $\overline{Y} \subseteq \overline{X}$ gilt. Das bedeutet dann, daß Bögen von G, die Knoten von X verbinden, nicht zum Schnitt $(Y, \overline{Y})$ gehören.

Lemma 1 *Wenn $(X', \overline{X}')$ und $(Y, \overline{Y})$ sowie $(X'', \overline{X}'')$ und $(Z, \overline{Z})$ sich nicht kreuzen, dann kreuzt entweder $(X' \cap X'', \overline{X}' \cup \overline{X}'')$ beide Schnitte $(Y, \overline{Y})$ und $(Z, \overline{Z})$ nicht oder $(X' \cup X'', \overline{X}' \cap \overline{X}'')$ kreuzt beide Schnitte $(Y, \overline{Y})$ und $(Z, \overline{Z})$ nicht.*

B e w e i s. Es sind die verschiedenen Fälle der Inklusion der einen Schnitthälfte des einen Schnitts in der einen Schnitthälfte des anderen Schnitts zu untersuchen. Ist z. B. $X' \subseteq Y$ und $X'' \subseteq Z$, dann folgt $X' \cap X'' \subseteq Y$ und $X' \cap X'' \subseteq Z$. Alle anderen Fälle können analog bewiesen werden. ∎

Im Algorithmus des folgenden Abschnitts spielt die Operation des Zusammenfassens einer Teilmenge von Knoten zu einem einzigen, neuen Knoten eine wichtige Rolle. Sei $X \subseteq V$ eine Teilmenge von Knoten von G. Wenn nun die Knoten in X zu einem einzigen Knoten zusammengefaßt werden, dann werden für alle Knoten $v \in \overline{X}$ alle Bögen $e \in I(v)$ mit $I(e) \cap X \neq \emptyset$ durch einen einzigen Bogen e' ersetzt. Und die Kapazität des neuen

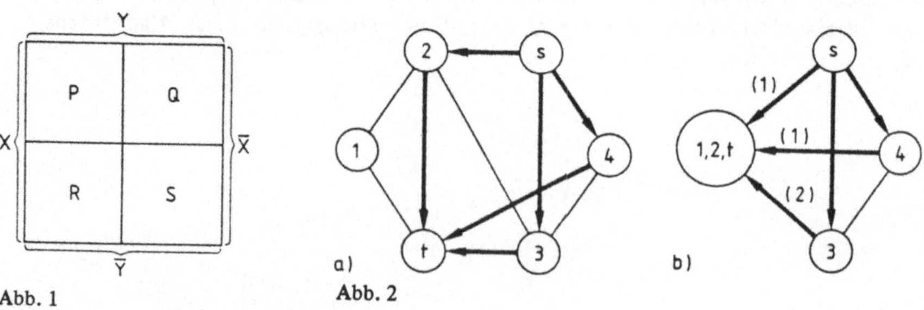

Abb. 1   Abb. 2

Bogens e′ wird gleich der Summe der Kapazitäten der Bögen, die er ersetzt, gesetzt:

$$k(e') = \sum_{e \,\in\, I(v),\, I(e)\,\cap\, X \,\neq\, \varnothing} k(e). \qquad (2)$$

Die Bögen, die Knoten innerhalb X verbinden, werden entfernt. Da ihre Kapazitäten dann nicht mehr flußbegrenzend sind, kann man auch sagen, daß ihre Kapazität unbeschränkt geworden ist. In der Abb. 2 ist ein Beispiel zu dieser Operation dargestellt. Die Kapazitäten aller Bögen sind gleich 1 vorausgesetzt. Der Fluß in Abb. 2a) ist der maximale Fluß zwischen s und t, vergleiche Abb. 3.2.1c). Wenn man nun die Knotenmenge $X = \{1, 2, t\}$ zu einem Knoten zusammenfaßt, dann werden nur Bögen außerhalb des Schnitts minimaler Kapazität $(Y, \overline{Y}) = (\{s\}, \{1, 2, 3, 4, t\})$ entfernt. Dadurch können sich höchstens die Kapazitäten anderer Schnitte, die s und t trennen erhöhen. Folglich bleibt $(Y, \overline{Y})$ ein Schnitt minimaler Kapazität und die Bestimmung des maximalen Flusses zwischen s und t kann ebensogut auf dem reduzierten Graphen der Abb. 2b) erfolgen.

Solche oder ähnliche Ideen werden im Algorithmus des folgenden Abschnitts ausgewertet. Die nachfolgenden Lemmata enthalten eine Reihe von Ergebnissen, die dieses Zusammenfassen von Knoten in einem größeren Rahmen ermöglichen.

Lemma 2 $(X, \overline{X})$ *sei ein Schnitt minimaler Kapazität zwischen* v_i *und* v_j *und sei* $v_h, v_k \in \overline{X}$. *Dann gibt es einen Schnitt minimaler Kapazität* $(Z, \overline{Z})$ *zwischen* v_h *und* v_k, *der* $(X, \overline{X})$ *nicht kreuzt.*

Zur Erläuterung der Aussage des Lemmas 2 kann Abb. 3a) betrachtet werden. Es ist also z. B. $\overline{Z} \subseteq \overline{X}$. Das Lemma sagt in diesem Fall aus, daß zur Bestimmung des maximalen Flusses zwischen v_h und v_k die Knoten in X auch z u s a m m e n g e f a ß t werden dürfen, da ja kein Bogen zwischen Knoten von X zum Schnitt minimaler Kapazität $(Z, \overline{Z})$ zwischen v_h und v_k gehören kann.

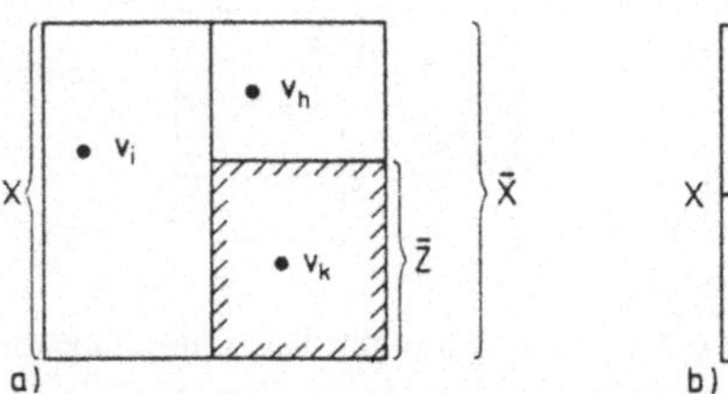

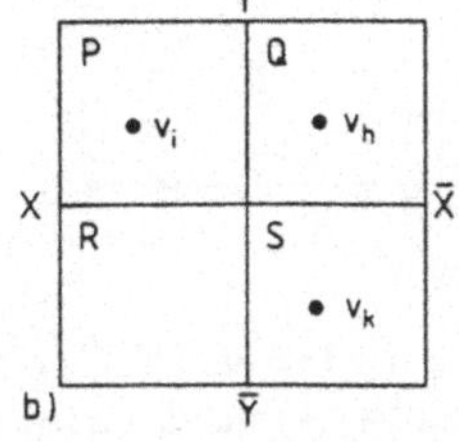

Abb. 3

B e w e i s. Sei $(Y, \overline{Y})$ ein Schnitt minimaler Kapazität zwischen v_h und v_k. Wenn $(Y, \overline{Y})$ und $(X, \overline{X})$ sich kreuzen, dann sind die Mengen P, Q, R, S, definiert nach (1), nicht leer. Wenn $v_h \in Y$ und $v_k \in \overline{Y}$, was man ohne Verlust an Allgemeinheit annehmen kann, dann gilt $v_h \in \overline{X} \cap Y = Q$ und $v_k \in \overline{X} \cap \overline{Y} = S$. Dann gibt es zwei Fälle, je nachdem, ob $v_i \in X \cap Y = P$ oder $\in X \cap \overline{Y} = R$. Diese beiden Fälle unterscheiden sich jedoch nicht wesentlich, da man eventuell durch Vertauschen von v_h und v_k den zweiten in den ersten Fall überführen kann. Es gelte also die Situation, wie sie in Abb. 3b) dargestellt ist. Dann ist $(P, Q \cup R \cup S)$ ein v_i-v_j-Schnitt und folglich gilt

$$k(X, \overline{X}) = k(P, Q) + k(P, S) + k(R, Q) + k(R, S)$$
$$\leqslant k(P, Q) + k(P, R) + k(P, S) = k(P, Q \cup R \cup S). \tag{3}$$

Daraus folgt $k(R, S) \leqslant k(P, R)$. Und daraus wiederum ergibt sich

$$k(Y, \overline{Y}) = k(P, R) + k(P, S) + k(Q, R) + k(Q, S)$$
$$\geqslant k(P, S) + k(Q, S) + k(R, S) = k(P \cup Q \cup R, S). \tag{4}$$

$(P \cup Q \cup R, S)$ ist aber ebenfalls ein v_h-v_k-Schnitt; deshalb muß in (4) Gleichheit gelten und $(P \cup Q \cup R, S)$ hat ebenfalls minimale Kapazität. Zudem kreuzen sich $(X, \overline{X})$ und $(P \cup Q \cup R, S)$ nicht. Damit ist das Lemma bewiesen.   ■

Eine Illustration zu diesem Lemma kann in Abb. 2a) gefunden werden. Dort ist $(X, \overline{X}) = (\{s\}, \{1, 2, 3, 4, t\})$ ein Schnitt minimaler Kapazität zwischen s und t. Betrachtet man nun 1 und $t \in \overline{X}$, dann ist offensichtlich $(Z, \overline{Z}) = (\{1\}, \{2, 3, 4, s, t\})$ ein Schnitt minimaler Kapazität zwischen 1 und t. $(X, \overline{X})$ und $(Z, \overline{Z})$ kreuzen sich nicht.

Lemma 3 $(X, \overline{X})$ *sei ein Schnitt minimaler Kapazität zwischen* v_i *und* v_j *und* $v_k \in \overline{X}$. *Dann gibt es einen Schnitt minimaler Kapazität* $(Z, \overline{Z})$ *zwischen* v_i *und* v_k, *der* $(X, \overline{X})$ *nicht kreuzt.*

Die Abb. 4a) stellt eine mögliche Situation dar, wie sie sich nach Lemma 3 präsentieren muß. In diesem Fall erkennt man, daß man wieder X zu einem Knoten zusammenfassen darf für die Bestimmung des maximalen Flusses zwischen v_i und v_k. Denn Bögen zwischen Knoten von X können wiederum nicht zum Schnitt minimaler Kapazität zwischen v_i und v_k gehören.

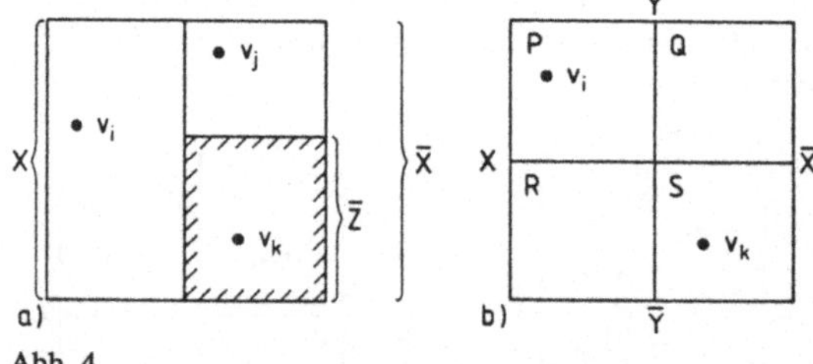

Abb. 4

B e w e i s. Sei $(Y, \overline{Y})$ ein Schnitt minimaler Kapazität zwischen v_i und v_k. Wenn $(Y, \overline{Y})$ und $(X, \overline{X})$ sich kreuzen, dann sind wieder die Mengen P, Q, R, S nach (1) definiert und nicht leer. Man kann ohne Verlust an Allgemeinheit $v_i \in X \cap Y = P$ und $v_k \in \overline{X} \cap \overline{Y} = S$ voraussetzen (siehe Abb. 4b)). Dann kann genau gleich wie im Beweis zum Lemma 2 gezeigt werden, daß $(P \cup Q \cup R, S)$ ein Schnitt minimaler Kapazität zwischen v_i und v_k ist.   ■

Zur Illustration sei wieder Abb. 2a) und der Schnitt minimaler Kapazität $(X, \overline{X}) = (\{s\}, \{1, 2, 3, 4, t\})$ zwischen s und t herbeigezogen. Wird z. B. $1 \in \overline{X}$ betrachtet, dann erkennt man leicht, daß $(Z, \overline{Z}) = (\{1\}, \{2, 3, 4, s, t\})$ ein Schnitt minimaler

Kapazität zwischen 1 und s ist. Hier ist nun $Z \subseteq \overline{X}$, und die beiden Schnitte $(X, \overline{X})$ und $(Z, \overline{Z})$ kreuzen sich nicht.

Lemma 4 $(X, \overline{X})$ *sei ein Schnitt minimaler Kapazität zwischen* v_i *und* v_j, *und es sei* $v_h \in X$, $v_k \in \overline{X}$. *Dann gibt es einen Schnitt minimaler Kapazität* $(Z, \overline{Z})$ *zwischen* v_h *und* v_k, *der* $(X, \overline{X})$ *nicht kreuzt.*

B e w e i s. $(Y, \overline{Y})$ sei erneut ein Schnitt minimaler Kapazität zwischen v_h und v_k, und P, Q, R, S seien gemäß (1) definiert und nicht leer, wenn $(X, \overline{X})$ und $(Y, \overline{Y})$ sich kreuzen. Wenn man $v_h \in X \cap Y = P$ und $v_k \in \overline{X} \cap \overline{Y} = S$ annimmt, dann verbleiben vier mögliche Kombinationen der Verteilung von v_i und v_j in Y und $\overline{Y}$, siehe dazu Abb. 5a) bis d). Die Varianten der Abb. 5c) und d) sind allerdings nicht wesentlich verschieden; durch Vertauschen von v_i und v_j sowie v_h und v_k können die beiden Fälle ineinander überführt werden.

Im ersten Fall (Abb. 5a)) beweist man wie beim Lemma 2, daß $(P \cup Q \cup R, S)$ ein Schnitt minimaler Kapazität bzgl. v_h und v_k ist.

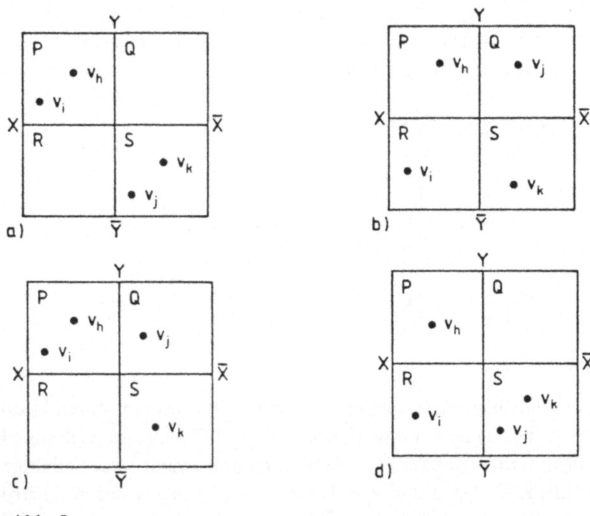

Abb. 5

Im zweiten Fall (Abb. 5b)) ist $(R, P \cup Q \cup S)$ ein v_i-v_j-Schnitt. Dann folgt aus $k(X, \overline{X}) \leqslant k(R, P \cup Q \cup S)$ wie in (3), daß $k(P, Q) \leqslant k(P, R)$ gilt. Ferner ist auch $(P \cup R \cup S, Q)$ ein v_i-v_j-Schnitt, und es folgt daraus analog $k(R, S) \leqslant k(Q, S)$. Damit erhält man

$$2k(Y, \overline{Y}) = 2k(P, R) + 2k(P, S) + 2k(Q, R) + 2k(Q, S)$$

$$\geqslant k(P, Q) + k(P, R) + 2k(P, S) + k(Q, S) + k(R, S)$$

$$= (k(P, Q) + k(P, R) + k(P, S)) + (k(P, S) + k(Q, S) + k(R, S))$$

$$= k(P, Q \cup R \cup S) + k(P \cup Q \cup R, S). \tag{5}$$

(P, Q $\cup$ R $\cup$ S) und (P $\cup$ Q $\cup$ R, S) sind aber beides v_h-v_k-Schnitte, deren Kapazität wie daher aus (5) folgt gleich k(Y, $\overline{Y}$) sein müssen. Beides sind also Schnitte minimaler Kapazität bzgl. v_h und v_k und kreuzen (X, $\overline{X}$) nicht.

Im dritten Fall (Abb. 5c)), der auch den vierten Fall abdeckt, zeigt man wie beim Beweis von Lemma 2, daß (P $\cup$ Q $\cup$ R, S) ein Schnitt minimaler Kapazität zwischen v_h und v_k ist. ∎

4.3   Der Algorithmus von Gomory-Hu

Auf der Grundlage der Vorbereitungen in den beiden vorangehenden Abschnitten kann nun der A l g o r i t h m u s   v o n   G o m o r y - H u beschrieben werden. Wie aus dem Lemma 4.1.3 hervorgeht, gibt es bei einem u n g e r i c h t e t e n Graphen G = (V, E) unter den $|V|(|V| - 1)/2$ maximalen Flüssen $F(v_i, v_j)$ nur höchstens $|V| - 1$ verschiedene Werte. Der Algorithmus von Gomory-Hu dient nun dazu, alle $|V|(|V| - 1)/2$ maximalen Flüsse $F(v_i, v_j)$ zu bestimmen, indem nur $|V| - 1$ maximale Flußprobleme gelöst werden und wobei zudem die Graphen, auf denen die maximalen Flußprobleme zu lösen sind, dank der Zusammenfassung von Knoten immer kleiner werden.

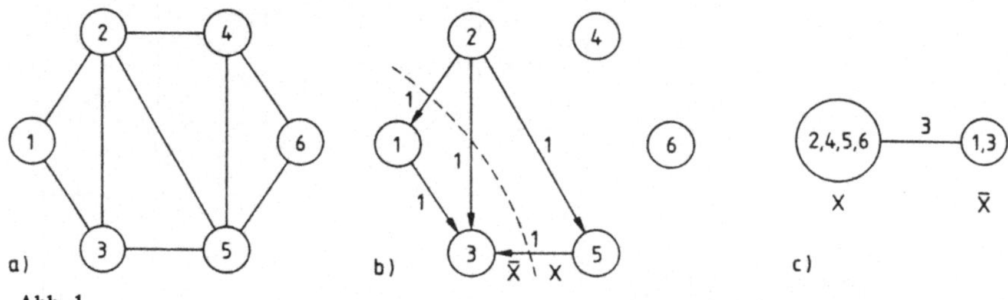

Abb. 1

Der Algorithmus sei zunächst an einem Beispiel in seinen Grundzügen eingeführt. In der Abb. 1a) ist ein ungerichtetet Graph G dargestellt, der als Beispiel dienen soll. Alle Bögen haben Kapazität 1. Es werden nun zuerst zwei beliebige Knoten v_i und v_j ausgewählt, z. B. $v_i = 2$ und $v_j = 3$. Dann wird mittels des Algorithmus des Abschnitts 3.2 der maximale Fluß und ein Schnitt minimaler Kapazität zwischen diesen beiden Knoten bestimmt. Für das Beispiel ist der maximale Fluß und der Schnitt minimaler Kapazität in der Abb. 1b) eingetragen. Der Schnitt minimaler Kapazität ist (X, $\overline{X}$) = ({2, 4, 5, 6}, {1, 3}) Zusätzlich wird nun ein neuer Graph B gebildet mit zwei Knoten, die mit X und $\overline{X}$ aus dem Schnitt minimaler Kapazität identifiziert werden und die mit einem Bogen verbunden werden, dem der Wert des maximalen Flusses $F(v_i, v_j) = 3$ als Bewertung beigegeben wird, siehe Abb. 1c).

Als nächstes werden nun zwei weitere Knoten v_h und v_k gewählt, wobei beide entweder zu X oder beide zu $\overline{X}$ gehören müssen. Im Beispiel könnte man z. B. $v_h = 2$ und $v_k = 4$ wählen, also zwei Knoten aus X. Jetzt ist der maximale Fluß zwischen v_h und v_k zu bestimmen. Nach dem Lemma 2 des vorangehenden Abschnitts darf $\overline{X}$ zu einem Knoten zusammengefaßt werden für die Berechnung des maximalen Flusses zwischen v_h und v_k; wäre $v_h, v_k \in \overline{X}$, dann könnte man entsprechend X zu einem Knoten zusammenfassen. In der Abb. 2a) ist der entsprechende neue Graph mit dem zusammengefaßten Knoten $\overline{X}$ dargestellt. Bei den Bögen, die nunmehr von 1 verschiedene Kapazitäten haben, sind diese in Klammern angegeben. Alle anderen Bögen haben nach wie vor die Kapazität 1. In der Abb. 2b) ist der maximale Fluß und auch der Schnitt minimaler Kapazität $(X', \overline{X}') = (\{1, 3, 2\}, \{4, 5, 6\})$ zwischen $v_h = 2$ und $v_k = 4$ eingetragen. Auf Grund dieser zweiten Berechnung wird auch noch der Graph B erweitert (siehe Abb. 2c)). Und zwar kreuzt der neue Schnitt $(X', \overline{X}')$ den ersten Schnitt $(X, \overline{X})$ nicht. Es gilt effektiv, daß $\overline{X}' \subseteq X$. Daher wird der alte Knoten X in B aufgespalten in zwei neue Knoten, die mit $\overline{X}'$ und $X - \overline{X}'$ identifiziert werden und die wiederum durch einen Bogen verbunden werden. Die Bewertung dieses neuen Bogens ist wieder gleich dem maximalen Fluß $F(v_h, v_k) = 3$ der sich im letzten Problem ergeben hat.

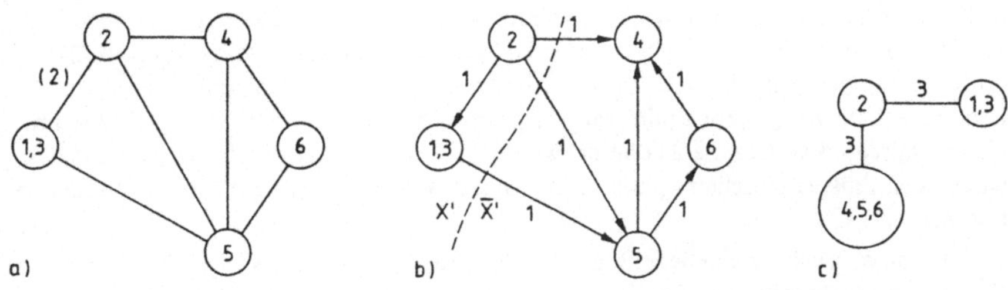

Abb. 2

Nach dieser Einleitung kann das Verfahren von Gomory-Hu allgemein dargestellt werden. Im allgemeinen Schritt liegt ein Baum $B = (BV, BE)$ vor der die folgenden Eigenschaften besitzt:

(1) Seine m Knoten $b_k \in BV$ entsprechen ebensovielen d i s j u n k t e n Teilmengen V_k von V für die

$$\bigcup_{k=1}^{m} V_k = V \tag{1}$$

gilt. Zu Beginn besteht BV aus einem einzigen Knoten, der V entspricht; BE ist leer.

(2) Der Baum besitzt bei m Knoten $m - 1$ Bögen in BE. Die Entfernung jedes Bogens $e \in BE$ zerlegt den Baum in zwei disjunkte Teilbäume mit Knotenmengen BV' und BV'', und man definiert

$$X(e) = \bigcup_{b_k \in BV'} V_k, \qquad \overline{X}(e) = \bigcup_{b_k \in BV''} V_k. \tag{2}$$

Verbindet e die zwei Knoten b_r und b_s, die V_r und V_s entsprechen, ist ferner $v_i \in V_r$ und $v_j \in V_s$, dann bildet $(X(e), \overline{X}(e))$ aus (2) einen Schnitt minimaler Kapazität zwischen $v_i \in X(e)$ und $v_j \in \overline{X}(e)$.

(3) Jeder Bogen $e \in BE$ hat eine Bewertung, die gleich $k(X(e), \overline{X}(e))$ ist.

Man verifiziert leicht, daß der Baum B nach dem ersten Schritt in der Tat genau diese Eigenschaften hat (siehe Abb. 1c). Das bildet die Induktionsverankerung. Es wird als nächstes der allgemeine Schritt beschrieben und dann nachgewiesen, daß der neue Baum nach dem Schritt immer noch diese gleichen Eigenschaften (1) bis (3) besitzt, wenn er sie vor dem Schritt besitzt.

Ein jeder Schritt besteht aus den folgenden Punkten:

(1) Man wähle einen Knoten $b_r \in BV$ derart, daß $|V_r| > 1$ ist. Wenn $|V_r| = 1$ für alle Knoten $b_r \in BV$ gilt, kann man das Verfahren abbrechen.

(2) Man wähle in V_r zwei Knoten v_h und v_k.

(3) Man bestimme mit Hilfe des Algorithmus aus Abschnitt 3.2 den maximalen Fluß und einen Schnitt minimaler Kapazität zwischen v_h und v_k.

Punkt (3) kann in einem reduzierten Graphen durchgeführt werden, in dem eine oder mehrere Teilmengen des ursprünglichen Graphen G zu einzelnen Knoten zusammengefaßt sind. Ist $e \in BE$ ein Bogen inzident zu b_r, dann seien $X(e)$ und $\overline{X}(e)$ gemäß (2) gebildet, und man kann $v_h, v_k \in \overline{X}(e)$ annehmen, siehe Abb. 3. Dann gibt es nach Lemma 2 einen v_h-v_k-Schnitt minimaler Kapazität $(X, \overline{X})$, der $(X(e), \overline{X}(e))$ nicht kreuzt. Wie im Anschluß an Lemma 2 erläutert wurde, kann man daher für die Bestimmung des maximalen Flusses zwischen v_h und v_k die Knoten von $X(e)$ zu einem Knoten zusammenfassen.

Sind e' und e'' zwei verschiedene Bögen inzident zu b_r, dann gibt es ($V_r \subseteq \overline{X}'(e')$ bzw. $\subseteq \overline{X}(e'')$ vorausgesetzt) zwei Schnitte minimaler Kapazität $(X', \overline{X}')$ und $(X'', \overline{X}'')$ zwischen v_h und v_k, die $(X(e'), \overline{X}(e'))$ bzw. $(X(e''), \overline{X}(e''))$ nicht kreuzen. Dann sind aber nach Lemma 3.1.3 auch $(X' \cap X'', \overline{X}' \cup \overline{X}'')$ und $(X' \cup X'', \overline{X}' \cap \overline{X}'')$ Schnitte minimaler Kapazität zwischen v_h und v_k. Nach Lemma 4.2.1 kreuzt einer dieser beiden Schnitte $(X(e'), \overline{X}(e'))$ u n d $(X(e''), \overline{X}(e''))$ nicht. Daraus folgt, daß es einen Schnitt $(X, \overline{X})$ minimaler Kapazität zwischen v_h und v_k gibt, der sich mit keinem Schnitt $(X(e), \overline{X}(e))$ für alle zu b_r inzidenten Bögen e kreuzt. Man kann demnach jede der (untereinander

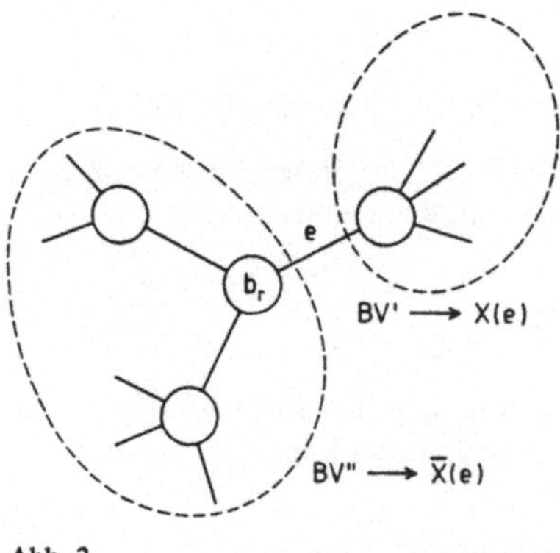

Abb. 3

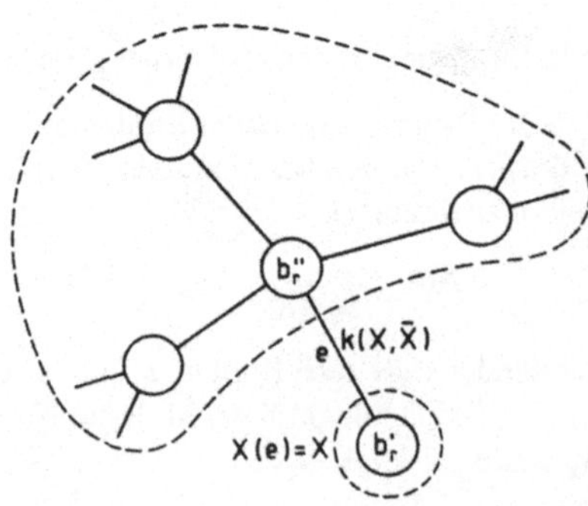

Abb. 4

disjunkten) Knotenmengen $X(e)$ je zu einem Knoten zusammenfassen für die Bestimmung des maximalen Flusses zwischen v_h und v_k.

Über diesen Schnitt $(X, \overline{X})$ kann man nun noch folgende Aussage machen:

Lemma 1 *Ist* $(X, \overline{X})$ *ein Schnitt minimaler Kapazität zwischen* v_h *und* v_k, *der* $(X(e), \overline{X}(e))$ *für keinen zu* b_r *inzidenten Bogen* e *kreuzt, dann gilt entweder* $X \subseteq V_r$ *oder* $\overline{X} \subseteq V_r$.

B e w e i s. Es ist nach obiger Konstruktion $V_r = \cap \, \overline{X}(e)$, wo der Durchschnitt über alle zu b_r inzidenten Bögen genommen wird. Ist nun $X \cap V_r$ nicht leer, dann ist auch $X \cap \overline{X}(e)$ nicht leer für alle zu b_r inzidenten Bögen e. Weil jedoch $(X, \overline{X})$ und $(X(e), \overline{X}(e))$ sich nicht kreuzen, ist entweder $X \supseteq \overline{X}(e)$ bzw. $\overline{X} \subseteq X(e)$ oder $X \subseteq \overline{X}(e)$. Da die $X(e)$ disjunkt sind, ist der erste Fall nicht möglich. Es gilt also für alle e der zweite Fall und damit $X \subseteq V_r$.

Wenn umgekehrt $\overline{X} \cap V_r$ nicht leer ist, dann folgt völlig analog $\overline{X} \subseteq V_r$. ∎

Auf Grund dieses Lemmas kann nun der vierte Punkt des Rechenschrittes angeführt werden, in dem der Baum B erweitert wird. Dabei ist nun vorausgesetzt, daß der maximale Fluß zwischen v_h und v_k auf dem gemäß obigen Ausführungen reduzierten Graphen bestimmt wird. Das heißt, alle Knotenmengen $X(e)$ für alle zu b_r inzidenten Bögen $e \in BE$ sind je zu einem Knoten zusammengefaßt. Der dabei gefundene Schnitt $(X, \overline{X})$ minimaler Kapazität erfüllt dann die Bedingungen des Lemmas.

(4') Ist $X \subseteq V_r$, dann wird der Knoten b_r durch einen Knoten b_r'' ersetzt, dem die Teilmenge $V_r'' = V_r \cap \overline{X}$ zugeordnet wird. Zusätzlich wird ein neuer Knoten b_r' eingefügt und durch einen neuen Bogen mit b_r'' verbunden. Diesem Bogen wird die Bewertung $k(X, \overline{X})$ beigegeben. Dem Knoten b_r' wird die Teilmenge $V_r' = X$ zugeordnet. Vergleiche dazu Abb. 4.

(4'') Ist dagegen $\overline{X} \subseteq V_r$, dann wird der Baum wie bei (4') geändert mit dem einzigen Unterschied, daß dem Knoten b_r'' die Teilmenge $V_r'' = V_r \cap X$ und dem Knoten b_r' die Teilmenge $V_r' = \overline{X}$ zugeordnet werden.

Bei jedem Schritt wird ein neuer, zusätzlicher Knoten dem Baum B zugefügt. Nach genau $|V| - 1$ Schritten besitzt der Baum $|V|$ Knoten. Dann muß jede der Mengen V_r genau einen Knoten enthalten und das Verfahren bricht ab (vergleiche dazu Punkt (1) eines Schrittes).

Lemma 2 *Der neue Baum besitzt wieder die obigen Eigenschaften* (1) *bis* (3).

B e w e i s. Die Induktionsvoraussetzung ist, daß der alte Baum vor Ausführung des Schrittes die Eigenschaften (1) bis (3) besitzt. Die Erhaltung der Eigenschaft (1) ist klar, weil nur der Knoten b_r bzw. $V_r = V_r' + V_r''$ zerlegt wird. Die Eigenschaft (2) kann für den neuen Bogen zwischen b_r' und b_r'' leicht verifiziert werden (siehe dazu auch Abb. 4). Es wird $X(e) = X$ oder $\overline{X}$, je nachdem, ob (4') oder (4'') abgewandt wird. Für allen alten Bögen im Baum ändert sich nichts. (3) folgt für den neuen Bogen ebenfalls direkt aus (4') bzw. (4'') und für alle anderen, alten Bögen ändert sich auch diesbezüglich nichts. ∎

Nach dieser allgemeinen Diskussion, soll nun zur Illustration das begonnene Beispiel zu Ende geführt werden. Im nächsten Schritt, im Anschluß an die Situation, wie sie in Abb. 2 dargestellt ist, kann man $v_h = 4$ und $v_k = 5$ wählen. Das ermöglicht die Knotenmenge $\{1, 2, 3\}$ zusammenzufassen. In Abb. 5a) ist der entstehende Graph dargestellt, wobei nach der schon oben eingeführten Konvention nur von 1 verschiedene Kapazitäten (in Klammern) angegeben sind. In Abb. 5b) ist der maximale Fluß zwischen 4 und 5 ebenso wie der Schnitt minimaler Kapazität $(X, \overline{X}) = (\{4\}, \{1, 2, 3, 5, 6\})$ eingetragen. Hier war $V_r = \{4, 5, 6\}$, und man sieht daher, daß in diesem Schritt $X = \{4\} \subseteq V_r$ gilt. Dementsprechend wird aus Abb. 2c) der Knoten $\{4, 5, 6\}$ im Baum B in zwei neue Knoten $\{4\}$ und $\{5, 6\}$ wie in Abb. 5c) zerlegt.

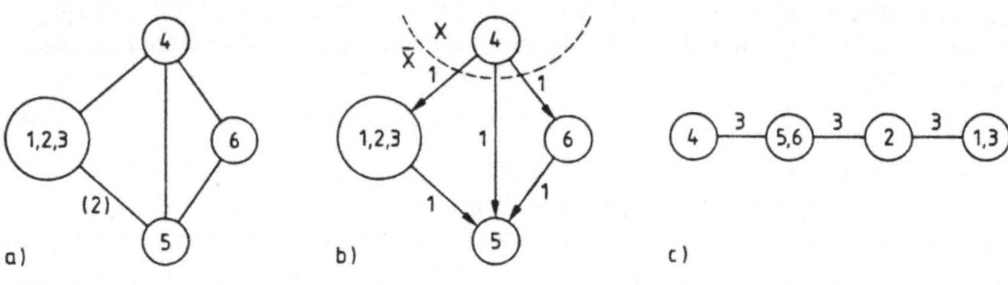

Abb. 5

Im nächsten Schritt kann man im Baum Abb. 5c) den Knoten $\{5, 6\}$ betrachten und $v_h = 5$, $v_k = 6$ wählen. Dann kann erneut die Knotenmenge $\{1, 2, 3\}$ zu einem Knoten zusammengefaßt werden. Das ergibt den gleichen Graphen wie in Abb. 5a), vergleiche Abb. 6a). Der maximale Fluß zwischen 5 und 6 ist in Abb. 6b) eingetragen, und der Schnitt minimaler Kapazität ist $(X, \overline{X}) = (\{1, 2, 3, 4, 5\}, \{6\})$. Es gilt bei diesem Schritt somit $\overline{X} = \{6\} \subseteq V_r = \{5, 6\}$. Entsprechend gelangt man zum neuen Baum in Abb. 6c) mit $V_r' = \{6\}$ und $V_r'' = \{5\}$.

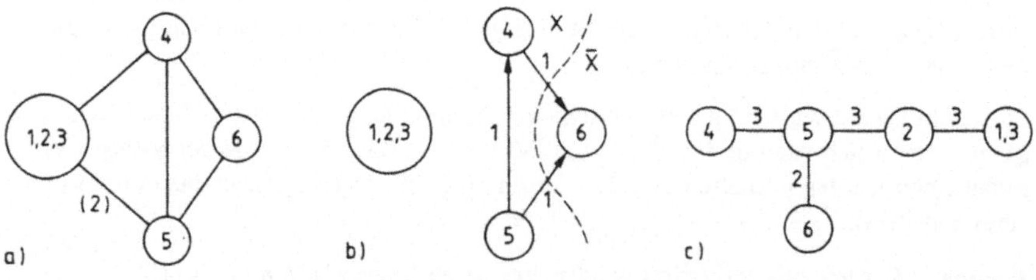

Abb. 6

Im nächsten und letzten Schritt ist $v_h = 1$ und $v_k = 3$ zu wählen. Das gestattet, die Knotenmenge $\{2, 4, 5, 6\}$ in einen Knoten zusammenzufassen, siehe Abb. 7a). In Abb. 7b) ist der maximale Fluß von 1 nach 3 eingezeichnet. Der Schnitt minimaler Kapazität ist $(X, \overline{X}) = (\{1\}, \{2, 3, 4, 5, 6\})$. Es gilt $X = \{1\} \subseteq V_r = \{1, 3\}$. Folglich gelangt man zum Baum der Abb. 7c).

Am Schluß gelangt man wie auch das Beispiel zeigt, zu einem Baum $B = (BV, BE)$ mit $|V|$ Knoten und $|V| - 1$ Bögen. Jeder Knoten b_r entspricht dann einer einelementigen

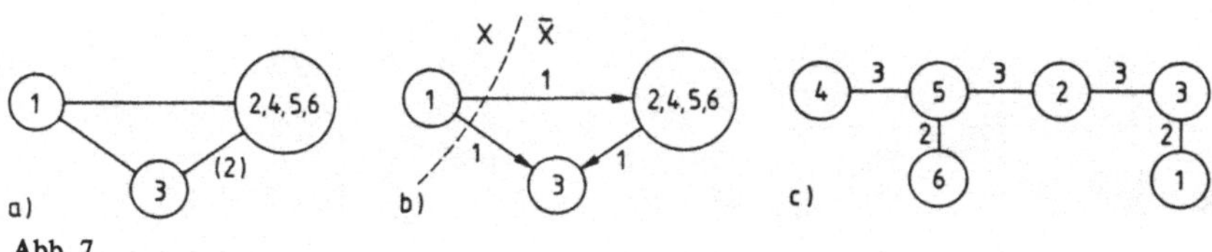

Abb. 7

Menge $\{v_r\}$. Man kann hier also die Knoten von b_r von B mit den Knoten v_r von G iden-tifizieren. Zudem bezeichne nun $w(e)$ die Bewertung des Bogens $e \in BE$. Der folgende Satz zeigt nun, inwiefern in diesem Baum B die Lösung aller $|V|(|V|-1)/2$ maximalen Flußprobleme im ursprünglichen Graphen $G = (V, E)$ enthalten ist.

Satz 1 *Sei* $v_i, e_1, v_{k_1}, e_2, v_{k_2}, \ldots, v_{k_{n-1}}, e_n, v_j$ *der einzige elementare Pfad im Baum* B *von* v_i *nach* v_j. *Dann gilt für den maximalen Fluß von* v_i *nach* v_j

$$F(v_i, v_j) = \min \, (w(e_1), w(e_2), \ldots, w(e_n)). \tag{3}$$

Wird dieses Minimum für einen Bogen e_r *aus dem Pfad von* v_i *nach* v_j *erreicht, dann ist* $(X(e_r), \overline{X}(e_r))$ *ein Schnitt minimaler Kapazität zwischen* v_i *und* v_j.

B e w e i s. Sind v_h und v_k b e n a c h b a r t e Knoten im Baum B und ist e der ver-bindende Bogen, dann gilt nach Konstruktion des Baumes $w(e) = F(v_h, v_k)$. Nun gilt aber nach (4.1.6)

$$F(v_i, v_j) \geqslant \min \, (F(v_i, v_{k_1}), F(v_{k_1}, v_{k_2}), \ldots, F(v_{k_{n-1}}, v_j))$$
$$= \min \, (w(e_1), w(e_2), \ldots, w(e_n)). \tag{4}$$

Andererseits ist für jeden Bogen e_s des Pfades von v_i nach v_j $w(e_s)$ auch die Kapazität eines Schnittes $(X(e_s), \overline{X}(e_s))$, der v_i und v_j trennt. Daher gilt auch

$$F(v_i, v_j) \leqslant \min \, (w(e_1), w(e_2), \ldots, w(e_n)), \tag{5}$$

und es folgt (3). Wenn $F(v_i, v_j) = w(e_r)$ gilt für einen Bogen e_r aus dem Pfad von v_i nach v_j, dann muß $(X(e_r), \overline{X}(e_r))$ nach dem eben Gesagten ein Schnitt minimaler Kapazität zwischen v_i und v_j sein. ∎

Man kann nach diesem Satz alle maximalen Flüsse zwischen allen Knotenpaaren eines ungerichteten Graphen G dem Baum B entnehmen, der durch den Algorithmus von Gomory-Hu konstruiert wird. Im Beispiel hatte der Graph G Einheitskapazitäten und die maximalen Flüsse zwischen den Knotenpaaren entsprechen daher den Bogen-Zusammenhängen $C^e(v_i, v_j)$. In der Tabelle 1 sind alle Bogen-Zusammenhänge des Graphen der Abb. 1a), wie sie sich aus dem Baum der Abb. 7c) ergeben, zusammen-getragen. In der Abb. 8 schließlich sind noch die Schnitte, wie sie sich ebenfalls aus dem Baum der Abb. 7c) ergeben, im ursprünglichen Graphen G dargestellt.

Abschließend kann also festgehalten werden, daß der Algorithmus von Gomory-Hu nicht nur die Bestimmung der Kohäsion $C^e(G)$ eines ungerichteten Graphen G gestattet, sondern darüber hinaus die Bestimmung der Bogen-Zusammenhänge a l l e r Knoten-paare von G sowie der Schnitte minimaler Mächtigkeit ebenso für alle Knotenpaare von

Tab. 1

	1	2	3	4	5	6
1	–	2	2	2	2	2
2	2	–	3	3	3	2
3	2	3	–	3	3	2
4	2	3	3	–	3	2
5	2	3	3	3	–	2
6	2	2	2	2	2	–

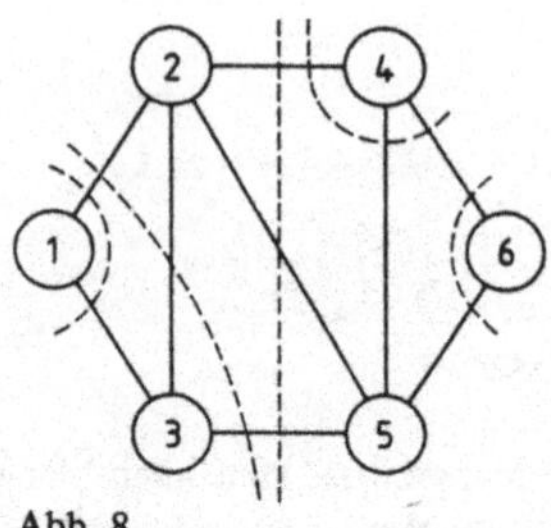

Abb. 8

G. Er tut dies durch die Lösung von $|V| - 1$ maximalen Flußproblemen und zwar auf Graphen, die im allgemeinen weniger Knoten und Bögen haben als der ursprüngliche Graph G. Deshalb handelt es sich um ein sehr wirkungsvolles Verfahren.

Kommentar zu Kapitel 4

Die in diesem Kapitel dargestellten Ergebnisse und Algorithmen stammen von Gomory, Hu (1961); siehe auch Hu (1972).

5 Zusammenhang von Graphen

5.1 Berechnung des Zusammenhangs eines Graphen

Nachdem im letzten Kapitel das Problem der konkreten Berechnung der Kohäsion $C^e(G)$ eines Graphen G betrachtet wurde, ist dieses Kapitel der konkreten Berechnung des Zusammenhangs $C^v(G)$ eines Graphen und den Problemen, die sich in diesem Kontext stellen, gewidmet. Es wird sich allerdings zeigen, daß es in diesem Problemkomplex weniger einfache und elegante Ergebnisse gibt als bei den Bogen-Zusammenhängen und der damit verbundenen Kohäsion. Das Problem des Knoten-Zusammenhangs eines Graphen ist daher komplexer und dorniger als das Problem des Bogen-Zusammenhangs. Dennoch, ganz ohne Beziehungen untereinander sind auch die Knoten-Zusammenhänge eines Graphen nicht, und diese Beziehungen können die Bestimmung des Zusammenhangs vereinfachen.

Der Z u s a m m e n h a n g $C^v(G)$ eines ungerichteten Graphen $G = (V, E)$ ist gemäß der Definition (2.1.6) gleich dem Minimum aller Knoten-Zusammenhänge $C^v(v_i, v_j)$ aller Knotenpaare von G, die nicht durch einen Bogen verbunden sind. Wie bei der Kohäsion scheint auch hier zunächst die Lösung von $|V|(|V| - 1)/2$ maximalen Flußproblemen zur Bestimmung des Zusammenhangs von G notwendig zu sein. Aber auch hier ist eine Reduktion der Anzahl zu lösender Probleme möglich, allerdings im allgemeinen nicht bis auf $|V| - 1$ hinunter wie bei der Kohäsion.

In diesem ersten Abschnitt wird die Berechnung des Zusammenhangs betrachtet. Einfacher kann das Problem werden, wenn es nur um das Testen des k-Zusammenhangs für ein vorgegebenes k geht (siehe Abschnitt 2.1). Spezielle Algorithmen gibt es dafür für die Fälle k = 1, 2, 3 (siehe dazu die Referenzen). Der zweite Abschnitt ist einem allgemeinen Algorithmus für beliebiges k gewidmet.

Es wird hier also zunächst die Berechnung des Z u s a m m e n h a n g s von ungerichteten, zusammenhängenden Graphen $G = (V, E)$ betrachtet. Es ist gleich zu bemerken, daß der Algorithmus von Gomory-Hu auf dieses Problem nicht angewandt werden kann. Der erweiterte Graph $\overline{G}'$, der für die Berechnung der Knoten-Zusammenhänge einzuführen ist (vergleiche Abschnitt 3.3) entspricht nämlich keinem ungerichteten Graphen mehr, selbst wenn der ursprüngliche Graph G ungerichtet war. Daher ist es eben nicht möglich, den Algorithmus von Gomory-Hu auf den erweiterten Graphen $\overline{G}'$ anzuwenden.

Wenn G v o l l s t ä n d i g ist, d. h. wenn alle Knotenpaare mit Bögen verbunden sind, dann gibt es nichts zu berechnen; es ist $C^v(G) = |V| - 1$ gesetzt (siehe Abschnitt 2.1). Andernfalls gibt es einen Knoten v_1, der nicht mit allen anderen Knoten in $V - \{v_1\}$ mit einem Bogen verbunden ist. Dann wähle man eine Anordnung $v_1, v_2, \ldots, v_n, n = |V|$, der Knoten in V, beginnend mit dem erwähnten Knoten v_1. Man berechne dann (z. B. mit dem Algorithmus des Abschnitts 3.3) die Knoten-Zusammenhänge $C^v(v_1, v)$ für alle

Knoten, die nicht mit einem Bogen mit v_1 verbunden sind. Anschließend wiederho
man dieses Vorgehen für v_i, i = 2, 3, . . . bis zum ersten k für das

$$k > \gamma = \min_{v, v_i : i \leqslant k} C^v(v_i, v)$$

gilt. Es wird sich zeigen, daß es immer ein k gibt, das diese Ungleichung erfüllt. Dar
wird das Verfahren abgebrochen. Der Wert von γ beim Abbruch des Verfahrens ist
das nachstehende Lemma zeigt, gleich dem gesuchten Zusammenhang des Graphen

Lemma 1 *Beim Abbruch des obigen Verfahrens gilt*

$$\gamma = C^v(G).$$

B e w e i s. Nach der ersten Berechnung von $C^v(v_1, v)$ für ein v, das kein Nachbar v
ist, gilt

$$C^v(G) \leqslant \gamma \leqslant |V| - 2.$$

In der Folge nimmt γ nicht zu, während k anwächst. Es muß daher ein $k \leqslant |V| - 1$
geben, für das auch $k > \gamma \geqslant C^v(G)$ gilt. Das Verfahren bricht daher immer ab.

$C^v(G)$ ist die Mächtigkeit einer kleinsten Knoten-Schnittmenge T. Da beim Abbruc
$k > |T|$ ist, muß es einen Knoten v_i mit $1 \leqslant i \leqslant k$ geben, der nicht in T ist. T zerle
$V - T$ in mindestens zwei disjunkte, nicht leere Teilmengen V_1 und V_2 so, daß $V -$
$= V_1 + V_2$ gilt, und jeder Pfad von V_1 nach V_2 enthält einen Knoten von T. T ist a
ein Knoten-Schnitt zwischen allen Knoten $v_h \in V_1$ und $v_k \in V_2$.

Ist also $v_i \in V_1$, dann gibt es ein $v \in V_2$, und es gilt $C^v(v_i, v) \leqslant |T| = C^v(G)$. Ist um
kehrt $v_i \in V_2$, dann gibt es ebenso ein $v \in V_1$ derart, daß $C^v(v_i, v) \leqslant |T| = C^v(G)$.
gilt also $\gamma \leqslant C^v(G)$ und daher $\gamma = C^v(G)$.

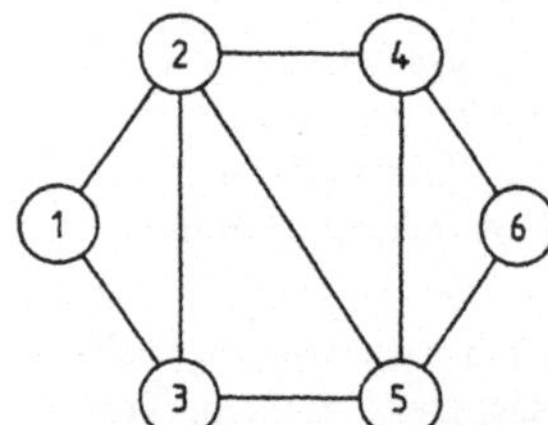

Abb. 1

Dieses Verfahren sei auch an einem Beispiel nochmals dargestellt. In der Abb. 1 is
zu betrachtende Graph G dargestellt. Es kann nun eine beliebige Reihenfolge der I
ten aufgestellt werden, etwa in die Reihenfolge der Knoten-Numerierung 1, 2, 3, 4
Der Knoten 1 ist nicht mit allen anderen Knoten verbunden und erfüllt somit die
gung, die an den Anfangsknoten gestellt wird. Als erstes werden nun die Knoten-Z
menhänge $C^v(1, v)$ für alle v = 2, 3, 4, 5, 6 (soweit sie existieren) berechnet. Die K
und 3 sind Nachbarn von 1 und fallen außer Betracht für den Knoten-Zusammenh
mit 1. Dagegen findet man (durch Inspektion von Abb. 1 oder durch Anwendung
Algorithmus des Abschnitts 3.3) $C^v(1, 4) = 2$. Damit ist bereits klar, daß das obige
Rechenverfahren höchstens bis zu k = 3 gehen kann.

Im Graphen der Abb. 1 wird durch Inspektion schnell klar, daß $\{2, 3\}$ auch für die Knoten 5 und 6 eine Knoten-Schnittmenge minimaler Mächtigkeit ist, die diese Knoten von 1 trennt. Es gilt daher $C^v(1, v) = 2$ für $v = 4, 5, 6$, und es bleibt soweit $\gamma = 2$. Als nächstes wird $k = 2$ und es wird $C^v(2, v)$ berechnet. Nur der Knoten 6 ist kein Nachbar von 2; es muß also nur $C^v(2, 6)$ bestimmt werden. Dieser Wert ist 3, und folglich bleibt $\gamma = 2$.

Im nächsten Schritt wird $k = 3$ und damit $k > \gamma$. Es bleibt immer noch $\gamma = 2$, da $C^v(3, 4) = 3$ ist. Das Verfahren kann abgebrochen werden, und nach Lemma 1 gilt $C^v(G) = \gamma = 2$. Diesen Wert hat man nach der Bestimmung von fünf Knoten-Zusammenhängen gefunden, was sich vorteilhaft vergleicht mit $|V|(|V| - 1)/2 = 15$.

5.2   System der Knoten-Zusammenhänge

Es wurde schon erwähnt, daß es im Bereich der Knoten-Zusammenhänge $C^v(v_i, v_j)$ keine derart einfachen und eleganten Beziehungen gibt wie bei den Bogen-Zusammenhängen (vergleiche Abschnitt 4.1). Immerhin, einige Beziehungen gibt es auch zwischen den Knoten-Zusammenhängen eines Graphen $G = (V, E)$. Einige davon sollen in diesem Abschnitt zusammengestellt werden. Es werden dabei wie gewohnt, ungerichtete Graphen G vorausgesetzt.

Lemma 1 *Seien $v_i, v_j \in V$ und $v_{k_1}, \ldots, v_{k_s}$ N a c h b a r k n o t e n von v_j. Gilt dann*

$$C^v(v_i, v_{k_h}) \geq k \quad \text{für alle } h = 1, 2, \ldots, s \tag{1}$$

und $\quad C^v(v_i, v_j) \geq k - s$ *in* $G - \{v_{k_1}, \ldots, v_{k_s}\},$ $\qquad\qquad$ (2)

dann gilt auch

$$C^v(v_i, v_j) \geq k. \tag{3}$$

B e w e i s. Nach Voraussetzung hat jeder v_i-v_{k_h}-Knoten-Schnitt mindestens die Mächtigkeit k. Angenommen, es gäbe einen v_i-v_j-Knoten-Schnitt T mit $|T| \leq k - 1$. Dann kann T kein v_i-v_{k_h}-Schnitt sein, und da v_{k_h} ein Nachbar von v_j ist, folgt, daß $v_{k_h} \in T$. Daraus wiederum ergibt sich, daß $T - \{v_{k_1}, \ldots, v_{k_s}\}$ ein v_i-v_j-Schnitt in $G - \{v_{k_1}, \ldots, v_{k_s}\}$ ist, der höchstens $k - 1 - s$ Knoten enthält. Das ist aber ein Widerspruch zu (2). Daher muß jeder v_i-v_j-Knoten-Schnitt mindestens k Knoten enthalten, und es gilt (3). ∎

Hat man also bereits festgestellt, daß die v_i-v_{k_h}-Knoten-Zusammenhänge mindestens k sind, dann muß nach diesem Lemma nur noch in $G - \{v_{k_1}, \ldots, v_{k_s}\}$ verifiziert werden, daß der v_i-v_j-Knoten-Zusammenhang mindestens $k - s$ ist, um aussagen zu können, daß der v_i-v_j-Knoten-Zusammenhang mindestens k ist. Das kann das Testen von Knoten-Zusammenhängen erleichtern, indem in kleineren Graphen der maximale Fluß-Algorithmus schon beim Erreichen von kleineren Werten ($k - s$ statt k) abgebrochen werden kann.

Auch das folgende Lemma erlaubt ähnliche Vereinfachungen des Testens von Knoten-Zusammenhängen:

Lemma 2 *Seien* $v_h, v_i, v_j \in V$ *und gelte*

$$C^v(v_i, v_h) \geqslant k, \; C^v(v_j, v_h) \geqslant k \tag{4}$$

und $C^v(v_i, v_j) \geqslant k - 1 \; in \; G - \{v_h\},$ $\tag{5}$

dann gilt auch

$$C^v(v_i, v_j) \geqslant k. \tag{6}$$

B e w e i s. Angenommen, es gäbe einen v_i-v_j-Knoten-Schnitt T mit $|T| \leqslant k - 1$. Dann kann T wegen (4) kein v_i-v_h-Schnitt und auch kein v_j-v_h-Schnitt sein. Daraus folgt aber, daß $v_h \in T$ und daß $T - \{v_h\}$ auch ein v_i-v_j-Knoten-Schnitt in $G - \{v_h\}$ ist, der höchstens $k - 2$ Knoten enthält. Das ist aber ein Widerspruch zu (5). Daher muß jeder v_i-v_j-Knoten-Schnitt mindestens k Knoten enthalten, und (6) folgt.   ∎

Es sei nun die folgende Aufgabe betrachtet: In einem ungerichteten Graphen G ist zu prüfen, ob die Knoten-Zusammenhänge aller Paare von Knoten einen vorgegebenen Wert k erreichen. Insbesondere wird dadurch geprüft, ob der Graph G k - z u s a m - m e n h ä n g e n d ist (vergleiche Abschnitt 2.1). Auf Grund von Lemma 2 kann dazu das folgende Verfahren angewandt werden:

Man ordne die Knoten von V in eine beliebige Reihenfolge $v_1, v_2, \ldots, v_n, n = |V|$. Dann prüfe man, ob $C^v(v_1, v) \geqslant k$ ist für alle $v \in V - \{v_1\}$ (benachbarte Knoten haben nach Vereinbarung einen Knoten-Zusammenhang $\geqslant k$ für alle Werte von k). Dabei kann man eventuell Lemma 1 anwenden, um die Rechnungen zu vereinfachen. Wendet man aber nun Lemma 2 mit $v_h = v_1$ und $v_i, v_j \in V - \{v_1\}$ an, dann zeigt es sich, daß es nunmehr genügt, $C^v(v_i, v_j) \geqslant k - 1$ in $G - \{v_1\}$ für alle $v_i, v_j \in V - \{v_1\}$ zu überprüfen. Insbesondere kann demnach in einem zweiten Schritt $C^v(v_2, v) \geqslant k - 1$ in $G - \{v_1\}$ für alle $v \in V - \{v_1, v_2\}$ überprüft werden. Wiederum kann dabei eventuell Lemma 1 herbeigezogen werden, um die Rechnungen weiter zu vereinfachen. Indem man diese gleichen Überlegungen nun sukzessive für $j = 2, 3, 4, \ldots$ anwendet, findet man, daß man im j-ten Schritt $C^v(v_j, v) \geqslant k - j + 1$ in $G - \{v_1, \ldots, v_{j-1}\}$ für alle $v \in V - \{v_1, \ldots, v_j\}$ prüfen muß.

Dieses Verfahren kann allerdings nur b e s t ä t i g e n , jedoch nicht w i d e r l e g e n , daß ein Graph G k-zusammenhängend ist. Wenn nämlich für alle Schritte $j = 1, 2, \ldots, k$ kein Zusammenhang kleiner als $k - j + 1$ gefunden wird, dann kann das Verfahren nach dem k-ten Schritt abgebrochen werden, da dann $k - j + 1 = 0$ wird. Die wiederholte Anwendung des Lemmas 2 zeigt in diesem Fall, daß der Graph G in der Tat k-zusammenhängend ist. Trifft man jedoch in einem j-ten Schritt einen Knoten-Zusammenhang kleiner als $k - j + 1$ an, dann muß man das Verfahren ohne schlüssiges Ergebnis abbrechen. Wenn nämlich in (5) $C^v(v_i, v_j) < k - 1$ in $G - \{v_h\}$ ist, kann man daraus nicht schließen, daß auch $C^v(v_i, v_j) < k$ in G ist.

Die Anzahl maximaler Flußprobleme, die im j-ten Schritt dieses Verfahrens für den Test von $C^v(v_j, v) \geqslant k - j + 1$ zu lösen sind, ist höchstens gleich $|V| - j$. Im positiven Fall sind demnach

$$(|V| - 1) + (|V| - 2) + \ldots + (|V| - k) = k(|V| - (k + 1)/2) \tag{7}$$

maximale Flußprobleme zu bearbeiten. Dabei ist zu beachten, daß für $j = 1, 2, 3 \ldots$ die Flußprobleme auf immer kleineren Graphen und mit einer immer kleineren Anzahl von Iterationen bis zum Erreichen der Limite $k - j + 1$ zu lösen sind. Das vergleicht sich vorteilhaft mit der Anzahl $|V|(|V| - 1)/2$ von Knotenpaaren, die ohne Lemma 2 zu bearbeiten wären.

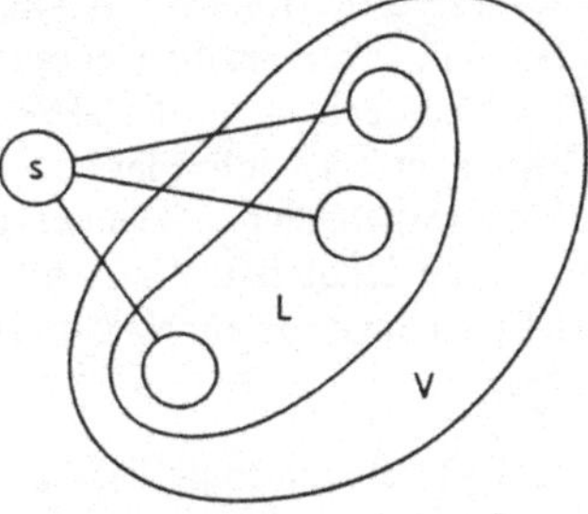

Abb. 1

Dieses Verfahren ist nicht völlig befriedigend, da es unter Umständen zu keiner Entscheidung führt. Ein anderer Lösungsansatz wird in diesem Fall notwendig. Dazu werden nochmals zwei ähnliche Lemmata wie die obigen benötigt. Diese beziehen sich aber auf einen neuen Graphen, der durch Erweiterung von $G = (V, E)$ entsteht. Sei $L \subseteq V$ eine Teilmenge von Knoten von G. Es werde nun G ein zusätzlicher Knoten s beigefügt sowie eine Menge von Bögen $e' \in E'$, die s mit den Knoten in L verbinden: $I(e') = \{s, u\}$, $u \in L$. Dieser neue Graph sei mit G(L) bezeichnet, $G(L) = (V \cup \{s\}, E \cup E')$, man vergleiche dazu Abb. 1. Das folgende Lemma ist ganz ähnlich zu Lemma 1:

Lemma 3 *Sei* $L \subseteq V$, $|L| \geqslant k$, $u \in V - L$ *und gelte in* G

$$C^v(u, v_i) \geqslant k \quad \text{für alle } v_i \in L, \tag{8}$$

dann gilt auch

$$C^v(s, u) \geqslant k \tag{9}$$

in G(L).

Beweis. Angenommen, es gäbe einen s-u-Knoten-Schnitt T in G(L) mit $|T| \leqslant k - 1$. R sei die Menge aller Knoten in $v \in V$, für die T ein s-v-Knoten-Schnitt in G(L) ist. Kein Knoten $v_i \in L$ kann in R sein, da die Knoten von L Nachbarn von s in G(L) sind. Wegen $|L| \geqslant k > |T|$ muß es jedoch einen Knoten $v_i \in L$ geben, der n i c h t in T ist. Dann muß aber T ein v_i-u-Knoten-Schnitt sein, da v_i ja ein Nachbar von s ist. Nun ist aber $C^v(u, v_i) \leqslant |T| < k$ im Widerspruch zu (8). Daher kann es keinen s-u-Schnitt mit weniger als k Knoten geben und (9) gilt. ∎

Es wird nun wieder eine beliebige Anordnung $v_1, v_2, \ldots, v_n$, $n = |V|$, der Knoten in V angenommen. Im folgenden Lemma sei dann j die k l e i n s t e , ganze Zahl so, daß für ein $i < j$ gilt

$$C^v(v_i, v_j) < k \tag{10}$$

in G.

Lemma 4 *Sei* $L = \{v_1, \ldots, v_{j-1}\}$. *Dann gilt*

$$C^v(s, v_j) < k \tag{11}$$

in $G(L)$.

B e w e i s. Es sei T ein v_i-v_j-Knoten-Schnitt minimaler Mächtigkeit. Nach Voraussetzung ist dann $|T| < k$. R sei die Menge aller Knoten $v \in V$, für die T ein v_i-v-Knoten-Schnitt in G ist; natürlich ist $v_j \in R$. Gäbe es nun ein $h < j$ so, daß $v_h \in R$ dann hätte je nachdem ob $h < i$ oder $h > i$ entweder i oder h die j zugeschriebene Eigenschaft (10). Das ist aber ein Widerspruch, da j die kleinste, ganze Zahl mit dieser Eigenschaft ist. Daher muß v_j der e r s t e Knoten in R sein und folglich ist $L \cap R = \emptyset$. Dann ist aber T ein s-v_j-Schnitt in $G(L)$, da in $G(L)$ s ein Nachbar von v_i ist. Daraus folgt $C^v(s, v_j) \leqslant |T| < k$, und somit gilt (11).   ∎

Damit läßt sich nun folgendes Verfahren zum Testen von $C^v(G) \geqslant k$ für eine vorgegebene, ganze Zahl k formulieren: Man ordne die Knoten von V in eine beliebige Reihenfolge $v_1, v_2, \ldots, v_n$, $n = |V|$. Dann führe man die folgenden beiden Schritte durch:

(1) Man prüfe für alle i, j mit $1 \leqslant i < j \leqslant k$ ob $C^v(v_i, v_j) \geqslant k$. Wenn einer dieser Werte kleiner als k wird, dann bricht das Verfahren ab, und es gilt $C^v(G) < k$ (siehe Satz 1 weiter unten).

(2) Für alle j so, daß $k + 1 \leqslant j \leqslant n$ bilde man $G(L)$ mit $L = \{v_1, v_2, \ldots, v_{j-1}\}$ und prüfe ob $C^v(s, v_j) \geqslant k$ in $G(L)$. Wenn für ein j $C^v(s, v_j) < k$ wird, dann bricht das Verfahren ab, und es gilt $C^v(G) < k$ (siehe Satz 1 weiter unten).

Wenn das Verfahren weder im Schritt (1) noch im Schritt (2) abbricht, sondern den Schritt (2) bis zu $j = n$ durchführt, dann ist $C^v(G) \geqslant k$. Diese Aussagen werden durch den folgenden Satz bestätigt.

Satz 1 *Das obige Verfahren stoppt in Schritt* (1) *oder* (2), *wenn* $C^v(G) < k$ *ist, und es stoppt weder in Schritt* (1) *noch in Schritt* (2), *wenn* $C^v(G) \geqslant k$ *ist.*

B e w e i s. (a) Ist $C^v(G) < k$, dann gibt es zwei mögliche Fälle: Entweder ist $C^v(v_i, v_j) < k$ für $1 \leqslant i < j \leqslant k$, und das Verfahren stoppt im Schritt (1). Oder aber es gibt ein kleinstes $j > k$, so daß für ein $i < j$ gilt $C^v(v_i, v_j) < k$. Dann ist nach Lemma 4 $C^v(s, v_j) < k$ in $G(L)$ mit $L = \{v_1, \ldots, v_{j-1}\}$, und das Verfahren bricht im Schritt (2) ab.
(b) Wenn $C^v(G) \geqslant k$ ist, dann gilt $C^v(v_i, v_j) \geqslant k$ für alle Knotenpaare, und das Verfahren kann insbesondere nicht im Schritt (1) abbrechen. Im Schritt (2) ist $|L| \geqslant k$. $C^v(v_i, v_j) \geqslant k$ für $v_i \in L$ und $v_j \in V - L$ impliziert daher nach Lemma 3, daß $C^v(s, v_j) \geqslant k$ in $G(L)$. Folglich kann das Verfahren auch nicht im Schritt (2) abbrechen.   ∎

Bei diesem Verfahren sieht man, daß im positiven Fall ($C^v(G) \geqslant k$) höchstens $k(k-1)/2 + (|V| - k)$ maximale Flußprobleme zu behandeln sind. Das scheint sich vorteilhaft mit (7) zu vergleichen, insbesondere auch, weil bei diesem Verfahren in jedem Fall entschieden wird, ob G k-zusammenhängend ist oder nicht. Allerdings ist zu beachten, daß im Gegensatz zum ersten Verfahren die Graphen im Verlauf des Verfahrens nicht kleiner werden, sondern im Gegenteil sogar leicht anwachsen. Zudem ist der Fluß immer bis zur vollen Limite k zu testen, die über das ganze Verfahren konstant bleibt.

Dieses Verfahren sei an einem Beispiel illustriert. In der Abb. 2a) ist ein Graph dargestellt, dessen Zusammenhang untersucht werden soll. Zuerst soll geprüft werden, ob dieser Graph b i z u s a m m e n h ä n g e n d ist. Es ist also k = 2. Im Schritt (1) ist somit nur der Knoten-Zusammenhang zwischen den Knoten 1 und 2 zu testen. Diese Knoten sind aber Nachbarn, und Schritt (1) endet daher positiv.

In der Abb. 2b) ist als Beispiel zum Schritt (2) der Graph G(L) für j = 5 dargestellt. Es wird also angenommen, daß die Fälle j = 3, 4 bereits positiv überprüft worden sind. Man erkennt in der Abb. 2b) sofort drei knotendisjunkte Pfade von s nach 5. Somit ist $C^v(s, 5) > 2$, und dieser Test ist auch positiv verlaufen. Führt man Schritt (2) zu Ende, dann findet man in der Tat, daß $C^v(G) \geqslant 2$ ist.

Es kann nun noch geprüft werden, ob G eventuell sogar t r i z u s a m m e n h ä n g e n d ist (k = 3). Wiederum verläuft Schritt (1) positiv, weil in Abb. 2a) die Knoten 1, 2, 3 alles Nachbarn sind. Im Schritt (2) wird zunächst j = 4 gesetzt. In der Abb. 2c) ist der entsprechende Graph G(L) dargestellt. Darin erkennt man unschwer den s-4-Knoten-Schnitt {2, 3}. Folglich ist $C^v(s, 4) = 2$, und das Verfahren bricht ab im Schritt (2). Damit ist geklärt, daß der Graph G der Abb. 2 nicht trizusammenhängend ist. Es ergibt sich effektiv aus diesen Abklärungen, daß $C^v(G) = 2$ ist.

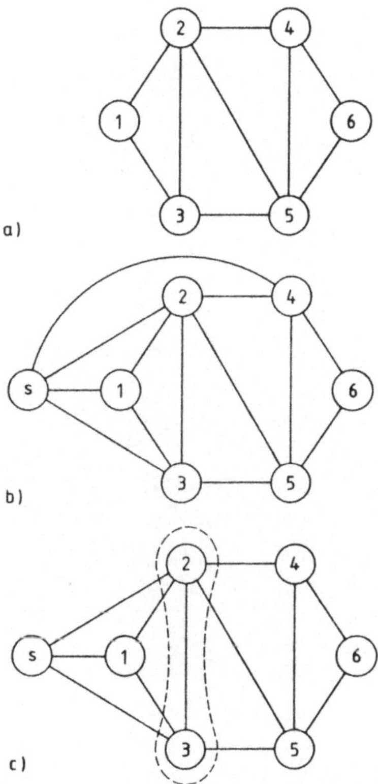

Abb. 2

Kommentar zu Kapitel 5

T a r j a n (1972) gibt einen D e p t h - F i r s t - S e a r c h - Algorithmus an, zur
Bestimmung der b i z u s a m m e n h ä n g e n d e n Komponenten, und H o p c r o f t ,
T a r j a n (1973) beschreiben einen D e p t h - F i r s t - S e a r c h - Algorithmus zur
Bestimmung der t r i z u s a m m e n h ä n g e n d e n Komponenten eines Graphen.
Damit kann geprüft werden, ob ein Graph bi- oder trizusammenhängend ist.

Lemma 5.1.1 stammt aus E v e n (1979). Abschnitt 5.2 beruht auf Ergebnissen von
K l e i t m a n (1969) und – was Lemmata 3 und 4 sowie Satz 1 anbetrifft – von
E v e n (1977). In diesem Zusammenhang sei weiter auf einen Algorithmus von
F r i s c h (1969) zur Bestimmung der Kohäsion (in gerichteten) Graphen sowie des
Zusammenhangs (gerichtet oder ungerichtet) hingewiesen.

6 Struktur monotoner Systeme

6.1 Monotone Systeme

Bei der Zuverlässigkeitsbetrachtung von Graphen $G = (V, E)$ kann man von sehr unterschiedlichen Voraussetzungen ausgehen. Man kann z. B. annehmen, daß nur Bögen ausfallen können, aber keine Knoten oder umgekehrt, daß nur Knoten, aber keine Bögen ausfallen können. Man kann auch annehmen, daß Knoten und Bögen ausfallen können. Unter diesen Annahmen kann man sich sodann für unterschiedliche Aspekte der Verletzlichkeit von Graphen interessieren. Einige davon sind in den vorangehenden Kapiteln bereits eingehend betrachtet worden. So kann man sich für die Verbindung zwischen zwei bestimmten Knoten s und t interessieren, oder man kann Wert auf Verbindungen zwischen allen Knotenpaaren des Graphen legen. Allgemeiner kann man eine Teilmenge $K \subseteq V$ von Knoten ins Auge fassen werden und verlangen, daß alle Knoten von K untereinander verbunden sind. Die beiden vorangehenden Fälle sind dann Sonderfälle dieses allgemeinen Falls ($|K| = 2$ bzw. $K = V$).

Bei gerichteten Graphen kann man zusätzlich noch zwischen Einweg- und Zweiwegproblemen unterscheiden. Ist $K \subseteq V$ und $s \in K$, dann kann man an der Verbindung von s zu allen anderen Knoten in K interessiert sein (Einwegprobleme). Man kann aber auch verlangen, daß alle Knotenpaare von K in beiden Richtungen miteinander verbunden sind (Zweiwegprobleme). Dabei gibt es wieder je die Sonderfälle $|K| = 2$ und $K = V$.

Eine Vielzahl von weiteren, ähnlichen Aspekten der Verletzlichkeit von Netzwerken können betrachtet werden; weitere Beispiele folgen weiter unten. Alle diese unterschiedlichen Aspekte führen zu voneinander verschiedenen Problemstellungen der Zuverlässigkeitsanalyse, wie sich schon in den vorangehenden Kapiteln gezeigt hat. Dennoch kann man nicht übersehen, daß bei aller Verschiedenheit doch auch beträchtliche Gemeinsamkeiten bei all diesen Verletzlichkeitsfragen vorhanden sind. Diese intuitive Aussage kann präzisiert werden. Es ist nämlich möglich, eine allen diesen Problemen g e m e i n s a m e S t r u k t u r zu isolieren, die in der Zuverlässigkeitstheorie eine sehr wichtige Rolle spielt. Dieses Kapitel ist einer Untersuchung dieser grundlegenden Struktur gewidmet.

Betrachtet man einen zusammenhängenden, ungerichteten Graphen $G = (V, E)$, bei dem nur Bögen ausfallen können, und ist $A \subseteq E$ eine Teilmenge von Bögen, die intakt sind, während die Bögen von $E - A$ ausgefallen sein sollen, dann kann man den Teilgraphen $G(A) = (V, A)$ von G bilden. Wird nun weiter eine Teilmenge von Knoten $K \subseteq V$ fixiert, und ist man daran interessiert, daß alle Knoten von K untereinander durch Pfade verbunden sind, dann nennt man A eine V e r b i n d u n g, wenn es in $G(A)$ zwischen allen Knoten von K Pfade gibt. Sei nun S die Familie aller Verbindungen (für eine feste Teilmenge K). Diese Familie S hat die folgenden Eigenschaften: (1) Es ist $E \in S$ und $\emptyset \notin S$; (2) ist $A \subseteq A'$ und $A \in S$, dann ist auch $A' \in S$. Eine ähn-

liche Struktur wurde bereits im Abschnitt 2.1 bei den Bogen- und Knoten-Schnittmengen entdeckt.

Diese Struktur soll nun verallgemeinert und abstrakt definiert werden: Es sei B eine
e n d l i c h e Menge und S eine Familie von Teilmengen von B, die die folgenden
Eigenschaften besitzt:

(1) Es ist $B \in S$ und $\emptyset \notin S$.

(2) Ist $A \in S$ und $A \subseteq A'$, dann gilt auch $A' \in S$.

Dann wird (B, S) ein m o n o t o n e s S y s t e m genannt. Die Teilmengen in S sollen
auch in diesem allgemeinen Fall V e r b i n d u n g e n genannt werden. Sehr oft wird
die m o n o t o n e F a m i l i e in konkreten Fällen durch einen T e s t a l g o r i t h -
m u s Alg_S definiert sein, der eine beliebige Teilmenge $A \subseteq B$ als Input nimmt und als
Output „ja" ergibt, wenn $A \in S$ und „nein" wenn $A \notin S$. Im obigen Beispiel mit dem
Graphen G ist Alg_S ein Algorithmus, der prüft, ob in G(A) Pfade zwischen allen Knoten
von K existieren.

Bei einem monotonen System (B, S) nimmt man dann an, daß die Elemente von B ausfallen können, und man interessiert sich dabei für die Fälle, bei denen die nicht ausgefallenen Elemente immer noch eine Verbindung bilden. Die Monotonitäts-Eigenschaft
(2) besagt dann, daß ein funktionsfähiges System durch die Reparatur eines Elements
nicht ausfallen kann oder auch, daß ein ausgefallenes System dadurch, daß ein weiteres
Element ausfällt, nicht funktionsfähig werden kann. Das scheint sehr vernünftig zu sein
und bildet eine Eigenschaft, die man von jedem sinnvollen System erwarten wird; man
vergleiche aber Beispiel (7) weiter unten. Bevor diese Struktur allgemein weiter untersucht wird, soll eine Reihe von B e i s p i e l e n monotoner Systeme gegeben werden:

(1) Sei B eine Menge mit $n = |B|$ Elementen und $A \subseteq B$ in S dann und nur dann, wenn
$|A| \geqslant k$. Das monotone System (B, S) wird ein k-von-n- S y s t e m genannt. Für $k = n$
besteht S nur aus B; das System „funktioniert" nur, wenn alle seine Elemente „funktionieren". (B, S) heißt in diesem Fall ein S e r i e s y s t e m. Für $k = 1$ besteht S aus
allen Teilmengen von B, außer der leeren. Das System ist nur dann ausgefallen, wenn
alle seine Elemente ausgefallen sind. Dieses System (B, S) heißt ein P a r a l l e l -
s y s t e m ; vergleiche dazu auch Kapitel 1.

(2) Bei Graphen $G = (V, E)$ führen die Eingangs dieses Abschnitts skizzierten Verletz-
lichkeitsaspekte und viele andere mehr alle zu monotonen Systemen. Zur Illustration
sei noch der Ausfall von K n o t e n in Betracht gezogen. Dabei wird wieder eine Teilmenge $K \subseteq V$ fixiert, und man interessiere sich für die Verbindung aller Knoten von K
untereinander. Ist dann $A \subseteq V$ eine Teilmenge von Knoten, die nicht ausgefallen ist,
während die Knoten von $V - A$ ausgefallen sind, dann sei G(A) der Teilgraph $G - (V - A)$
(siehe (2.1.4)). A ist dann eine Verbindung, wenn in G(A) immer noch alle Knoten von
K miteinander durch Pfade verbunden sind. Ist S die Familie der Verbindungen, dann ist
(V, S) ein monotones System. Man erinnere sich ferner, daß bei Graphen wie im
Abschnitt 2.1 gezeigt wurde, auch die B o g e n - und K n o t e n - S c h n i t t m e n -
g e n monotone Systeme bilden.

(3) Es sei G = (V, E) ein gerichteter Graph, dessen Bögen e ∈ E mit Kapazitäten k(e) versehen sind. F sei der maximale Fluß von s noch t; s, t ∈ V. Es wird angenommen, daß Bögen ausfallen können. Ist dann eine Limite L ≤ F fixiert, dann sei A ⊆ E eine Verbindung, wenn der maximale Fluß F(A) in G(A) = G − (E − A) mindestens gleich L ist, F(A) ≥ L. Ist S die Familie der solcherart definierten Verbindungen, dann ist (E, S) ein monotones System.

(4) Es sei B eine endliche Familie, deren Elemente b ein Gewicht g(b) ≥ 0 besitzen. Ist dann g > 0 ein vorgegebener, fester Wert, dann sei A ⊆ B eine Verbindung, wenn

$$\sum_{b \in A} g(b) \geq g \tag{1}$$

gilt, und S sei die Familie dieser Verbindungen. Dann ist (B, S) ein monotones System, wenn g höchstens gleich der Summe aller Gewichte ist.

(5) Sei B = {b_i, i = 1, 2, ..., n}, und sei jedem Element b_i eine B o o l e s c h e   V a r i - a b l e x_i mit den beiden möglichen Werten x_i = 0 oder 1 zugeordnet. B(x_1, x_2, ..., x_n) sei ferner eine B o o l e s c h e   F u n k t i o n , die den Wert 0 oder 1 annehmen kann. Die Boolesche Funktion sei m o n o t o n , d. h. B(x_1, ..., x_n) ≤ B(y_1, ..., y_n), wenn x_i ≤ y_i für alle i = 1, 2, ..., n. Ferner gelte B(0, ..., 0) = 0 und B(1, 1, ..., 1) = 1. A ⊆ B sei nun eine Verbindung, wenn B(x_1, ..., x_n) = 1 gilt, wenn x_i = 1 für alle b_i ∈ A und x_i = 0 sonst. Ist S die Familie aller dieser Verbindungen, dann folgt aus der Monotonität der Booleschen Funktion, daß (B, S) ein monotones System ist. Dieser Zusammenhang zwischen monotonen Systemen und monotonen Booleschen Funktionen ist sehr wichtig und nützlich und wird im übernächsten Abschnitt näher untersucht.

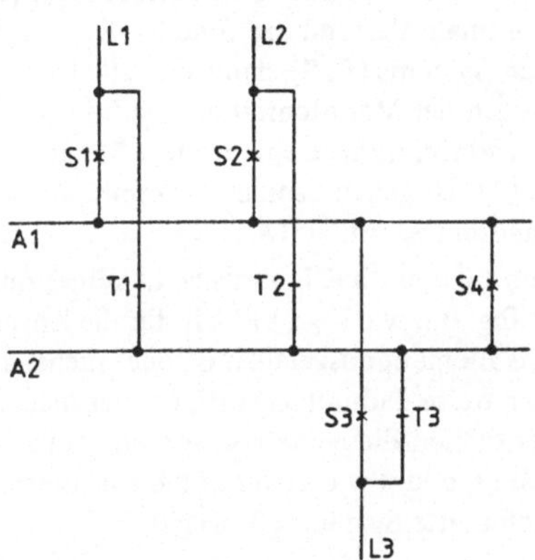

Abb. 1

(6) Zum Abschluß soll noch ein ganz konkretes Beispiel betrachtet werden. In der Abb. 1 ist das Schaltschema eines elektrischen Energieverteilungssystems dargestellt. Zwei Leitungen L1 und L2 speisen über eine Sammelschiene A1 eine Leitung L3. Jede dieser Leitungen ist durch einen Hochspannungsschalter S1, S2, S3 geschützt. Als Reserve ist eine zweite Sammelschiene A2 und ein weiterer Hochspannungsschalter S4 vorgesehen. Mit den Trennschaltern T1, T2, T3 (die nicht unter Spannung betätigt werden dürfen) kön-

nen fallweise die drei Leitungen L1, L2, L3 auf die Sammelschiene A2 geschaltet werden. Das System darf als funktionsfähig betrachtet werden, wenn alle beteiligten Leitungen zur Speisung von L3 je durch einen intakten Hochspannungsschalter gesichert sind. Wenn z. B. S1 ausfällt, dann kann L1 über T1 auf die Sammelschiene A2 geschaltet werden, und der Hochspannungsschalter S4 kann als Ersatz von S1 den Schutz der Leitung L1 übernehmen. Ähnliches gilt für die Leitung L2. Aber auch, wenn S3 ausfällt, kann L3 über T3 auf die Sammelschiene A2 geschaltet werden, so daß S4 auch S3 ersetzen kann. In diesen Ausführungen ist implizit sozusagen ein Testalgorithmus Alg_S definiert, der ein monotones System (B, S) mit B = {A1, A2, S1, S2, S3, S4, T1, T2, T3} bestimmt.

(7) Es ist vielleicht angebracht, auch ein vernünftiges Beispiel einer Fragestellung anzuführen, die n i c h t auf ein monotones System führt. Dabei wird wieder ein Graph G betrachtet, bei dem jetzt aber Knoten u n d Bögen ausfallen können. Man kann sich dann dafür interessieren, daß alle n i c h t a u s g e f a l l e n e n Knoten miteinander verbunden sind. Mit dieser Fragestellung ist nun kein monotones System verbunden. Wird nämlich ein ausgefallener Knoten funktionsfähig, dann kann es sein, daß nicht mehr alle nicht ausgefallenen Knoten untereinander verbunden sind, obwohl sie es vorher waren. Der neu funktionsfähig gewordene Knoten kann nämlich von anderen nicht ausgefallenen Knoten abgeschnitten sein. Das steht im Widerspruch zur Monotonität.

Es soll nun zu allgemeinen Betrachtungen von monotonen Systemen zurückgekehrt werden. Eine Verbindung $A \in S$ heißt m i n i m a l , wenn keine echte Teilmenge von A auch eine Verbindung ist. Es ist klar, daß jede monotone Familie S mindestens eine minimale Verbindung enthält; ja sogar jede Verbindung $A \in S$ enthält mindestens eine minimale Verbindung. Sind S_1, S_2, . . ., S_r die minimalen Verbindungen eines monotonen Systems (B, S), dann sind alle Obermengen $A \supseteq S_i$ jeder minimalen Verbindung wegen der Monotonität ebenfalls in S. Daraus ersieht man, daß die Angabe der minimalen Verbindungen eine weitere Möglichkeit bildet, um S zu definieren: Eine Teilmenge $A \subseteq B$ ist genau dann eine Verbindung $(A \in S)$, wenn A mindestens eine minimale Verbindung S_i enthält $(A \supseteq S_i)$.

Ein Element $b \in B$, das sich in keiner minimalen Verbindung befindet, ist offenbar völlig u n w e s e n t l i c h für die Zuverlässigkeitsbetrachtung. Es ist unerheblich, ob das Element ausgefallen ist oder nicht, die Funktionsfähigkeit des Systems wird in keiner Weise dadurch beeinflußt. Für manche Untersuchungen ist es günstig, solche unwesentlichen Elemente von vorneherein zu eliminieren. Ein monotones System (B, S), das k e i n e u n w e s e n t l i c h e n Elemente enthält, wird k o h ä r e n t genannt. Für kohärente Systeme (B, S) gilt

$$\bigcup_j S_j = B. \tag{2}$$

Zum Abschluß dieses Abschnitts sollen die minimalen Verbindungen einiger der obigen Beispiele noch betrachtet werden:

(8) Bei einem k-von-n- S y s t e m (B, S) sind offenbar alle k-elementigen Teilmengen $A \subseteq B$ mit $|A| = k$ minimale Verbindungen. Es gibt deren $\binom{n}{k}$, $n = |B|$. Bei einem

S e r i e s y s t e m ist B selbst die e i n z i g e minimale Verbindung; bei einem
P a r a l l e l s y s t e m bilden alle n Elemente je eine minimale Verbindung. Alle
k-von-n-Systeme sind k o h ä r e n t.

(9) Bei ungerichteten Graphen G = (V, E) mit Ausfall von Bögen und der Verbindung
der Knoten von K ⊆ V bilden die minimalen Verbindungen S_i Graphen $G(S_i)$, die
B ä u m e sind, deren Blätter (vergleiche Abschnitt 2.2) aber nur Knoten aus K sein
dürfen. Solche Bäume werden auch K - B ä u m e genannt. Für |K| = 2, also das Ver-
bindungsproblem zweier Knoten s und t, sind K-Bäume nichts anderes als e l e m e n -
t a r e P f a d e zwischen s und t. Für K = V werden K-Bäume zu s p a n n e n d e n
B ä u m e n über V.

Schließlich sind im Zusammenhang mit Graphen auch die Bogen- und Knoten-Schnittmengen nicht zu vergessen. Es wurde in Abschnitt 2.1 schon darauf hingewiesen, daß
diese Schnittmengen monotone Familien bilden. Die minimalen Verbindungen werden
hier auch minimale Schnittmengen genannt (siehe dazu auch den nachfolgenden
Abschnitt). Lemma 3.1.2 besagt dann, daß alle minimalen Bogen-Schnittmengen bezüglich zweier Knoten s und t von der Form $(X, \overline{X})$, $s \in X$, $t \in \overline{X}$ sind.

(10) Beim System der elektrischen Energieverteilung (Beispiel (6) oben), kann man
überprüfen, daß die folgenden Teilmengen von B minimale Verbindungen darstellen:

$$\{A1, S1, S3\}, \qquad \{A1, S2, S3\},$$
$$\{A1, A2, S1, S4, T3\}, \qquad \{A1, A2, S2, S4, T3\},$$
$$\{A1, A2, S3, S4, T1\}, \qquad \{A1, A2, S3, S4, T2\}.$$

Damit kann man auch verifizieren, daß dieses System k o h ä r e n t ist.

In den folgenden Abschnitten dieses Kapitels werden verschiedene Aspekte monotoner
Systeme eingehend dargestellt. Diese bilden dann die Grundlage für die Entwicklung
allgemeiner Ansätze und Methoden der Zuverlässigkeitsanalyse in den nachfolgenden
Kapiteln. Es wird dabei aber möglich und oft auch unabdingbar sein, diese allgemeinen
Methoden unter Ausnützung struktureller Besonderheiten von konkreten monotonen
Systemen, insbesondere Netzwerken oder Graphen, auf den konkreten Fall zu speziali-
sieren und damit wirkungsvoller zu gestalten. Es ist ein Anliegen dieser Darstellung, das
Wechselspiel zwischen allgemeinem Ansatz und seiner speziellen Ausprägung am kon-
kreten Fall sichtbar zu machen.

6.2   Dualität bei monotonen Systemen

Bei den Graphen hat sich im letzten Abschnitt gezeigt, daß es zwei Klassen von monotonen Systemen gibt, die offenbar etwas miteinander zu tun haben. Einerseits wurden
monotone Systeme betrachtet, in denen die Existenz von Pfaden, etwa zwischen zwei
Knoten s und t, für die Funktionsfähigkeit des Systems hinreichend waren. Andererseits
wurden monotone Systeme betrachtet, in denen mittels Schnittmengen gerade alle Pfade

zwischen zwei Knoten s und t unterbrochen werden. Der Ausfall der Elemente von solchen Schnittmengen ist dann hinreichend dafür, daß das System nicht funktionsfähig ist.

Diese Betrachtungsweise kann für beliebige monotone Systeme verallgemeinert werden und führt zu dualen monotonen Systemen. Ist (B, S) ein m o n o t o n e s S y s t e m , dann kann man die Familie T aller Teilmengen $C \subseteq B$ betrachten für die das Komplement $\bar{C}$ keine Verbindung ist, $\bar{C} \notin S$:

$$T = \{C \subseteq B: \bar{C} \notin S\}. \tag{1}$$

Der A u s f a l l aller Komponenten einer solchen Teilmenge C führt dazu, daß höchstens noch die Komponenten von $\bar{C}$ funktionsfähig sind. Diese bilden aber keine Verbindung mehr. Der Ausfall aller Komponenten von C ist somit hinreichend dafür, daß das System n i c h t f u n k t i o n s f ä h i g ist. Daher ist es naheliegend, die Mengen C als T r e n n u n g e n zu bezeichnen.

Ist nun $C \in T$ und $C \subseteq C'$, dann gilt $\bar{C}' \subseteq \bar{C}$ und somit auch $\bar{C}' \notin S$ (denn sonst müßte wegen wegen der Monotonität entgegen der Voraussetzung auch $\bar{C} \in S$ sein). Folglich gilt $C' \in T$, und das zeigt, daß T eine monotone Familie ist. Aus $\emptyset \notin S$ und $B \in S$ folgt ferner auch $B \in T$ und $\emptyset \notin T$. Somit ist (B, T) ebenfalls ein m o n o t o n e s S y s t e m das d u a l e S y s t e m von (B, S). Im folgenden wird der etwas willkürliche Sprachgebrauch, wie er hier eingeführt wurde weiter verwendet: Ist (B, S) das p r i m a l e System, dann werden die Elemente von S V e r b i n d u n g e n genannt, und ist (B, T) das dazu duale System, dann werden die Elemente von T T r e n n u n g e n genannt. Diese unsymmetrische Sprachregelung soll aber nicht verdecken, daß die Dualität völlig s y m m e t r i s c h ist: Das duale System von (B, T) ist (B, S). Die minimalen Mengen in T werden entsprechend dieser Konvention m i n i m a l e T r e n n u n g e n genannt.

Das folgende sind zwei einfache, aber grundlegende Ergebnisse zu dualen Systemen:

Satz 1 *Sind* (B, S) *und* (B, T) *zwei* d u a l e *Systeme, dann ist eine Teilmenge* $C \subseteq B$ *dann und nur dann eine* T r e n n u n g (V e r b i n d u n g) , *wenn sie mindestens ein Element von jeder minimalen Verbindung (minimalen Trennung) enthält.*

B e w e i s . Wenn $C \cap S_i \neq \emptyset$ für alle minimalen Verbindungen von S gilt, dann kann $\bar{C}$ keine minimale Verbindung enthalten und ist daher keine Verbindung, $\bar{C} \notin S$. C ist also eine Trennung.

Ist umgekehrt C eine Trennung, dann kann $\bar{C}$ keine minimale Verbindung S_i von S enthalten, und daraus folgt $C \cap S_i \neq \emptyset$ für alle minimalen Verbindungen von S.

Die zweite Hälfte des Satzes folgt aus der Symmetrie der Dualität.   ∎

Als einfache Folgerung aus diesem Satz ergibt sich weiter

Satz 2 *Sind* (B, S) *und* (B, T) *duale Systeme und ist eines davon* k o h ä r e n t , *dann sind* b e i d e k o h ä r e n t .

B e w e i s . Sei (B, S) kohärent. Ist dann $b \in B$ ein beliebiges Element, dann gibt es eine minimale Verbindung S_i in S, die b enthält. Dann muß aber b in mindestens einer minimalen Trennung von T sein, denn sonst wäre $S_i - \{b\}$ nach Satz 1 auch noch eine Verbindung. Das kann aber nicht sein, weil S_i minimal ist. Daher kann kein Element von

(B, T) unwesentlich sein, und (B, T) ist auch kohärent. Das Umgekehrte folgt wieder
aus der Symmetrie der Dualität.   ∎

Die folgenden Beispiele sollen dazu dienen, die Dualität etwas zu illustrieren und einige
wichtige duale Systeme einzuführen:

(1) Ist (B, S) ein k-von-n- S y s t e m , dann sind alle Teilmengen von B mit $n - k + 1$
oder mehr Elementen T r e n n u n g e n. Das zu (B, S) duale System ist also ein
$(n - k + 1)$-von-n- S y s t e m. Alle Mengen mit $n - k + 1$ Elementen sind minimale
Trennungen. Insbesondere sind demnach Serie- und Parallel-Systeme d u a l e S y s t e m e.

(2) Ist $G = (V, E)$ ein ungerichteter Graph mit Bogenausfällen und geht es um die Verbindungen zwischen den Knoten von $K \subseteq V$, dann sei (E, S) das zugehörige monotone
System. Das duale System (E, T) wird dann gebildet durch alle Bogen-Schnittmengen,
die Knotenpaare aus K trennen, die v_i-v_j-Schnitte für v_i, $v_j \in K$ sind. Ist $K = \{s, t\}$, dann
wird T durch alle s-t-Bogen-Schnitte gebildet, und $C^e(s, t)$ ist die Mächtigkeit der kleinsten aller Trennungen in T. Ist dagegen $K = V$, dann wird T durch a l l e Bogen-Schnittmengen von G gebildet, und $C^e(G)$ ist die Mächtigkeit der kleinsten Trennung in dieser
monotonen Familie.

Wird der Ausfall von Knoten angenommen und ist jetzt (V, S) das entsprechende mono-
tone System, dann gilt entsprechend, daß das duale System (V, T) durch alle Knoten-
Schnittmengen gebildet wird, die zu K d i s j u n k t sind und die Knotenpaare von K
trennen sowie durch alle nicht leeren Teilmengen von K. Im Sonderfall $K = V$ wird
(V, S) allerdings zu einem Seriesystem, und jede Knotenteilmenge in V ist eine Trennung.
Man kann aber auch das monotone System (V, T) betrachten, das aus allen Knoten-
Schnittmengen von G besteht. Im dualen System (V, S) enthält S dann alle $A \subseteq V$, für
die G(A) noch z u s a m m e n h ä n g e n d ist.

(3) Ist B eine Menge von Elementen mit Gewichten g(b), S die monotone Familie aller
$A \subseteq B$, für die (6.1.1) gilt (siehe Beispiel (4) im Abschnitt 6.1), und ist

$$G = \sum_{b \in B} g(b) \tag{2}$$

das Gesamtgewicht aller Elemente in B, dann sind die Trennungen Mengen $C \subseteq B$, für die

$$\sum_{b \in C} g(b) > G - g \tag{3}$$

gilt.

(4) Ist $B(x_1, \ldots, x_n)$ eine monotone Boolesche Funktion und (B, S) das dazu gehörige
monotone System (siehe Beispiel (5) im Abschnitt 6.1), dann ist $C \subseteq B$ eine Trennung,
wenn $B(x_1, \ldots, x_n) = 0$ gilt, sobald $x_i = 0$ für alle $b_i \in C$.

(5) Als letztes Beispiel soll hier noch einmal das elektrische Energieverteilungssystem
betrachtet werden, das im Beispiel (6) im Abschnitt 6.1 beschrieben wurde. Um die
minimalen Trennungen dieses Systems zu bestimmen, kann man Satz 1 herbeiziehen:
Z. B. ist A1 in allen minimalen Verbindungen, und nach Satz 1 ist daher A1 schon eine
Trennung, die sicherlich auch minimal ist. Es gibt offensichtlich keine weiteren Tren-

nungen mit nur einem Element. Aber man kann als Nächstes zweielementige Trennungen suchen. So ist nach Satz 1 {S3, S4} eine solche, ebenso {A2, S3} und {S3, T3}. Auf die gleiche Weise kann man 3-, 4-, . . . elementige Trennungen suchen. Dabei findet man die folgenden minimalen Trennungen:

{A1},

{A2, S3},   {S3, S4},   {S3, T3}

{S1, S2, S3},   {S1, S2, S4},   {A2, S1, S2},

{S1, S2, T1, T2}.

Das hier skizzierte Verfahren, wie man mit Hilfe von Satz 1 aus den minimalen Verbindungen die minimalen Trennungen (und umgekehrt) finden kann, ist allgemein gültig, wenn auch meist sehr aufwendig.

6.3   Monotone Boolesche Funktionen

Bereits im Abschnitt 6.1 zeigte es sich, daß mit einer monotonen Booleschen Funktion $B(x_1, \ldots, x_n)$ ein monotones System (B, S) verbunden werden kann. Umgekehrt wird sich zeigen, daß auch jedem monotonen System (B, S) eine Boolesche Funktion beigegeben werden kann. Damit ergibt sich eine Äquivalenz zwischen monotonen Systemen und monotonen Booleschen Funktionen. Letztere bilden eine a l g e b r a i s c h e Darstellung von monotonen Systemen. Da damit das ganze Instrumentarium der Booleschen Algebra verfügbar wird, ergibt sich daraus eine wirkungsvolle Methode zur Untersuchung und Behandlung monotoner Systeme.

Ist (B, S) ein monotones System, dann kann man die Elemente von B numerieren, $B = \{b_i, i = 1, 2, \ldots, n\}$, $n = |B|$. Jedem Element $b_i \in B$ wird eine B o o l e s c h e V a r i a b l e x_i zugeordnet. $x_i = 0$ soll bedeuten, daß b_i ausgefallen ist, $x_i = 1$, daß b_i funktionsfähig ist. Die Werte dieser n Booleschen Variablen beschreiben den S y s t e m z u s t a n d. Sie können zum Booleschen Vektor x zusammengefaßt werden. Ist ϵ ein Boolescher Vektor mit Komponenten $\epsilon_i = 0$ oder 1, dann beschreibt ϵ einen Systemzustand.

Jedem Booleschen Vektor x kann die Menge $M(x)$ aller intakter Elemente zugeordnet werden,

$$M(x) = \{b_i \in B: x_i = 1\}. \tag{1}$$

Damit kann nun eine B o o l e s c h e   F u n k t i o n $B_S(x)$ definiert werden. Diese soll den Wert 1 erhalten und damit zum Ausdruck bringen, daß das System intakt ist, wenn die Menge der intakten Elemente hinreichend dafür ist, die Funktionsfähigkeit des Systems zu garantieren. Andernfalls soll die Funktion den Wert 0 erhalten. Das führt zu der Definition

$$B_S(x) = \begin{cases} 1, & \text{wenn } M(x) \in S, \\ 0, & \text{wenn } M(x) \notin S. \end{cases} \tag{2}$$

Der Boolesche Vektor x wird ein V e r b i n d u n g s v e k t o r genannt, wenn $M(x)$ eine Verbindung ist, und ein T r e n n u n g s v e k t o r , wenn $M(x)$ keine Verbindung ist.

Sind x' und x'' zwei Boolesche Vektoren mit $x_i' \leqslant x_i''$ für alle $i = 1, 2, \ldots, n$, dann schreibt man kurz $x' \leqslant x''$. In diesem Fall ist $M(x') \subseteq M(x'')$. Weil S eine monotone Familie ist, folgt aus (2), daß in diesem Fall auch $B_S(x') \leqslant B_S(x'')$ gilt. Es gilt ferner $B_S(0, \ldots, 0) = 0$ und $B_S(1, \ldots, 1) = 1$, da $\emptyset \notin S$ und $B \in S$ ist. Somit ist $B_S(x)$ eine m o n o t o n e Boolesche Funktion. Es ist leicht zu sehen, daß das dieser monotonen Funktion zugeordnete monotone System gemäß Beispiel (5) im Abschnitt 6.1 eben gerade das ursprüngliche monotone System (B, S) ist. Damit ist die Eingangs erwähnte eineindeutige Beziehung zwischen monotonen Systemen und monotonen Booleschen Funktionen hergestellt.

Es sei nun (B, T) das zu (B, S) duale System. Die Beziehung $\sim x_i = 1 - x_i$ bringt die l o g i s c h e N e g a t i o n zum Ausdruck. $\sim x$ ist der Boolesche Vektor mit den Komponenten $\sim x_i$. Dann gilt $\overline{M}(x) = M(\sim x)$. Dem dualen System (B, T) ist nun genau wie (B, S) ebenfalls eine monotone Boolesche Funktion zugeordnet,

$$B_T(x) = \begin{cases} 1, & \text{wenn } M(x) \in T \text{ oder } M(\sim x) \notin S, \\ 0, & \text{wenn } M(x) \notin T \text{ oder } M(\sim x) \in S. \end{cases} \tag{3}$$

Ein Vergleich von (3) mit (2) zeigt, daß die folgende Beziehung zwischen den Booleschen Funktionen $B_S(x)$ und $B_T(x)$ der beiden dualen Systeme (B, S) und (B, T) besteht:

$$B_T(x) = \sim B_S(\sim x) = 1 - B_S(1 - x) \tag{4}$$

Dabei ist 1 der Vektor mit Komponenten 1. Zwei monotone Boolesche Funktionen, die in der Beziehung (4) zueinander stehen, werden d u a l e Boolesche Funktionen genannt. Sie definieren zwei duale, monotone Systeme.

Es ist nun möglich, den Booleschen Funktionen von monotonen Systemen explizite a l g e b r a i s c h e Formen zu geben. Zu diesem Zweck werden die Operationen der logischen Konjunktion und der logischen Disjunktion zwischen Booleschen Variablen eingeführt. Die K o n j u n k t i o n hat die Definition

$$x \wedge y = xy = \min(x, y). \tag{5}$$

$x \wedge y$ erhält genau dann den Wert 1, wenn x u n d y den Wert 1 haben. Diese Operation kann auch auf $n \geqslant 2$ Variablen erweitert werden,

$$\bigwedge_{i=1}^{n} x_i = \prod_{i=1}^{n} x_i = \min_{i=1,\ldots,n} \{x_i\}. \tag{6}$$

Erneut hat die Konjunktion der n Variablen x_i genau dann den Wert 1, wenn a l l e n Variablen x_i den Wert 1 haben.

Die D i s j u n k t i o n ist durch

$$x \vee y = \sim((\sim x) \wedge (\sim y)) = 1 - (1 - x)(1 - y) = \max(x, y) \tag{7}$$

definiert. $x \vee y$ hat genau dann den Wert 1, wenn x o d e r y den Wert 1 haben (auch wenn beide den Wert 1 haben). Auch diese Operation läßt sich auf $n \geqslant 2$ Variablen ausdehnen:

$$\bigvee_{i=1}^{n} x_i = \sim \bigwedge_{i=1}^{n} (\sim x_i) = 1 - \prod_{i=1}^{n} (1 - x_i) = \max_{i=1,\dots,n} \{x_i\}. \tag{8}$$

Die Disjunktion von n Variablen x_i hat genau dann den Wert 1, wenn m i n d e s t e n s e i n e der n Variablen x_i den Wert 1 hat.

Als Anwendung kann ein S e r i e - S y s t e m betrachtet werden. Ein solches System ist dann und nur dann intakt, wenn alle seine Elemente intakt sind. Daraus ergibt sich, daß seine Boolesche Funktion als Konjunktion der Booleschen Variablen seiner Elemente ausgedrückt werden kann,

$$B(x) = \bigwedge_{i=1}^{n} x_i = \prod_{i=1}^{n} x_i = \min_{i=1,\dots,n} \{x_i\}. \tag{9}$$

Bei einem P a r a l l e l - S y s t e m muß mindestens eine Komponente intakt sein, damit das System intakt ist. Daraus ergibt sich, daß die Boolesche Funktion eines Parallelsystems durch die Disjunktion der Booleschen Variablen seiner Elemente dargestellt werden kann,

$$B(x) = \bigvee_{i=1}^{n} x_i = 1 - \prod_{i=1}^{n} (1 - x_i) = \max_{i=1,\dots,n} \{x_i\}. \tag{10}$$

Es ist einfach zu verifizieren, daß diese beiden Booleschen Funktionen d u a l zueinander sind; das muß auch so sein, weil ja Serie- und Parallel-Systeme dual zueinander sind.

Diese Ausdrücke für Serie- und Parallelsysteme können nun in einem gewissen Sinn auf allgemeine monotone Systeme verallgemeinert werden.

Satz 1 *Es sei* (B, S) *ein* m o n o t o n e s S y s t e m *mit den* m i n i m a l e n V e r b i n d u n g e n $S_1, S_2, \dots, S_r$ *und den* m i n i m a l e n T r e n n u n g e n $T_1, T_2, \dots, T_s$. *Dann gilt*

$$B_S(x) = \bigvee_{j=1}^{r} \bigwedge_{b_i \in S_j} x_i = 1 - \prod_{j=1}^{r} (1 - \prod_{b_i \in S_j} x_i) = \max_{j=1,\dots,r} \{\min_{b_i \in S_j} (x_i)\} \tag{11}$$

und $\quad B_S(x) = \bigwedge_{j=1}^{s} \bigvee_{b_i \in T_j} x_i = \prod_{j=1}^{s} 1 - \prod_{b_i \in T_j} (1 - x_i) = \min_{j=1,\dots,s} \{\max_{b_i \in T_j} (x_i)\} \tag{12}$

In Anlehnung an (9) und (10) wird die Darstellung (11) r e d u z i e r t e P a r a l l e l f o r m und die Darstellung (12) r e d u z i e r t e S e r i e f o r m der Booleschen Funktion $B_S(x)$ genannt.

Vor der eigentlichen Beweisführung kann diesen Formeln eine anschaulich einleuchtende Begründung gegeben werden: Im Fall von (11) lautet die Überlegung, daß von m i n d e s t e n s e i n e r $(\vee)$ minimalen Verbindung S_i a l l e $(\wedge)$ Elemente intakt sein müssen, damit das System intakt ist. Zu (12) kommt man auf Grund der Überlegung, daß in a l l e n $(\wedge)$ minimalen Trennungen T_j m i n d e s t e n s e i n $(\vee)$ Element intakt sein muß, wenn das ganze System intakt ist. Diese Behauptungen sollen aber noch formal bewiesen werden.

B e w e i s. Es sei x ein Boolescher Vektor mit $M(x) \in S$. Dann gibt es eine minimale Verbindung $S_j \subseteq M(x)$. Für diese minimale Verbindung muß

$$\bigwedge_{b_i \in S_j} x_i = 1 \tag{13}$$

gelten, und damit erhält in diesem Fall (11) den Wert 1, wie es sein muß.

Ist umgekehrt x ein Boolescher Vektor mit $M(x) \notin S$, dann kann k e i n e minimale Verbindung in $M(x)$ enthalten sein, und es gilt

$$\bigwedge_{b_i \in S_j} x_i = 0 \quad \text{für alle } j = 1, 2, \ldots, r. \tag{14}$$

Damit erhält (11) in diesem Fall den Wert 0. Das zeigt, daß die in (11) definierte Boolesche Funktion identisch mit (2) ist, und das beweist (11).

(12) kann bewiesen werden, in dem man auf $B_S(x)$ die Dualitätsbeziehung (4) anwendet und für die d u a l e Boolesche Funktion $B_T(x)$ die schon bewiesene Form (11) einsetzt:

$$B_S(x) = \sim B_T(\sim x) = \sim \bigvee_{j=1}^{s} \bigwedge_{b_i \in T_j} (\sim x_i)$$

$$= \sim \bigvee_{j=1}^{s} (\sim \bigvee_{b_i \in T_j} x_i) = \bigwedge_{j=1}^{s} \bigvee_{b_i \in T_j} x_i. \tag{15}$$

Dabei wird zweimal (8) verwendet.   ∎

Diese Formen seien an zwei Beispielen illustriert:

(1) Beim k-von-n- S y s t e m sind alle Mengen mit k Elementen minimale Verbindungen, und alle Mengen mit $n - k + 1$ Elementen sind minimale Trennungen (siehe Beispiel (8) im Abschnitt 6.1 und (1) im Abschnitt 6.2). Sind A und C im folgenden Teilmengen der Indexmenge $\{1, 2, \ldots, n\}$, dann nehmen (11) und (12) für k-von-n-Systeme die folgenden Formen an:

$$B(x) = \bigvee_{|A|=k} \bigwedge_{i \in A} x_i, \tag{16}$$

$$B(x) = \bigwedge_{|C|=n-k+1} \bigvee_{i \in C} x_i. \tag{17}$$

(2) In diesem zweiten Beispiel wird das elektrische Energieverteilungssystem betrachtet, das im Beispiel (6) des Abschnitts 6.1 eingeführt wurde. Die minimalen Verbindungen dieses Systems sind im Beispiel (10) desselben Abschnitts zusammengestellt und die minimalen Trennungen im Beispiel (5) des Abschnitts 6.2. Die Booleschen Variablen der Elemente des Systems sollen hier nicht mit x_i bezeichnet werden, sondern der Übersichtlichkeits halber gerade mit dem Namen des betreffenden Elements; also mit A1, A2, S1, S2, ...

Die a r i t h m e t i s c h e n Formen von (11) und (12) lauten dann in diesem Beispiel

$$1 - (1 - A1S1S3)(1 - A1S2S3)$$
$$(1 - A1A2S1S4T3)(1 - A1A2S2S4T3)$$
$$(1 - A1A2S3S4T1)(1 - A1A2S3S4T2)$$
$$= A1(1 - (1 - A2)(1 - S3))$$
$$(1 - (1 - S3)(1 - S4))(1 - (1 - S3)(1 - T3))$$
$$(1 - (1 - S1)(1 - S2)(1 - S3))$$
$$(1 - (1 - S1)(1 - S2)(1 - S4))$$
$$(1 - (1 - A2)(1 - S1)(1 - S2))$$
$$(1 - (1 - S1)(1 - S2)(1 - T1)(1 - T2)). \tag{18}$$

Es ist bereits an dieser Stelle möglich, einige vergleichende Aussagen über die Zuverlässigkeit von monotonen Systemen zu machen. Im folgenden Satz wird ein allgemeines monotones System (B, S) mit einem Serie- und Parallelsystem gebildet aus den gleichen Elementen verglichen.

Satz 2 *Ist* (B, S) *ein monotones System, dann gilt*

$$\bigwedge_{b_i \in B} x_i \leqslant B_S(x) \leqslant \bigvee_{b_i \in B} x_i. \tag{19}$$

B e w e i s. Die linke Seite von (19) ist nur dann gleich 1, wenn $M(x) = B$. Dann ist aber $B_S(x) = 1$, und das beweist die linke Ungleichung. Die rechte Seite von (19) ist nur dann gleich 0, wenn $M(x) = \emptyset$; dann ist aber auch $B_S(x) = 0$, und das beweist die rechte Ungleichung. ∎

Im Hinblick auf (9) und (10) kann (19) dahingehend interpretiert werden, daß die Zuverlässigkeit eines monotonen Systems mindestens so gut wie diejenige eines Seriesystems ist, gebildet aus den gleichen Komponenten, und höchstens so gut wie die Zuverlässigkeit eines Parallelsystems, gebildet aus den gleichen Elementen.

Sind x und y zwei Boolesche Vektoren mit gleicher Dimension n, dann bezeichne $x \wedge y$ und $x \vee y$ die Vektoren mit Komponenten $x_i \wedge y_i$ bzw. $x_i \vee y_i$. Ist (B, S) ein monotones System, dann kann die Boolesche Funktion $B(x \vee y)$ dieses Systems betrachtet werden. Diese bringt zum Ausdruck, daß im System jedem Element ein zweites Element parallel, als Reserve beigegeben wird. Diese R e d u n d a n z auf der Ebene der Elemente hat zur Folge, daß im ursprünglichen System ein Element solange intakt ist, als eines der beiden redundanten Elemente im neuen System intakt ist. Ferner kann man auch die Boolesche Funktion $B(x) \vee B(y)$ betrachten. Dabei wird dem ganzen ursprünglichen System ein zweites System gleicher Struktur parallel als Reserve beigegeben. Diese R e d u n d a n z a u f S y s t e m e b e n e hat zur Folge, daß ein neues System entsteht, das noch intakt ist, solange eines der beiden ursprünglichen Systeme intakt ist. Der folgende Satz vergleicht diese beiden Systeme:

Satz 3 *Ist* (B, S) *ein monotones System mit Boolescher Funktion* B(x), *dann gilt*

$$B(x \vee y) \geqslant B(x) \vee B(y) \tag{20}$$

B e w e i s. Es ist $x_i \vee y_i \geqslant x_i$ und auch $\geqslant y_i$ für alle $i = 1, 2, \ldots, n$. Weil $B(x)$ eine monotone Funktion ist, folgt $B(x \vee y) \geqslant B(x)$ und auch $\geqslant B(y)$ und damit

$$B(x \vee y) \geqslant \max(B(x), B(y)) = B(x) \vee B(y). \qquad \blacksquare \ (21)$$

(20) besagt, daß ein System, bei dem die Redundanz auf der Ebene der Elementen eingeführt wird, zuverlässiger ist als ein System, bei dem die Redundanz auf der Ebene des Systems eingeführt wird.

Zum Abschluß dieses Abschnitts wird noch eine weitere Darstellung einer monotonen Booleschen Funktion hergeleitet. Ist x ein Boolescher Vektor $(x_1, \ldots, x_n)$, dann wird die folgende Notation eingeführt:

$$\begin{aligned}
(1_i, x) &= (x_1, \ldots, x_{i-1}, 1, x_{i+1}, \ldots, x_n), \\
(0_i, x) &= (x_1, \ldots, x_{i-1}, 0, x_{i+1}, \ldots, x_n).
\end{aligned} \qquad (22)$$

Die im folgenden Satz eingeführte Zerlegung einer Booleschen Funktion ist in mancher Hinsicht von theoretischer wie praktischer Bedeutung.

Satz 4 *Für jede monotone Boolesche Funktion* $B(x)$ *gilt die Identität*

$$B(x) = x_i B(1_i, x) + (1 - x_i)B(0_i, x) \qquad (23)$$

Diese Darstellung nennt man eine p i v o t a l e Z e r l e g u n g von $B(x)$ in bezug auf x_i.

B e w e i s. Ist x ein Boolescher Vektor mit $x_i = 1$, dann gilt $x = (1_i, x)$, und weil $1 - x_i = 0$ ist, gilt in diesem Fall $B(x) = x_i B(x)$. Ist dagegen $x_i = 0$, dann gilt $x = (0_i, x)$ und $B(x) = (1 - x_i)B(0_i, x)$. In beiden Fällen gilt somit (23), und das beweist den Satz. $\blacksquare$

$B(1_i, x)$ und $B(0_i, x)$ sind beides selber wieder m o n o t o n e Boolesche Funktionen in den $(n-1)$-dimensionalen Booleschen Vektoren $(1_i, x)$ und $(0_i, x)$. Sie definieren dementsprechend zwei neue monotone Systeme mit je $n-1$ Elementen. Vor allem aber kann auf diese beiden Booleschen Funktionen erneut je eine pivotale Zerlegung angewandt werden. Führt man solche pivotalen Zerlegungen durch, bis keine mehr möglich sind, dann gelangt man zu der folgenden Darstellung der Booleschen Funktion

$$B(x) = \sum_{\epsilon} \prod_{i=1}^{n} x_i^{\epsilon_i}(1 - x_i)^{1 - \epsilon_i} B(\epsilon) \qquad (24)$$

Hier ist $0^0 = 1$. Die Summe erstreckt sich über alle 2^n binären Vektoren ϵ. Das ist die sog. d i s j u n k t e N o r m a l f o r m der Booleschen Funktion. Ist $B(x)$ die Boolesche Funktion des monotonen Systems (B, S), dann kann man auch

$$B(x) = \sum_{\epsilon \,:\, M(\epsilon) \in S} \prod_{i=1}^{n} x_i^{\epsilon_i}(1 - x_i)^{1 - \epsilon_i} \qquad (25)$$

schreiben. Hier erstreckt sich die Summe nur über die Terme, für die $B(\epsilon) = 1$ ist, was ja genügt.

Derartige N o r m a l f o r m e n gibt es für Boolesche Funktionen noch mehrere. Im nächsten Abschnitt wird eine weitere Normalform eingeführt, die für Zuverlässigkeitsanalysen von besonderer Bedeutung ist.

6.4   Domination

In diesem Abschnitt wird eine weitere Darstellung einer monotonen Booleschen Funktion, eine weitere Normalform hergeleitet. Gleichzeitig wird ein neuer Begriff eingeführt, der in der Zuverlässigkeitstheorie einige Bedeutung erlangt hat.

Ausgangspunkt der Betrachtung ist wieder ein m o n o t o n e s   S y s t e m (B, S). Dieses besitze die m i n i m a l e n   V e r b i n d u n g e n $S_1, S_2, \ldots, S_r$, und I_r bezeichne die Indexmenge $\{1, 2, \ldots, r\}$. Ist $F \subseteq I_r$, dann ist

$$A = \bigcup_{j \in F} S_j \tag{1}$$

eine Verbindung, $A \in S$. Die Familie $\{S_j, j \in F\}$ wird eine F o r m a t i o n von A genannt. Es kann sehr wohl Verbindungen $A \in S$ geben, die k e i n e Formation besitzen. Wenn (B, S) z. B. nicht kohärent ist, dann besitzt sogar B keine Formation. Selbstverständlich besitzen alle $A \notin S$ keine Formation. Hat jedoch eine Verbindung $A \in S$ eine Formation, dann kann A auch mehrere, verschiedene Formationen besitzen.

Eine Formation $\{S_j, j \in F\}$ wird g e r a d e (u n g e r a d e) genannt, wenn sie eine gerade (ungerade) Anzahl $|F|$ von minimalen Verbindungen enthält. Die D o m i n a t i o n einer Verbindung $A \in S$ mit einer Formation ist definiert als

$$d(A) = \text{Anzahl u n g e r a d e r Formationen von A}$$
$$- \text{Anzahl g e r a d e r Formationen von A.} \tag{2}$$

Für alle $A \subseteq B$ o h n e Formation wird $d(A) = 0$ gesetzt. Man beachte aber, daß auch für eine Menge A m i t Formation $d(A) = 0$ gelten kann.

Ist $A \subseteq B$, dann bezeichne $P(A) \subseteq I_r$ die Menge aller minimalen Verbindungen, die in A enthalten sind, $P(A) = \{j: S_j \subseteq A\}$. Wenn A keine Verbindung ist, dann ist $P(A)$ natürlich leer. Wenn A dagegen eine Verbindung ist, kann man das monotone System $(A, S(A))$ betrachten, worin $S(A)$ die monotone Familie ist, die von den minimalen Verbindungen $S_j, j \in P(A)$ erzeugt wird. Das ist das System, das man erhält, wenn alle Elemente in $B - A$ ausgefallen sind. Wenn

$$A \supset A' = \bigcup_{j \in P(A)} S_j, \tag{3}$$

dann hat A keine Formation. Man kann ebensogut das kohärente System $(A', S(A'))$ betrachten, da die Elemente von $A - A'$ in $(A, S(A))$ u n w e s e n t l i c h sind. Von daher gesehen sind nur die Verbindungen A', für die $(A', S(A'))$ kohärent ist, d. h. die Formationen besitzen, wesentlich. Verbindungen, die eine Formation besitzen, sollen deshalb k o h ä r e n t genannt werden.

Der folgende Satz legt die Grundlage für die Theorie der Dominationen:

Satz 1 *Ist* (B, S) *ein monotones System, dann hat die dazu gehörige Boolesche Funktion die Darstellung*

$$B_S(x) = \sum_{A \in S} d(A) \prod_{b_i \in A} x_i, \tag{4}$$

und es gibt k e i n e a n d e r e *Darstellung der Booleschen Funktion dieser Form* (*Eindeutigkeit der Darstellung*). *Das ist die sog.* l i n e a r e N o r m a l f o r m *oder kurz* L i n e a r f o r m *einer monotonen Booleschen Funktion.*

B e w e i s. Nach (6.3.11) gilt

$$B_S(x) = 1 - \prod_{j=1}^{r} \left(1 - \prod_{b_i \in S_j} x_i\right). \tag{5}$$

Multipliziert man in (5) das Produkt über j aus, dann hebt sich die „1" weg, und es entsteht eine Summe von Termen der Form

$$\prod_{j \in F} \left(- \prod_{b_i \in S_j} x_i\right), \tag{6}$$

worin F eine beliebige Teilmenge von I_r ist. Für Boolesche Variablen x gilt die I d e m - p o t e n z r e l a t i o n $x^k = x$ für alle positiven, ganzen Zahlen k. Aus diesem Grund sind die Terme in (6) gleich

$$(-1)^{|F|+1} \prod_{\substack{b_i \in \cup S_j \\ j \in F}} x_i. \tag{7}$$

Für alle $F \subseteq I_r$ ist $\{S_j, j \in F\}$ eine Formation einer kohärenten Verbindung $A \in S$. Wenn A m e h r e r e Formationen hat, dann entspricht in (5) jeder Formation von A ein — bis auf das Vorzeichen — identischer Term der Form (7). Für jedes kohärente A können also diese Terme zusammengefaßt werden. Dabei ergibt sich gemäß Definition der Domination gerade der Koeffizient d(A).

Man beachte, daß sich mit den getroffenen Konventionen die Summe in (4) entweder über alle $A \subseteq B$ oder $A \in S$ oder nur über die kohärenten $A \in S$ erstrecken kann. Positive Beiträge zur Summe liefern auf jeden Fall nur die kohärenten $A \in S$.

Um nun die Eindeutigkeit der Darstellung (4) zu beweisen, werden zunächst Boolesche Funktionen von n Variablen $O_n(x_1, \ldots, x_n)$ betrachtet, die identisch verschwinden, $O_n(x_1, \ldots, x_n) = 0$. Sei $I_n = \{1, 2, \ldots, n\}$. Es wird gezeigt, daß in der linearen Form dieser Funktionen

$$O_n(x_1, \ldots, x_n) = \sum_{A \subseteq I_n} c(A) \prod_{i \in A} x_i \tag{8}$$

alle Koeffizienten verschwinden, $c(A) = 0$ für alle $A \subseteq I_n$.

Es ist $O_1(x_1) = c(\emptyset) + c(\{1\})x_1 = 0$. Mit $x_1 = 0$ erkennt man, daß $c(\emptyset) = 0$ sein muß, und mit $x_1 = 1$ ergibt sich dann auch $c(\{1\}) = 0$. Die Behauptung gelte nun für $n - 1$. Man kann dann schreiben

$$O_n(x_1, \ldots, x_n)$$

$$= x_n \sum_{A \subseteq I_n, n \in A} c(A) \cdot \prod_{i \in A - \{n\}} x_i + \sum_{A \subseteq I_n - \{n\}} c(A) \prod_{i \in A} x_i$$

$$= x_n B_1(x_1, \ldots, x_{n-1}) + B_2(x_1, \ldots, x_{n-1}). \tag{9}$$

Mit $x_n = 0$ erkennt man, daß $B_2(x_1, \ldots, x_{n-1}) = O_{n-1}(x_1, \ldots, x_{n-1})$, und mit $x_n = 1$ erkennt man, daß auch $B_1(x_1, \ldots, x_{n-1}) = O_{n-1}(x_1, \ldots, x_{n-1})$ sein muß. Aus der Induktionsvoraussetzung folgt dann aber $c(A) = 0$, und zwar für alle $A \subseteq I_n$.

Gäbe es nun zwei Darstellungen (4) für die Boolesche Funktion $B_S(x)$, und zwar mit den Koeffizienten $d'(A)$ und $d''(A)$, dann gilt für die Differenz dieser beiden Darstellungen

$$O_n(x) = \sum_{A \in S} (d'(A) - d''(A)) \prod_{b_i \in A} x_i, \tag{10}$$

und nach obigem muß dann $d'(A) = d''(A)$ für alle $A \in S$ sein. Das beweist die Eindeutigkeit der Linearform. ∎

Es gibt nun einfache Beziehungen zwischen den Dominationen der Teilmengen eines monotonen Systems:

Satz 2 *Ist* (B, S) *ein monotones System und* $A \subseteq B$ *eine* V e r b i n d u n g (*kohärent oder nicht*), *dann gilt*

$$\sum_{A' \subseteq A} d(A') = 1. \tag{11}$$

Insbesondere hat jede minimale Verbindung S_i *die Domination* $d(S_i) = 1$.

B e w e i s. Einer Teilmenge $A \subseteq B$ sei der Boolesche Vektor $x(A)$ mit den Komponenten $x_i = 1$ für alle $b_i \in A$ und $x_i = 0$ für alle $b_i \notin A$ zugeordnet. Dann gilt

$$\prod_{b_i \in A'} x_i(A) = \begin{cases} 0, & \text{wenn } A' \supset A, \\ 1, & \text{wenn } A' \subseteq A. \end{cases} \tag{12}$$

Setzt man dies in (4) ein, dann folgt aus $B_S(x(A)) = 1$ die Behauptung (11). ∎

Aus (4) folgt speziell noch, daß die Summe aller Dominationen eines monotonen Systems gleich eins sein muß,

$$\sum_{A \subseteq B} d(A) = 1. \tag{13}$$

(11) bildet ein l i n e a r e s   G l e i c h u n g s s y s t e m für die Dominationen eines monotonen Systems. Dieses Gleichungssystem ist sogar t r i a n g u l ä r und gestattet daher in manchen Fällen eine leichte Bestimmung der Dominationen. Dazu soll ein Beispiel angeführt werden:

(1) Beim k-von-n- S y s t e m (Beispiel (1), Abschnitt 6.1) sind alle Teilmengen mit k oder mehr Elementen kohärent. Aus Symmetriegründen ist klar, daß alle Teilmengen mit gleich viel Elementen m auch die gleiche Domination $d(m)$ haben müssen. Es sind somit nur die Dominationen $d(m)$ für $m = k, k + 1, \ldots, n$ zu bestimmen. (11) lautet in diesem speziellen Fall

$$d(k) = 1,$$
$$(k + 1)d(k) + d(k + 1) = 1,$$

$$\binom{k+2}{k}d(k) + \binom{k+2}{k+1}d(k+1) + d(k) = 1,$$

$$\cdots \tag{14}$$

und die allgemeine Gleichung lautet

$$\sum_{i=0}^{h}\binom{k+h}{k+i}d(k+i) = 1, \quad \text{für } h = 0, 1, \ldots, n-k, \tag{15}$$

weil eine Menge von $k + h$ Elementen $\binom{k+h}{k+i}$ Teilmengen mit $k + i$ Elementen enthält.

Für jedes k und n ist (14) bzw. (15) sehr leicht aufzulösen. Für ein 2-von-3-System z. B. erhält man $d(2) = 1$ und $d(3) = -2$. Für den Spezialfall des Serie- und insbesondere des Parallelsystems wird auf das Beispiel (2) weiter unten verwiesen.

Wenn (B, T) das d u a l e System zu einem monotonen System (B, S) ist, dann kann man analog Dominationen von Trennungen bezüglich Formationen aus minimalen Trennungen definieren. Zur Unterscheidung von Dominationen bezüglich (B, S) und (B, T) seien diese mit d_S bzw. d_T bezeichnet. Zwischen den Dominationen dualer Systeme gibt es nun ebenfalls sehr einfache Beziehungen:

Satz 3 *Sind* (B, S) *und* (B, T) d u a l e , *monotone Systeme und* $A, C \subseteq B$, *dann gilt*

$$d_T(C) = (-1)^{|C|+1} \sum_{A \supseteq C} d_S(A), \tag{16}$$

$$d_S(A) = (-1)^{|A|+1} \sum_{C \supseteq A} d_T(C). \tag{17}$$

B e w e i s. Wendet man (6.3.4) auf die Linearform (4) der Booleschen Funktion $B_S(x)$ an, dann erhält man

$$B_T(x) = 1 - \sum_{A \in S} d_S(A) \prod_{b_i \in A} (1 - x_i). \tag{18}$$

Multipliziert man hier die Produkte über die Terme $(1 - x_i)$ aus,

$$\prod_{b_i \in A} (1 - x_i) = 1 - \sum_{C \subseteq A} (-1)^{|C|+1} \prod_{b_i \in C} x_i, \tag{19}$$

so ergibt sich, wenn man (13) noch mitberücksichtigt

$$B_T(x) = 1 - \sum_{A \in S} d_S(A) \{1 - \sum_{C \subseteq A} (-1)^{|C|+1} \prod_{b_i \in C} x_i\} \tag{20}$$

$$= \sum_{A \in S} d_S(A) \sum_{C \subseteq A} (-1)^{|C|+1} \prod_{b_i \in C} x_i = \sum_{C} \{\sum_{A \supseteq C} d_S(A)\} (-1)^{|C|+1} \prod_{b_i \in C} x_i$$

Der letzte Ausdruck ist nichts anderes, als die L i n e a r f o r m der dualen Booleschen Funktion $B_T(x)$. (16) folgt daraus durch einen entsprechenden Koeffizientenvergleich. (17) folgt aus (16) wegen der Symmetrie der Dualität. ∎

Eine direkte Folge von (16) ist insbesondere die Beziehung

$$d_T(B) = (-1)^{|B|+1}d_S(B). \tag{21}$$

Der Satz 3 kann insbesondere auf Serie- und Parallelsysteme angewandt werden:

(2) Ist (B, S) ein S e r i e s y s t e m , dann ist B die einzige Verbindung des Systems, und es gilt $d_S(B) = 1$. Das d u a l e System (B, T) ist ein P a r a l l e l s y s t e m. Aus (16) folgt für die Dominationen dieses Systems

$$d_T(C) = (-1)^{|C|+1} \tag{22}$$

für alle nichtleeren Teilmengen $C \subseteq B$. Ein Parallelsystem mit n Elementen hat also die Linearform

$$\sum_i x_i - \sum_{i<j} x_i x_j + \sum_{i<j<k} x_i x_j x_k - \ldots + (-1)^{n+1} x_1 x_2 \ldots x_n. \tag{23}$$

6.5   Moduln kohärenter Systeme

Sehr oft sind Systeme aus Elementen aufgebaut, die ihrerseits wieder Systeme sind, nämlich Teilsysteme des ganzen Systems. Dem entspricht eine Betrachtung eines Systems auf verschiedenen Ebenen. Auf der obersten Ebene wird das System grob aus Elementen aufgebaut betrachtet, die auf dieser Ebene als Ganzes aufgefaßt werden und entweder intakt oder ausgefallen sind. Bei einer feineren Betrachtungsweise auf einer unteren Ebene, sind diese Elemente ihrerseits aus Elementen aufgebaut, die ein Teilsystem des ganzen Systems bilden. Das Element wird dann als intakt betrachtet, wenn das Teilsystem, das es darstellt, funktionsfähig ist.

Diese Betrachtungsweise hat große praktische Bedeutung. Nicht nur entspricht sie dem tatsächlichen Aufbau von Systemen, sondern sie kann auch Zuverlässigkeitsrechnungen beträchtlich vereinfachen. Aus diesem Grund soll diese verbreitete Tatsache des m o d u l a r e n Aufbau von Systemen hier formal erfaßt und beschrieben werden.

Es sei (B', S') ein k o h ä r e n t e s System und $b \in B'$ ein Element dieses Systems. Stellt nun b selbst ein Teilsystem dar, dann ist b ein weiteres kohärentes System (M, U) zugeordnet. b wird dann in (B', S') als i n t a k t betrachtet, wenn das ihm zugeordnete System (M, U) intakt ist, also wenn die intakten Elemente von M eine Verbindung in U bilden. Wenn man nun b in (B', S') durch (M, U) ersetzt, kommt man zu einem neuen System (B, S). Dabei ist

$$B = B' - \{b\} + M. \tag{1}$$

Die monotone Familie S ist durch die folgende Menge von minimalen Verbindungen definiert: (1) alle minimalen Verbindungen S_j' von S', die b n i c h t enthalten (und die daher Teilmengen von B sind) und (2) alle Mengen, die man erhält, wenn man in minimalen Verbindungen S_j' von S', die b e n t h a l t e n , b durch irgendeine minimale Verbindung U_k von U ersetzt. Die minimalen Verbindungen von S haben also die folgende Form:

$$
\begin{aligned}
S_j &= S_j', & &\text{wenn } b \notin S_j', \\
S_h &= S_j' - \{b\} + U_k, & &\text{wenn } b \in S_j'.
\end{aligned}
\tag{2}
$$

In diesem Fall wird M eine m o d u l a r e Teilmenge, (M, U) ein M o d u l von (B, S) genannt, und (B′, S′) ist das o r g a n i s i e r e n d e System oder die o r g a n i s i e - r e n d e Struktur. Es ist klar, daß jedes Element $b \in B$ ein Modul ({b}, {{b}}) und ebenso, daß B selber ein Modul (B, S) bildet. Diese t r i v i a l e n Moduln sind natür- lich uninteressant.

Für die Booleschen Funktionen dieser Systeme gilt offenbar

$$B_S(x) = B_{S'}(B_U(x^M), x^{\overline{M}}). \tag{3}$$

Dabei bezeichnet x^M den Teilvektor von x mit Komponenten x_i, $b_i \in M$. Ist umgekehrt (B, S) ein kohärentes System, dessen Boolesche Funktion für eine Teilmenge $M \subseteq B$ eine (3) entsprechende Form hat,

$$B_S(x) = B'(B''(x^M), x^{\overline{M}}); \tag{4}$$

dann kann man den Booleschen Funktionen B′ und B″ zwei monotone Systeme (B′, S′) und (M, U) zuordnen, und (M, U) ist offenbar ein M o d u l von (B, S) mit organisieren- dem System (B′, S′).

Es kann eine weitere Kennzeichnung von modularen Teilmengen M eines kohärenten Systems gegeben werden. Zuerst aber folgt ein Lemma, das zeigt, wie die minimalen Verbindungen (und damit die Struktur) eines Moduls bestimmt sind.

Lemma 1 *Ist* (B, S) *ein kohärentes System mit minimalen Verbindungen* $S_1, \ldots, S_r$ *und* M *eine* m o d u l a r e T e i l m e n g e *davon, dann sind die minimalen Verbin- dungen des Moduls* (M, U) *gerade alle Mengen* $M \cap S_j$, *die* n i c h t l e e r *sind.*

B e w e i s. Wenn $M \cap S_j$ nicht leer ist, ist S_j nach der Definition von S von der Form $S_k' - \{b\} + U_h$, und $M \cap S_j = U_h$ ist in der Tat eine minimale Verbindung in U. Ist umge- kehrt U_h eine minimale Verbindung in U, dann ist $S_j = S_k' - \{b\} + U_h$ eine minimale Verbindung von S und folglich $U_h = M \cap S_j$. ∎

Der folgende Satz gibt nun die versprochene weitere Charakterisierung von modularen Teilmengen eines kohärenten Systems:

Satz 1 (B, S) *sei ein kohärentes System mit den minimalen Verbindungen* $S_1, \ldots, S_r$. $M \subseteq B$ *ist dann und nur dann eine* m o d u l a r e T e i l m e n g e *von* (B, S), *wenn*

$$(M \cap S_j) \cup (\overline{M} \cap S_k) \tag{5}$$

eine minimale Verbindung von S ist, wenn immer $M \cap S_j \neq \emptyset$ *und* $M \cap S_k \neq \emptyset$.

B e w e i s. (a) Es sei M eine modulare Menge von (B, S). Dann gibt es ein Modul (M, U) und ein organisierendes System (B′, S′), und $U_j = M \cap S_j$ ist eine minimale Verbindung in U, wenn $M \cap S_j \neq \emptyset$ (Lemma 1). Ist zudem $M \cap S_k \neq \emptyset$, dann ist $S_k' = (\overline{M} \cap S_k) + \{b\}$ eine minimale Verbindung in S′, die b enthält. Nach der Definition von S ist daher $S_k' - \{b\} + U_j = (M \cap S_j) \cup (\overline{M} \cap S_k)$ eine minimale Verbindung von S.

(b) In der Umkehrung ist zu zeigen, daß monotone Systeme (B′, S′) und (M, U) existie- ren, die (B, S) erzeugen. Es sei U die monotone Familie, die durch die minimalen Ver- bindungen $U_j = M \cap S_j \subseteq M$, $M \cap S_j \neq \emptyset$, erzeugt wird. Und es sei weiter S′ die monotone Familie, die durch die minimalen Verbindungen $\overline{M} \cap S_k + \{b\}$ für alle S_k, für die $M \cap S_k \neq \emptyset$ gilt, und die minimalen Verbindungen S_k, für die $M \cap S_k = \emptyset$ gilt, erzeugt wird. Diese minimalen Verbindungen seien wie gewohnt mit S'_k bezeichnet.

Dann ist aber

$$(M \cap S_j) \cup (\overline{M} \cap S_k) = U_j + (S'_k - \{b\}) \tag{6}$$

wenn immer $M \cap S_j \neq \emptyset$ und $M \cap S_k \neq \emptyset$, und S ist in der Tat die monotone Familie, die durch die organisierende Struktur (B', S') und das Modul (M, U) erzeugt wird.   ∎

Es ist nun einfach zu zeigen, daß sich die Kohärenz eines Systems auch auf seine Moduln überträgt.

Satz 2 *Ist* (M, U) *ein* M o d u l *eines* k o h ä r e n t e n *Systems* (B, S), *dann ist* (M, U) *ebenfalls* k o h ä r e n t.

B e w e i s. Nach Lemma 1 sind die $M \cap S_j \neq \emptyset$ die minimalen Verbindungen von U. Es gilt dann

$$\bigcup_j (M \cap S_j) = M \cap \left(\bigcup_j S_j \right) = M \cap B = M \tag{7}$$

wenn (B, S) kohärent ist (siehe (6.1.2)).   ∎

Ein Modul (M, U) von (B, S) wird ein S e r i e - oder P a r a l l e l - M o d u l genannt, wenn (M, U) ein Serie- bzw. Parallel-System ist. Diese zwei Sonderfälle sind besonders wichtig und auch besonders verbreitet. Der nachfolgende Satz gibt Charakterisierungen für Serie- und Parallel-Moduln.

Satz 3 (a) *Eine Teilmenge* $M \subseteq B$ *eines kohärenten Systems* (B, S) *mit minimalen Verbindungen* $S_1, \ldots, S_r$ *bestimmt ein* S e r i e - M o d u l *von* (B, S) *dann und nur dann, wenn* $M \cap S_j = M$ *oder* $= \emptyset$ *für alle minimalen Verbindungen* S_j *von* (B, S).

(b) *Eine Teilmenge* $M = \{m_1, m_2, \ldots, m_{|M|}\} \subseteq B$ *eines kohärenten Systems* (B, S) *mit minimalen Verbindungen* $S_1, \ldots, S_r$ *bestimmt ein* P a r a l l e l - M o d u l *von* (B, S) *dann und nur dann, wenn folgendes gilt:*

Die Teilmenge der minimalen Verbindungen von S, für die $S_j \cap M \neq \emptyset$ *gilt, zerfällt in* $s \geqslant 1$ *disjunkte Klassen* $C_i = \{S_{i1}, \ldots, S_{i|M|}\}$ *von je* $|M|$ *minimalen Verbindungen, derart, daß*

$$\text{(a) } M \cap S_{ij} = \{m_j\}, \quad j = 1, 2, \ldots, |M|, \quad i = 1, 2, \ldots, s;$$

$$\text{(b) } S_{i1} - \{m_1\} = S_{i2} - \{m_2\} = \ldots = S_{i|M|} - \{m_{|M|}\}. \tag{8}$$

B e w e i s. (a) Ist (M, U) ein Serie-Modul, dann ist $U = \{M\}$, und die Behauptung folgt aus Lemma 1. Gilt umgekehrt $M \cap S_j \neq \emptyset$ und $M \cap S_k \neq \emptyset$, dann gilt $M \cap S_j = M \cap S_k = M$ und $(M \cap S_j) \cup (\overline{M} \cap S_k) = S_k$, und M ist nach Satz 1 eine m o d u l a r e Teilmenge. Da aber $M \cap S_j = M$ ist, wenn diese Menge nicht leer ist, folgt aus Lemma 1, daß (M, U) nur ein Serie-Modul sein kann.

(b) Ist (M, U) ein Parallel-Modul, dann bilden alle Elemente m_j von M minimale Verbindungen von (M, U). Nach Lemma 1 haben alle minimalen Verbindungen von (B, S), die M schneiden, genau ein Element mit M gemeinsam. So seien S_{ij}, $i = 1, 2, \ldots$ diejenigen minimalen Verbindungen von (B, S) für die $M \cap S_{ij} = \{m_j\}$ gilt. Nach Satz 1 muß $(M \cap S_{ij}) \cup (\overline{M} \cap S_{hk}) = \{m_j\} \cup (S_{hk} - \{m_k\})$ ebenfalls eine minimale Verbindung von (B, S) sein. Das zeigt, daß die Bedingungen (8) erfüllt sind.

Ist umgekehrt $\emptyset \neq M \cap S_{ij} = \{m_j\}$ und $\emptyset \neq M \cap S_{hk} = \{m_k\}$, m_j, $m_k \in M$, dann folgt

$$(M \cap S_{ij}) \cup (\overline{M} \cap S_{hk}) = \{m_j\} \cup (S_{hk} - \{m_k\}) = \{m_j\} \cup (S_{hj} - \{m_j\}) = S_{hj} \in S, \quad (9)$$

und nach Satz 1 ist M daher eine m o d u l a r e Teilmenge von (B, S). Daß es sich um einen Parallel-Modul handeln muß, folgt wieder aus Lemma 1. ∎

Die bisherige Begriffsbildung und die Ergebnisse seien an einigen Beispielen illustriert.

(1) Bei einem S e r i e - oder P a r a l l e l - S y s t e m (B, S) ist jede nichtleere Teilmenge von B ein Serie- bzw. Parallelmodul von (B, S). Das ergibt sich ohne weiteres aus Satz 3. Ein k-von-n- S y s t e m dagegen hat für $k \neq 1$ und $k \neq n$ keine Moduln (außer den trivialen).

(2) Bei Verbindungsproblemen in Graphen G = (V, E), bei denen die Knoten einer Teilmenge $K \subseteq V$ untereinander verbunden sein müssen, und bei Ausfall von Bögen bilden alle parallelen Bögen von G je ein P a r a l l e l - M o d u l . Wenn nämlich ein Pfad einen Bogen einer Menge von parallelen Bögen enthält, kann man diesen durch einen beliebigen anderen Bogen der Menge ersetzen und hat immer noch einen gleichwertigen Pfad. Satz 3 zeigt dann, daß es sich um ein Parallel-Modul handelt.

Sei $\{e_1, \ldots, e_s\}$ eine Menge von Bögen, die einen Pfad zwischen zwei Knoten u und w bilden, derart, daß die i n n e r e n Knoten v_i des Pfads alle den Grad $g(v_i) = 2$ haben und n i c h t zu K gehören. Diese Situation ist in Abb. 1 dargestellt, wobei die Kreuze in den Knoten u und w andeuten, daß u und w zu K gehören oder auch nicht. Dann bildet die Bogenmenge $\{e_1, \ldots, e_s\}$ ein S e r i e - M o d u l . Das folgt wieder aus Satz 3, weil nämlich jeder Pfad zwischen Knoten von K den obigen Teilpfad entweder ganz oder gar nicht enthalten muß.

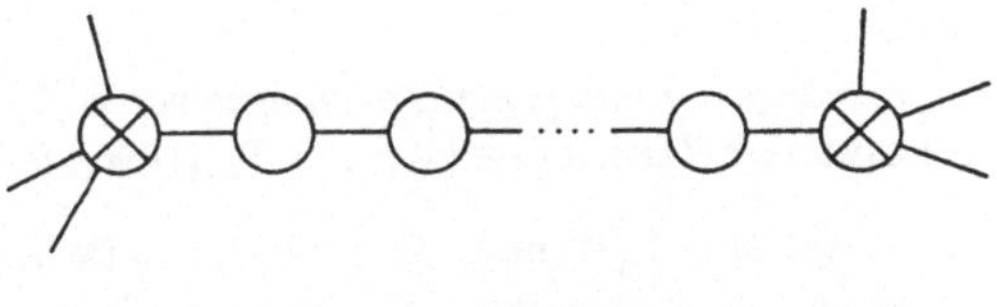

Abb. 1

(3) Es sei ein weiteres Mal das System der elektrischen Energieverteilung betrachtet, das im Beispiel (6) des Abschnitts 6.1 eingeführt wurde. Seine minimalen Verbindungen sind im Beispiel (10) des Abschnitts 6.1 zusammengestellt. Mit Hilfe von Satz 3 findet man, daß $\{A2, S4\}$ ein S e r i e - M o d u l und $\{S1, S2\}$ sowie $\{T1, T2\}$ je ein P a r a l l e l - M o d u l bilden. Satz 1 gestattet es zu zeigen, daß die Menge aller Elemente außer A1, also $\{A2, S1, S2, S3, S4, T1, T2, T3\}$ ebenfalls, eine m o d u l a r e Teilmenge des gesamten Systems bildet.

Als nächstes seien Moduln von Systemen unter dem Aspekt der D u a l i t ä t betrachtet. So sei also (M, U) ein Modul eines kohärenten Systems (B, S). (M, V) und (B, T) seien die d u a l e n Systeme dazu. Es gilt dann (3). Wendet man jetzt darauf die Dualitätsbeziehung (6.3.4) an, dann findet man

$$B_T(x) = \sim B_S(\sim x) = \sim B_{S'}(B_U(\sim x^M), \sim x^{\overline{M}})$$

$$= \sim B_{S'}(\sim B_V(x^M), \sim x^{\overline{M}}) = B_{T'}(B_V(x^M), x^{\overline{M}}). \tag{10}$$

Das beweist den folgenden Satz:

Satz 4 *Ist* (M, U) *ein Modul des kohärenten Systems* (B, S) *mit organisierender Struktur* (B', S'), *und sind* (M, V), (B, T) *und* (B', T') *die* d u a l e n *Systeme davon, dann ist* (M, V) *ein* M o d u l *von* (B, T) *mit* o r g a n i s i e r e n d e m S y s t e m (B', T').

Die Konsequenz dieses Satzes ist, daß nun für Lemma 1 sowie für die Sätze 1 und 3 d u a l e Versionen formuliert werden können, in denen im wesentlichen „Verbindungen" durch „Trennungen" ersetzt sind. Zu beweisen sind diese Behauptungen nicht mehr; sie folgen aus Satz 4 und den entsprechenden „primalen" Behauptungen:

Lemma 2 *Ist* (B, S) *ein kohärentes System mit minimalen Trennungen* $T_1, T_2, \ldots, T_s$ *und* M *eine* m o d u l a r e T e i l m e n g e *davon, dann sind die minimalen Trennungen des Moduls* (M, U) *gerade alle Mengen* $M \cap T_j$, *die* n i c h t l e e r *sind.*

Satz 5 (B, S) *sei ein kohärentes System mit den minimalen Trennungen* $T_1, T_2, \ldots, T_s$. $M \subseteq B$ *ist dann und nur dann eine* m o d u l a r e T e i l m e n g e *von* (B, S), *wenn*

$$(M \cap T_j) \cup (\overline{M} \cap T_k) \tag{11}$$

eine minimale Trennung von S *ist, wenn immer* $M \cap T_j \neq \emptyset$ *und* $M \cap T_k \neq \emptyset$.

Wenn (M, U) ein Serie-(Parallel-)Modul ist, dann ist das duale System bekanntlich ein Parallel-(Serie-)Modul. Dies ist bei der Formulierung des nächsten Satzes, der dualen Version von Satz 3, zu beachten.

Satz 6 (a) *Eine Teilmenge* $M = \{m_1, m_2, \ldots, m_{|M|}\} \subseteq B$ *eines kohärenten Systems* (B, S) *bestimmt ein* S e r i e - M o d u l *von* (B, S) *dann und nur dann, wenn folgendes gilt:*
Die Teilmenge der minimalen Trennungen von S, *für die* $T_j \cap M \neq \emptyset$ *gilt, zerfallen in* $r \geqslant 1$ *disjunkte Klassen* $C_i = \{T_{i1}, \ldots, T_{i|M|}\}$ *von je* |M| *minimalen Trennungen derart, daß*

$$\text{(a) } M \cap T_{ij} = \{m_j\}, \quad \textit{für } j = 1, 2, \ldots, |M|, \quad i = 1, 2, \ldots, r$$

$$\text{(b) } T_{i1} - \{m_1\} = T_{i2} - \{m_2\} = \ldots = T_{i|M|} - \{m_{|M|}\}. \tag{12}$$

(b) *Eine Teilmenge* $M \subseteq B$ *eines kohärenten Systems* (B, S) *mit minimalen Trennungen* $T_1, T_2, \ldots, T_s$ *bestimmt ein* P a r a l l e l - M o d u l *von* (B, S) *dann und nur dann, wenn* $M \cap T_j = M$ *oder* $= \emptyset$ *gilt, für alle minimalen Trennungen* T_j *von* (B, S).

Satz 6 läßt sich beim Beispiel der elektrischen Energieverteilung erneut gut illustrieren. Die minimalen Trennungen dieses Systems sind im Beispiel (5) des Abschnitts 6.2 zusammengestellt. Man erkennt dabei z. B., daß das Parallel-Modul {S1, S2} in jeder minimalen Trennung entweder ganz enthalten ist oder gar nicht und sich dual eben als Serie-Modul verhält. Das Analoge gilt für das Serie-Modul {A2, S4}.

Ist (M, U) ein S e r i e - oder P a r a l l e l - M o d u l eines kohärenten Systems (B, S)
mit der organisierenden Struktur (B', S'), dann nennt man (B', S') auch etwa das System,
das durch S e r i e - oder P a r a l l e l - R e d u k t i o n aus (B, S) entsteht. Wie man
sich unschwer vorstellen kann, und wie sich später auch zeigen wird, läßt sich die Zuverlässigkeitsanalyse eines Systems (B, S) erleichtern, wenn man in ihm ein Serie- oder
Parallel-Modul findet, und dann eben zum einfacheren System (B', S') übergeht. Es wird
später auch wichtig sein, zu wissen, wie sich die Dominationen der kohärenten Mengen
verhalten, wenn man von (B, S) zu (B', S') übergeht. Dazu werden zwei Sätze angegeben.

Ist (M, U) zunächst ein S e r i e - M o d u l von (B, S) mit organisierender Struktur
(B', S') und $A \subseteq B$ eine kohärente Verbindung, dann gilt es zwei Fälle zu unterscheiden.
(a) Es ist $M \cap A = \emptyset$. Bei der Reduktion der modularen Teilmenge M von (B, S) zum
Element b von (B', S') ändert sich die Menge A nicht, $A' = A$. (b) Es ist $M \cap A \neq \emptyset$.
Dann muß $M \subseteq A$ sein (Satz 3). Bei der Reduktion geht in diesem Fall A über in die
Verbindung $A' = A - M + \{b\}$ von (B', S'). Auf diese Weise ist eine eineindeutige Beziehung zwischen den Verbindungen von (B, S) und (B', S') hergestellt.

Satz 7 *Ist* (M, U) *ein* S e r i e - M o d u l *eines kohärenten Systems* (B, S) *und* (B', S')
die organisierende Struktur (oder das reduzierte System), dann ist $A \subseteq B$ *dann und nur
dann* k o h ä r e n t , *wenn* $A' \subseteq B'$ k o h ä r e n t *ist. Es gilt dann*

$$d_{S'}(A') = d_S(A) \tag{13}$$

und insbesondere

$$d_{S'}(B') = d_S(B). \tag{14}$$

Das nennt man die I n v a r i a n z d e r D o m i n a t i o n bezüglich der Serie-Reduk-
tion.

B e w e i s. Hat A eine Formation $\{S_j, j \in F\}$, dann gilt

$$A = \bigcup_{j \in F} S_j. \tag{15}$$

Wenn $M \cap A = \emptyset$, dann ist $A' = A$, und jede Formation von A ist auch eine solche von A',
denn die minimalen Verbindungen $S_j, j \in F$ sind auch minimale Verbindungen von (B', S').
Sei nun $M \cap A \neq \emptyset$. Dann definiert $J_0 = \{j \in J: S_j \cap M = \emptyset\}$ eine echte Teilmenge von J,
da A kohärent ist. Es sind dann $S'_j = S_j - M + \{b\}$ für alle $j \in J - J_0$ minimale Verbindungen von (B', S'). Dasselbe gilt für die $S'_j = S_j$ für alle $j \in J_0$. Dann gilt

$$A' = A - M + \{b\} = \bigcup_{j \in F} (S_j - M + \{b\})$$

$$= (\bigcup_{j \in J_0} S'_j) \cup (\bigcup_{j \in J - J_0} S_j - M + \{b\}) = \bigcup_{j \in J} S'_j. \tag{16}$$

Das zeigt, daß A' auch eine Formation hat und somit kohärent ist. Diese Überlegungen
lassen sich auch umkehren. In den beiden Fällen gibt es eine eineindeutige Beziehung
zwischen den Formationen von A und A'. Daraus folgt (13) und (14).   ∎

Ist zweitens (M, U) ein P a r a l l e l - M o d u l eines kohärenten Systems (B, S) mit
organisierender Struktur (B', S') und $A \subseteq B$ wieder eine kohärente Verbindung, dann

sind erneut zwei Fälle zu unterscheiden: (a) Ist $M \cap A = \emptyset$, dann ändert sich A bei der Parallel-Reduktion nicht, $A' = A$. (b) Ist dagegen $M \cap A \neq \emptyset$, dann reduziert sich A zu $A' = A - (M \cap A) + \{b\}$ bei der Parallelreduktion. Diese Beziehungen zwischen A und A' sind nicht mehr eineindeutig. Ist $A' \subseteq B'$ eine Verbindung von (B', S') und $b \in A'$, dann sind alle $A = A' - \{b\} + N$, wo $N \subseteq M$ eine beliebige, nicht leere Teilmenge von M ist, Verbindungen in (B, S).

Satz 8 *Sei* (M, U) *ein* P a r a l l e l - M o d u l *eines kohärenten Systems* (B, S) *und* (B', S') *die organisierende Struktur.*

(a) *Ist* A *eine Verbindung von* (B, S) *und* $M \cap A = \emptyset$, *dann ist* $A' = A$ *auch eine Verbindung von* (B', S') *und*

$$d_{S'}(A') = d_S(A). \tag{17}$$

(b) *Ist* A *eine Verbindung von* (B, S) *und* $M \cap A \neq \emptyset$, *dann ist* $A' = A - (M \cap A) + \{b\}$ *auch eine Verbindung von* (B', S') *und*

$$d_{S'}(A') = \pm d_S(A). \tag{18}$$

Es gilt insbesondere auch

$$d_{S'}(B') = \pm d_S(B). \tag{19}$$

B e w e i s. (a) Jede Formation von A ist eine ebensolche von A' und umgekehrt, und daraus folgt (17).

(b) Es werden alle kohärenten Trennungen $C \supseteq A$ von (B, S) betrachtet. Bezüglich des dualen Systems (B, T) bestimmt M ein S e r i e - M o d u l. Aus $M \cap A \neq \emptyset$ folgt $M \cap C \neq \emptyset$ für alle obigen Trennungen und daher $M \subseteq C$. Nach Satz 7 sind dann $C' = C - M + \{b\}$ ebenfalls kohärente Trennungen von (B', S'), und es gilt $d_{T'}(C') = d_T(C)$. Ferner folgt aus $M \cap A \neq \emptyset$, daß $M \cap A = M$ ist, wenn A kohärent ist. Sind die T_j nämlich die minimalen Trennungen von (B, S), dann folgt aus $A = \cup T_j$, daß $M \cap A = \cup (M \cap T_j) = M$, da M ein Serie-Modul bezüglich (B, T) ist (siehe Satz 3a). Ist nun $C' \supseteq A'$, dann gilt auch $C - M + \{b\} \supseteq A - (M \cap A) + \{b\}$, somit $C - M \supseteq A - (M \cap A) = A - M$ und daher $C \supseteq A$. Umgekehrt folgt aus $C \supseteq A$ sofort $C' \supseteq A'$. Es gilt also $C' \supseteq A'$ dann und nur dann, wenn $C \supseteq A$. Wendet man daher (6.4.17) an, dann ergibt sich

$$d_S(A) = (-1)^{|A|+1} \sum_{C \supseteq A} d_T(C) = (-1)^{|A|+1} \sum_{C' \supseteq A'} d_{T'}(C') = \pm d_{S'}(A'). \tag{20}$$

Das beweist (18) und (19). ∎

Satz 8 sagt aus, daß bei Parallel-Reduktionen die Dominationen wenigstens d e m B e t r a g e   n a c h   i n v a r i a n t bleiben.

6.6   Modulare Zerlegung kohärenter Systeme

In Fortführung der im letzten Abschnitt begonnenen Betrachtung von Moduln wird
hier die Situation betrachtet, in der jedes Element eines Systems (B', S') ein ganzes
Teilsystem repräsentiert. Ist also $B' = \{b_1, b_2, \ldots, b_{n'}\}$, dann wird angenommen, daß
jedem Element b_i ein kohärentes System (M_i, U_i) zugeordnet ist. Das Element b_i
wird dann ganz gleich wie im vorangehenden Abschnitt nur dann als intakt betrachtet,
wenn das System (M_i, U_i) intakt ist, also wenn die intakten Elemente von M_i eine Verbindung in U_i bilden. U_i habe die minimalen Verbindungen $U_{ij}, j = 1, 2, \ldots, r_i$.

Es kann ein neues, umfassendes System (B, S) gebildet werden, wenn in (B', S') jedes
Element durch das System ersetzt wird, das es repräsentiert. Dabei wird

$$B = \bigcup_{i=1}^{n'} M_i. \tag{1}$$

In jeder minimalen Verbindung S_j' in S' können die Elemente b_i durch eine beliebige
minimale Verbindung U_{ik} von U_i ersetzt werden, um eine minimale Verbindung von S
zu bilden. Die monotone Familie S ist mit anderen Worten durch minimale Verbindungen der Form

$$\bigcup_{b_i \in S_j'} U_{ik} \tag{2}$$

erzeugt. Jedes (M_i, U_i) ist bezüglich dem System (B, S) offenbar ein M o d u l. Daher
nennt man die Familie $(M_i, U_i), i = 1, 2, \ldots, n'$, eine m o d u l a r e Z e r l e g u n g
von (B, S) und (B', S') die o r g a n i s i e r e n d e S t r u k t u r bzw. das o r g a n i -
s i e r e n d e S y s t e m der Zerlegung. Zu jedem System (B, S) gibt es die t r i v i a l e
Zerlegung in die trivialen Moduln, gebildet aus den einzelnen Elementen, und diejenige,
gebildet durch das System (B, S) selbst. Diese trivialen Zerlegungen sind natürlich wieder von keinem Interesse.

In diesem Fall hat die Boolesche Funktion des Systems (B, S) in Verallgemeinerung
von (6.5.3) die Form

$$B_S(x) = B_{S'}(B_1(x^1), \ldots, B_{n'}(x^{n'})). \tag{3}$$

Dabei bezeichne B_i die Boolesche Funktion des Systems (M_i, U_i) und x^i den Teilvektor
von x mit Komponenten x_j für $j \in M_i$. Hat umgekehrt die Boolesche Funktion eines
Systems (B, S) die Form (3), dann bilden offenbar die Systeme (M_i, U_i), die zu den
Booleschen Funktionen $B_i(x^i)$ gehören, eine m o d u l a r e Z e r l e g u n g von (B, S)
mit der organisierenden Struktur (B', S'), die zur Booleschen Funktion $B_{S'}$ gehört.

Es sei $(M_i, U_i) i = 1, 2, \ldots, n'$ eine modulare Zerlegung von (B, S) und (B', S') das organisierende System. $(M_i, V_i), (B, T)$ und (B', T') sollen die d u a l e n Systeme dazu
sein. Dann ergibt sich aus der Dualitätsbeziehung (6.3.4)

$$\begin{aligned}
B_T(x) &= \sim B_S(\sim x) = \sim B_{S'}(B_{U1}(\sim x^1), \ldots, B_{Un'}(\sim x^{n'})) \\
&= \sim B_{S'}(\sim B_{V1}(x^1), \ldots, \sim B_{Vn'}(x^{n'}) \\
&= B_{T'}(B_{V1}(x^1), \ldots, B_{Vn'}(x^{n'}))
\end{aligned} \tag{4}$$

Nach dem Vorbild von Satz 6.5.4 gilt somit hier:

Satz 1 *Wenn* (M_i, U_i), $i = 1, 2, \ldots, n'$ *eine* m o d u l a r e Z e r l e g u n g *des kohärenten Systems* (B, S) *mit organisierender Struktur* (B', S') *ist und* (M_i, V_i), (B, T), (B', T') *die dazu gehörenden* d u a l e n *Systeme sind, dann ist* (M_i, V_i), $i = 1, 2, \ldots, n'$ *eine* m o d u l a r e Z e r l e g u n g *von* (B, T) *mit organisierender Struktur* (B', T').

Diese Konzepte sollen an einigen Beispielen illustriert werden:

(1) Beim System der elektrischen Energieverteilung (Beispiele (6) und (10) im Abschnitt 6.1) gibt es eine sehr einfache, aber nicht triviale modulare Zerlegung des Systems. Und zwar besteht die Zerlegung aus zwei Moduln: einerseits aus dem Modul, definiert aus der modularen Teilmenge, bestehend aus allen Elementen außer A1 (siehe Beispiel (3) im vorangehenden Abschnitt), und dem Modul, bestehend nur aus A1. Die organisierende Struktur ist hier ein einfaches S e r i e - S y s t e m , bestehend aus zwei Elementen.

(2) Bei S e r i e - und P a r a l l e l - S y s t e m e n (B, S) bestimmt offenbar jede Zerlegung von B eine m o d u l a r e Zerlegung von (B, S), da jede nicht leere Teilmenge eines solchen Systems ein S e r i e - bzw. P a r a l l e l - M o d u l bildet. Das organisierende System ist im ersten Fall selbst wieder ein S e r i e - S y s t e m und im zweiten Fall ein P a r a l l e l - S y s t e m .

Im folgenden sind spezielle, einfache modulare Zerlegungen, die mit Serie- und Parallel-Strukturen in Zusammenhang stehen, wie schon in den obigen Beispielen von besonderem Interesse. Ist (M_i, U_i) eine m o d u l a r e Z e r l e g u n g von (B, S) und ist das organisierende System (B', S') ein S e r i e - S y s t e m , dann spricht man von einer S e r i e - Z e r l e g u n g von (B, S). Ist dagegen (B', S') ein P a r a l l e l - S y s t e m , dann spricht man von einer P a r a l l e l - Z e r l e g u n g .

Diese Zerlegungen können mit Hilfe ihrer minimalen Verbindungen relativ einfach gekennzeichnet werden. Dies ist der Inhalt der beiden folgenden Sätze.

Satz 2 (a) *Wenn* (M_i, U_i), $i = 1, 2, \ldots, n'$, *eine* S e r i e - Z e r l e g u n g *eines monotonen Systems* (B, S) *mit minimalen Verbindungen* S_j, $j = 1, 2, \ldots, r$, *ist, dann gilt* $M_i \cap S_j \neq \emptyset$ *für alle* $i = 1, 2, \ldots, n'$ *und alle* $j = 1, 2, \ldots, r$.

(b) *Es sei* (B, S) *ein monotones System mit minimalen Verbindungen* S_j, $j = 1, 2, \ldots, r$. *Wenn es eine Zerlegung* M_i, $i = 1, 2, \ldots, n'$, *von* B *gibt, so daß* $U_{ij} = M_i \cap S_j \neq \emptyset$ *für alle* $i = 1, 2, \ldots, n'$ *und für alle* $j = 1, 2, \ldots, r$, *dann ist* (M_i, U_i), $i = 1, 2, \ldots, n'$, *eine* S e r i e - Z e r l e g u n g *von* (B, S) *wenn* U_i *die von den minimalen Verbindungen* U_{ij}, $j = 1, 2, \ldots, r$, *erzeugte monotone Familie ist.*

B e w e i s. (a) Da (M_i, U_i) eine Serie-Zerlegung von (B, S) ist, sind die minimalen Verbindungen von S nach (2) von der Form

$$S_j = \bigcup_{i=1}^{n'} U_{ik},$$

(5)

wobei U_{ik} eine beliebige minimale Verbindung von U_i ist. Daraus folgt $M_i \cap S_j = U_{ik} \neq \emptyset$

(b) U_i seien die monotonen Familien mit den minimalen Verbindungen $U_{ij} = M_i \cap S_j$ ($\neq \emptyset$ nach Voraussetzung). Es sei ferner (B', S') ein Serie-System mit n' Elementen. Man bilde dann das monotone System $(B, \tilde{S})$ mit der modularen Zerlegung (M_i, U_i) und der organisierenden Struktur (B', S'). Nach (2) sind die minimalen Verbindungen von $\tilde{S}$ Vereinigungen von minimalen Verbindungen $U_{ij} \in U_i$ über $i = 1, 2, \ldots, n'$. Es gilt aber

$$\bigcup_{i=1}^{n'} U_{ij} = \bigcup_{i=1}^{n'} M_i \cap S_j = \left(\bigcup_{i=1}^{n'} M_i \right) \cap S_j = S_j. \tag{6}$$

Also sind die minimalen Verbindungen von $\tilde{S}$ identisch mit jenen von S. Daher ist (M_i, U_i) auch eine Serie-Zerlegung von (B, S). ∎

Satz 3 *Eine Zerlegung* M_i, $i = 1, 2, \ldots, n'$, *von B bildet dann und nur dann eine* P a r a l l e l - Z e r l e g u n g *eines kohärenten Systems* (B, S), *wenn es für jede minimale Verbindung* S_j *in S eine Menge* M_i *gibt, so daß* $M_i \cap S_j = S_j$.

B e w e i s. Sei zuerst wieder (M_i, U_i) eine Parallel-Zerlegung von (B, S). Beim organisierenden System (B', S') bildet dann jedes Element $b_i \in B'$ eine minimale Verbindung von S'. Nach (2) ist dann jede minimale Verbindung von S gleich einer minimaler Verbindung eines U_i. Das zeigt, daß die Bedingung notwendig ist.

Um zu zeigen, daß die Bedingung hinreichend ist, bildet man die monotone Familie U_i mit den minimalen Verbindungen $S_j \cap M_i \neq \emptyset$. Für jedes M_i muß es mindestens eine minimale Verbindung $S_j \subseteq M_i$ geben, denn sonst wäre (B, S) nicht kohärent. Ist nun (B', S') ein Parallel-System mit n' Elementen, und bildet man das System $(B, \tilde{S})$ mit der modularen Zerlegung (M_i, U_i) und der organisierenden Struktur (B', S'), dann ist jede minimale Verbindung von $\tilde{S}$ nach (2) gleich einer minimalen Verbindung eines U_i, also gleich einem S_j, und daher gilt $(B, \tilde{S}) = (B, S)$. Das beweist, daß die Bedingung auch hinreichend ist. ∎

Auf Grund von Satz 1 kann man auch d u a l e Formulierungen der Sätze 2 und 3 erhalten. Dabei gehen Serie- und Parallel-Zerlegungen ineinander über und „Verbindungen" sind durch „Trennungen" zu ersetzen. Es ist dem Leser überlassen, diese dualen Sätze zu formulieren.

Das folgende Beispiel soll Serie- und Parallel-Zerlegungen insbesondere bei Graphen-Problemen illustrieren:

(3) $G = (V, E)$ stelle einen ungerichteten Graphen dar. Es wird angenommen, daß nur die Bögen des Graphen ausfallen können. $K \subseteq V$ sei eine Teilmenge von Knoten, und das System wird als intakt betrachtet, wenn alle Knoten in K noch untereinander verbunden sind. Der Graph zerfalle in mehrere nicht zerlegbare Komponenten $G^i = (V^i, E^i)$ (siehe dazu Abschnitt 2.1). Dann kann man sich auf Grund von Satz 2 überlegen, daß die Bögen dieser nichtzerlegbaren Komponenten von G eine S e r i e - Z e r l e g u n g des zugehörigen monotonen Systems bilden.

Dies muß allerdings präzisiert werden. Es kann nämlich Komponenten G^i geben, deren Bögen u n w e s e n t l i c h sind. Um das zu sehen, wird einem Graphen G mit nicht zerlegbaren Komponenten G^i ein anderer ungerichteter Graph GK zugeordnet. In die-

sem Graphen GK entspricht jeder Knoten entweder einem S c h n i t t k n o t e n von
G oder einer nicht zerlegbaren Komponenten G^i von G (siehe Abb. 1 für ein Beispiel).
Ferner ist in GK jeder Knoten, der einer Komponente G^i entspricht, mit den Schnittknoten durch einen Bogen verbunden, die in G durch Bögen mit der Komponente G^i
verbunden sind. Es ist klar, daß GK ein B a u m sein muß.

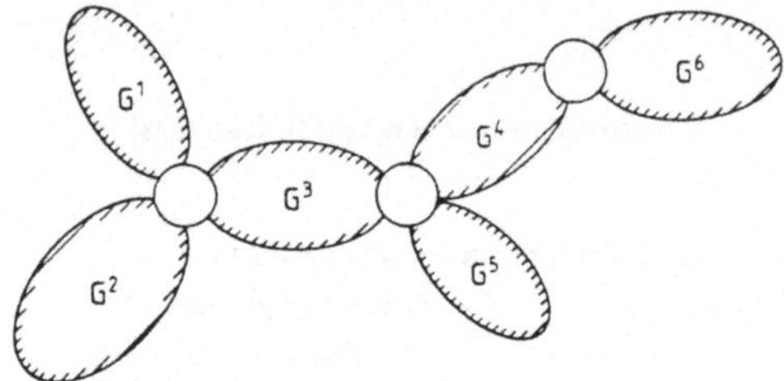

Abb. 1

Wenn es nun nicht zerlegbare Komponenten G^i von G gibt, die keine Knoten von K enthalten und deren entsprechende Knoten in GK B l ä t t e r bilden, dann sind die Bögen
der Komponente G^i, wie auch alle Bögen, die vom (einzigen) Schnittknoten zu Knoten
von G^i führen, u n w e s e n t l i c h .

Dies sei nun ausgeschlossen: Allen Blättern in GK sollen Komponenten G^i entsprechen,
die Knoten von K enthalten, $K \cap V^i \neq \emptyset$. Es bezeichne jetzt S(G, K) die monotone
Familie von Teilmengen von Bögen, die dem Verbindungsproblem im Graphen G mit
den Knoten K entspricht. Es bezeichne ferner VK^i die Menge der Schnittknoten, die
in G durch Bögen mit Knoten von G^i verbunden sind, und EK^i bezeichne die Menge
dieser Bögen. Es können dann die Graphen betrachtet werden, die man erhält, wenn G^i
alle damit verbundenen Schnittknoten VK^i und die entsprechenden Bögen EK^i zugefügt werden. Diese Graphen seien mit GK^i bezeichnet, $GK^i = (V^i \cup VK^i, E^i \cup EK^i)$.
Dann bildet $(E^i \cup EK^i, S(GK^i, (K \cap V^i) \cup VK^i))$ eine S e r i e - Z e r l e g u n g des
monotonen Systems (E, S(G, K)). Es ist wichtig zu bemerken, daß das Verbindungsproblem in jeder Komponente G^i nicht nur die Verbindungen zwischen den Knoten
$K \cap V^i$ umfaßt, sondern daß die Schnittknoten einbezogen werden müssen, denn die
Verbindungen zu den anderen Komponenten laufen über sie.

Der Fall K = {s, t} ist besonders einfach. Der Baum GK muß in diesem Fall aus einem
einzigen Pfad bestehen, wenn keine unwesentlichen Komponenten vorhanden sind.
Bei einer Serie-Zerlegung ergibt sich dann eine Situation, wie sie in Abb. 2a) dargestellt ist. Da in diesem eine Komponente höchstens zwei Schnittknoten haben kann,
entspricht jedem Modul der Serie-Zerlegung wieder ein Z w e i - T e r m i n a l - P r o -
b l e m.

Beim Fall K = {s, t} ist es auch leicht, P a r a l l e l - Z e r l e g u n g e n zu erkennen.
Diese entstehen, wenn {s, t} eine K n o t e n - S c h n i t t m e n g e (siehe Abschnitt 2.1)
darstellt. G − {s, t} zerfällt dann in zwei oder mehr Z u s a m m e n h a n g s k o m -
p o n e n t e n $G^i = (V^i, E^i)$. Wenn es über jede dieser Zusammenhangskomponenten
mindestens einen Pfad von s nach t gibt, dann sind diese alle wesentlich. Das wird im
folgenden vorausgesetzt. Dann bilden nämlich die Systeme, die sich aus den s-t-Ver-

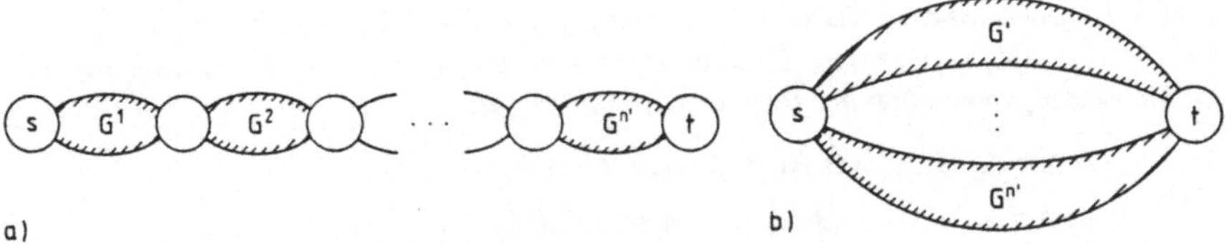

Abb. 2

bindungsproblemen in jeder dieser Komponenten ergeben eine P a r a l l e l - Z e r - l e g u n g des ursprünglichen Systems. Dies ist in Abb. 2b) schematisch dargestellt. Die Behauptung kann mit Hilfe von Satz 3 überprüft werden.

Zum Abschluß dieser Betrachtungen von modularen Zerlegungen sollen noch zwei Resultate zu den D o m i n a t i o n e n der beteiligten Systeme angegeben werden:

Satz 4 *Es sei* (B, S) *ein kohärentes System mit einer* S e r i e - Z e r l e g u n g *in zwei kohärente Systeme* (M_i, U_i), i = 1, 2. *Dann ist* $A \in S$ *eine* k o h ä r e n t e *Verbindung dann und nur dann, wenn*

$$A = A_1 + A_2, \ A_1 \in U_1, \ A_2 \in U_2, \tag{7}$$

und die A_i *sind kohärent bezüglich* (M_i, U_i), i = 1, 2. *In diesem Fall gilt*

$$d_S(A) = d_{U_1}(A_1) d_{U_2}(A_2). \tag{8}$$

B e w e i s . Ist $\{S_j, j \in F\}$ eine Formation von A, dann sei

$$A_i = \bigcup_{j \in F} (M_i \cap S_j), \quad i = 1, 2, \tag{9}$$

und $\{(M_i \cap S_j), j \in F\}$ ist eine Formation von A_i (wegen des Lemmas 6.5.1) in (M_i, U_i), und es ist $A = A_1 + A_2$.

Ist umgekehrt $\{U_{ij}, j \in F_i\}$ eine Formation von A_i, i = 1, 2, dann ist

$$A = A_1 + A_2 = (\bigcup_{j \in F_1} U_{1j}) \cup (\bigcup_{k \in F_2} U_{2k}) = \bigcup_{j,k} (U_{1j} \cup U_{2k}), \tag{10}$$

und $\{(U_{1j} \cup U_{2k}), (j, k) \in F_1 \times F_2\}$ ist eine Formation von A in (B, S) (vergleiche (2)). Es ist die Boolesche Funktion von (B, S) wegen (3) gleich dem Produkt der Booleschen Funktionen von (M_i, U_i), da es sich ja um eine Serie-Zerlegung handelt, vergleiche (3) und (6.3.9). Setzt man die Linearformen (6.4.4) ein, dann ergibt sich, wenn $B_1(x^1)$ und $B_2(x^2)$ die Booleschen Funktionen der beiden Moduln sind

$$B_S(x^1, x^2) = B_1(x^1) B_2(x^2)$$

$$= (\sum_{A_1 \subseteq M_1} d_{U_1}(A_1) \prod_{i \in A_1} x_{1i})(\sum_{A_2 \subseteq M_2} d_{U_2}(A_2) \prod_{i \in A_2} x_{2i})$$

$$= \sum_{A_1, A_2} d_{U_1}(A_1) d_{U_2}(A_2) \prod_{i \in A_1} x_{1i} \prod_{i \in A_2} x_{2i}$$

$$= \sum_{A = A_1 + A_2} d_{U_1}(A_1) d_{U_2}(A_2) \prod_{i \in A} x_i. \tag{11}$$

Das ist aber die Linearform von B(x), und (8) folgt daraus. ∎

Satz 5 *Es sei* (B, S) *ein kohärentes System mit einer* P a r a l l e l - Z e r l e g u n g *in zwei Moduln* (M_i, U_i), $i = 1, 2$. *Dann ist* $A \in S$ *eine* k o h ä r e n t e *Verbindung dann und nur dann, wenn einer der folgenden drei Fälle gilt:*

$\quad$ i) $A = A_1 \in U_1$, *und* A_1 *ist kohärent in* (M_1, U_1),

$\quad$ ii) $A = A_2 \in U_2$, *und* A_2 *ist kohärent in* (M_2, U_2),

$\quad$ iii) $A = A_1 + A_2$, $A_i \in U_i$ *ist kohärent in* (M_i, U_i), $i = 1, 2$.

Ferner gilt

$$d_S(A) = \begin{cases} d_{U_1}(A_1) & \text{\textit{im Fall} i),} \\ d_{U_2}(A_2) & \text{\textit{im Fall} ii),} \\ -d_{U_1}(A_1)d_{U_2}(A_2) & \text{\textit{im Fall} iii).} \end{cases} \tag{12}$$

B e w e i s. Hat A eine Formation $\{S_j, j \in F\}$, dann gibt es nach Satz 3 drei Fälle: Entweder sind alle $S_j \subseteq M_i$ für $i = 1$ oder 2, oder es gilt $S_j \subseteq M_1$ für $j \in F_1$ und $S_j \subseteq M_2$ für $j \in F_2$, $F_1 + F_2 = F$. Die ersten beiden Fälle entsprechen den Fällen i) und ii) der Behauptung, und die Formation von A in S ist in diesen Fällen auch eine Formation in U_i, $i = 1$ oder 2, und umgekehrt. Das beweist i) und ii). Im dritten Fall ist $\{S_j, j \in F_i\}$ je eine Formation für eine Menge $A_i \in U_i$, $i = 1, 2$, und $A_1 + A_2 = A$. Gibt es umgekehrt zwei Mengen $A_i \in U_i$, $i = 1, 2$, mit Formationen $\{U_{ij}, j \in F_i\}$, dann ist die Vereinigung dieser beiden Formationen eine Formation von $A = A_1 + A_2$ in S, da U_{ij} auch eine minimale Verbindung von S ist. Das beweist iii).

Bei einer Parallel-Zerlegung gilt für die Booleschen Funktionen

$$B_S(x^1, x^2) = 1 - (1 - B_1(x^1))(1 - B_2(x^2))$$
$$= B_1(x^1) + B_2(x^2) - B_1(x^1)B_2(x^2) \tag{13}$$

wobei B_1 und B_2 wieder die Booleschen Funktionen der beiden Moduln sind (vergleiche (6.3.10). Führt man hier wieder die Linearformen ein, dann ergibt sich

$$B_S(x^1, x^2) = \sum_{A_1 \subseteq M_1} d_{U_1}(A_1) \prod_{i \in A_1} x_{1i} + \sum_{A_2 \subseteq M_2} d_{U_2}(A_2) \prod_{i \in A_2} x_{2i}$$
$$- \sum_{A_1, A_2} d_{U_1}(A_1)d_{U_2}(A_2) \prod_{i \in A_1} x_{1i} \prod_{i \in A_2} x_{2i}. \tag{14}$$

Das ist wiederum die Linearform von $B_S(x)$, und (12) folgt aus dieser Darstellung. ∎

Die Resultate der Sätze 4 und 5 können natürlich ohne Schwierigkeiten verallgemeinert werden zu Zerlegungen in mehr als zwei Moduln.

Kommentar zu Kapitel 6

Der Begriff des k o h ä r e n t e n Systems geht auf B i r n b a u m , E s a r y , S a u n d e r s (1961) zurück. M o d u l e und m o d u l a r e Z e r l e g u n g e n wurden von B i r n b a u m , E s a r y (1965) eingeführt. Weiteres zum Zusammenhang zwischen m o n o t o n e n S y s t e m e n und m o n o t o n e n B o o l e s c h e n F u n k t i o n e n findet sich bei K o r b u t , F i n k e l s t e i n (1982).

Der Begriff der D o m i n a t i o n wurde von S a t y a n a r a y a n a , P r a b h a k a r (1978) im Zusammenhang mit der Zuverlässigkeitsberechnung bei gerichteten Netzwerken eingeführt. B a r l o w (1982) verallgemeinerte den Begriff für allgemeine kohhärente Systeme, siehe auch A g r a w a l , B a r l o w (1984). L i n e a r f o r m e n werden von S t ö r m e r (1970) ausführlich behandelt. Der Zusammenhang zwischen Linearformen und Domination (ihre Identität) ist neu.

Es gibt auch Bemühungen, Theorien zu entwickeln, bei denen Elemente und Systeme in mehr als z w e i Zuverlässigkeits-Zuständen (i n t a k t oder a u s g e f a l l e n) sein kann. Zum Teil gehen die Überlegungen dazu parallel zur hier dargestellten Z w e i - Z u s t a n d s - T h e o r i e , wenn man auch nicht erwarten kann, daß alle schönen Eigenschaften monotoner oder kohärenter Systeme bei der Verallgemeinerung erhalten bleiben. Siehe dazu B a r l o w , W u (1978); E l N e w e i h i , P r o s c h a n , S e t h u t a m a n (1978); G r i f f i t h (1980); R e i n s c h k e (1981).

Teil II Probabilistische Analyse

7 Zuverlässigkeit monotoner Systeme

7.1 Berechnungsmethoden: Eine erste Übersicht

Die rein deterministische Betrachtungsweise und Modellierung der Verletzlichkeit komplexer Systeme, wie sie im ersten Teil des Buches insbesondere bei Netzwerken dargestellt worden ist, kann nicht immer als völlig adäquate und umfassende Analyse der Zuverlässigkeit betrachtet werden. In den meisten Fällen sind die Kräfte, Einflüsse oder Ereignisse, die zum Ausfall von Elementen eines Systems und damit eventuell zum Ausfall des Systems selber führen können, keineswegs von systematischer Art und nicht völlig voraussehbar, sondern viel eher z u f ä l l i g e r Natur. In dieser Situation treten wahrscheinlichkeitstheoretische Betrachtungen zur Intaktheit oder Funktionsfähigkeit von Systemen in den Vordergrund.

Wenn man davon ausgeht, daß die Elemente eines Systems im Laufe der Zeit zu zufälligen Zeitpunkten ausfallen können, anschließend eventuell durch Reparatur ebenfalls nach mehr oder weniger zufallsbedingten Zeitintervallen wieder instandgestellt werden, dann gibt es eine ganze Reihe von unterschiedlichen, wahrscheinlichkeitstheoretischen Zuverlässigkeitsmaßen, die in dieser Situation angebracht und von Interesse sind. Man kann z. B. die Wahrscheinlichkeit, daß das System zu einem bestimmten Zeitpunkt t intakt oder funktionsfähig ist, betrachten. Oder man kann sich zweitens für die Wahrscheinlichkeit interessieren, daß das System während eines bestimmten Zeitintervalls von t_1 bis t_2 funktionsfähig ist. Wenn das System zum Zeitpunkt t = 0 intakt ist, kann die Zeit bis zum ersten Ausfall des Systems, die Lebensdauer des Systems, von Bedeutung sein. Diese Zeit ist eine Zufallsvariable. Wenn ein System bzw. seine Komponenten repariert werden, dann sind die Zeitintervalle von der Instandsetzung eines Systems bis zum nächsten Ausfall bzw. von einem Ausfall bis zur Wieder-Instandsetzung des Systems interessant, insbesondere z. B. die Erwartungswerte dieser Zeitintervalle, die mittleren Intaktzeiten und die mittleren Ausfallzeiten. Weiter kann man nach dem prozentualen Anteil, während dessen das System über eine bestimmte Zeitperiode T intakt oder verfügbar ist fragen; oft wird dabei besonders der Fall betrachtet, daß T groß wird oder gegen unendlich strebt.

Die Bestimmung all dieser Größen ist wesentlich abhängig von den stochastischen Prozessen, die den Ausfall und die Reparatur der Elemente eines Systems beschreiben. Dazu gibt es eine Vielfalt von Modellansätzen. In diesem Teil des Buches wird ein sehr einfaches, aber wichtiges und grundlegendes Modell betrachtet, weitere Modelle werden im dritten Teil des Buches eingeführt. Es wird ein beliebiger Zeitpunkt t fixiert und angenommen, daß zu diesem Zeitpunkt für jedes Element des Systems die Funktions- oder äquivalent, die Ausfallswahrscheinlichkeit bekannt ist. Diese Wahrscheinlichkeiten können durch unterschiedliche stochastische Prozesse für die Ausfälle und Instandsetzung der Elemente bestimmt sein. Einige davon werden später noch beschrieben. Die Art und Weise, wie diese Wahrscheinlichkeiten zustande kommen, interessiert für den Moment nicht (man vergleiche aber immerhin den nächsten Abschnitt), sie sind als gegeben vorausgesetzt. Die Hauptfrage, die den Gegenstand des gegenwärtigen Buchteils bildet, ist dann, wie aus diesen Daten die Wahrscheinlichkeit, daß das System zur gleichen Zeit t intakt oder funktionsfähig ist, berechnet und bestimmt werden kann.

Zuerst wird die Fragestellung präzisiert. Es werden nur m o n o t o n e   S y s t e m e (B, S) mit B = {b_i, i = 1, 2, . . ., n}, n = |B| betrachtet. Ohne Verlust an Allgemeinheit darf hier vorausgesetzt werden, daß diese k o h ä r e n t sind. Ist dann x der zugehörige, n-dimensionale Boolesche Vektor, dann werden die möglichen Werte dieses Vektors S y s t e m z u s t ä n d e genannt. Die 2^n möglichen Systemzustände bilden den S t i c h p r o b e n r a u m Ω des hier betrachteten wahrscheinlichkeitstheoretischen Problems. Das hier im Vordergrund des Interesses stehende Ereignis E, daß das System funktioniert, bedeutet, daß die intakten Elemente des Systems eine V e r b i n d u n g in S bilden. Daher gilt formal

$$E = \{x: M(x) \in S\}. \tag{1}$$

Jedem Element $b_i \in B$ ist eine Intaktwahrscheinlichkeit p_i zugeordnet und die Ausfälle der Elemente werden als u n a b h ä n g i g voneinander vorausgesetzt. Damit ist das Wahrscheinlichkeitsmaß auf dem diskreten Wahrscheinlichkeitsraum Ω durch

$$p(x) = \prod_{b_i \in M(x)} p_i \prod_{b_i \in \overline{M}(x)} (1 - p_i) = \prod_{i=1}^{n} p_i^{x_i}(1 - p_i)^{1 - x_i} \tag{2}$$

definiert. Die Wahrscheinlichkeit des Ereignisses E ist dann

$$P(E) = \sum_{x \in E} p(x) = \sum_{x\,:\,M(x) \in S} \prod_{i=1}^{n} p_i^{x_i}(1 - p_i)^{1 - x_i}. \tag{3}$$

Ein Vergleich mit (6.3.25) zeigt, daß also nur in der d i s j u n k t e n   N o r m a l - f o r m x_i durch p_i ersetzt werden muß, um P(E) zu berechnen. Damit könnte man vielleicht das gestellte Problem auf den ersten Blick als gelöst betrachten. Das Problem ist nur, daß die Summe in (3) eine Anzahl Terme hat, die von der e x p o n e n t i e l - l e n Größenordnung 2^n ist. Für größere n (vielleicht = 10) wird dann die Erzeugung aller Zustände $x \in E$ sehr schnell zu einer Aufgabe, die auch die Leistungsfähigkeit des schnellsten Computers übersteigt.

Es stellt sich damit die Aufgabe, effizientere Berechnungsmethoden für P(E) zu entwickeln. In diesem Abschnitt wird in einer ersten groben Klassifizierung ein Überblick über die bekannten Verfahren gegeben. Es muß aber bemerkt werden, daß alle diese Methoden im allgemeinen Fall immer noch einen mit der Problemgröße e x p o n e n - t i e l l anwachsenden Rechenaufwand verlangen. Die Möglichkeiten, größere Systeme zu berechnen, bleiben damit sehr beschränkt. Der Ausweg im konkreten Einzelfall besteht darin, unter Ausnützung der strukturellen Besonderheiten des Problems dieses soweit wie möglich zu vereinfachen und zu zerlegen. Die nachfolgenden Kapitel dieses zweiten Teils gehen daher auf die Anwendung der allgemeinen Ansätze im besonderen bei Netzwerkproblemen ein und zeigen, wie graphentheoretische Eigenschaften zur effizienteren Gestaltung der allgemeinen Rechenverfahren ausgewertet werden können.

Immerhin kann man hier schon einfache Spezialfälle finden, die einfach zu berechnen sind. Ist z. B. (B, S) ein S e r i e - S y s t e m , dann ist B die einzige Verbindung, und da also alle Elemente intakt sein müssen, folgt in diesem Fall

$$P(E) = \prod_{i=1}^{n} p_i. \tag{4}$$

Das ist etwa der einfachste Fall, den man sich vorstellen kann. Fast ebenso einfach ist ein P a r a l l e l s y s t e m zu berechnen. Ist $q_i = 1 - p_i$ die Ausfallwahrscheinlichkeit eines Elements $b_i \in B$, dann ist das System dann und nur dann ausgefallen, wenn alle seine Elemente ausgefallen sind (das duale System ist ein Serie-System). Also ist die Wahrscheinlichkeit, daß das System n i c h t ausgefallen ist

$$P(E) = 1 - \prod_{i=1}^{n} q_i = 1 - \prod_{i=1}^{n} (1 - p_i). \tag{5}$$

Diese letzte Betrachtung läßt sich auch verallgemeinern. Ist (B, T) das d u a l e System zum monotonen System (B, S), dann kann ein entsprechendes d u a l e s P r o b l e m definiert werden. Um den Bezug zum primalen Problem hervorzuheben, sei das Ereignis E nun mit E_S bezeichnet. Die Ausfallwahrscheinlichkeiten der Elemente $b_i \in B$ sind gleich $q_i = 1 - p_i$. Im dualen System interessiert man sich dann entsprechend für das Ereignis $E_T = \{x: \overline{M}(x) \in T\}$, daß die ausgefallenen Elemente eine T r e n n u n g in T bilden. Da für jeden Zustand x entweder $M(x) \in S$ oder $\overline{M}(x) \in T$ gilt, folgt $E_S + E_T = \Omega$. Die Berechnung der Wahrscheinlichkeit $P(E_T)$ des Ereignisses E_T ist die $P(E_S)$ entsprechende d u a l e A u f g a b e. Es gilt

$$P(E_S) + P(E_T) = 1. \tag{6}$$

Statt $P(E_S)$ kann man daher auch $P(E_T)$ berechnen. Zu jedem Rechenansatz für $P(E_S)$ gibt es damit den entsprechenden dualen Ansatz für $P(E_T)$, und im Einzelfall kann es sein, daß die Bestimmung von $P(E_T)$ mit einem dualen Ansatz weniger Aufwand erfordert.

Die bekannten Rechenverfahren für P(E) können im wesentlichen in drei Klassen eingeteilt werden: Die Ü b e r d e c k u n g s v e r f a h r e n , die Z e r l e g u n g s v e r - f a h r e n und die Verfahren, die auf der F o r m e l d e r t o t a l e n W a h r s c h e i n l i c h k e i t beruhen. Die letzteren werden auch F a k t o r i s i e r u n g s v e r f a h - r e n genannt.

Bei Ü b e r d e c k u n g s v e r f a h r e n wird eine möglichst kleine Familie von Ereignissen E_i, i = 1, 2, . . ., m, gesucht, die E ü b e r d e c k e n :

$$E = \bigcup_{i=1}^{m} E_i \tag{7}$$

Für die Berechnung der Wahrscheinlichkeit einer Vereinigung von Ereignissen gibt es das sog. I n k l u s i o n s - E x k l u s i o n s - V e r f a h r e n , das eine Verallgemeinerung der Formel $P(A \cup B) = P(A) + P(B) - P(A \cap B)$ ist. Es sei

$$S_k = \sum_{F \subseteq I_m,\ |F| = k} P\left(\bigcap_{j \in F} E_j \right), \quad k = 1, 2, \ldots, m, \tag{8}$$

wobei sich die Summe hier über alle $\binom{m}{k}$ Teilmengen mit k Elementen von

$I_m = \{1, 2, \ldots, m\}$ erstreckt. Dann gilt

Satz 1 *Es ist*

$$P\left(\bigcup_{i=1}^{m} E_i \right) = \sum_{k=1}^{m} (-1)^{k+1} S_k. \tag{9}$$

B e w e i s. Die Behauptung wird durch Induktion nach m bewiesen. Sie gilt für $m = 2$. Sie gelte auch für $m - 1$. Dann ist

$$P\left(\left(\bigcup_{i=1}^{m-1} E_i \right) \cup E_m \right) = P\left(\bigcup_{i=1}^{m-1} E_i \right) + P(E_m) - P\left(\bigcup_{i=1}^{m-1} (E_i \cap E_m) \right). \tag{10}$$

Es seien nun S_k' und S_k'' die Terme (8) in der Formel (9), angewandt auf die Vereinigungen über $m - 1$ Ereignisse im ersten und dritten Term der rechten Seite von (10). Setzt man dementsprechend (9) in (10) ein, dann folgt

$$\sum_{k=1}^{m-1} (-1)^{k+1} S_k' - \sum_{k=1}^{m-1} (-1)^{k+1} S_k'' + P(E_m)$$

$$= S_1' + P(E_m) + \sum_{k=2}^{m-1} (-1)^{k+1} (S_k' + S_{k-1}'') + (-1)^{m+1} S_{m-1}''. \tag{11}$$

Dann erkennt man leicht, daß $S_1' + P(E_m) = S_1$, $S_k' + S_{k-1}'' = S_k$ für $1 < k < m$ und $S_{m-1}'' = S_m$. Damit folgt (9) auch für m. $\blacksquare$

Wie kommt man konkret zu einer Überdeckung (7) von E? Wenn (B, S) die m i n i m a - l e n V e r b i n d u n g e n $S_j, j = 1, 2, \ldots, r$, besitzt, dann enthält bekanntlich jede Verbindung $A \in S$ mindestens eine minimale Verbindung S_j. Daher findet das Ereignis E dann und nur dann statt, wenn die Menge der intakten Elemente mindestens eine minimale Verbindung enthält, also wenn mindestens noch eine minimale Verbindung intakt ist. Es bezeichne allgemein (A) für $A \subseteq B$ das Ereignis, daß alle Elemente von A intakt sind, und insbesondere

$$(S_j) = \{x: M(x) \supseteq S_j\}. \tag{12}$$

Dann gilt also

$$E_S = \bigcup_{j=1}^{r} (S_j), \tag{13}$$

und $(S_j), j = 1, 2, \ldots, r$, bildet eine Überdeckung von E. Alle bekannten Überdeckungsverfahren arbeiten mit dieser Überdeckung oder mit der d u a l e n , bei der die m i n i -

m a l e n T r e n n u n g e n an die Stelle der minimalen Verbindungen treten, und (T_j), $j = 1, 2, \ldots, s$, eine Überdeckung von E_T bilden.

Es ist offenbar, wenn $F \subseteq \{1, 2, \ldots, r\}$

$$\bigcap_{j \in F} (S_j) = (\bigcup_{j \in F} S_j), \tag{14}$$

und folglich gilt

$$P(\bigcap_{j \in F} (S_j)) = \prod_{b_i \in \bigcup_{j \in F} S_j} p_i. \tag{15}$$

Die Summanden von S_k in (8) sind somit leicht zu berechnen, und (9) kann angewandt werden. (9) hat insgesamt $2^r - 1$ Terme der Form (15). Ist daher die Zahl der minimalen Verbindungen r (oder der minimalen Trennungen s) nicht wesentlich kleiner als die Zahl n der Elemente des Systems, dann bietet (9) keinen wesentlichen Vorteil gegenüber (3). Zudem setzt dieses Verfahren voraus, daß alle minimalen Verbindungen (oder Trennungen) bekannt sind oder erzeugt werden können. Das ist oft auch keine einfache Aufgabe, vergleiche dazu Kapitel 10. Trotzdem hat das Überdeckungsverfahren eine große Bedeutung.

Eine einfache Anwendung des Inklusions-Exklusions-Verfahrens mit minimalen Verbindungen führt zu folgendem Satz:

Satz 2 *Sind* $d_S(A)$ *die* D o m i n a t i o n e n *von Teilmengen* $A \subseteq B$ *bezüglich dem monotonen System* (B, S), *dann gilt*

$$P(E_S) = \sum_{A \in S} d_S(A) \prod_{b_i \in A} p_i. \tag{16}$$

Diese Formel besagt, daß man zur Berechnung von P(E) nur in der L i n e a r f o r m der Booleschen Funktion von (B, S) (vergleiche (6.4.4)) jedes x_i durch p_i ersetzen muß. Es gilt hier also etwas Analoges wie bei der d i s j u n k t e n N o r m a l f o r m. Das ist eine erste Illustration der praktischen Bedeutung der Dominationen und der Linearform für Zuverlässigkeitsanalysen.

B e w e i s. In (9) kommen in den Termen (15) alle überhaupt möglichen Formationen $\{S_j, j \in F\}$ für $F \subseteq I_r$ vor. Faßt man in der Summe (9) daher alle Terme (15) zusammen, die jeweils Formationen der gleichen Menge A entsprechen, dann erhalten diese einen Koeffizienten, der nach der Definition der Domination gerade gleich $d_S(A)$ ist. Das beweist (16).   ∎

Die Linearform (16) wird, wie aus diesem Beweis hervorgeht, nie mehr Terme als (9) haben. Allerdings setzt ihre Anwendung voraus, daß die Dominationen aller kohärenter Verbindungen bekannt sind oder berechnet werden können, was auch nicht immer einfach ist (vergleiche dazu aber Satz 6.4.2).

Als nächstes seien Z e r l e g u n g s v e r f a h r e n betrachtet. Bei diesen Verfahren wird eine Familie von d i s j u n k t e n (unvereinbaren) Ereignissen E_i, $i = 1, 2, \ldots, m$, gesucht, derart, daß

$$E = E_1 + E_2 + \ldots + E_m, \quad E_i \cap E_j = \emptyset \text{ für } i \neq j. \tag{17}$$

Dann gilt einfach

$$P(E) = P(E_1) + \ldots + P(E_m). \tag{18}$$

Das Problem besteht hier darin, eine geeignete Zerlegung von E zu finden. Ist z. B.
$E_i = (S_i)$, dann ist $E_1, \overline{E}_1 \cap E_2, \ldots, \overline{E}_1 \cap \overline{E}_2 \cap \ldots \cap \overline{E}_{m-1} \cap E_m$ eine Zerlegung von E.
In dieser allgemeinen Form nützt diese Zerlegung jedoch noch nicht viel, da es nicht einfach ist, $P(\overline{E}_1 \cap \ldots \cap \overline{E}_{i-1} \cap E_i)$ zu berechnen.

Es gibt verschiedene Methoden, um geeignete Zerlegungen von E zu konstruieren. Einige
davon werden im Zusammenhang mit Netzwerkberechnungen im Kapitel 11 besprochen.
Die Zerlegungsmethode bietet in vielen Fällen einen wirkungsvollen Lösungsansatz.

Allgemeine Varianten dieses Verfahrens sind vor allem im Zusammenhang mit B o o l e -
s c h e n   M e t h o d e n entwickelt worden. Es werden Konjunktionen $K(x) = y_{i1} y_{i2} \cdots y_{ir}$
betrachtet, wobei jedes y_{ij} entweder gleich x_{ij} oder $\sim x_{ij}$ ist. Zwei solche Konjunktionen heißen   d i s j u n k t , wenn sie nie beide für das gleiche x den Wert 1 annehmen.
Jeder Konjunktion $K(x)$ entspricht ein Ereignis $E = \{x: K(x) = 1\}$. Das ist das Ereignis,
daß b_{ij} intakt ist für alle x_{ij} in der Konjunktion und daß b_{ij} ausgefallen ist für alle $\sim x_{ij}$
in der Konjunktion. Die Ereignisse disjunkter Konjunktionen sind offenbar selber dis-
junkt. Wenn es also gelingt, die Boolesche Funktion $B_S(x)$ eines monotonen Systems
als Disjunktion von disjunkten Konjunktionen K_h zu schreiben

$$B_S(x) = K_1(x) \vee K_2(x) \vee \ldots \vee K_s(x), \tag{19}$$

dann hat man eine Zerlegung von E gefunden, $E = E_1 + E_2 + \ldots + E_s$, wenn E_i das Ereignis ist, das der Konjunktion K_i entspricht.

Eine Darstellung der Booleschen Funktion in einer Form gemäß (19) als Disjunktion
disjunktiver Konjunktionen wird eine   a l t e r n a t i v e   N o r m a l f o r m genannt.
Man beachte, daß die   d i s j u n k t e   N o r m a l f o r m einer Booleschen Funktion
(6.3.25) eine solche alternative Normalform ist. Dies muß aber nicht die einzige sein.
Bei einem 2-von-3-System ist z. B.

$$x_1 x_2 x_3 \vee x_1 x_2 (\sim x_3) \vee x_1 (\sim x_2) x_3 \vee (\sim x_1) x_2 x_3 \tag{20}$$

die disjunkte Normalform, während

$$x_1 x_2 \vee (\sim x_1) x_2 x_3 \vee x_1 (\sim x_2) x_3 \tag{21}$$

eine etwas   k ü r z e r e   alternative Normalform ist. Man hat offensichtlich ein Interesse
daran, eine möglichst kurze alternative Normalform für eine Boolesche Funktion zu
finden. Verschiedene Algorithmen zur Konstruktion alternativer Normalformen sind
bekannt (siehe die Referenzen).

In einer alternativen Normalform kann man dann offenbar in jeder Konjunktion jeden
Term x_i durch p_i und jeden Term $\sim x_i$ durch $(1 - p_i)$ ersetzen, um die Wahrscheinlichkeit $P(E_i)$ des zugehörigen Ereignisses zu erhalten, und dann diese Wahrscheinlichkeiten
aufsummieren, um $P(E)$ zu bestimmen. Im Beispiel des 2-von-3-Systems folgt etwa
aus (21)

$$P(E) = p_1 p_2 + (1 - p_1) p_2 p_3 + p_1 (1 - p_2) p_3. \tag{22}$$

Schließlich gibt es noch Rechenverfahren, die auf der Anwendung der F o r m e l d e r
t o t a l e n W a h r s c h e i n l i c h k e i t beruhen. Dabei wird eine Zerlegung E_i,
i = 1, 2, . . ., m, des S t i c h p r o b e n r a u m e s gewählt, $E_1 + E_2 + . . . + E_m = \Omega$.
Dann gilt nach der Formel der totalen Wahrscheinlichkeit

$$P(E) = \sum_{i=1}^{m} P(E_i)P(E|E_i) \tag{23}$$

In den praktischen Anwendungen wird dabei in den allermeisten Fällen ein Element
$b_i \in B$ gewählt und die Ereignisse $E(b_i+)$ und $E(b_i-)$, daß b_i i n t a k t bzw. a u s g e -
f a l l e n ist, betrachtet. $E(b_i+)$ und $E(b_i-)$ bilden eine Zerlegung des Stichprobenrau-
mes, denn eines der beiden Ereignisse muß ja auf jeden Fall eintreten. In beiden Fällen,
wenn b_i intakt ist, wie wenn b_i ausgefallen ist, entsteht ein neues monotones System.
Man vergleiche dazu die pivotale Zerlegung der Booleschen Funktion $B_S(x)$, siehe
(6.3.23). Wenn b_i intakt ist, hat man das monotone System $(B - \{b_i\}, S_{i+})$, das zur
Booleschen Funktion $B_S(1_i, x)$ gehört, und wenn b_i ausgefallen ist, das monotone
System $(B - \{b_i\}, S_{i-})$, das zu $B_S(0_i, x)$ gehört. Es ist hier allerdings nicht auszuschließen,
daß entweder $B_S(0_i, x) = 0$ oder $B_S(1_i, x) = 1$ wird. Das schränkt jedoch die Gültigkeit
des folgenden nicht ein. Die Ereignisse, daß diese beiden Systeme intakt sind, seien
mit E_{i+} und E_{i-} bezeichnet. Es gilt dann $P(E|E(b_i +)) = P(E_{i+})$ und $P(E|E(b_i-)) = P(E_{i-})$
und somit

$$P(E) = p_i P(E_{i+}) + (1 - p_i)P(E_{i-}). \tag{24}$$

Auf diese Weise ist das ursprüngliche Problem in z w e i kleinere und damit etwas einfachere Probleme zerlegt worden. Man kann nun jedes dieser beiden Probleme auf analoge Weise weiter zerlegen etc. Allerdings gelangt man auf diese Weise schließlich im
wesentlichen zu (3) und hat nichts gewonnen. In Wirklichkeit ist es jedoch so, daß die
neuen Probleme oft spezielle Strukturen aufweisen und deshalb vielleicht sehr einfach
zu lösen sind, jedenfalls dann, wenn b_i geschickt gewählt wird. Darin liegt in der praktischen Anwendung der Witz dieser sog. p i v o t a l e n Z e r l e g u n g (24).

Bei u n g e r i c h t e t e n Graphen G = (V, E) hat die pivotale Zerlegung eine unmittelbare graphentheoretische Bedeutung. Wird ein Bogen e mit I(e) = {u, v} betrachtet,
dann führt der Ausfall von e zu einem neuen Ereignis E_{e-}, das nichts anderes ist als die
Existenz von Pfaden zwischen allen Knoten von K im neuen G r a p h e n $G_{e-} = G - \{e\}$
(siehe Abb. 1a)). Wird e als intakt angenommen, dann wird E_{e+} zum Ereignis, daß es
Pfade zwischen allen Knoten von K im neuen G r a p h e n G_{e+} gibt. G_{e+} entsteht dabei
aus G, indem die beiden Endknoten I(e) = {u, v} von e zu e i n e m neuen Knoten
zusammengefaßt werden (siehe Abb. 1b)). Solche und ähnliche Bemerkungen werden
insbesondere in den folgenden Kapiteln 8 und 9 von Bedeutung sein. Bei g e r i c h t e -

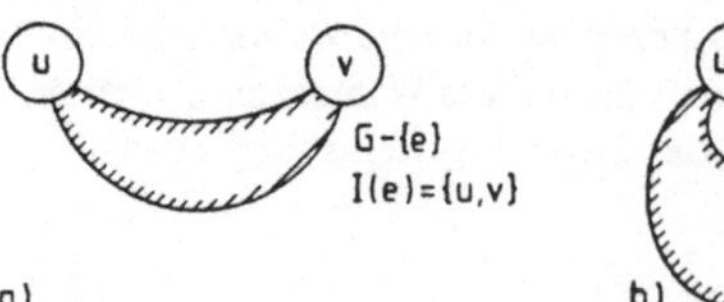

t e n Graphen kann dagegen das Ereignis E_{e+} im allgemeinen n i c h t m e h r mit einem Graphen in Zusammenhang gebracht werden.

Man kann natürlich allgemeiner auch eine Teilmenge $D \subseteq B$ mit zwei oder mehr Elementen auswählen, etwa $D = \{b_i \in B, i \in F \subseteq \{1, 2, \ldots, |B|\}\}$. Dann können die $|F|$ Elemente von D insgesamt $2^{|F|}$ verschiedene Zustände x^F annehmen, und jedem dieser Zustände entspricht ein Ereignis mit Wahrscheinlichkeit

$$\prod_{i \in F} p_i^{x_i}(1 - p_i)^{1-x_i}, \tag{25}$$

und diese Ereignisse zerlegen den Stichprobenraum. Für jeden Zustand x^F ergibt sich ein neues monotones System $(B - D, S(x^F))$ (allerdings mit der Ausnahme, daß unter Umständen $B - D \notin S(x^F)$, d. h. daß das System nie funktionsfähig sein kann, oder $\emptyset \in S(x^F)$, d. h. daß das System immer funktionsfähig ist). Es sei dann $E(x^F)$ wieder das Ereignis, daß das betreffende System funktionsfähig ist (wobei dieses Ereignis auch unmöglich oder sicher sein kann). Dann gilt

$$P(E) = \sum_{x^F} P(E(x^F)) \prod_{i \in F} p_i^{x_i}(1 - p_i)^{1-x_i}. \tag{26}$$

Diese Formel hat nicht so sehr eine praktische, rechentechnische Bedeutung, ist jedoch für Beweisführungen später von einiger Wichtigkeit. Die Verfahren, die auf der Anwendung der Formel der totalen Wahrscheinlichkeit beruhen, werden auch F a k t o r i - s i e r u n g s v e r f a h r e n genannt.

Zum Abschluß dieses Abschnitts wird die pivotale Zerlegung noch zum Beweis zweier wichtiger Ergebnisse der Zuverlässigkeitsanalyse verwendet. Es soll p der Vektor der Intaktwahrscheinlichkeiten $(p_1, p_2, \ldots, p_n)$ der Elemente sein. Zur Betonung der Abhängigkeit der Funktionswahrscheinlichkeit P(E) des Systems von p wird die Notation $P(E) = z(\mathbf{p})$ eingeführt. Es gilt dann offenbar $P(E_{i+}) = z(1_i, \mathbf{p})$ und $P(E_{i-}) = z(0_i, \mathbf{p})$. Dabei wird eine zu (6.3.22) analoge Schreibweise verwendet. (24) kann dann auch als

$$z(\mathbf{p}) = p_i z(1_i, \mathbf{p}) + (1 - p_i)z(0_i, \mathbf{p}) \tag{27}$$

geschrieben werden, worin die Analogie zu (6.3.23) noch deutlicher zum Ausdruck kommt. Man wird wohl erwarten, daß die Zuverlässigkeit eines monotonen Systems nur ansteigen kann, wenn die Zuverlässigkeit einer oder mehrerer seiner Elemente verbessert wird. Der folgende Satz bestätigt dies:

Satz 3 $z(\mathbf{p})$ *ist in allen Argumenten* m o n o t o n n i c h t a b n e h m e n d *für* $0 < p < 1$; *ist* b_i *ein* w e s e n t l i c h e s *Element, dann ist* $z(\mathbf{p})$ *in* p_i s t r i k t *monoton zunehmend.*

B e w e i s. Aus (27) folgt

$$\frac{\partial z}{\partial p_i} = z(1_i, \mathbf{p}) - z(0_i, \mathbf{p}). \tag{28}$$

Ist $b_i \in B$ ein u n w e s e n t l i c h e s Element von (B, S), dann wird die Zuverlässigkeit des Systems nicht davon beeinflußt, ob es intakt ist oder nicht, und (28) verschwindet. Ist dagegen b_i ein w e s e n t l i c h e s Element, dann gibt es einen Zustand x^0 derart, daß $B_S(0_i, x^0) = 0$ und $B_S(1_i, x^0) = 1$, und dieser Zustand hat eine positive Wahrscheinlichkeit (gegeben durch (2); hier ist wesentlich, daß $0 < p_i < 1$). x^0 gehört zu E_{i+}, aber nicht zu E_{i-}. Daher ist die Differenz in (28) mindestens gleich der Wahrscheinlichkeit des Zustands x^0. Es ist also $\partial z/\partial p_i \geq 0$, und $z(p)$ ist monoton nicht abnehmend in jedem Argument p_i für $0 < p_i < 1$; ist b_i ein wesentliches Element, dann ist $\partial z/\partial p_i > 0$, und $z(p)$ ist strikt monoton wachsend in p_i.   ∎

Aus diesem Satz ergibt sich, daß bei einem k o h ä r e n t e n System $z(p)$ s t r i k t m o n o t o n z u n e h m e n d in jedem Argument p_i ist.

7.2   Zuverlässigkeitsfunktionen

Die Betrachtung im vorangehenden Abschnitt konzentrierte sich auf die Funktionsfähigkeit eines Systems in einem Zeitpunkt. In diesem Abschnitt soll nun die Zuverlässigkeit von Elementen und Systemen über ein ganzes Zeitintervall von 0 bis t betrachtet werden. Dabei wird von einem ganz einfachen Modell ausgegangen, bei dem k e i n e R e p a r a t u r der Elemente vorgesehen ist. Ein ausgefallenes Element bleibt ausgefallen, und wenn einmal genügend Elemente ausgefallen sind, so daß das System nicht mehr funktionsfähig ist, dann ist seine Lebensdauer abgelaufen. Dieses Modell ist von größerem Interesse, als man auf den ersten Blick meinen könnte; es ist sogar recht grundlegend für die Zuverlässigkeitstheorie.

Es wird auch hier ein m o n o t o n e s S y s t e m (B, S) unterstellt, das ohne Verlust an Allgemeinheit auch als k o h ä r e n t vorausgesetzt werden darf. Die folgende Betrachtungsweise ist zunächst noch allgemein und noch nicht an das spezielle Modell gebunden, das in diesem Abschnitt im Zentrum stehen soll. Jedem Element $b_i \in B$ wird eine Funktion $X_i(t)$, $t \geq 0$ zugeordnet. Dabei sei $X_i(t)$ für jeden festen Zeitpunkt eine Z u f a l l s v a r i a b l e , die nur die Werte 0 (Element ist ausgefallen) und 1 (Element ist intakt) annehmen kann. $X_i(t)$, $t \geq 0$ ist also ein s t o c h a s t i s c h e r P r o z e ß. Dann kann man

$$X(t) = B_S(X_1(t), X_2(t), \ldots, X_n(t)), \quad n = |B| \tag{1}$$

definieren. $X(t)$ ist damit ebenfalls für jedes feste t eine Zufallsvariable, die angibt, ob das S y s t e m ausgefallen ($X(t) = 0$) oder intakt ($X(t) = 1$) ist. $X(t)$, $t \geq 0$, ist somit ebenfalls ein stochastischer Prozeß.

Ein jedes Element $b_i \in B$ habe nun eine Lebensdauer $T_i \geq 0$, die ebenfalls eine Z u f a l l s v a r i a b l e sein soll und nach der das Element ausfällt. Es wird jetzt speziell

$$X_i(t) = 1, \quad \text{wenn } t < T_i; \quad X_i(t) = 0, \quad \text{wenn } t \geq T_i \tag{2}$$

definiert. Dann ist $F_i(t) = P(T_i \leq t)$ die V e r t e i l u n g s f u n k t i o n der Zufallsvariablen T_i, und

$$\bar{F}_i(t) = 1 - F_i(t) = P(T_i > t) = P(X_i(t) = 1) \tag{3}$$

nennt man die Z u v e r l ä s s i g k e i t s f u n k t i o n des Elements. Sie gibt für jedes
$t \geqslant 0$ die Wahrscheinlichkeit an, daß das Element zum Zeitpunkt t noch intakt ist.
Da die Boolesche Funktion $B_S(x)$ m o n o t o n ist und $X_i(t') \geqslant X_i(t'')$ für $t' < t''$,
folgt auch $X(t') \geqslant X(t'')$. Es gibt somit auch für das System eine Lebensdauer T, so daß
analog zu (2) $X(t) = 1$ ist, solange $t < T$, und $X(t) = 0$, sobald $t \geqslant T$ ist. Es gibt also
analog zu (3) eine Zuverlässigkeitsfunktion $\overline{F}(t) = P(X(t) = 1)$ des Systems. Wenn man
$p_i = \overline{F}_i(t)$ setzt, dann kann man mit Hilfe der Verfahren des vorangehenden Abschnitts
$\overline{F}(t)$ für jeden beliebigen Zeitpunkt berechnen. Insbesondere ist die Zuverlässigkeitsfunktion eines S e r i e - S y s t e m s nach (7.1.4) gleich

$$\overline{F}(t) = \overline{F}_1(t)\overline{F}_2(t) \dots \overline{F}_n(t) \tag{4}$$

und diejenige eines P a r a l l e l - S y s t e m s nach (7.1.5) gleich

$$\overline{F}(t) = 1 - (1 - \overline{F}_1(t))(1 - \overline{F}_2(t)) \dots (1 - \overline{F}_n(t)). \tag{5}$$

In diesem Abschnitt sollen nun Z u v e r l ä s s i g k e i t s f u n k t i o n e n näher
untersucht werden, denn diese spielen eine außerordentlich wichtige Rolle in der Zuverlässigkeitstheorie. Wenn die Verteilungsfunktion $F(t)$ einer Lebensdauer T durch

$$F(t) = \int_0^t f(t)dt \tag{6}$$

dargestellt werden kann, dann nennt man $f(t)$ die D i c h t e f u n k t i o n von $F(t)$.
Diese besitzt die folgenden Eigenschaften:

$$f(t) \geqslant 0 \quad \text{für alle } t \geqslant 0, \qquad \int_0^\infty f(t)dt = 1. \tag{7}$$

Aus (6) folgt dann $f(t) = dF(t)/dt = -d\overline{F}(t)/dt$.

Wenn ein Element oder ein System bereits ein bestimmtes Alter t erreicht hat, dann kann
man die b e d i n g t e Z u v e r l ä s s i g k e i t s f u n k t i o n betrachten, die nichts
anderes ist als die bedingte Wahrscheinlichkeit

$$P(T > t + s \mid T > t) = \frac{P(T > t + s)}{P(T > t)} = \frac{\overline{F}(t + s)}{\overline{F}(t)}. \tag{8}$$

Dann kann man weiter die bedingte Ausfallwahrscheinlichkeit des Systems im Intervall
von t bis $t + s$ berechnen, gegeben, daß das System bereits das Alter t erreicht hat

$$P(T \leqslant t + s \mid T > t) = \frac{P(t < T \leqslant t + s)}{P(T > t)} = \frac{F(t + s) - F(t)}{\overline{F}(t)}. \tag{9}$$

Dividiert man diese Wahrscheinlichkeit durch s und läßt man s gegen 0 streben, dann
erhält man

$$r(t) = \lim_{s \to 0} (1/s)P(T \leqslant t + s \mid T > t) = \lim_{s \to 0} \frac{F(t + s) - F(t)}{s} \cdot \frac{1}{\overline{F}(t)} = f(t)/\overline{F}(t), \tag{10}$$

wenn T eine Dichtefunktion $f(t)$ besitzt. $r(t)$ wird A u s f a l l r a t e des Systems (oder
des Elements) genannt. Sie ist eine wichtige Kenngröße in Zuverlässigkeitsdiskussionen.

Aus (10) folgt

$$\int_0^s r(t)dt = -\log \overline{F}(s) \tag{11}$$

und somit

$$\overline{F}(s) = \exp\left(-\int_0^s r(t)dt\right) = e^{-R(s)}. \tag{12}$$

Das Integral R(s) über r(t) in (12) wird R i s i k o f u n k t i o n des Systems genannt. Schließlich erhält man auch noch den E r w a r t u n g s w e r t der Lebensdauer

$$E(T) = \int_0^\infty \overline{F}(t)dt = \int_0^\infty tf(t)dt \tag{13}$$

sowie weitere h ö h e r e M o m e n t e

$$E(T^k) = k \int_0^\infty t^{k-1}\overline{F}(t)dt = \int_0^\infty t^k f(t)dt. \tag{14}$$

Die Gleichheit der beiden Formeln mit der Zuverlässigkeits- und der Dichtefunktion in (13) und (14) kann man mit partieller Integration nachweisen; die Formeln mit der Zuverlässigkeitsfunktion haben jedoch auch Gültigkeit, wenn keine Dichtefunktion existiert.

Eine besonders wichtige und auch einfache Klasse von p a r a m e t r i s c h e n Zuverlässigkeitsfunktionen bilden die E x p o n e n t i a l v e r t e i l u n g e n. Diese sind durch eine k o n s t a n t e Ausfallrate r(t) = λ gekennzeichnet und definiert. Es wird dann R(t) = λt und

$$\overline{F}(t) = e^{-\lambda t}, \qquad f(t) = \lambda e^{-\lambda t}, \quad t \geqslant 0. \tag{15}$$

In Abb. 1 und 2 sind $\overline{F}(t)$ und $f(t)$ für einige Werte von λ dargestellt. Exponential verteilte Lebensdauern habe den Erwartungswert

$$E(T) = \int_0^\infty e^{-\lambda t}dt = 1/\lambda, \tag{16}$$

und die höheren Momente der Lebensdauer sind

$$E(T^k) = k \int_0^\infty t^{k-1}e^{-\lambda t}dt = k/\lambda^k, \tag{17}$$

wie man mit vollständiger Induktion über k und partieller Integration feststellen kann. Die Varianz der Lebensdauer ist somit $E(T^2) - (E(T))^2 = 1/\lambda^2$.

Wendet man (8) an, um die bedingte Zuverlässigkeitsfunktion für ein System mit exponentialer Zuverlässigkeitsfunktion zu bestimmen, dann findet man leicht, daß $P(T > t + s | T > t) = e^{-\lambda s}$ ist und g a r n i c h t v o m A l t e r d e s S y s t e m s a b h ä n g t. Das heißt nichts anderes, als daß ein System mit exponentialer Zuverlässigkeitsfunktion n i c h t a l t e r t. Das mag in vielen Anwendungen unrealistisch sein;

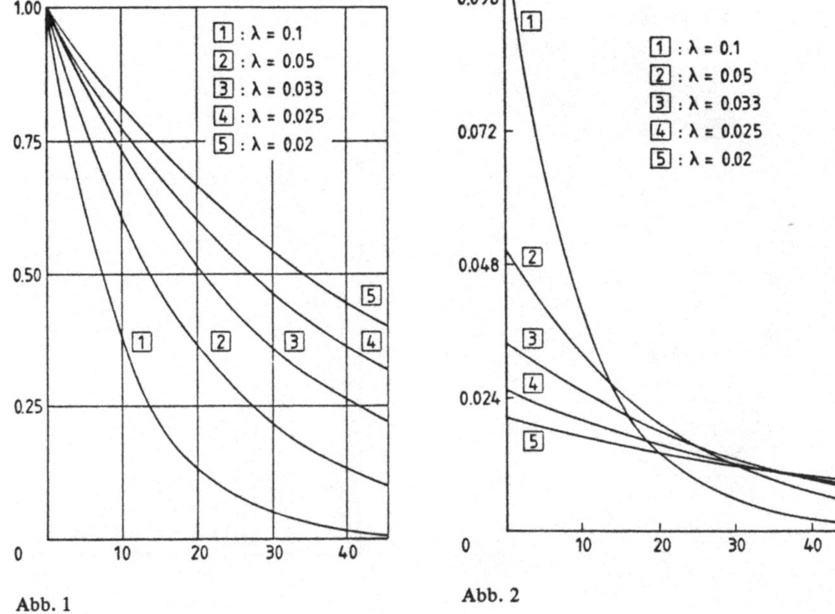

Abb. 1   Abb. 2

daher hat man auch viele weitere parametrische Familien von Zuverlässigkeitsfunktionen vorgeschlagen. Einige davon sind im Anhang in tabellarischer Form zusammengestellt. Trotzdem ist die Exponentialverteilung sehr wichtig, nicht zuletzt auch, weil sie einfach ist und durch einen einzigen Parameter, die mittlere Lebensdauer (siehe (16)), schon bestimmt ist.

Hat ein S e r i e - S y s t e m lauter Elemente mit exponentialer Zuverlässigkeitsfunktion mit Ausfallrate λ_i für $b_i \in B$, dann folgt für das System (siehe (4))

$$\overline{F}(t) = \prod_{i=1}^{n} \exp(-\lambda_i t) = \exp\left(\left(\sum_{i=1}^{n} \lambda_i\right)t\right). \tag{18}$$

Das Serie-System hat also immer noch eine e x p o n e n t i a l e Zuverlässigkeitsfunktion, und seine Ausfallrate ist einfach gleich der Summe der Ausfallraten seiner Elemente.

Schon bei einem P a r a l l e l - S y s t e m ist die Situation nicht mehr so einfach. Hat man etwa ein Parallel-System mit zwei Elementen mit Ausfallraten λ_1 und λ_2, dann folgt für das System aus (5)

$$\overline{F}(t) = \exp(-\lambda_1 t) + \exp(-\lambda_2 t) - \exp(-(\lambda_1 + \lambda_2)t), \tag{19}$$

und das Parallel-System hat keineswegs mehr eine exponentiale Zuverlässigkeitsfunktion. In der Abb. 3 sind einige Funktionen (19) für verschiedene Werte $\lambda_1 + \lambda_2 = 1$ dargestellt und in Abb. 4 die dazugehörenden Ausfallraten.

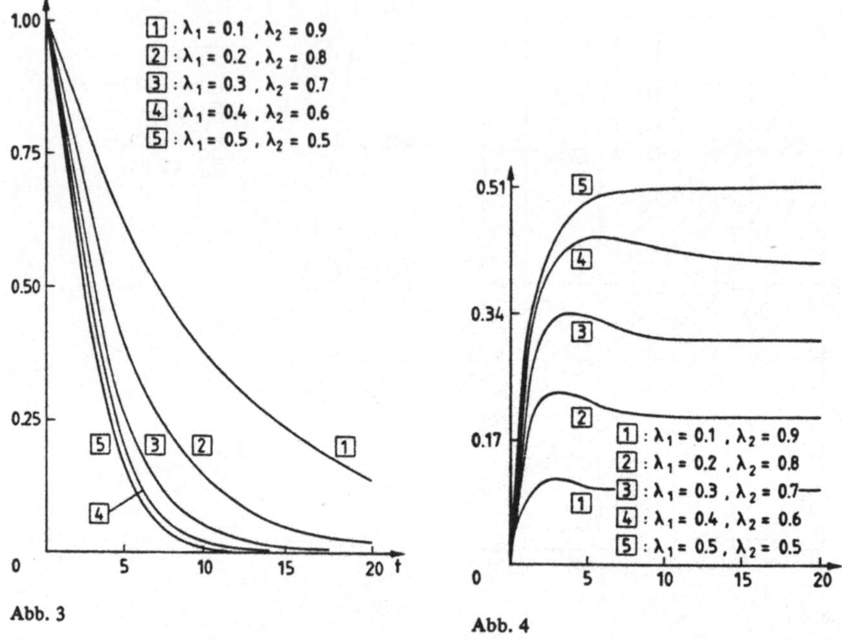

Abb. 3

Abb. 4

Ist nun (B, S) ein beliebiges, monotones System, dessen Elemente aber e x p o n e n -
t i a l e Z u v e r l ä s s i g k e i t s f u n k t i o n e n haben, dann kann die Zuverlässigkeitsfunktion des Systems aus der L i n e a r f o r m der Booleschen Funktion von
(B, S) einfach bestimmt werden, siehe Satz 7.1.2: Man muß nur x_i in jedem Term der
Summe durch die Wahrscheinlichkeit $p_i = \exp(-\lambda_i t)$ ersetzen. Das ergibt

$$\bar{F}(t) = \sum_A d(A) \exp\left(- \sum_{b_i \in A} \lambda_i t\right). \tag{20}$$

Die Linearform erlaubt insbesondere auch die einfache Bestimmung des Erwartungs-
werts der Lebensdauer des Systems. Wendet man (13) zusammen mit (20) an, dann folgt

$$E(T) = \sum_A d(A) \int_0^\infty \exp\left(- \sum_{b_i \in A} \lambda_i t\right) dt = \sum_A d(A) \left(\sum_{b_i \in A} \lambda_i\right)^{-1}. \tag{21}$$

Ähnlich kann man auch höhere Momente der Lebensdauer eines monotonen Systems
mit Elementen mit exponential verteilter Lebensdauer bestimmen, indem man (14)
zusammen mit (20) verwendet,

$$E(T^k) = \sum_A d(A) k \int_0^\infty t^{k-1} \exp\left(- \sum_{b_i \in A} \lambda_i t\right) dt = k \sum_A d(A) \left(\sum_{b_i \in A} \lambda_i\right)^{-k}. \tag{22}$$

Das ist ein weiteres Beispiel für die Bedeutung der Dominationen der Verbindungen
eines monotonen Systems im Zusammenhang mit Zuverlässigkeitsberechnungen.

Zur Illustration sei hier noch ein kleines Rechenbeispiel angefügt.

(1) Ein Parallel-System bestehe aus zwei Elementen mit e x p o n e n t i a l e r
Zuverlässigkeitsfunktion. Und zwar habe das erste Element eine mittlere Lebensdauer
von 300 h, während das zweite nur eine solche von 100 h habe. Die Zuverlässigkeitsfunktion des Parallel-Systems ist dann wie (19) mit $\lambda_1 = 1/300$ und $\lambda_2 = 1/100$, dabei
ist die Zeit t selbstverständlich in h einzusetzen. Dies entspricht auch der Linearform
$x_1 + x_2 - x_1 x_2$ für das zweielementige Parallel-System. Die erwartete Lebensdauer des
Parallel-Systems ist nach (21) gleich

$$E(T) = 300 + 100 - (1/300 + 1/100)^{-1} = 325 \text{ h.} \tag{23}$$

Man sieht, daß das erste, zuverlässigere Element im wesentlichen die Lebensdauer des
Parallel-Systems bestimmt; das zweite redundante, aber weniger zuverlässigere Element
bringt nur eine Erhöhung der mittleren Lebensdauer um 25 h.

Mit Hilfe des zweiten Moments

$$E(T^2) = 2(300^2 + 100^2 - (1/300 + 1/100)^{-2}) = 188\ 750 \tag{24}$$

kann man die Varianz der Lebensdauer des Parallel-Systems berechnen

$$E(T^2) - (E(T))^2 = 83\ 125 \text{ h}^2. \tag{25}$$

Die Quadratwurzel davon gibt schließlich die Streuung von 288 h für die Lebensdauer
des Parallel-Systems.

(2) Bei k-von-n- S y s t e m e n haben sehr oft alle n Elemente g l e i c h e Zuverlässigkeitsfunktionen, weil sie von gleichem Typ sind. Bei exponentialen Zuverlässigkeitsfunktionen haben dann z. B. alle Elemente die gleiche mittlere Lebensdauer T_e. Wendet man
dann (21) mit $\lambda_i = 1/T_e$ an, dann erhält man

$$E(T) = T_e \sum_{i=k}^{n} d(i)\binom{n}{i}/i, \tag{26}$$

wobei d(i) die Domination der Teilmengen mit i Elementen ist (siehe Beispiel (1) im
Abschnitt 6.4). Eine einfache wahrscheinlichkeitstheoretische Überlegung führt aber in
diesem speziellen Fall zu einer weit einfacheren Formel für E(T): Zu Beginn sind alle
n Elemente intakt. Nach einer gewissen Zeit T_n fällt das erste Element aus, dann sind
während einer Zeit T_{n-1} n − 1 Element intakt, bis das nächste, zweite Element ausfällt etc. Es gilt $T = T_n + T_{n-1} + \ldots + T_k$. Weil aber ein Element mit exponentialer
Zuverlässigkeitsfunktion nicht altert, ist T_i nichts anderes als die Lebensdauer eines
S e r i e - S y s t e m s m i t i g l e i c h a r t i g e n E l e m e n t e n. Aus (16) und (18)
folgt dann $E(T_i) = T_e/i$. Daher gilt schließlich die einfache Formel

$$E(T) = T_e(1/n + 1/n - 1 + \ldots + 1/k). \tag{27}$$

Für P a r a l l e l - S y s t e m e mit gleichartigen Elementen gilt speziell noch

$$E(T) = T_e(1 + 1/2 + 1/3 + \ldots + 1/n). \tag{28}$$

7.3   Zuverlässigkeitsfunktionen monotoner Systeme

Im letzten Abschnitt wurde gezeigt, daß die Lebensdauer monotoner Systeme im allgemeinen keineswegs mehr exponential verteilt ist, selbst wenn alle seine Elemente exponentiale Zuverlässigkeitsfunktionen haben. Da bei einem System ohne Reparatur im Laufe der Zeit immer mehr Elemente ausfallen und bei einem monotonen System daher die Gefahr eines Systemausfalls immer größer wird, könnte man vermuten, daß das System eine im Laufe der Zeit m o n o t o n   s t e i g e n d e Ausfallrate haben muß. Das scheint jedenfalls eine vernünftige Vermutung zu sein, wenn die Elemente des Systems selber konstante oder monoton steigende Ausfallraten haben. Interessanterweise zeigt aber schon das einfache Beispiel des Parallel-Systems mit zwei Elementen mit exponentialen Zuverlässigkeitsfunktionen, daß das nicht stimmt. Es ist nicht schwer, aus (7.2.19) die Ausfallrate zu berechnen und zu zeigen, daß diese n i c h t monoton steigend ist, siehe auch Abb. 3 im vorangehenden Abschnitt.

Es stellt sich somit die Frage, zu welcher Klasse von Zuverlässigkeitsfunktionen die Zuverlässigkeitsfunktion eines monotonen Systems gehören kann, wenn seine Elemente z. B. exponentiale Zuverlässigkeitsfunktionen haben. Diese Frage wird in diesem Abschnitt untersucht.

Eine Zuverlässigkeitsfunktion F(t), deren A u s f a l l r a t e r(t) m o n o t o n   n i c h t   a b n e h m e n d ist, $r(t') \leqslant r(t'')$, wenn $t' < t''$, wird eine I F R - Z u v e r l ä s s i g - k e i t s f u n k t i o n genannt (IFR: Increasing Failure Rate). Äquivalent ist $\overline{F}(t)$ eine IFR-Zuverlässigkeitsfunktion, wenn die bedingte Zuverlässigkeitsfunktion $\overline{F}(t + s)/\overline{F}(t)$ für jedes beliebige, aber feste s monoton nicht zunehmend in t ist. Diese zweite Definition hat den Vorteil, daß sie nicht die Existenz der Dichtefunktion voraussetzt. Die e x p o n e n t i a l e n Zuverlässigkeitsfunktionen gehören dank ihren konstanten Ausfallraten zur Klasse IFR, aber wie eingangs erwähnt, gehören die Zuverlässigkeitsfunktionen monotoner Systeme nicht unbedingt zur Klasse IFR, selbst wenn ihre Elemente IFR-Zuverlässigkeitsfunktionen besitzen. Diese Klasse ist also nicht groß genug.

Es wird sich hingegen zeigen, daß die etwas umfassendere Klasse der Zuverlässigkeitsfunktionen mit m o n o t o n   n i c h t   a b n e h m e n d e m   D u r c h s c h n i t t   d e r   A u s f a l l r a t e n groß genug ist. Die Klasse dieser Zuverlässigkeitsfunktionen $\overline{F}(t)$ ist dadurch definiert, daß

$$R(t)/t = -(1/t) \log \overline{F}(t) \tag{1}$$

für $t \neq 0$ m o n o t o n   n i c h t   a b n e h m e n d ist. Man beachte, daß auch hier die rechte Seite von (1) nicht von der Existenz einer Dichtefunktion abhängig ist. Solche Zuverlässigkeitsfunktionen werden I F R A - Z u v e r l ä s s i g k e i t s f u n k t i o n e n genannt (IFRA: Increasing Failure Rate Average). Jede IFR-Zuverlässigkeitsfunktion ist auch eine IFRA-Zuverlässigkeitsfunktion, da der Durchschnitt einer monoton nicht abnehmenden Funktion ebenfalls monoton nicht abnehmend ist.

Ist $-(1/t) \log \overline{F}(t)$ monoton nicht abnehmend, dann ist $\overline{F}^{1/t}(t)$ monoton nicht zunehmend. Daraus folgt, daß $\overline{F}^{1/\alpha t}(\alpha t) \geqslant \overline{F}^{1/t}(t)$ für $0 < \alpha < 1$ und somit $\overline{F}(\alpha t) \geqslant \overline{F}^{\alpha}(t)$. Das folgende Lemma wird später benötigt.

Lemma 1 *Wenn* $0 \leqslant \alpha \leqslant 1, 0 \leqslant \lambda \leqslant 1, 0 \leqslant x \leqslant y$, *dann gilt*

$$\lambda^\alpha y^\alpha + (1 - \lambda^\alpha) x^\alpha \geqslant (\lambda y + (1 - \lambda) x)^\alpha. \tag{2}$$

B e w e i s. Für $0 \leqslant \alpha \leqslant 1$, $u_1 \leqslant u_2$ gilt $(u_1 + \delta)^\alpha - u_1^\alpha \geqslant (u_2 + \delta)^\alpha - u_2^\alpha$, weil die Funktion x^α konkav ist. Die Behauptung folgt daraus, wenn man $u_1 = \lambda x$, $u_2 = x$, $\delta = \lambda(y - x)$ setzt. ∎

Es ist aus dem vorangehenden Abschnitt klar, daß die Intakt-Wahrscheinlichkeit $P(E)$ eines monotonen Systems (B, S) von den Intakt-Wahrscheinlichkeiten p_i der Elemente $b_i \in B$ abhängig sind. $\mathbf{p}$ soll wie in Abschnitt 7.1 der Vektor mit Komponenten p_i, $i = 1, 2, \ldots, |B|$, sein und $\mathbf{p}^\alpha$ der Vektor mit Komponenten p_i^α. Um die Abhängigkeit von $P(E)$ von $\mathbf{p}$ hervorzuheben, soll erneut $P(E) = z(\mathbf{p})$ geschrieben werden.

Lemma 2 *Für jedes monotone System und* $0 < \alpha \leqslant 1$ *gilt*

$$z(\mathbf{p}^\alpha) \geqslant z^\alpha(\mathbf{p}). \tag{3}$$

B e w e i s. Die Behauptung wird mittels Induktion über $n = |B|$ bewiesen. Für $n = 1$ ist $z(p) = p$, und (3) gilt. Es sind allerdings für die Induktion auch noch die Fälle zu beachten, daß das System unabhängig vom Element immer funktioniert ($z(p) = 1$) oder unabhängig vom Element nie funktioniert ($z(p) = 0$). Auch in diesen beiden Fällen gilt (3). Es gelte (3) für $n - 1$. Wendet man für ein System die pivotale Zerlegung (7.1.24) bezüglich dem n-ten Element an, dann erhält man unter Verwendung der Induktionsvoraussetzung

$$\begin{aligned} z(\mathbf{p}^\alpha) &= p_n^\alpha z(1_n, \mathbf{p}^\alpha) + (1 - p_n^\alpha) z(0_n, \mathbf{p}^\alpha) \\ &\geqslant p_n^\alpha z^\alpha(1_n, \mathbf{p}) + (1 - p_n^\alpha) z^\alpha(0_n, \mathbf{p}). \end{aligned} \tag{4}$$

Hier wird eine Notation analog zu (6.3.22) verwendet. Wendet man jetzt darauf Lemma 1 mit $\lambda = p_n$, $y = z(1_n, \mathbf{p})$ und $x = z(0_n, \mathbf{p}) \leqslant y$ (Satz 7.1.3) an, dann folgt

$$z(\mathbf{p}^\alpha) \geqslant (p_n z(1_n, \mathbf{p}) + (1 - p_n) z(0_n, \mathbf{p}))^\alpha = z^\alpha(\mathbf{p}). \tag{∎ (5)}$$

Es gilt nun

Satz 1 *Haben bei einem monotonen System alle Elemente* I F R A - Z u v e r l ä s s i g - k e i t s f u n k t i o n e n, *dann hat auch das System eine* I F R A - Z u v e r l ä s s i g - k e i t s f u n k t i o n.

B e w e i s. Es ist in der oben eingeführten Notation

$$\bar{F}(\alpha t) = z(\bar{F}_1(\alpha t), \ldots, \bar{F}_n(\alpha t)) \geqslant z(\bar{F}_1^\alpha(t), \ldots, \bar{F}_n^\alpha(t)), \tag{6}$$

weil aus der IFRA-Voraussetzung für die Elemente folgt, daß $\bar{F}_i(\alpha t) \geqslant \bar{F}_i^\alpha(t)$ und daher Satz 7.1.3 angewandt werden kann. Nach dem Lemma 2 ist dann

$$\bar{F}(\alpha t) \geqslant z^\alpha(\bar{F}_1(t), \ldots, \bar{F}_n(t)) = \bar{F}^\alpha(t) \tag{7}$$

und das zeigt, daß $\bar{F}(t)$ zur Klasse IFRA gehört. ∎

Es soll abschließend ohne Beweis auch noch erwähnt werden, daß man zeigen kann, daß die Klasse der IFRA-Zuverlässigkeitsfunktionen die k l e i n s t e Klasse ist, die durch die Bildung monotoner Systeme und Grenzwerten in Verteilung aus Exponential-Verteilungen gebildet werden kann. Das heißt, daß man zu jeder IFRA-Zuverlässigkeitsfunktion ein monotones System mit Elementen mit exponentialen Zuverlässigkeitsfunktionen finden kann, dessen System-Zuverlässigkeitsfunktion beliebig nahe an die vorgegebene Zuverlässigkeitsfunktion herankommt.

Kommentar zu Kapitel 7

Die Einteilung der Rechenverfahren in die drei Klassen des Abschnitts 7.1 hat sich im Laufe der Zeit herauskristallisiert, und es handelt sich natürlich um allgemeine Ansätze aus der allgemeinen Wahrscheinlichkeitstheorie. Es ist kaum auszumachen, wer welchen Ansatz als Erster in die Zuverlässigkeitstheorie eingeführt hat.

Die Benützung der D o m i n a t i o n e n (Satz 7.1.2) für die Berechnung der Zuverlässigkeit von gerichteten Netzwerken geht auf S a t y a n a r a y a n a , P r a b h a k a r (1978) zurück. Es sei ferner hierzu auch auf S a t y a n a r a y a n a , H a g s t r o m (1981a und b) hingewiesen. Die Verwendung der L i n e a r f o r m für die Zuverlässigkeitsberechnung (ebenfalls Satz 7.1.2) wird in S t ö r m e r (1970) und auch G a e d e (1977) dargelegt. Neu ist, daß nach Satz 7.1.2 die Verwendung von Dominationen und Linearform identisch ist (siehe auch Kommentar zu Kapitel 6).

Zur Bestimmung k ü r z e s t e r a l t e r n a t i v e r N o r m a l f o r m e n siehe S h u r a w l e w (1980).

Eine eingehendere Besprechung verschiedener p a r a m e t r i s c h e r Klassen von Zuverlässigkeitsfunktionen findet sich bei K a u f m a n n , G r o u c h k o , C r u o n (1977).

B a r l o w , P r o s c h a n (1975) enthält eine eingehende Diskussion von Klassen von Zuverlässigkeitsfunktionen, basierend auf verschiedenen A l t e r u n g s b e g r i f f e n , und auch weitergehende Literatur-Hinweise zu diesem Thema. Abschnitt 7.3 beruht auf dieser Darstellung.

8   Spezielle Strukturen: Reduktion und Zerlegung

8.1   Serie- und Parallel-Reduktion

Alle Rechenverfahren, die im Abschnitt 7.1 eingeführt wurden, erfordern einen Rechenaufwand, der e x p o n e n t i e l l von der Größe des zu berechnenden Systems (z. B.
seiner Anzahl Elemente) abhängt. Das schränkt die Größe der Systeme, die mit diesen
allgemeinen Verfahren mit vernünftigem Aufwand berechnet werden können, sehr
stark ein. Aus diesem Grunde ist man darauf angewiesen, wenn immer möglich, die
spezielle Struktur eines Systems auszunützen, um das System zu vereinfachen oder zu
zerlegen, damit Probleme einer Größe entstehen, die noch mit vertretbarem Aufwand
berechnet werden können. Die Zuverlässigkeitsberechnung komplexerer Systeme kann
also keineswegs durch blindes und vertrauensvolles Anwenden irgendeiner der allgemeinen Berechnungsmethoden durchgeführt werden. Es ist vielmehr jeder einzelne Fall
sorgfältig zu analysieren und die seiner Problemstruktur angemessene K o m b i n a -
t i o n von Verfahren und Methoden herbeizuziehen.

In diesem Kapitel werden eine Reihe von Möglichkeiten zur Vereinfachung (Reduktion)
oder Zerlegung von Systemen besprochen. Zum Teil handelt es sich um Ansätze, die
für allgemeine m o n o t o n e S y s t e m e gültig sind, zum Teil werden spezielle
g r a p h e n t h e o r e t i s c h e Eigenschaften für die Berechnung von Netzwerken
ausgewertet. Je mehr Struktur ein System besitzt, desto größere Hoffnungen kann man
haben, daß Vereinfachungen und Zerlegungen möglich sind.

Erste, allgemeine Vereinfachungs- und Zerlegungsmöglichkeiten für monotone Systeme
ergeben sich aus der eventuellen Präsenz von M o d u l n (siehe Abschnitte 6.5 und 6.6)
in diesen Systemen. Da für die Beurteilung der Funktionsfähigkeit eines Systems nicht
der Zustand eines Moduls im Einzelnen maßgebend ist, sondern nur, ob das Modul als
Ganzes intakt ist oder nicht, leuchtet anschaulich ein, daß man zuerst die Funktionswahrscheinlichkeit des Moduls berechnen kann und dann diejenige des organisierenden
Systems und diese ist dann offenbar gleich der Funktionswahrscheinlichkeit des ganzen
Systems. Damit kann die Berechnung e i n e s größeren Systems durch die Berechnung
von z w e i o d e r m e h r e r e n kleineren Systemen ersetzt werden. Bei exponen-
tiellem Rechenaufwand ist dies immer ein beträchtlicher Gewinn.

Der folgende Satz bestätigt, daß dies in der Tat möglich ist. Ist (B, S) ein monotones
System, dann soll die Funktionswahrscheinlichkeit $P(E)$ dieses Systems auch mit $z_S(p)$
bezeichnet werden, um zum Ausdruck zu bringen, daß diese Wahrscheinlichkeit einerseits von der monotonen Familie S und andererseits von den Funktionswahrscheinlich-
keiten $p = (p_1, \ldots, p_n)$ der Elemente $b_i \in B$ abhängig ist. Wie gewohnt bezeichne p^M
den Teilvektor von p mit Komponenten, die $b_i \in M \subseteq B$ entsprechen.

Satz 1 *Ist* (B, S) *ein* m o n o t o n e s S y s t e m *mit einem* M o d u l (M, U) *und einem* o r g a n i s i e r e n d e n S y s t e m (B', S'), *dann gilt*

$$z_S(p) = z_{S'}(z_U(p^M), p^{\overline{M}}).\tag{1}$$

B e w e i s. Die hier verwendete Beweismethode ist typisch für das ganze gegenwärtige Kapitel. Daher werden die Überlegungen hier ausführlich dargelegt, während sie in den folgenden Beweisen dann knapper dargestellt werden. Zur Berechnung von P(E) für das System (B, S) kann man die Formel der totalen Wahrscheinlichkeit (7.1.26) anwenden, wobei die $2^{|M|}$ Zustände des Moduls (M, U) die Zerlegung E_i des sicheren Ereignisses bilden. Die bedingten Ereignisse $E|E_i$ entsprechen dann dank der vorausgesetzten m o d u l a r e n Struktur entweder dem Ereignis, daß das System (B', S') funktionsfähig ist bei i n t a k t e m Modul (M, U) oder dem Ereignis, daß das System (B', S') funktionsfähig ist, bei a u s g e f a l l e n e m Modul (M, U), je nachdem, ob E_i einem Modulzustand entspricht, für den das Modul intakt ist oder nicht. (7.1.26) führt daher hier, wenn man die entsprechenden Terme zusammenfaßt, zu

$$z_S(p) = z_U(p^M)z_{S'}(1_1, p^{\overline{M}}) + (1 - z_U(p^M))z_{S'}(0_1, p^{\overline{M}}).\tag{2}$$

Wendet man nun weiter die Formel der p i v o t a l e n Z e r l e g u n g (7.1.24) für das System (B', S') auf die rechte Seite von (2) an, dann folgt (1).   ∎

Eine unmittelbare Folgerung von Satz 1 ist die folgende Erweiterung auf eine modulare Zerlegung eines modularen Systems:

Korollar 1 *Ist* (B, S) *ein* m o n o t o n e s S y s t e m *mit einer* m o d u l a r e n Z e r - l e g u n g (M_i, U_i), i = 1, 2, . . ., n', *und der* o r g a n i s i e r e n d e n S t r u k t u r (B', S'), *dann gilt*

$$z_S(p) = z_{S'}(z_{U_1}(p^{M_1}), . . ., z_{U_n'}(p^{M_{n'}})).\tag{3}$$

Dies ergibt sich aus der wiederholten Anwendung von (1).

Besonders einfach sind natürlich wieder S e r i e - und P a r a l l e l - M o d u l n (M, U). Bei diesen gilt im Fall eines Serie-Moduls

$$z_U(p^M) = \prod_{b_i \in M} p_i\tag{4}$$

und im Falle eines Parallel-Moduls

$$z_U(p^M) = 1 - \prod_{b_i \in M} (1 - p_i).\tag{5}$$

Im Falle von Netzwerkproblemen wurde im Beispiel (2) des Abschnitts 6.5 gezeigt, daß ein Parallel-Modul einer Menge M von parallelen Bögen zwischen einem Knotenpaar entspricht. Man kann also nach Satz 1 diese parallelen Bögen durch einen einzigen Bogen ersetzen, der die Intaktwahrscheinlichkeit (5) besitzt. Das nennt man eine P a r a l l e l - R e d u k t i o n oder eine p - R e d u k t i o n. Eine Menge M von Bögen, die einen Pfad zwischen zwei Knoten bilden, wobei die inneren Knoten des Pfades alle den Grad 2 haben müssen und nicht zu K gehören dürfen, bilden ein Serie-Modul. Wiederum nach Satz 1 darf dann dieser Pfad durch einen einzigen Bogen ersetzt

werden, der die Intaktwahrscheinlichkeit (4) erhält. Das nennt man eine S e r i e -
R e d u k t i o n oder eine s - R e d u k t i o n.

Die modularen Reduktionen eines Systems sind aber nicht die einzigen möglichen und
nützlichen Vereinfachungen eines Systems. Insbesondere bei Netzwerkproblemen gibt
es weitere Möglichkeiten.

Bei einem Netzwerkproblem mit einem Graphen G, ausfallenden Bögen und einer
Menge $K \subseteq V$ von Knoten, die untereinander verbunden sein müssen, soll die Funktionswahrscheinlichkeit P(E) künftig auch mit P(G, K) bezeichnet werden, um die
Abhängigkeit vom Graphen G und der Knotenmenge K explizit zu machen. Allgemein
können dann Reduktionen in Betracht gezogen werden, bei denen $G = (V, E)$ durch
einen einfacheren Graphen $G' = (V', E')$ und K durch $K' \subseteq V'$ ersetzt wird und
$P(G, K) = \Lambda P(G', K')$ gilt. Bei der s- und der p-Reduktion erhält man G' aus G wie oben
beschrieben, und es ist $K' = K$ und $\Lambda = 1$.

Abb. 1

Sind nun e_1 und e_2 zwei Bögen, die einen Pfad zwischen den zwei Knoten v_1 und v_2
über einen Zwischenknoten u bilden, und ist der Grad $g(u) = 2$ (siehe Abb. 1a), ist
ferner u, v_1, $v_2 \in K$, dann kann man einen r e d u z i e r t e n Graphen G' bilden, indem
man die beiden Bögen e_1 und e_2 durch einen einzigen Bogen e ersetzt, der v_1 und v_2
verbindet (siehe Abb. 1b), u entfernt und $K' = K - \{u\}$ setzt. Es gilt dann P(G, K)
$= \Lambda P(G', K')$, wenn die Intaktwahrscheinlichkeit p(e) des neuen Bogens und Λ gemäß
dem folgenden Satz bestimmt werden:

Satz 2 *Bei der oben beschriebenen Reduktion gilt*

$$p(e) = p_1 p_2 / (1 - q_1 q_2) \tag{6}$$

wobei $p_i = p(e_i)$ *die Intaktwahrscheinlichkeit des Bogens* e_i *ist, i = 1, 2, und* $q_i = 1 - p_i$,
und ferner

$$\Lambda = 1 - q_1 q_2. \tag{7}$$

B e w e i s . Es wird die Formel der totalen Wahrscheinlichkeit (7.1.26) angewandt,
wobei über die vier möglichen Zustände der beiden Bögen e_1 und e_2 zerlegt wird. Sind
beide Bögen ausgefallen, dann ist u nicht mehr erreichbar und das System ist ausgefallen. Es verbleiben also drei Fälle. Im Fall, daß e_1 und e_2 intakt sind, können v_1, v_2
und u zusammengelegt werden, und es entsteht der Graph G_1, wie er in Abb. 2a) schematisch dargestellt ist. In den beiden anderen Fällen, in denen genau einer der beiden
Bögen ausgefallen ist, kann u entweder mit v_1 oder mit v_2 zusammengelegt werden. In
beiden Fällen entsteht der gleiche Graph, wie er in Abb. 2b) schematisch dargestellt ist.
Es gilt also nach (7.1.26)

$$P(G, K) = p_1 p_2 P(G_1, K_1) + (p_1 q_2 + q_1 p_2) P(G_2, K_2). \tag{7}$$

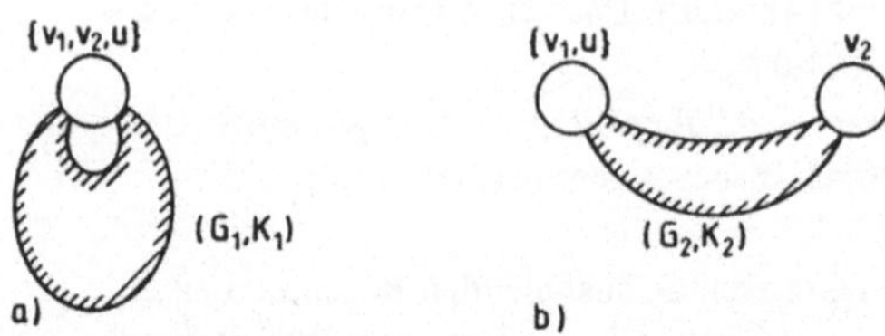

Betrachtet man nun umgekehrt den reduzierten Graphen G' und K' und wendet man die pivotale Zerlegung (7.1.24) über den Bogen e an, dann erhält man in den beiden Fällen „e intakt" und „e ausgefallen" gerade die genau gleichen Graphen G_1 und G_2 wie oben. Es gilt also

$$P(G', K') = p(e)P(G_1, K_1) + (1 - p(e))P(G_2, K_2). \tag{8}$$

Ein Vergleich von (7) und (8) zeigt, daß

$$\Lambda p(e) = p_1 p_2, \qquad \Lambda(1 - p(e)) = p_1 q_2 + q_1 p_2 \tag{9}$$

gilt. Aus diesen beiden Gleichungen folgt leicht (6) und (7). ∎

Diese Art der Reduktion eines Netzwerkproblems wird G r a d - 2 - R e d u k t i o n oder G2 - R e d u k t i o n genannt.

Man kann nun durch das folgende systematische Vorgehen ein gegebenes Netzwerkproblem vereinfachen:

(1) Man suche alle S e r i e - M o d u l n und führe alle dazugehörigen s - R e d u k t i o n e n durch;

(2) Man suche alle P a r a l l e l - M o d u l n und führe alle dazugehörigen p - R e d u k t i o n e n durch;

(3) Man suche alle Konfigurationen, die G 2 - R e d u k t i o n e n erlauben und führe diese durch;

(4) Man wiederhole diese Schritte, bis keine weiteren Reduktionen mehr möglich sind.

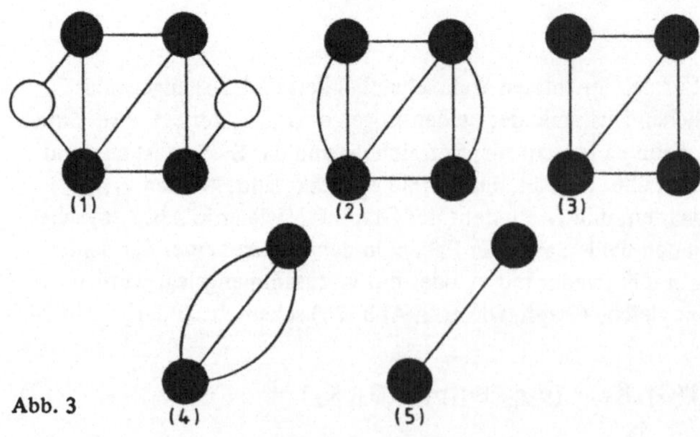

Abb. 3

Ein Netzwerkproblem (G, K), das keine weiteren s- oder p- oder G2-Reduktionen zuläßt, wird s-p- i r r e d u z i e r b a r genannt; es kann nicht mehr durch die hier besprochenen Reduktionen vereinfacht werden — aber doch vielleicht durch andere, noch zu besprechende Methoden. Es gibt aber auch Netzwerkprobleme (G, K), die mit Hilfe dieser Reduktionen bis zum trivialen Netzwerk, bestehend aus e i n e m Bogen, reduziert werden können; in Abb. 3 ist ein Beispiel dazu dargestellt (die Knoten von K sind dabei a u s g e f ü l l t). Am Schluß hat der verbleibende Bogen eine bestimmte Intaktwahrscheinlichkeit, die sich aus den durchgeführten Reduktionen errechnet, und diese ist gleich P(G, K). Solche Netzwerkprobleme nennt man s-p- r e d u z i b e l. Ihre Berechnung erfordert keinen exponentiellen Rechenaufwand mehr, da ja die Anzahl

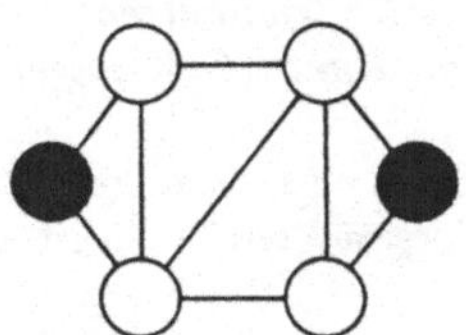

Abb. 4

Bogen |E| von G eine obere Schranke für die Zahl der möglichen Reduktionen ist. Man beachte aber sorgfältig, daß nicht allein der Graph G darüber entscheidet, ob ein Problem s-p-reduzibel ist, sondern daß auch K maßgebend ist. Z. B. hat das Problem, das in Abb. 4 dargestellt ist, den gleichen Graphen G wie das Problem in Abb. 3, ist aber nicht s-p-reduzibel.

8.2   Polygon-zu-Ketten-Reduktionen

In diesem Abschnitt wird eine weitere Reduktion eingeführt, die bei u n g e r i c h t e t e n Graphen von Nutzen ist. Es wird also ein Netzwerkproblem betrachtet, dem ein ungerichteter Graph G = (V, E) zu Grunde gelegt ist und die Knoten, die untereinander verbunden sein müssen, bilden eine Teilmenge K $\subseteq$ V. Ausfallen können die Bogen e $\in$ E, während die Knoten v $\in$ V immer intakt sein sollen. Ein solches Netzwerkproblem wird im folgenden kurz mit (G, K) bezeichnet.

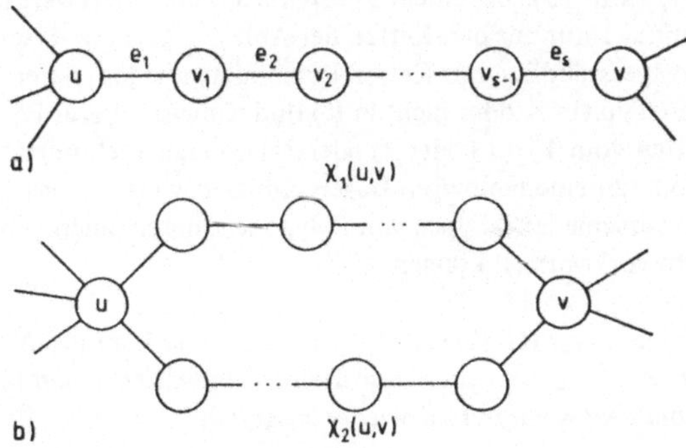

Abb. 1

Eine K e t t e im Graph G soll ein Pfad u, e_1, v_1, e_2, v_2, . . ., v_{s-1}, e_s, v zwischen zwei Knoten u und v (u $\neq$ v) sein derart, daß die inneren Knoten v_i den Grad $g(v_i) = 2$ haben (siehe Abb. 1a). Dabei ist es gleichgültig, ob die Knoten u, v und v_i zu K gehören oder nicht. Wenn jedoch $v_i \notin K$ für alle i = 1, 2, . . ., s, dann kann die Kette mittels einer S e r i e - R e d u k t i o n zu einem einzigen Bogen zwischen u und v reduziert werden. Wenn s = 2 und u, v und $v_1 \in K$, dann kann die Kette mit einer G r a d - 2 - R e d u k - t i o n zu einem einzigen Bogen zwischen u und v reduziert werden. Vergleiche dazu den vorangehenden Abschnitt. Es gilt daher das folgende Lemma:

Lemma 1 *Ist* (G, K) *ein* s-p-i r r e d u z i e r b a r e s *Netzwerkproblem, dann kann G nur Ketten besitzen, die von einem der sechs in Abb. 2 dargestellten Typ sind. Dabei sind Knoten in K ausgefüllt.*

B e w e i s. Man überlege sich, daß jede Kette, die nicht von einem der sechs in Abb. 2 dargestellten Typus ist, mittels s- oder G2-Reduktion reduziert werden kann.   ■

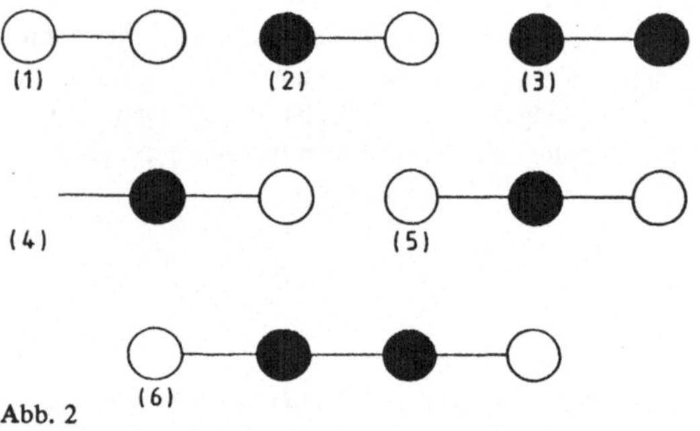

Abb. 2

Die Ketten in Abb. 2 werden i r r e d u z i e r b a r genannt. Eine Kette zwischen zwei Knoten u und v wird kurz mit $\chi(u, v)$ bezeichnet. Ein P o l y g o n in einem Graph G ist nun ein Paar von zwei verschiedenen Ketten $\chi_1(u, v)$ und $\chi_2(u, v)$ mit keinen gemeinsamen inneren Knoten zwischen den zwei gleichen Knoten u und v, siehe Abb. 1b). Bei einem s-p-irreduzierbaren Netzwerkproblem können Polygone nach Lemma 1 nur aus den Ketten der Abb. 2 zusammengesetzt werden. Dabei können selbstverständlich nur Ketten kombiniert werden, deren Endknoten u und v vom gleichen Typ (in K oder nicht in K) sind. Gewisse dieser Polygone (z. B. zwei parallele Ketten vom Typ 1) oder 2) oder 3)) können auch mittels einer P a r a l l e l - R e d u k - t i o n zu einem einzigen Bogen reduziert werden. Das ergibt schließlich nur noch sieben verschiedene Typen von Polygonen, die in einem s-p-irreduzierbaren Netzwerkproblem vorkommen können.

Lemma 2 *Ist* (G, K) *ein* s-p-i r r e d u z i e r b a r e s *Netzwerkproblem, dann kann G nur* P o l y g o n e *besitzen, die von einem der sieben in* Tab. 1 *dargestellten Typ sind. Dabei sind Knoten in K wieder ausgefüllt.*

Es zeigt sich nun, daß jeder der sieben Typen von P o l y g o n e n , die in einem
s-p-irreduzierbaren Problem vorkommen können mit einer neuen Art von Reduktion
zu einer K e t t e reduziert werden können. Damit ist es dann unter Umständen möglich, ein s-p-irreduzierbares Netzwerkproblem doch noch weiter zu vereinfachen. Im
nächsten Abschnitt wird sogar gezeigt, daß man eine ganze Klasse von Netzwerkproblemen definieren kann, die mit Hilfe dieser P o l y g o n - z u - K e t t e n - R e d u k -
t i o n e n (sowie s-p-Reduktionen) bis zu einem trivialen Netzwerk mit einem einzigen
Bogen reduziert werden können. Das ist dann eine weitere Klasse von Problemen mit
spezieller Struktur, die effizient berechnet werden können.

Diese Polygon-zu-Ketten-Reduktionen sind in der Tabelle 1 zusammengestellt.

Satz 1 *Ist* (G, K) *ein Netzwerkproblem, das ein Polygon vom Typ* j *(siehe* Tab. 1*) enthält, dann kann* (G, K) *zu einem neuen Netzwerkproblem* (G′, K′) *reduziert werden, bei
dem in* G′ *das Polygon durch eine Kette mit Bogen-Intaktwahrscheinlichkeiten gemäß*
Tabelle 1 *ersetzt ist. Es gilt dann* $P(G, K) = \Lambda_j P(G′, K′)$, *wobei* Λ_j *der* Tabelle 1 *zu entnehmen ist.*

B e w e i s. Alle sieben Reduktionen werden ähnlich mit Hilfe der Formel der totalen
Wahrscheinlichkeit bewiesen. Der Beweis sei beim ersten Polygontyp der Tabelle 1 zur
Illustration durchgeführt. Der Beweis der anderen sechs Fälle wird dem Leser überlassen.

G enthalte also ein Polygon vom Typ 1 mit drei Bögen e_1, e_2 und e_3, vergleiche Abb. 3a).
Es wird nun eine Zerlegung durchgeführt nach den 8 möglichen Zuständen dieser drei
Bögen. Im folgenden bezeichne e_i einen intakten und $\bar{e}_i$ einen ausgefallenen Bogen e_i.

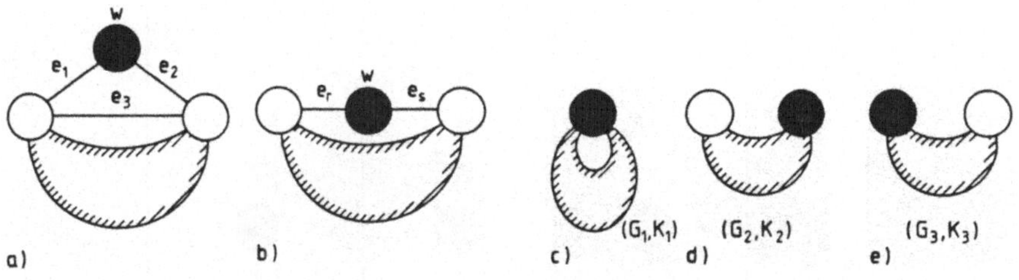

Abb. 3

Dann zeigt es sich, daß verschiedene dieser Zustände zu i d e n t i s c h e n neuen Graphen oder Netzwerkproblemen führen. Es gibt tatsächlich nur d r e i verschiedene Fälle:
(1) die vier Zustände (e_1, e_2, e_3), $(\bar{e}_1, e_2, e_3)$, $(e_1, \bar{e}_2, e_3)$ und $(e_1, e_2, \bar{e}_3)$ ergeben das
neue Netzwerkproblem (G_1, K_1), das in Abb. 3c) dargestellt ist. (2) der Zustand
(e_1, e_2, e_3) ergibt das neue Netzwerkproblem (G_2, K_2), das in Abb. 3d) dargestellt ist.
(3) der Zustand $(e_1, \bar{e}_2, \bar{e}_3)$ führt zum neuen Netzwerkproblem (G_3, K_3), das in Abb. 3e)
dargestellt ist. Die beiden restlichen Zustände isolieren den Knoten w (siehe Abb. 3a))
und führen somit zum Systemausfall. Sie sind in der Formel der totalen Wahrscheinlichkeit (7.1.26) nicht zu berücksichtigen. Die Wahrscheinlichkeiten der drei verbleibenden

Tab. 1

Polygon-Typ	Ketten-Typ	Faktorisierung: Wahrscheinlichkeit der Zerlegung	Reduktionsformeln
(1)		$f_1 = p_1p_2p_3 + q_1p_2p_3 + p_1q_2p_3 + p_1p_2q_3$ $f_2 = q_1p_2q_3$ $f_3 = p_1q_2q_3$	
(2)		$f_1 = p_1p_2p_3 + q_1p_2p_3 + p_1q_2p_3 + p_1p_2q_3$ $f_2 = q_1p_2q_3$ $f_3 = p_1q_2q_3$	$p_r = f_1/(f_2 + f_1)$ $p_s = f_1/(f_3 + f_1)$ $\Lambda = (f_1 + f_2)(f_1 + f_3)/f_1$
(3)		$f_1 = p_1p_2p_3p_4 + q_1p_2p_3p_4$ $\quad + p_1q_2p_3p_4 + p_1p_2q_3p_4 + p_1p_2p_3q_4$ $f_2 = p_1q_2q_3p_4 + q_1p_2p_3q_4 + q_1p_2q_3p_4$ $f_3 = p_1q_2p_3q_4$	

Polygon-Typ	Ketten-Typ	Faktorisierung: Wahrscheinlichkeit der Zerlegung	Reduktionsformeln
(4)		$f_1 = p_1p_2p_3p_4 + q_1p_2p_3p_4 + p_1q_2p_3p_4 + p_1p_2q_3p_4 + p_1p_2p_3q_4$ $f_2 = q_1p_2q_3p_4$ $f_3 = p_1q_2q_3p_4 + q_1p_2p_3q_4$ $f_4 = p_1q_2p_3q_4$	
(5)	nur für $\|k\| > 2$*)	$f_1 = p_1p_2p_3p_4 + q_1p_2p_3p_4 + p_1q_2p_3p_4 + p_1p_2q_3p_4 + p_1p_2p_3q_4$ $f_2 = q_1p_2p_3q_4$ $f_3 = p_1q_2p_3q_4$ $f_4 = p_1p_2q_3q_4$	$p_r = f_1/(f_1 + f_2)$ $p_s = f_1/(f_1 + f_3)$ $p_t = f_1/(f_1 + f_4)$ $\Lambda = \dfrac{(f_1 + f_2)(f_1 + f_3)(f_1 + f_4)}{f_1^2}$ *) für $\|k\| = 2$ wird Polygon (5) zu reduziert $p_s = (p_2 + p_1q_2p_3p_4)/\Lambda$ $\Lambda = p_2 + p_1q_2p_3$
(6)		$f_1 = p_1p_2p_3p_4p_5 + q_1p_2p_3p_4p_5 + p_1q_2p_3p_4p_5 + p_1p_2q_3p_4p_5 + p_1p_2p_3q_4p_5 + p_1p_2p_3p_4q_5$ $f_2 = q_1p_2p_3q_4p_5 \quad f_4 = p_1p_2q_3p_4q_5$ $f_3 = p_1q_2p_3(p_4q_5 + q_4p_5) + p_2(q_1p_3p_4q_5 + p_1q_3q_4p_5)$	
(7)		$f_1 = p_1p_2p_3p_4p_5p_6\left(1 + \sum_{i=1}^{6} q_i/p_i\right)$ $f_2 = q_1p_2p_3q_4p_5p_6 \quad f_4 = p_1p_2q_3p_4p_5q_6$ $f_3 = p_1q_2p_3(q_4p_5p_6 + p_4q_5p_6 + p_4p_5q_6) + p_1p_2q_3p_6(p_4q_5 + q_4p_5) + q_1p_2p_3p_4(q_5p_6 + p_5q_6)$	

Ketten-Typ (Kette e_r – e_s – e_t)

Fälle (1) bis (3) sind

$$f_1 = p_1 p_2 p_3 + q_1 p_2 p_3 + p_1 q_2 p_3 + p_1 p_2 q_3,$$
$$f_2 = q_1 p_2 q_3,$$
$$f_3 = p_1 q_2 q_3. \tag{1}$$

Nach (7.1.26) gilt dann

$$P(G, K) = f_1 P(G_1, K_1) + f_2 P(G_2, K_2) + f_3 P(G_3, K_3). \tag{2}$$

Betrachtet man nun zweitens den r e d u z i e r t e n Graph G', in dem das Polygon durch die ihm gemäß Tabelle 1 zugehörige Kette mit den beiden Bögen e_r und e_s ersetzt ist (Abb. 3b)), dann kann man eine Zerlegung nach den vier möglichen Zuständen dieser beiden Bögen vornehmen. Dabei führt der Zustand (e_r, e_s) gerade wieder auf das neue Netzwerkproblem gemäß Abb. 3c), der Zustand $(\bar{e}_r, e_s)$ auf dasjenige der Abb. 3d) und der Zustand $(e_r, \bar{e}_s)$ auf dasjenige der Abb. 3e). Der Zustand $(\bar{e}_r, \bar{e}_s)$ führt zum Systemausfall, da in G' erneut der Knoten w isoliert wird (siehe Abb. 3b)). Daher ergibt (7.1.26) in diesem Fall

$$P(G', K') = p_r p_s P(G_1, K_1) + q_r p_s P(G_2, K_2) + p_r q_s P(G_3, K_3). \tag{3}$$

Ein Vergleich von (2) und (3) zeigt, daß in der Tat $P(G, K) = \Lambda P(G', K')$, wenn man

$$f_1 = \Lambda p_r p_s,$$
$$f_2 = \Lambda q_r p_s,$$
$$f_3 = \Lambda p_r q_s \tag{4}$$

setzt. Durch Auflösen der Gleichungen (4) nach Λ, p_r und p_s findet man jetzt leicht die Formeln der Tabelle 1.

Der Beweis der anderen sechs Fälle verläuft völlig analog über die Zerlegung nach den Zuständen der Bögen des Polygons und der zugehörigen reduzierten Kette. In der Tabelle 1 sind der Vollständigkeit halber die Faktorisierungs-Wahrscheinlichkeiten der jeweiligen Zerlegung angegeben. ∎

Man beachte, daß im Falle $|K| = 2$ eine Reihe der Polygone gar nicht vorkommen kann, da sie bereits drei oder mehr Knoten in K enthalten. Man darf daher erwarten, daß dieser Fall etwas einfacher zu behandeln ist als der allgemeine Fall. Im Fall K = V kann überhaupt k e i n Polygon der Tabelle 1 vorkommen, da alle Polygone der Tabelle 1 Knoten außerhalb K enthalten. Eine Konsequenz dieser Bemerkung ist im Korollar 1 des nachfolgenden Abschnitts gegeben.

8.3   Berechnung von Serie-Parallel-Graphen

Die bisher eingeführten Reduktionsmethoden, also die s- und p-Reduktionen (inklusive G2-Reduktionen, siehe Abschnitt 8.1) sowie die Polygon-zu-Ketten-Reduktionen (siehe vorangehenden Abschnitt) erlauben es, Netzwerkprobleme zu reduzieren und damit zu vereinfachen. In gewissen speziellen Fällen ermöglichen sie es sogar, Netzwerkprobleme bis zu t r i v i a l e n Problemen zu reduzieren und damit das Netzwerkproblem ohne Beizug anderer Methoden vollständig zu lösen. Das sind dann e f f i z i e n t e Verfahren, da die Anzahl Bögen |E| eine obere Schranke für die Anzahl der Reduktionen bildet und jede Reduktion selber auch nur einen beschränkten Rechenaufwand erfordert. Das vergleicht sich sehr vorteilhaft mit den allgemeinen Verfahren, die in Abschnitt 7.1 eingeführt wurden und deren Rechenaufwand exponentiell mit der Größe des Graphen ansteigt.

In diesem Abschnitt wird eine solche spezielle Klasse von Netzwerkproblemen eingeführt, die auf die beschriebene Weise effizient gelöst werden können, und es wird der entsprechende Algorithmus formuliert. Es handelt sich um Netzwerkprobleme, bei denen der unterliegende Graph ein sogenannter S e r i e - P a r a l l e l - G r a p h (abgekürzt s-p-Graph) ist. Zur Definition dieses Begriffs sind die Operationen der S e r i e - E r s e t z u n g (s-Ersetzung) und der P a r a l l e l - E r s e t z u n g (p-Ersetzung) einzuführen. Besitzt ein u n g e r i c h t e t e r Graph G = (V, E) eine K e t t e zwischen zwei Knoten u und v (siehe vorangehender Abschnitt), dann kann ein neuer Graph G′ gebildet werden, in dem die Kette durch einen einzigen Bogen zwischen u und v ersetzt ist. Diese Operation nennt man eine S e r i e - E r s e t z u n g. Besitzt der Graph G dagegen mehrere p a r a l l e l e Bögen zwischen zwei Knoten u und v, dann kann ein neuer Graph G′ gebildet werden, in dem die parallelen Bögen zwischen u und v durch einen einzigen Bogen ersetzt sind. Das nennt man eine P a r a l l e l - E r s e t z u n g. Kann ein Graph G durch wiederholte Serie- und Parallel-Ersetzungen zu einem Graphen, bestehend aus einem e i n z i g e n Bogen und seinen zwei Endknoten (einem t r i v i a l e n Graphen), reduziert werden, dann nennt man G einen S e r i e - P a r a l l e l - G r a p h e n.

Es ist wichtig, daß man s- und p-Ersetzungen nicht mit s- und p-Reduktionen (Abschnitt 8.1) verwechselt. Erstere sind völlig unabhängig von K und nur durch die Struktur des Graphen bestimmt, während letztere a u c h von K abhängig sind. So ist der Graph des Netzwerkproblems in der Abb. 8.1.4 offensichtlich ein s-p-Graph, das Netzwerkproblem ist jedoch nicht s-p-reduzibel. Natürlich ist jede s- und G2-Reduktion mit einer s-Ersetzung und jede p-Reduktion mit einer p-Ersetzung verbunden. Aber nicht jede s- oder p-Ersetzung kann auch eine s- oder p-Reduktion sein.

Zur Vorbereitung des Hauptsatzes dieses Abschnitts seien ein paar Lemmata zu s-p-Graphen bewiesen.

Lemma 1 *Es sei G′ ein Graph, der aus G durch Anwendung einer oder mehrerer der folgenden Operationen entsteht:*

(1) s-Ersetzung,

(2) p-Ersetzung,

(3) ein Bogen wird durch zwei neue Bogen (und einen Knoten) in Serie ersetzt (Umkehrung der s-Ersetzung),

(4) ein Bogen wird durch zwei parallele Bogen ersetzt (Umkehrung der p-Ersetzung).

Dann ist G′ dann und nur dann ein s-p-G r a p h *, wenn G ein* s-p-G r a p h *ist.*

B e w e i s. Es sei G ein s-p- G r a p h. Wird auf G (3) oder (4) angewandt, um einen Graphen G′ zu bilden, dann sind die Umkehrungen dieser Operationen s- oder p-Ersetzungen und führen zu G zurück, der seinerseits durch s- und p-Ersetzungen zum trivialen Graphen reduziert werden kann. Also ist G′ in beiden Fällen ein s-p-Graph.

G′ entstehe aus G durch Anwendung der Operation (1) auf eine bestimmte Kette χ. G kann durch eine bestimmte Folge von s- und p-Ersetzungen zum trivialen Graphen reduziert werden. In dieser Folge muß irgendwann einmal auch die Kette χ durch eine (oder mehrere) s-Ersetzung(en) reduziert werden. Wendet man nun alle Operationen, die in der Folge v o r und n a c h der (oder den) s-Ersetzung(en) der Kette χ durchgeführt werden, in gleicher Reihenfolge auf G′ an, dann muß auch G′ zum trivialen Graphen reduziert werden, und G′ ist auch ein s-p-Graph.

Das gleiche Argument gilt auch, wenn G′ aus G durch Anwendung der Operation (2) entsteht.

Wenn also G ein s-p-Graph ist, dann gilt dies auch für jeden Graphen G′, der aus G durch die Operationen (1) bis (4) entsteht. Daß die Umkehrung auch gilt, folgt völlig analog, wenn man oben jede Operation (1) bis (4) durch ihre Umkehrung ersetzt. ∎

Lemma 2 *Wenn das Netzwerkproblem* (G, K) s-p- r e d u z i b e l *ist, dann ist G ein* s-p- Graph.

B e w e i s. Wie schon erwähnt, entspricht jede s- und G2-Reduktion einer s-Ersetzung und jede p-Reduktion einer p-Ersetzung. Wenn also (G, K) durch eine Folge von s-, G2- und p-Reduktionen zum trivialen Graphen reduziert werden kann, reduziert die entsprechende Folge von s- und p-Ersetzungen G ebenfalls zum trivialen Graphen. ∎

Ein Netzwerkproblem (G, K), bei dem G ein s-p- G r a p h ist, das aber n i c h t s-p- r e - d u z i b e l ist, soll im weiteren s-p- k o m p l e x genannt werden.

Lemma 3 *Es sei G′ der Graph, der vom Graphen G durch einfache* s-, G2- *und* p-*Reduktionen oder durch* P o l y g o n - z u - K e t t e n - R e d u k t i o n e n *abgeleitet wird. Dann ist G′ dann und nur dann ein* s-p- G r a p h , *wenn G ein* s-p- G r a p h *ist.*

B e w e i s. Jede Polygon-zu-Ketten-Reduktion entspricht einer Folge von Operationen der folgenden Art: 1) Eine oder mehrere s-Ersetzungen, 2) eine p-Ersetzung und 3) einer oder mehrerer Umkehrungen der s-Ersetzung (siehe Operation (3) im Lemma 1). G′ entsteht somit aus G durch eine oder mehrere der Operationen des Lemma 1, und die Behauptung folgt aus diesem. ∎

Lemma 4 *Ist* (G, K) *ein Netzwerkproblem, bei dem G ein* s-p- G r a p h *ist, dann ist entweder eine* s-, G2- *oder* p-*Reduktion oder eine Polygon-zu-Ketten-Reduktion möglich.*

B e w e i s. Wenn keine s-, G2- oder p-Reduktion möglich ist, dann ist (G, K) s-p- k o m - p l e x. Dann ist zu zeigen, daß es mindestens ein Polygon in G geben muß (das dann nach Lemma 2 des vorangehenden Abschnitts von einem der sieben möglichen Typen sein muß). Man ersetze nämlich alle Ketten von G mittels s-Ersetzungen durch einfache Bögen. Das ergebe den Graphen G′. Dieser muß nach Lemma 1 ein s-p-Graph sein, da

G nach Voraussetzung ein solcher ist. Da G′ keine Ketten mehr besitzt und nicht trivial sein kann (sonst wäre (G, K) nicht s-p-komplex), muß in G′ eine p-Ersetzung möglich sein. Zwei parallele Bögen von G′ entsprechen aber einem Polygon in G. ∎

Dieses Lemma zeigt, daß ein Netzwerkproblem (G, K), bei dem G ein s-p- G r a p h ist, mittels s-, G2-, p- und insbesondere Polygon-zu-Ketten-Reduktionen immer reduziert werden kann, und weil beim neuen, reduzierten Netzwerkproblem (G′, K′) der Graph G′ nach Lemma 3 immer noch ein s-p-Graph ist, folgt, daß das Problem schließlich zum t r i v i a l e n Graphen reduziert werden kann. Die Netzwerkprobleme (G, K) bei s-p- G r a p h e n G bilden also solch eine Problemklasse, von der eingangs des Abschnitts gesprochen wurde, und die effizient berechnet werden kann. Dieses Ergebnis sei im folgenden Satz festgehalten:

Satz 1 *Ist* (G, K) *ein Netzwerkproblem, bei dem* G *ein* s-p- G r a p h *ist, dann kann das Netzwerkproblem mittels* s-, G2-, p- u n d P o l y g o n - z u - K e t t e n - R e d u k - t i o n e n zu einem t r i v i a l e n *Graphen reduziert werden.*

Dieser Satz gilt allgemein für $K \subseteq V$, also auch für K = V. Wie aber schon am Ende des letzten Abschnitts bemerkt wurde, gibt es in diesem Fall in (G, K) k e i n e reduzierbaren Polygone gemäß Tab. 8.2.1. Es sind sicherlich auch keine s-Reduktionen möglich. Folglich gilt:

Korollar 1 *Ist* (G, K) *ein Netzwerkproblem, bei dem* G = (V, E) *ein* s-p- G r a p h *und* K = V *ist, dann kann das Netzwerkproblem mittels* G2- u n d p - R e d u k t i o n e n *zu einem* t r i v i a l e n *Graphen reduziert werden.*

Aber auch wenn G kein s-p-Graph ist, sind mit Hilfe der s-, G2-, p- und der Polygon-zu-Ketten-Reduktionen manchmal Vereinfachungen möglich, allerdings nicht bis zum trivialen Graphen. Das nächste Lemma bringt zu diesem Thema noch eine genauere Aussage. In diesen Fällen bringen die bisher eingeführten Reduktionen also nicht die vollständige Lösung des Problems. Die Problemreduktionen, die sie aber beisteuern können, sind ebenfalls sehr nützlich.

Sind zwei Knoten u und v E n d p u n k t e einer Kette $\chi(u, v)$ mit g(u) > 2 und g(v) > 2, dann werden u und v K e t t e n n a c h b a r n genannt. Bei einer Kette $\chi(s, t)$ müssen im folgenden s und t nicht notwendigerweise Endpunkte (g(s) > 2, g(t) > 2) sein; $\chi(s, t)$ kann mit anderen Worten auch nur einen Teil einer längeren Kette bezeichnen. $\Delta(u, v)$ = $\chi_1(u, v) \cup \chi_2(u, v)$ bezeichne das Polygon, das aus den beiden Ketten $\chi_1(u, v)$ und $\chi_2(u, v)$ gebildet wird.

Lemma 5 *Ist* G = (V, E) *ein Graph, bei dem alle Knoten* $v \in V$ *mit* g(v) > 2 *mindestens* d r e i *verschiedene* K e t t e n n a c h b a r n *haben, und gibt es mindestens einen Knoten* v *mit* g(v) > 2, *dann ist* G k e i n s-p-*Graph.*

B e w e i s . G′ entstehe aus G, indem durch s-Ersetzungen alle Ketten entfernt werden und dann alle parallelen Bögen durch p-Ersetzungen eliminiert werden. Für alle Knoten v in G′ gilt dann g(v) ≠ 2, denn alle Knoten von G mit g(v) = 2 werden durch die s-Ersetzungen eliminiert, und jeder Kettennachbar von v in G wird zu einem Nachbarn von v in G′. G′ kann nicht der triviale Graph sein, da es einen Knoten v mit g(v) > 2 gibt. Und da es keine parallelen Bögen gibt, sind in G' weder s- noch p-Ersetzungen möglich, und G' ist kein s-p-Graph. Nach Lemma 1 ist dann auch G kein s-p-Graph.   ∎

In groben Zügen kann nun der Algorithmus zur Berechnung der Intaktwahrscheinlichkeit eines Netzwerkproblems (G, K) mit einem s-p-Graphen oder zur Reduktion eines beliebigen Netzwerkproblems soweit wie möglich, wie folgt formuliert werden:

(1) Man führe alle möglichen s-, G2- und p-Reduktionen durch;

(2) man führe alle möglichen Polygon-zu-Ketten-Reduktionen durch;

(3) man wiederhole (1) und (2), bis G entweder zum trivialen Graphen reduziert ist oder (G, K) keine weiteren Reduktionen mehr zuläßt.

Dabei ist bei jeder Reduktion der Faktor Λ aufzudatieren, $\Lambda := \Lambda\Lambda_j$, wobei Λ_j bei einer Polygon-zu-Ketten-Reduktion der Tabelle 1 des vorangehenden Abschnitts entnommen werden kann, bei der G2-Reduktion ist Λ_j in (8.1.7) gegeben, und bei s- und p-Reduktionen ist $\Lambda_j = 1$. Zu Beginn ist $\Lambda := 1$ zu initialisieren. Ist dann p die Intaktwahrscheinlichkeit des einzigen Bogens des trivialen Graphen, wie sie sich aus den Reduktionen ergibt, dann gilt $P(G, K) = \Lambda p$. Bricht der Algorithmus dagegen mit einem Problem (G', K') ab, das nicht weiter reduziert werden kann, dann muß $P(G', K')$ sonstwie berechnet werden, und es gilt dann $P(G, K) = \Lambda P(G', K')$.

Dieser Algorithmus soll nun verfeinert werden. Durch die Reduktionen verändert sich das ursprüngliche Netzwerkproblem (G, K) ständig. Es wird vorausgesetzt, daß in jedem Moment eine Datenstruktur zur Verfügung steht, die das aktuelle Netzwerkproblem (G, K) beschreibt und das bei den Reduktionen entsprechend auf den neuesten Stand gebracht wird. Zur eigentlichen Durchführung der Reduktionen seien zwei P r o z e - d u r e n vorgesehen. Die eine, SERIERED, führe G2- R e d u k t i o n e n oder die ähnliche S e r i e - R e d u k t i o n für z w e i serielle Bögen durch. Dieses Paar von Reduktionen wird auch Z w e i - N a c h b a r n - R e d u k t i o n genannt. Eine längere Kette kann durch wiederholte Anwendung dieser Zwei-Nachbarn-Reduktionen schließlich auf einen der Typen des Lemmas 8.2.1 gebracht werden. Die zweite Prozedur, POLYRED, führe Polygon-zu-Ketten-Reduktionen durch, wobei vorausgesetzt wird, daß die Polygone bei Aufruf von POLYRED bereits auf einen Typ von Lemma 8.2.2 reduziert sind. p-Reduktionen eines Paars von parallelen Bögen sollen hier jedoch e b e n f a l l s als Polygon-zu-Ketten-Reduktionen aufgefaßt werden und durch POLYRED erfolgen.

Es folgt eine präzisere Spezifikation zu diesen beiden Prozeduren:

> SERIERED (v, Λ);
> **Input**: Netzwerkproblem (G, K), $v \in V$ mit $g(v) = 2$, Λ;
> **Output**: Netzwerkproblem (G', K'), reduziert gemäß Zwei-Nachbarn-Reduktion der Kette mit den zwei Bögen die zu v inzident sind; Λ aufgerechnet gemäß der Reduktion.

Falls keine Zwei-Nachbarn-Reduktion möglich ist, dann ist $(G', K') = (G, K)$. Bei der Polygon-zu-Ketten-Reduktion ist das zu reduzierende Polygon $\Delta(u, v)$ als ein Typ gemäß Lemma 8.2.2 oder eventuell als ein Paar paralleler Bögen (für eine p-Reduktion)

vorgegeben. Die Polygon-zu-Ketten-Reduktion führt dann gemäß Tabelle 1 des
Abschnitts 8.2 zu einer $\mathbf{K} \mathbf{e} \mathbf{t} \mathbf{t} \mathbf{e}$ $\chi(u, v)$. Im allgemeinen ist damit zu rechnen, daß
$\chi(u, v)$ Teil einer längeren Kette $\chi(x, y)$ ist (wenn $g(u) = 2$ und/oder $g(v) = 2$). Dann soll
die Prozedur POLYRED diese längere Kette $\chi(x, y)$ finden und diese mittels SERIERED
wieder auf einen der $\mathbf{i} \mathbf{r} \mathbf{r} \mathbf{e} \mathbf{d} \mathbf{u} \mathbf{z} \mathbf{i} \mathbf{b} \mathbf{l} \mathbf{e} \mathbf{n}$ Typen des Lemma 8.2.1 reduzieren. Damit ist
garantiert, daß auch das Netzwerkproblem (G', K'), das nach Ausführung von POLYRED
entstanden ist, nur Polygone der $\mathbf{i} \mathbf{r} \mathbf{r} \mathbf{e} \mathbf{d} \mathbf{u} \mathbf{z} \mathbf{i} \mathbf{b} \mathbf{l} \mathbf{e} \mathbf{n}$ Typen des Lemma 8.2.2 enthält,
wenn das für (G, K) beim Aufruf von POLYRED der Fall war. Es gibt allerdings noch
den speziellen Fall zu beachten, bei dem nach Ausführung der Polygon-zu-Ketten-Reduk-
tion der Graph G einen $\mathbf{e} \mathbf{i} \mathbf{n} \mathbf{z} \mathbf{i} \mathbf{g} \mathbf{e} \mathbf{n}$ $\mathbf{Z} \mathbf{y} \mathbf{k} \mathbf{e} \mathbf{l}$ bildet. Dieser Fall ist durch die Bedin-
gung $|V| = |E|$ gekennzeichnet. In diesem Fall können Zwei-Nachbarn-Reduktionen
angewandt werden, bis G nur noch aus $\mathbf{z} \mathbf{w} \mathbf{e} \mathbf{i}$ $\mathbf{p} \mathbf{a} \mathbf{r} \mathbf{a} \mathbf{l} \mathbf{l} \mathbf{e} \mathbf{l} \mathbf{e} \mathbf{n}$ $\mathbf{B} \mathbf{ö} \mathbf{g} \mathbf{e} \mathbf{n}$ besteht
$(|E| = 2)$. POLYRED soll auch diese Zwei-Nachbarn-Reduktionen sowie die p-Reduk-
tion durchführen; x und y sind dann noch die beiden einzigen Knoten von G.

> POLYRED $(\Delta(u, v), \chi(x, y), \Lambda)$;
> **Input:** Netzwerkproblem (G, K); Polygon $\Delta(u, v)$ darin; Λ;
> **Output:** Netzwerkproblem (G', K') nach Polygon-zu-Ketten-Reduktion,
> inklusive eventuell weiteren Reduktionen der entstehenden Kette (oder
> des Zykels) zur irreduziblen Kette $\chi(x, y)$; entsprechende Aufrechnung von Λ.

Mit Hilfe dieser Prozeduren kann nun der Algorithmus formuliert werden. Zuerst wer-
den mit Hilfe von SERIERED alle Ketten in (G, K) zu $\mathbf{i} \mathbf{r} \mathbf{r} \mathbf{e} \mathbf{d} \mathbf{u} \mathbf{z} \mathbf{i} \mathbf{b} \mathbf{l} \mathbf{e} \mathbf{n}$ Ketten
reduziert. Dann geht es im wesentlichen nur noch darum, beim aktuellen (G, K) weitere
Möglichkeiten für Polygon-zu-Ketten-Reduktionen zu suchen, bis das nicht mehr möglich ist, weil (G, K) entweder trivial geworden ist, oder bis klar wird, daß G kein s-p-Graph
ist. Um zu entscheiden, ob letzteres der Fall ist, wird Lemma 5 herbeigezogen, indem
abgebrochen wird, wenn alle Knoten von G mit $g(v) > 2$ drei Kettennachbarn haben.

Es wird ähnlich wie bei einem Suchverfahren (siehe Abschnitt 2.4) eine Liste Q von
Knoten mit $g(v) > 2$ geführt, denn diese sind Kandidaten für mögliche Endpunkte von
Polygonen. Es wird dann jeweils ein Knoten von $v \in Q$ bearbeitet. Entweder werden
drei Kettennachbarn von v gefunden, dann wird ein nächster Knoten aus Q bearbeitet
(sofern noch einer vorhanden ist), oder es wird ein Polygon mit Endpunkt v gefunden,
dann wird eine entsprechende Reduktion durchgeführt. Das ist die Hauptschleife des
Algorithmus. Wie schon erwähnt, werden vorher in der Initialisierung alle Knoten
$v \in V$ mit $g(v) = 2$ durch Zwei-Nachbarn-Reduktionen entfernt.

Der skizzierte Algorithmus kann nunmehr wie folgt formuliert werden.

> $\mathbf{P} \mathbf{o} \mathbf{l} \mathbf{y} \mathbf{g} \mathbf{o} \mathbf{n} \text{-} \mathbf{z} \mathbf{u} \text{-} \mathbf{K} \mathbf{e} \mathbf{t} \mathbf{t} \mathbf{e} \mathbf{n} \text{-} \mathbf{R} \mathbf{e} \mathbf{d} \mathbf{u} \mathbf{k} \mathbf{t} \mathbf{i} \mathbf{o} \mathbf{n}$ $\mathbf{v} \mathbf{o} \mathbf{n}$ s-p-$\mathbf{G} \mathbf{r} \mathbf{a} \mathbf{p} \mathbf{h} \mathbf{e} \mathbf{n}$
> **Input:** Kohärentes Netzwerkproblem (G, K), G ungerichteter Graph
> (kein Serie-System, d. h. G ist nicht nur ein elementarer Pfad) mit $|V| \geqslant 2$
> und $|E| \geqslant 2$, $K \subseteq V$ und $|K| \geqslant 2$; Intaktwahrscheinlichkeiten $p(e)$ für alle
> $e \in E$;
> **Output:** $P(G, K)$, wenn G ein s-p-Graph ist; sonst Meldung, daß G kein
> s-p-Graph ist.

```
begin                              {Initialisierung}
  Λ := 1;
  Q := {v ∈ V: g(v) > 2};
  Q1 := {v ∈ V: g(v) = 2};
  while Q1 ≠ ∅ do
    begin                          {Führe alle Zwei-Nachbarn-Reduktionen durch}
      wähle v ∈ Q1 und entferne v aus Q1;
      SERIERED (v, Λ)
    end;
  while Q ≠ ∅ do                   {Hauptschleife}
    begin
      wähle v ∈ Q und entferne v aus Q;
      if g(v) > 2 then
        begin
          repeat
            Suche Kette von v aus
          until drei verschiedene Kettennachbarn oder ein Polygon
            Δ(v, u) gefunden ist;
          if Polygon Δ(v, u) gefunden then
            begin       {Polygon-zu-Ketten-Reduktion}
              POLYRED  (Δ(v, u), χ(x, y), Λ);
              Q := Q ∪ {x, y}
            end
        end
    end;
                                   {Q ist leer: Abbruch}
  if |E| = 2 then P(G, K) := Λ(1 − q₁q₂)
              else output „G ist nicht s-p-Graph"
end.
```

Es ist hier — ähnlich, wie beim Grundschema des Suchens im Abschnitt 2.4 — noch offen gelassen, wie die Liste Q organisiert wird. Ein Vorschlag dazu wird anschließend gemacht. Zuerst aber soll festgestellt werden, daß der obige Algorithmus auch tatsächlich das leistet, was er soll:

Satz 2 (G, K) *sei ein Netzwerkproblem, das den Input-Spezifikationen des Algorithmus genügt. Dann bricht der Algorithmus nach* e n d l i c h *vielen Schritten ab. Ist G ein* s-p- G r a p h , *dann ergibt der Algorithmus* P(G, K).

B e w e i s. (a) Ist G ein Z y k e l , dann ist $g(v) = 2$ für alle $v \in V$ und Q wird bei der Initialisierung zur l e e r e n Menge. Am Schluß der ersten Schleife, in der alle Zwei-Nachbarn-Reduktionen durchgeführt werden, gilt $|E| = 2$. Die zweite Schleife wird übersprungen, und weil $|E| = 2$ ist, wird am Schluß noch die letzte notwendige p-Reduktion durchgeführt, die G zum t r i v i a l e n Graphen macht.

(b) Ist G kein Zykel, aber ein s-p- G r a p h , dann ist nach der Initialisierung $Q \neq \emptyset$ und G ein Graph mit nur i r r e d u z i e r b a r e n Ketten (wegen der ersten Schleife). Der neue Graph G hat nach jedem Durchlauf der Hauptschleife dieselbe Eigenschaft. Es gilt bei jedem Durchlauf der Hauptschleife $Q \supseteq \{v \in V : g(v) > 2$, v hat weniger als drei Knotennachbarn$\}$. Der Beweis erfolgt durch Induktion: Die Behauptung gilt sicher nach der Initialisierung. Sie gelte zu Beginn des $n - 1$-ten Durchlaufs, bei dem $v \in Q$ gewählt wird. Ist $g(v) = 2$ oder hat v drei Knotennachbarn, dann gilt die Behauptung auch für $Q := Q - \{v\}$. Findet man ein Polygon ausgehend von v und ergibt dann POLYRED $\chi(x, y)$ mit $x \neq v$, dann gilt $g(v) = 2$, und die Behauptung gilt erneut für $Q := Q - \{v\}$. Ist dagegen $x = v$, dann bleibt $v \in Q$, und durch $Q := Q \cup \{x, y\}$ wird höchstens ein Knoten Q beigefügt; daher erfüllt auch Q in diesem Fall nach Durchführung einer Schleife die Behauptung.

Nach Lemma 5 können nicht alle Knoten v mit $g(v) > 2$ drei Knotennachbarn haben und nach Lemma 4 gibt es immer eine Polygon-zu-Ketten-Reduktion auf dem aktuellen Netzwerkproblem (G, K) (da ja s-, p- und G2-Reduktionen in POLYRED durchgeführt werden). Da in einem Graphen nur eine e n d l i c h e Zahl von solchen Reduktionen möglich sind, muß Q einmal l e e r werden. Dann kann G keine Knoten v mit $g(v) > 2$ mehr enthalten. Hätte es nämlich noch Knoten v mit $g(v) > 2$ in G, dann müßten sie alle drei Knotennachbarn haben (weil diejenigen mit weniger Knotennachbarn in Q sein müssen, Q aber leer ist). Das kann aber nicht sein, weil sonst G nach Lemma 5 entgegen der Voraussetzung kein s-p-Graph wäre.

Also muß G ein Z y k e l sein, und nach der Spezifikation von POLYRED kann es dann nur ein Graph mit $|E| = 2$ sein (daß G ein elementarer Pfad ist kann ausgeschlossen werden, weil G immer nur irreduzierbare Ketten enthält). Am Schluß wird demnach erneut die noch notwendige p-Reduktion durchgeführt. Λ ist durch die verschiedenen Reduktionen (SERIERED und POLYRED) korrekt aufgerechnet, und das Resultat ist demnach wie behauptet gleich P(G, K).

(c) Auch in jedem anderen Fall gibt es höchstens eine endliche Zahl von Polygon-zu-Ketten-Reduktionen, und Q wird einmal leer. Ist dann nicht $|E| = 2$, dann haben in G alle Knoten v mit $g(v) > 2$ mindestens drei Knotennachbarn, und G kann nach Lemma 5 kein s-p-Graph sein. ∎

Man beachte sorgfältig, daß im letzten Fall des Beweises nicht notwendigerweise a l l e möglichen Polygon-zu-Ketten-Reduktionen durchgeführt worden sind. Es ist nicht allzu schwierig, den Algorithmus so abzuändern, daß er auch für Netzwerkprobleme, bei denen G kein s-p-Graph ist, alle möglichen Polygon-zu-Ketten-Reduktionen durchführt.

Zum Abschluß sei noch darauf hingewiesen, daß man die Liste Q so organisieren kann, daß der aktuelle Knoten v in der Folge der Polygon-zu-Ketten-Reduktionen solange aktuell bleibt (in der Hauptschleife immer wieder aus Q ausgewählt wird), als v in Q bleibt (d. h. $g(v) > 2$ und $x = v$ bleibt). Dann muß man schon gefundene Ketten, die von v ausgehen nicht wieder suchen. Darin liegt ein Vorteil dieser Organisation von Q.

8.4   Reduktion trizusammenhängender Komponenten

Ist bei einem Z w e i - T e r m i n a l - P r o b l e m (G, {s, t}) die Knotenmenge {s, t}
eine K n o t e n - S c h n i t t m e n g e , dann zerfällt das System in eine P a r a l l e l -
Z e r l e g u n g von zwei oder mehr Moduln, wie im Abschnitt 6.6 gezeigt wurde.
Genauer gesagt, zerfällt G in mehrere Komponenten G_i derart, daß G_i die Z u s a m -
m e n h a n g s k o m p o n e n t e n von G − {s, t} sind (siehe Abb. 6.6.2b)). Im folgenden werden zur Vereinfachung die beiden Knoten s, t und die Bögen, die s und t mit
Knoten von G_i verbinden, d e r K o m p o n e n t e G_i b e i g e f ü g t. Die Moduln
entsprechen dann den zwei-Terminal-Problemen $(G_i, \{s, t\})$ und es gilt (vergleiche (8.1.3))

$$P(G, \{s, t\}) = 1 - \prod_i (1 - P(G_i, \{s, t\})). \tag{1}$$

Diesen Sachverhalt kann man auch noch anders ausdrücken: In G kann die Komponente
G_1 durch einen einzigen Bogen zwischen s und t ersetzt werden mit der Intaktwahrscheinlichkeit $p = P(G_1, \{s, t\})$, und für den dadurch entstehenden neuen Graphen G'
gilt $P(G, \{s, t\}) = P(G', \{s, t\})$. Natürlich kann jetzt in G' die zweite Komponente G_2
analog behandelt werden etc. Letztlich entsteht ein Graph G', bestehend aus parallelen
Bögen zwischen s und t, und (1) wird auf diese Weise wiedergefunden.

In diesem Abschnitt soll nun gezeigt werden, daß diese Betrachtungsweise eine Verallgemeinerung auf ganz allgemeine Netzwerkprobleme (G, K) findet, sofern G zweielementige Knoten-Schnittmengen besitzt (also n i c h t trizusammenhängend ist). Ähnlich wie zerlegbare Graphen (Serie-Zerlegung, siehe Abschnitt 8.1) können dann auf
diese Weise auch bizusammenhängende Graphen, die jedoch nicht trizusammenhängend
sind, noch weiter reduziert oder zerlegt und damit vereinfacht werden.

Es wird für das Weitere vorausgesetzt, daß G ein ungerichteter, b i z u s a m m e n -
h ä n g e n d e r Graph ist. Allenfalls mögliche S e r i e - Z e r l e g u n g e n seien also
bereits vorgenommen worden. Ein Netzwerkproblem (G, K) kann dann eventuell noch
K e t t e n χ(u, v) mit zwei oder mehr Bögen enthalten. Dann ist {u, v} eine zweielementige Knoten-Schnittmenge von G. Das gleiche gilt, wenn G P o l y g o n e Δ(u, v)
enthält. Diese Strukturen können mittels den Prozeduren SERIERED und POLYRED
(siehe den vorangehenden Abschnitt) reduziert werden, bis G nur noch i r r e d u z i b l e
Ketten vom Typ des Lemmas 8.2.1 enthält.

Ist nun in einem solcherart reduzierten Graph G die zweielementige Menge {u, v} eine
Knoten-Schnittmenge, dann entsteht erneut eine Menge von Komponenten G_i von G
derart, daß G_i − {u, v} Zusammenhangskomponenten von G − {u, v} sind. Darunter sind
auch i r r e d u z i b l e Ketten zu finden, jedoch höchstens eine, denn sonst könnten
noch Polygon-zu-Ketten-Reduktionen durchgeführt werden. Es gibt also dann mindestens eine (trizusammenhängende) Komponente (etwa) G_1, die k e i n e Kette ist. Und jed⟨
solche Komponente kann nun auf eine bestimmte Art reduziert werden. Allerdings sind verschiedene Fälle zu unterscheiden. Diese werden in den folgenden sechs Sätzen behandelt.

Ausgangspunkt ist ein Netzwerkproblem (G, K), wobei G eine zweielementige Knoten-
Schnittmenge {u, v} besitze. Im folgenden bezeichne jeweils G' die nach obigem existie-
rende Komponente, die von einer Kette verschieden ist und G'' den restlichen Graphen

(beide inklusive der Knoten-Schnittmenge $\{u, v\}$). Ist $G = (V, E)$ und $G' = (V', E')$, $G'' = (V'', E'')$, dann gilt $V' \cap V'' = \{u, v\}$ und $E' \cap E'' = \emptyset$, $V' \cup V'' = V$, $E' + E'' = E$, siehe dazu auch Abb. 1a). Es ist dann weiter $K' = K \cap V'$ und $K'' = K \cap V''$.

Satz 1 *Ist $K' - \{u, v\} = \emptyset$, dann kann G' in G durch e i n e n Bogen e_s zwischen u und v ersetzt werden mit der Intaktwahrscheinlichkeit*

$$p(e_s) = P(G', \{u, v\}), \tag{2}$$

und ist $\tilde{G}$ der dadurch entstehende neue Graph, dann gilt

$$P(G, K) = P(\tilde{G}, K). \tag{3}$$

Diese Situation ist in Abb. 1a) und b) schematisch dargestellt (Knoten in K sind die ausgefüllten Kreise)

Abb. 1   a)   b)   c)   d)

B e w e i s. Hier gibt es wieder, ähnlich wie für die verschiedenen Fälle im Satz 8.2.1, für diesen und die fünf folgenden Sätze völlig analoge Beweisansätze, die hier im Beweis von Satz 1 ausführlich illustriert werden sollen. Die Beweise der folgenden Sätze können dann knapp gehalten oder sogar völlig dem Leser überlassen werden. Der Beweis beruht wieder auf der Formel der totalen Wahrscheinlichkeit, einmal angewandt auf das Problem (G, K) und einmal angewandt auf das reduzierte Problem $(\tilde{G}, K)$. Ein Vergleich der beiden Ergebnisse erlaubt dann die Bestätigung von (2) und (3).

Im Problem (G, K) werden die beiden Ereignisse E, daß u und v in G' miteinander verbunden sind, und das Gegenteil $\bar{E}$, daß u und v in G' n i c h t miteinander verbunden sind, betrachtet. Wenn E gegeben ist, dann können die Knoten u und v zusammengelegt werden, und G geht in den Graphen G_1 über, wie in Abb. 1c) dargestellt. Wenn dagegen $\bar{E}$ gegeben ist, dann gibt es nur noch Verbindungen zwischen u und v über den Graphen G'', siehe dazu Abb. 1d). Nach (7.1.26) gilt also

$$P(G, K) = P(G', \{u, v\})P(G_1, K) + (1 - P(G', \{u, v\}))P(G'', K). \tag{4}$$

Im Problem $(\tilde{G}, K)$ dagegen wird die pivotale Zerlegung bezüglich des Bogens e_s betrachtet. Ist e_s intakt, dann kann man u und v erneut zusammenlegen und kommt wieder zum Graphen G_1 (Abb. 1c)) wie oben und ist e_s ausgefallen, verbleibt ebenso wie oben G'' (7.1.24) gibt hier somit

$$P(\tilde{G}, K) = p(e_s)P(G_1, K) + (1 - p(e_s))P(G'', K). \tag{5}$$

Setzt man also $P(G, K) = \Lambda P(\tilde{G}, K)$, dann ergibt der Vergleich von (4) und (5)

$$P(G', \{u, v\}) = \Lambda p(e_s), \qquad 1 - P(G', \{u, v\}) = \Lambda(1 - p(e_s)), \tag{6}$$

und daraus folgt $\Lambda = 1$ und $p(e_s) = P(G', \{u, v\})$ und somit (2) und (3). ∎

Die anderen fünf Fälle, die noch zu betrachten sind, sind ein bißchen komplizierter. Es wird insbesondere noch das folgende Lemma benötigt. Ist G ein Graph, dann bezeichne G(u, v) den Graphen, den man aus G erhält, wenn man die beiden Knoten u und v in einen einzigen Knoten m zusammenfaßt.

Lemma 1 *Im Netzwerkproblem* (G, K) *seien* u, v $\in$ V *zwei Knoten, so daß* K $-$ {u, v} $\neq \emptyset$ *Es sei* E *das Ereignis* (*alle* w $\in$ K *sind mit* u *oder* v *verbunden*). *Dann gilt*

$$P(E) = P(G(u, v), \tilde{K}), \tag{7}$$

wobei $\tilde{K}$ = K $-$ {u, v} + {m} *ist.*

B e w e i s. Im folgenden bezeichne F das Ereignis, daß in G(u, v) alle Knoten von $\tilde{K}$ miteinander verbunden sind. Findet das Ereignis E statt, dann sind noch genügend Bögen intakt, um alle w $\in$ K mit u oder v zu verbinden. Diese Bögen gestatten in G(u, v) aber, alle w $\in \tilde{K}$ mit m zu verbinden. Daher ist E $\subseteq$ F.

Umgekehrt folgt E $\supseteq$ F mit einem analogen Argument. Also sind die beiden Ereignisse identisch, und (7) gilt.   ∎

Jetzt können die weiteren Fälle in Angriff genommen werden.

Satz 2 *Ist* u, v $\in$ K, K$'$ $-$ {u, v} $\neq \emptyset$, *dann kann* G$'$ *in* G *durch einen Bogen* e_s *zwischen* u *und* v *ersetzt werden mit Intaktwahrscheinlichkeit*

$$p(e_s) = P(G', K')/\Lambda. \tag{8}$$

Ist $\tilde{G}$ *der dadurch entstehende, neue Graph, dann gilt*

$$P(G, K) = \Lambda P(\tilde{G}, K'') \tag{9}$$

und (*mit den Bezeichnungen wie bei* Lemma 1)

$$\Lambda = P(G'(u, v), \tilde{K}'), \qquad \tilde{K}' = K' - \{u, v\} + \{m\}. \tag{10}$$

Die Situation zu diesem Satz ist in Abb. 2a) und b) schematisch dargestellt; Knoten in K sind wie gewohnt ausgefüllt.

B e w e i s. Hier wird zuerst beim Problem (G, K) eine Zerlegung in die folgenden Ereignisse betrachtet:

F_0 = (es gibt w $\in$ K$'$, die weder mit u noch mit v in G$'$ verbunden sind),

F_1 = (jedes w $\in$ K$'$ ist in G$'$ entweder mit u oder mit v verbunden, aber nicht mit beiden),

F_2 = (jedes w $\in$ K$'$ ist in G$'$ mit u oder mit v verbunden, und es gibt w $\in$ K$'$, die in G$'$ mit beiden verbunden sind).

Diese drei Ereignisse bilden eine Zerlegung des sicheren Ereignisses, denn eines der drei Ereignisse muß immer eintreten, und sie sind disjunkt. Da nach Voraussetzung K$'$ weitere Knoten außer u und v enthält, ist auch keines der Ereignisse unmöglich. Beim Ereignis F_0 können die Knoten von K nicht alle miteinander verbunden sein, das System ist ausgefallen. Ist das Ereignis F_1 gegeben, dann können die Knoten von K$'$,

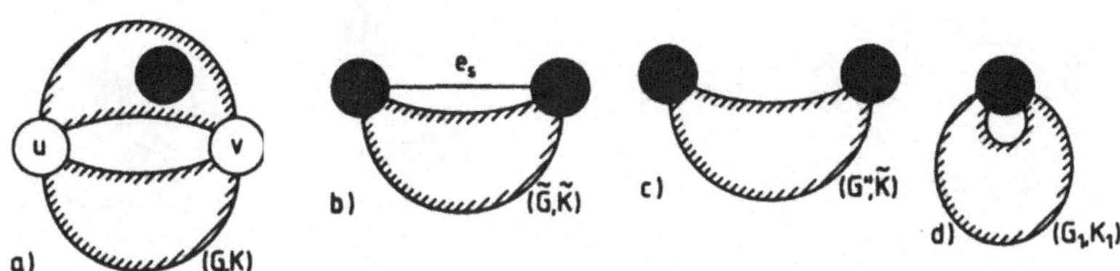

die mit u verbunden sind, mit u zusammengefaßt werden und diejenigen, die mit v
verbunden sind, können mit v zusammengefaßt werden. Die Verbindungen zwischen
diesen zwei Gruppen von Knoten müssen dann über G'' laufen. Wenn also F_1 gegeben
ist, dann verbleibt noch der Graph G'', wie in Abb. 2c) dargestellt. Ist schließlich das
Ereignis F_2 gegeben, dann können alle Knoten von K' und u, v zu einem einzigen Knoten m zusammengefaßt werden, siehe Abb. 2d). (7.1.26) ergibt demnach

$$P(G, K) = P(F_1)P(G'', K'') + P(F_2)P(G_1, K_1). \tag{11}$$

Im reduzierten Netzwerkproblem $(G̃, K'')$ (Abb. 2b)) führt man eine pivotale Zerlegung
nach e_s durch. In den beiden Fällen e_s intakt und e_s ausgefallen erhält man gerade wieder die beiden Netzwerkprobleme der Abb. 2c) und d). Es gilt somit

$$P(G̃, K'') = (1 - p(e_s))P(G'', K'') + p(e_s)P(G_1, K_1). \tag{12}$$

Aus dem Ansatz $P(G, K) = \Lambda P(G̃, K'')$ erhält man durch Vergleich von (11) und (12)

$$\Lambda(1 - p(e_s)) = P(F_1), \qquad \Lambda p(e_s) = P(F_2) \tag{13}$$

und daraus

$$\Lambda = P(F_1) + P(F_2), \qquad p(e_s) = P(F_2)/\Lambda. \tag{14}$$

Nun ist das Ereignis F_2 identisch mit dem Ereignis (alle $w \in K'$ sind in G' miteinander
verbunden), da ja u und v in G' über mindestens ein $w \in K'$ miteinander verbunden
sind und somit alle $w \in K'$ zum mindesten über u und v miteinander verbunden sind.
Also ist $P(F_2) = P(G', K')$. Ferner ist $F_1 + F_2$ identisch mit dem Ereignis (alle $w \in K'$
sind in G' mit u oder v verbunden). Nach Lemma 1 ist dann aber $P(F_1) + P(F_2)$
$= P(G'(u, v), K̃')$. Das beweist (8) und (10). ∎

Die folgenden Sätze behandeln die weiteren Fälle, die möglich sind. Ihre Beweise sind
dem Leser überlassen.

In Abb. 3a) bis d) sind die Situationen, die den folgenden Sätzen 3 bis 6 entsprechen, jeweils schematisch dargestellt.

Satz 3 (Abb. 3a)) *Es sei* $u \in K$, $v \notin K$ *und* $K' - \{u\} \neq \emptyset$. *Dann kann* G' *in G durch eine*
K e t t e $\chi(u, v) = u, e_r, w, e_s, v$ *ersetzt werden, wobei*

$$p(e_r) = Q_3/(Q_1 + Q_3), \qquad p(e_s) = Q_3/(Q_2 + Q_3). \tag{15}$$

Ist ferner $G̃$ *der neue Graph, der dabei entsteht, und* $K̃ = K'' + \{w\}$, *dann gilt*

$$P(G, K) = \Lambda P(G̃, K̃) \tag{16}$$

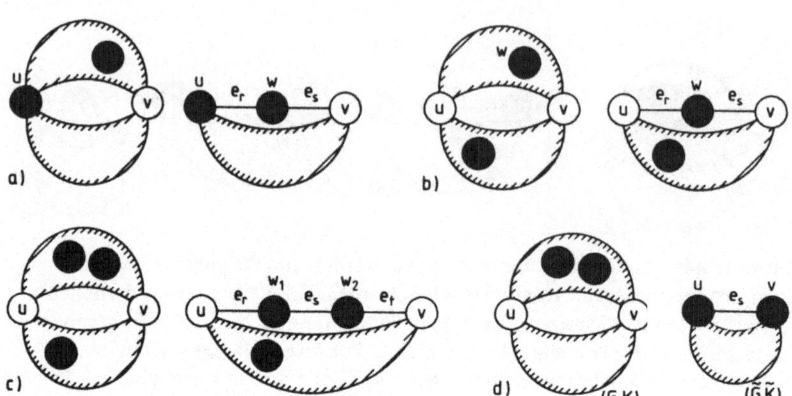

Abb. 3

wobei $\Lambda = (Q_1 + Q_3)(Q_2 + Q_3)/Q_3$ $\qquad(17)$

und $Q_3 = P(G', K' + \{v\})$, $Q_2 + Q_3 = P(G', K')$,

$Q_1 + Q_2 + Q_3 = P(G'(u, v), K' - \{u\} + \{m\})$. $\qquad(18)$

Dabei ist m *der Knoten, der durch Zusammenfassung von* u *und* v *entsteht.*

Satz 4 (Abb. 3b)) *Ist* u, v $\notin$ K, K' = {w} *und* K″ $\neq \emptyset$, *dann kann* G' *in* G *durch eine* K e t t e $\chi(u, v) = u, e_r, w, e_s, v$ *ersetzt werden, wobei*

$$p(e_r) = Q_3/(Q_1 + Q_3), \qquad p(e_s) = Q_3/(Q_2 + Q_3). \qquad(19)$$

Ist $\tilde{G}$ *der neue Graph, der dabei entsteht, und* $\tilde{K} = K″ + \{w\}$, *dann gilt*

$$P(G, K) = \Lambda P(\tilde{G}, \tilde{K}) \qquad(20)$$

und $\Lambda = (Q_1 + Q_3)(Q_2 + Q_3)/Q_3$. $\qquad(21)$

Darin ist

$$Q_3 = P(G', K' + \{u, v\}), \qquad Q_2 + Q_3 = P(G', K' + \{u\}),$$

$$Q_1 + Q_3 = P(G', K' + \{v\}). \qquad(22)$$

Satz 5 (Abb. 3c)) *Ist* u, v $\notin$ K, |K'| $\geqslant$ 2, K″ $\neq \emptyset$, *dann kann* G' *in* G *durch eine* K e t t e $\chi(u, v) = u, e_r, w_1, e_s, w_2, e_t, v$ *ersetzt werden, wobei*

$$p(e_r) = Q_4/(Q_1 + Q_4), \qquad p(e_s) = Q_4/(Q_2 + Q_4),$$

$$p(e_t) = Q_4/(Q_3 + Q_4). \qquad(23)$$

Ist $\tilde{G}$ *der neue Graph, der daraus entsteht, und* $\tilde{K} = K″ + \{w_1, w_2\}$, *dann gilt*

$$P(G, K) = \Lambda P(\tilde{G}, \tilde{K}), \qquad(24)$$

wobei $\Lambda = (Q_1 + Q_4)(Q_2 + Q_4)(Q_3 + Q_4)/(Q_4)^2$. $\qquad(25)$

Darin ist

$$Q_4 = P(G', K' + \{u, v\}), \qquad Q_3 + Q_4 = P(G', K' + \{u\}),$$

$$Q_1 + Q_4 = P(G', K' + \{v\}), \qquad Q_1 + Q_2 + Q_3 + Q_4 = P(G'(u, v), K' + \{m\}). \tag{26}$$

Dabei ist m *der Knoten, der durch Zusammenfassung von* u *und* v *entsteht.*

Satz 6 (Abb. 3d)) *Ist* u, v $\notin$ K, $|K'| \geqslant 2$, K'' = $\emptyset$, *dann kann* G' *in* G *durch einen* B o g e n e_s *ersetzt werden, wobei gilt*

$$p(e_s) = Q_2/(Q_1 + Q_2). \tag{27}$$

Ist $\bar{G}$ *der neue Graph,* $\bar{K} = \{u, v\}$, *dann gilt*

$$P(G, K) = Q_1 P(\bar{G}, \bar{K}) + Q_2, \tag{28}$$

wobei $\quad Q_1 = P(G', K')$, $\qquad Q_1 + Q_2 = P(G'(u, v), K' + \{m\})$. $\tag{29}$

Dabei ist m *der Knoten, der durch Zusammenfassung von* u *und* v *entsteht.*

In jedem dieser Fälle kann der Teilgraph G' von G durch einen Bogen oder eine einfache Kette ersetzt werden. Es sind dann zur Bestimmung von P(G, K) allerdings ein bis vier Netzwerkprobleme auf dem Graphen G' sowie ein Netzwerkproblem auf dem neuen, reduzierten Graphen $\bar{G}$ zu lösen. Bei einem Rechenaufwand, der exponentiell mit der Problemgröße ansteigt, kann eine solche Aufteilung eines großen Problems in zwei bis fünf kleinere Probleme durchaus einen beträchtlichen Gewinn bringen. Zudem kann die gleiche Aufteilung unter Umständen auch in den Teilproblemen möglich sein, so daß damit die Problemgrößen noch weiter reduziert werden können.

Kommentar zum Kapitel 8

Die K o m p l e x i t ä t der Berechnung der Zuverlässigkeit von monotonen Systemen ist von B a l l (1980), P r o v a n , B a l l (1983) und V a l i a n t (1979) untersucht worden. In Anbetracht des n e g a t i v e n Ergebnisses (e x p o n e n t i e l l e Komplexität) begann sich das Interesse auf die Entwicklung von R e d u k t i o n s - und Z e r l e g u n g s - Verfahren und deren Anwendung zur Gewinnung von e f f i z i e n t e n Verfahren für Probleme mit spezieller Struktur zu verlagern.

P o l y g o n - z u - K e t t e n - Reduktionen und die Reduktion t r i z u s a m m e n - h ä n g e n d e r Komponenten von Netzwerken wurden in der Dissertation von W o o d entwickelt. Die in den Abschnitten 8.2 bis 8.4 dargestellten Ergebnisse stammen daraus.

Weitere Beispiele von speziellen Netzwerkstrukturen (insbesondere auch bei g e r i c h - t e t e n Graphen), die mit bestimmten Reduktionsverfahren e f f i z i e n t (p o l y - n o m i a l e Komplexität) behandelt werden können, sind in A g r a w a l , S a t y a - n a r a y a n a (1983 und 1984) und in P o l i t o f , S a t y a n a r a y a n a (1984) beschrieben.

Reduktionsansätze anderer Art wurden von R o s e n t h a l (1981), R o s e n t h a l , F r i s q u e (1977), S h a r m a (1976) angegeben.

9 Faktorisierung

9.1 Anwendungsbeispiele und Grundlagen

Im Abschnitt 7.1 wurden Faktorisierungsmethoden auf der Grundlage der Formel der
totalen Wahrscheinlichkeit eingeführt. Die p i v o t a l e Z e r l e g u n g (7.1.24) und
die Verallgemeinerung (7.1.26) davon, gestatten es, von einem Problem P(E) für ein
monotones System zu zwei oder mehr analogen Problemen, aber für k l e i n e r e
monotone Systeme überzugehen. Damit ist für Rechenzwecke noch nicht allzuviel
gewonnen, es sei denn, die neuen Probleme werden besonders einfach. Das kann z. B.
heißen, daß die neuen Probleme S e r i e - oder P a r a l l e l - Z e r l e g u n g e n oder
S e r i e - und P a r a l l e l - M o d u l n besitzen, die weitgehende Problem-Zerlegun-
gen oder -Reduktionen erlauben (siehe Abschnitt 8.1). Eventuell sind die neuen Probleme sogar s-p-r e d u z i b e l. Oder, falls es sich um Netzwerkprobleme handelt,
können sie vielleicht mit P o l y g o n - z u - K e t t e n - Reduktionen wesentlich vereinfacht werden. Bei der Verwendung von Faktorisierungsmethoden für Rechenzwecke
macht es somit keinen Sinn, die Elemente, über die faktorisiert wird, blind und unbe-
dacht auszuwählen. Vielmehr geht es vor allem darum, diese Elemente so zu wählen,
daß möglichst einfache und effizient berechenbare neue Probleme aus der Faktorisierung entstehen. Das ist in vielen Fällen möglich, und dann kann der Faktorisierungs-
ansatz rechentechnisch sehr wirkungsvoll sein.

Diese einleitenden Bemerkungen sollen an Hand von einigen Beispielen erläutert werden. Zuerst werden Netzwerkprobleme (G, K) betrachtet. Ist $G = (V, E)$ ein u n g e -
r i c h t e t e r Graph und $e \in E$ ein beliebiger Bogen, dann wurde schon im Abschnitt 7.1
darauf hingewiesen, daß bei der p i v o t a l e n Z e r l e g u n g des Netzwerkproblems
über e zwei neue Netzwerkprobleme entstehen, die auf einfache Art aus (G, K) abgeleitet werden können. Wird zuerst das Ereignis betrachtet, daß e a u s g e f a l l e n ist,
dann heißt das einfach, daß in G der Bogen e zu entfernen ist und damit das Netzwerkproblem $(G - \{e\}, K)$ entsteht. Ist dagegen $I(e) = \{u, v\}$ und ist das Ereignis gegeben,
daß e i n t a k t ist, dann kann man in G den Bogen e entfernen, indem man die beiden Knoten u und v zu einem neuen Knoten m z u s a m m e n f a ß t. Der dabei entstehende Graph sei mit $G(e+)$ bezeichnet. Ist $\{u, v\} \cap K \neq \emptyset$, dann wird im neuen Netzwerkproblem $(G(e+), K(e+))$ die Menge $K(e+) = K - \{u, v\} + \{m\}$. Es gilt dann also
nach (7.1.24)

$$P(G, K) = p(e)P(G(e+), K(e+)) + (1 - p(e))P(G - \{e\}, K). \qquad (1)$$

Dazu nun drei illustrative Beispiele:

(1) In der Abb. 1 ist die p i v o t a l e Z e r l e g u n g eines ganz einfachen Netzwerkproblems $(G, \{s, t\})$ dargestellt. Bei der Faktorisierung nach dem Bogen e entstehen zwei

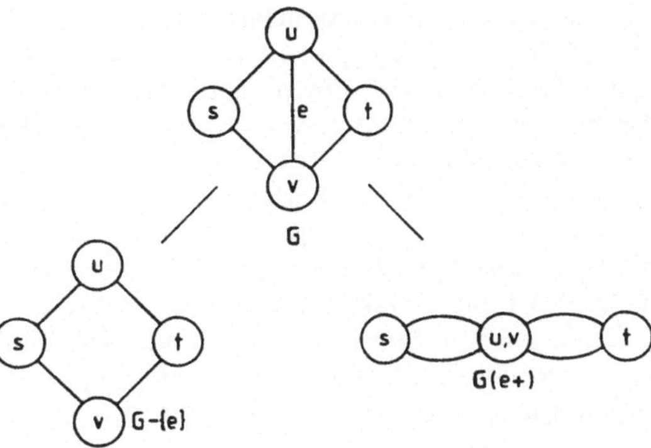

Abb. 1

neue Netzwerkprobleme (G − {e}, K) (linker Zweig in Abb. 1) und (G(e+), K(e+)) (rechter Zweig in Abb. 1), die beide s-p- r e d u z i b e l sind. Damit kann das Problem als gelöst betrachtet werden. Man kann damit z. B. ohne Mühe eine e x p l i z i t e Darstellung der Intaktwahrscheinlichkeit z(p) des Systems als P o l y n o m in **p** erhalten. Der Einfachheit halber sei angenommen, daß alle Bögen die g l e i c h e Intaktwahrscheinlichkeit p (q = 1 − p) haben. Dann hat (G(e+), {s, t}) offenbar die Intaktwahrscheinlichkeit $(1 - q^2)^2$ und (G − {e}, {s, t}) diejenige von $1 - (1 - p^2)^2$. Also folgt mit (1)

$$z(p) = p(1 - q^2)^2 + (1 - p)(1 - (1 - p^2)^2). \tag{2}$$

Ähnlich kann man auch eine explizite Darstellung der Booleschen Funktion des Netzwerkproblems (G, {s, t}) mit Hilfe dieser Faktorisierung ableiten.

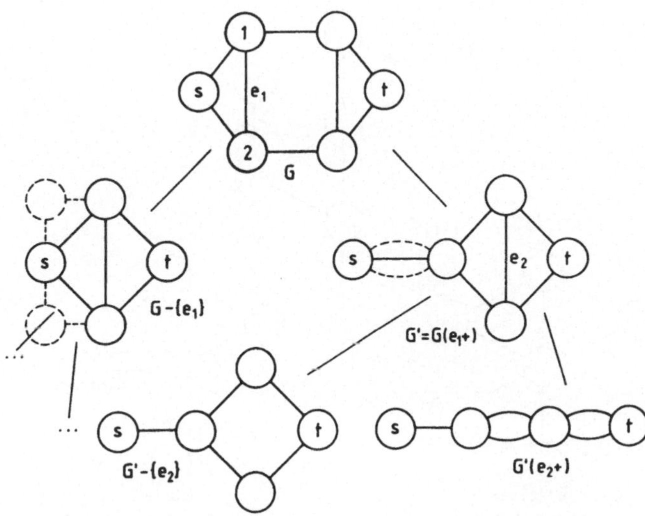

Abb. 2

(2) In der Abb. 2 ist die Anwendung der p i v o t a l e n   Z e r l e g u n g auf ein weiteres, einfaches Netzwerkproblem (G, {s, t}) dargestellt. G ist ein s-p- G r a p h ; man
könnte das Problem also effizient mit Polygon-zu-Ketten-Reduktionen lösen. Es soll
aber hier der alternative Ansatz der Faktorisierung illustriert werden. Zuerst wird über
den Bogen e_1 faktorisiert. Dabei entsteht G − {e_1} (linker Zweig in Abb. 2). Einige
Bögen in G − {e_1} können durch s-Reduktionen eliminiert werden; diese Bögen sind in
Abb. 2 g e s t r i c h e l t eingezeichnet. Damit verbleibt letztlich das Netzwerkproblem
mit den ausgezogenen Bögen in Abb. 2. Bei G(e_1 +) (rechter Zweig in Abb. 2) werden
die Knoten 1 und 2 zusammengefaßt. Die Bögen, die mittels p-Reduktionen entfernt
werden können, sind wieder gestrichelt gezeichnet. Das verbleibende Netzwerk hat eine
ähnliche Struktur, wie dasjenige, das aus G − {e_1} entstanden ist.

Das verbleibende Netzwerk ist in beiden Fällen s-p- i r r e d u z i e r b a r. Es wird
daher eine weitere p i v o t a l e Z e r l e g u n g angewandt. Diese wird nur bei G(e_1 +)
illustriert; wegen der Ähnlichkeit der Struktur kann sie ganz analog bei G − {e_1} durchgeführt werden. Es wird jetzt über e_2 zerlegt. Die beiden entstehenden Graphen sind
wieder in einer Verzweigung aus G(e_1 +) dargestellt. Es handelt sich in beiden Fällen
um einfache s-p- r e d u z i b l e Probleme und das Problem kann daher als gelöst betrach
tet werden. Das Beispiel illustriert auch, daß eine Folge von pivotalen Zerlegungen eines
Problems durch eine B a u m s t r u k t u r dargestellt werden kann. Dabei entspricht
jeder Knoten einem Problem, und falls der Knoten kein Blatt im Baum ist, entsprechen
seine zwei Söhne den zwei neuen Problemen, die aus der pivotalen Zerlegung entstehen.

(3) Als ein etwas weniger triviales Problem sei das R a d mit n Peripherieknoten und
einer Speiche (Abb. 3) betrachtet. Es sei K = V. Wird dann eine p i v o t a l e Z e r l e
g u n g über einen R a n d b o g e n e (siehe Abb. 3) durchgeführt, dann wird G − {e}
zu einem R a d s e g m e n t mit n Peripherieknoten (Abb. 3 linker Zweig). (G − {e}, K)
ist s-p- r e d u z i b e l und damit effizient berechenbar. G(e +) wird erneut zu einem

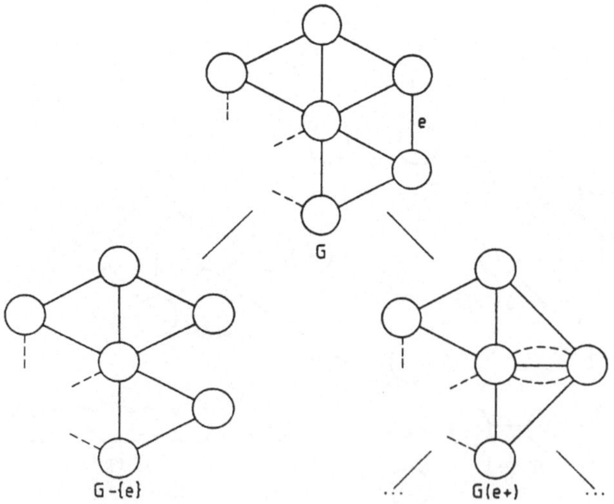

Abb. 3

R a d , aber mit nur noch $n - 1$ Peripherieknoten. Dies ergibt einen r e k u r s i v e n Ansatz, um solche Radstrukturen zu berechnen. Ähnliches ergibt sich übrigens auch, wenn über einen S p e i c h e n - Bogen faktorisiert wird.

Wenn auch Faktorisierungen bei Netzwerkproblemen (mit ungerichteten Graphen) besonders elegant sind, so sind sie doch keineswegs nur auf solche Probleme beschränkt, sondern können auch bei allgemeinen monotonen Systemen (B, S) angewandt werden. In Abschnitt 7.1 wurde ja gerade dieser allgemeine Fall betrachtet. Ist $b_i \in B$, dann führt die p i v o t a l e Z e r l e g u n g über b_i zu den zwei neuen, monotonen Systemen $(B - \{b_i\}, S_{i+})$ und $(B - \{b_i\}, S_{i-})$. Es habe S die m i n i m a l e n V e r b i n d u n - g e n $S_1, S_2, \ldots, S_r$ und die m i n i m a l e n T r e n n u n g e n $T_1, T_2, \ldots, T_s$. Für alle S_j, die b_i enthalten, sind die $S_j - \{b_i\}$ m i n i m a l e V e r b i n d u n g e n von S_{i+}. Alle S_j, die b_i nicht enthalten, bleiben Verbindungen von S_{i+}, sind aber nicht mehr notwendigerweise minimal. Es kann nämlich sein, daß für ein h, so daß $b_i \in S_h$, gilt $S_h - \{b_i\} \subseteq S_j$. Dann ist S_j natürlich nicht mehr minimal in S_{i+}. Gibt es jedoch kein solches S_h, dann ist auch S_j minimal. Alle T_k, $k = 1, 2, \ldots, s$, die b_i n i c h t enthalten, sind m i n i m a l e T r e n n u n g e n von $(B - \{b_i\}, S_{i+})$.

Analog bilden alle S_j, die b_i n i c h t e n t h a l t e n , die minimalen Verbindungen von S_{i-}. Für alle T_k, die b_i enthalten, bleiben die $T_k - \{b_i\}$ m i n i m a l e T r e n n u n g e n von S_{i-}. Die T_k, die b_i nicht enthalten, bleiben Trennungen von S_{i-}, sind jedoch nicht mehr notwendigerweise minimal.

Die folgenden zwei Beispiele sollen auch die Anwendung pivotaler Zerlegungen auf den allgemeinen Fall noch illustrieren:

(4) Es sei (B, S) ein k-von-n- S y s t e m und b_i ein beliebiges Element davon. Dann ist offenbar $(B - \{b_i\}, S_{i+})$ ein $(k - 1)$-von-$(n - 1)$- S y s t e m und $(B - \{b_i\}, S_{i-})$ ein k-von-$(n - 1)$- S y s t e m . Bezeichnet P(k, n) die Intaktwahrscheinlichkeit eines k-von-n-Systems, dann gilt zunächst

$$P(1, n) = 1 - \prod_{i=1}^{n} (1 - p_i); \qquad P(n, n) = \prod_{i=1}^{n} p_i \qquad\qquad (3)$$

und dann nach (7.1.24)

$$P(k, n) = p_i P(k - 1, n - 1) + (1 - p_i) P(k, n - 1). \qquad\qquad (4)$$

Das ist eine Rekursionsformel zur Bestimmung der Intaktwahrscheinlichkeiten von k-von-n-Systemen.

(5) Als weiteres Beispiel soll nochmals das System der elektrischen Energieversorgung (Beispiel (6) im Abschnitt 6.1) untersucht werden. Seine m i n i m a l e n V e r b i n - d u n g e n sind im Beispiel (10) des Abschnitts 6.1 aufgelistet und seine m i n i m a - l e n T r e n n u n g e n im Beispiel (5) des Abschnitts 6.2. Zunächst stellt man fest, daß dieses System den S e r i e - M o d u l {A2, S4} und die P a r a l l e l - M o d u l n {S1, S2} und {T1, T2} enthält (siehe auch Beispiel (3) im Abschnitt 6.5). Als erstes werden die entsprechenden s- und p- R e d u k t i o n e n durchgeführt. Das S e r i e - M o d u l {A2, S4} soll durch ein neues Element A2S4 repräsentiert werden. Bei der

s-Reduktion wird die Zahl der minimalen Trennungen vermindert, es fallen alle minimalen Trennungen einer Klasse, die jeweils A2 oder S4 enthalten, zusammen (siehe Satz 6.5.6a). Die beiden P a r a l l e l - M o d u l n {S1, S2} und {T1, T2} sollen je duch ein Element S12 und T12 repräsentiert werden. Bei der p-Reduktion wird die Zahl der minimalen Verbindungen entsprechend Satz 6.5.3b reduziert. Nach diesen s- und p-Reduktionen verbleibt ein System, das durch die folgenden m i n i m a l e n V e r b i n d u n g e n

> {A1, S12, S3},
>
> {A1, A2S4, S12, T3},
>
> {A1, A2S4, S3, T12}

definiert ist. Das gleiche System besitzt die m i n i m a l e n T r e n n u n g e n

> {A1},
>
> {A2S4, S3},   {A2S4, S12},
>
> {S12, S3},   {S12, T12},
>
> {S3, T3}.

Dieses System ist s-p-i r r e d u z i e r b a r. Daher soll eine p i v o t a l e Z e r l e g u n g durchgeführt werden. Und zwar empfiehlt es sich, über das Element S3 zu faktorisieren. Gegeben, daß S3 a u s g e f a l l e n ist, entsteht ein System (B-{S3}, S(S3-)) mit der e i n z i g e n minimalen Verbindung {A1, A2S4, S12, T3}, und dieses System ist also ein S e r i e - S y s t e m und damit leicht zu berechnen. Gegeben, daß S3 i n t a k t ist, entsteht das System (B-{S3}, S(S3+)) mit den m i n i m a l e n V e r b i n d u n g e n

> {A1, A2S4, T12},   {A1, S12}.

Darin bildet {A2S4, T12} ein S e r i e - M o d u l (siehe Satz 6.5.3a), das bei einer s-Reduktion durch A2S4T12 ersetzt werden kann. Dann bilden A2S4T12 und S12 jedoch ein P a r a l l e l - M o d u l, und nach der entsprechenden p-Reduktion bleibt ein S e r i e - S y s t e m übrig. (B-{S3}, S(S3+)) ist daher s-p-r e d u z i b e l und damit einfach zu berechnen. Auf diese Weise gelingt es, das System der elektrischen Energieverteilung mit einer pivotalen Zerlegung und etlichen s- und p-Reduktionen auf eine wirkungsvolle Art zu berechnen.

Dieses letzte Beispiel zeigt, daß die Wahl des Elements, über das faktorisiert werden soll, nicht immer evident ist. Hätte man z. B. über A1 faktorisiert, dann hätte man nicht viel gewonnen und hätte weitere pivotale Zerlegungen durchführen müssen. Man kann sich fragen, was für ein gegebenes, monotones System (B, S) die optimale Wahl von Elementen ist, die es gestatten, (B, S) mit einer minimalen Zahl von pivotalen Zerlegungen zu berechnen. Diese Fragestellung muß allerdings noch präzisiert werden, indem festgelegt wird, welche Arten von Reduktionen und Zerlegungen in den einzelnen Problemen zugelassen sind. In den Beispielen (1) und (2) wäre man z. B. mit Hilfe von Polygon-zu-Ketten-Reduktionen o h n e pivotale Zerlegungen durchgekommen, denn G war in beiden Beispielen ein s-p-Graph (siehe dazu Abschnitt 8.3). Im allgemeinen Fall ist die Frage noch ungelöst; bei Netzwerkproblemen dagegen ist einiges darüber bekannt (siehe Abschnitt 9.3).

9.2   Dominationen und Faktorisierung

In diesem Abschnitt soll — insbesondere als Vorbereitung für den folgenden Abschnitt — untersucht werden, wie sich die Dominationen eines monotonen Systems bei p i v o - t a l e n Z e r l e g u n g e n verhalten. Es wird also ein monotones System (B, S) betrachtet und darin eine pivotale Zerlegung über ein Element $b_i \in B$ ausgeführt. Dabei entstehen die beiden neuen Systeme $(B - \{b_i\}, S(i+))$ und $(B - \{b_i\}, S(i-))$. Die folgenden beiden Lemmata zeigen, wie die Dominationen in den neuen Systemen sich aus denjenigen des ursprünglichen Systems ableiten.

Lemma 1 *Ist* $A \subseteq B - \{b_i\}$, *dann gilt*

$$d_{S(i+)}(A) = d_S(A) + d_S(A + \{b_i\}). \tag{1}$$

B e w e i s . Es wird die L i n e a r f o r m (6.4.4) der Booleschen Funktion $B_S(x)$ betrachtet. Das System $(B - \{b_i\}, S(i+))$ hat die Boolesche Funktion $B_S(1_i, x)$, die man aus der Linearform von $B_S(x)$ erhält, indem man in allen Termen

$$d_S(A) \prod_{b_j \in A} x_j, \tag{2}$$

die x_i enthalten, $x_i = 1$ setzt. Ist $A \subseteq B - \{b_i\}$, dann können dabei die Terme (2) für A und $A + \{b_i\}$ z u s a m m e n g e f a ß t werden zu

$$(d_S(A) + d_S(A + \{b_i\})) \prod_{b_j \in A} x_j. \tag{3}$$

Dabei entsteht aber wieder eine L i n e a r f o r m , nämlich mit den Termen (3). Diese Linearform gehört aber zum System $(B - \{b_i\}, S(i+))$, und das beweist (1).   ∎

Lemma 2 *Ist* $A \subseteq B - \{b_i\}$, *dann gilt*

$$d_{S(i-)}(A) = d_S(A). \tag{4}$$

B e w e i s . Der Beweis erfolgt völlig analog wie bei Lemma 1 über die L i n e a r f o r m der Booleschen Funktionen. Beim Ausfall von b_i ist in allen Termen, die x_i enthalten, $x_i = 0$ zu setzen. Das ergibt die Linearform von $(B - \{b_i\}, S(i-))$, und (4) folgt daraus.   ∎

Diese beiden Lemmata ergeben zusammen ohne weiteres den folgenden Satz:

Satz 1 *Ist* $A \subseteq B - \{b_i\}$, *dann gilt*

$$d_S(A + \{b_i\}) = d_{S(i+)}(A) - d_{S(i-)}(A), \tag{5}$$

und insbesondere

$$d_S(B) = d_{S(i+)}(B - \{b_i\}) - d_{S(i-)}(B - \{b_i\}). \tag{6}$$

Speziell für Netzwerkprobleme (G, K) mit u n g e r i c h t e t e n Graphen G = (V, E) und ausfallenden Bögen kann man noch ein weitergehendes Resultat beweisen. Als Vorbereitung dazu wird die K o h ä r e n z eines Netzwerkproblemes (G, K) graphentheoretisch charakterisiert. Ist dem Netzwerkproblem (G, K) ein kohärentes, monotones System zugeordnet, dann soll G = (V, E) kohärent (bezüglich K) heißen. Das bedeutet nach der allgemeinen Definition der Kohärenz (siehe Abschnitt 6.1), daß jeder Bogen e ∈ E in einem K - B a u m ist.

Lemma 3 *Ein zusammenhängender Graph G ist dann und nur dann* n i c h t k o h ä - r e n t , *wenn er einen* S c h n i t t k n o t e n v *hat, so daß* G − {v} *eine Zusammenhangskomponente ohne Knoten aus K besitzt.*

B e w e i s. Es ist klar, daß die Bedingung hinreichend dafür ist, daß G nicht kohärent ist, vergleiche Beispiel (3) im Abschnitt 6.6 dazu.

Es sei G nicht kohärent. Wenn G im graphentheoretischen Sinn zerlegbar ist (siehe Abschnitt 2.1), dann kann der Baum GK, der durch die nicht zerlegbaren Komponenten von G gebildet wird, betrachtet werden, siehe Beispiel (3) im Abschnitt 6.6. Es gäbe nun kein Blatt im Baum GK, das einer Komponente G^i ohne Knoten aus K entspricht (außer eventuell dem einzigen Schnittknoten, der zu G^i gehört). Dann gehört zu jeder Komponente G^i ein Netzwerkproblem (G^i, K^i), siehe Beispiel (3), Abschnitt 6.6. Es sei nun e ein Bogen in der nichtzerlegbaren Komponente G^i und I(e) = {u, v}. Ist x, y ∈ K^i, dann gibt es in G^i zwei e l e m e n t a r e P f a d e von x nach u und y nach v, die keinen gemeinsamen Knoten haben. Hätten nämlich alle Pfade zwischen x und u bzw. y und v einen gemeinsamen Knoten, dann müßte das ein Schnittknoten von G^i sein, und dieser Graph wäre entgegen der Annahme zerlegbar, Es gibt daher einen elementaren Pfad von x nach y, der e enthält, und es gibt einen K^i-Baum, der diesen Pfad enthält. Jede Komponente G^i ist daher kohärent, und G muß daher auch kohärent sein. Das ist ein Widerspruch. Es muß somit eine Komponente G^i geben, die notwendigerweise einem Blatt des Baumes GK entspricht und die (außer eventuell dem einzigen Schnittknoten) keine Knoten aus K enthält. Der einzige Schnittknoten v hat dann die Eigenschaft, daß G^i − {v} eine Zusammenhangskomponente von G − {v} ist, die keine Knoten von K enthält. Mit dem gleichen Argument wie oben zeigt man noch, daß ein zusammenhängender, nicht kohärenter Graph immer zerlegbar ist. ∎

Lemma 4 *Ist* G = (V, E) *ein* k o h ä r e n t e r *Graph bezüglich* K ⊆ V *und* e ∈ E *ein beliebiger Bogen, dann ist mindestens einer der beiden Graphen* G − {e} *und* G(e+) *auch* k o h ä r e n t *bezüglich* K, *bzw.* K(e+) *(vergleiche Abschnitt 9.1 für die Definition von* G(e+) *und* K(e+)).

B e w e i s. Ist e ein Bogen, so daß G − {e} nicht mehr zusammenhängend ist, dann muß e in jedem K-Baum von G sein, und jeder K-Baum von G geht bei der Zusammenfassung der Endknoten u, v von e in einen K(e+)-Baum von G(e+) über. G(e+) ist daher kohärent.

Ist G − {e} zusammenhängend, aber nicht kohärent, dann gibt es nach Lemma 3 einen Schnittknoten v von G − {e}, so daß (G − {e}) − {v} eine Zusammenhangskomponente

G_1 ohne Knoten aus K besitzt. Ein Bogen $e' \in E - \{e\}$, der zu einem Knoten von G_1 inzident ist, kann nicht in einem K-Baum von $G - \{e\}$ sein. Ist $I(e) = \{u, w\}$, dann muß zudem u oder w zu G_1 gehören, denn sonst wäre G nicht kohärent (Lemma 3). Daraus folgt, daß ein K-Baum von $G - \{e\}$ nicht beide Endknoten u und w von e enthalten kann. Das heißt aber, daß jeder K-Baum von $G - \{e\}$ — also jeder K-Baum von G, der e nicht enthält — auch ein K(e+)-Baum von G(e+) ist. Ferner geht jeder K-Baum von G, der e enthält, in einen K(e+)-Baum von G(e+) über. Folglich ist G(e+) kohärent.   ∎

Das folgende Lemma zeigt nun, daß das V o r z e i c h e n der Domination $d_S(E)$ bei einem kohärenten Netzwerkproblem nur von der Anzahl der Bögen $|E|$ und der Anzahl Knoten $|V|$ des Graphen G abhängt. Dabei sei präzisiert, daß G keine i s o l i e r t e n Knoten enthalten soll. Wenn G kohärent ist, können diese ja nicht zu K gehören und sind daher völlig unwesentlich. Ist (B, S) das monotone System, das zum Netzwerkproblem (G, K) gehört, dann ist $B = E$ und S die Familie aller Bogen-Teilmengen $A \subseteq E$ derart, daß im Teilgraphen (V, A) noch alle Knoten in $K \subseteq V$ untereinander verbunden sind. Für das folgende soll die Bezeichnung $d(G, K) = d_S(E)$ verwendet werden.

Lemma 5 *Ist* (G, K) *ein* k o h ä r e n t e s *Netzwerkproblem bei einem* u n g e r i c h t e t e n *Graphen* $G = (V, E)$, *dann gilt*

$$d(G, K) = (-1)^{|E| - |V| + 1} |d(G, K)|. \tag{7}$$

B e w e i s. Der Beweis wird durch Induktion nach der Anzahl Knoten (m) und der Anzahl Bögen (n) von Graphen geführt. Für $m = 2$ und $n \geq 1$ ist (G, K) ein P a r a l l e l - S y s t e m. Nach (6.4.22) gilt für ein solches System

$$d(G, K) = (-1)^{n + 1} = (-1)^{n - m + 1}, \tag{8}$$

und die Behauptung gilt daher für alle G mit $m = 2$ und $n \geq 1$. Sie gelte nun zunächst (als Induktionsvoraussetzung) für alle Graphen G mit weniger als m (> 2) Knoten und einer beliebigen Anzahl von Bögen. Ist G ein K-Baum mit m Knoten und $m - 1$ Bögen, dann ist die Domination gleich 1, und wegen

$$(-1)^{(m - 1) - m + 1} = 1 \tag{9}$$

stimmt die Behauptung. Die Behauptung stimme nun (als zweite Induktionsvoraussetzung) für Graphen mit m Knoten und weniger als n $(> m - 1)$ Bögen. Es sei dann G ein Graph mit m Knoten und n Bögen. Dann kann man (6) anwenden, wobei G(e+) und $G - \{e\}$ Graphen mit $m - 1$ bzw. m Knoten und $n - 1$ Bögen sind, und mindestens eines der beiden Netzwerkprobleme ist kohärent (Lemma 4). Ist eines der beiden neuen Probleme nicht kohärent, dann ist seine Domination gleich Null. Also erhält man nach den Induktionsvoraussetzungen

$$d(G, K) = (-1)^{(n - 1) - (m - 1) + 1} |d(G(e+), K(e+))|$$
$$- (-1)^{(n - 1) - m + 1} |d(G - \{e\}, K)|$$
$$= (-1)^{n - m + 1} (|d(G(e+), K(e+))| + |d(G - \{e\}, K)|). \tag{10}$$

$d(G, K)$ hat demnach das behauptete Vorzeichen.   ∎

Aus dem Beweis dieses Lemmas folgt das folgende Ergebnis (vergleiche auch Satz 1):

Satz 2 *Ist* (G, K) *ein* k o h ä r e n t e s *Netzwerkproblem, bei dem G ein ungerichte-ter Graph ist, dann gilt*

$$|d(G, K)| = |d(G(e+), K(e+))| + |d(G - \{e\}, K)| . \tag{11}$$

B e w e i s. (11) folgt unmittelbar aus (10).   ∎

Dieses Resultat bildet die Grundlage, um ein o p t i m a l e s Faktorisierungsverfahren für N e t z w e r k p r o b l e m e aufzustellen. Dies wird im folgenden Abschnitt getan.

9.3   Optimale Faktorisierung von Graphen

In diesem Abschnitt soll die in Abschnitt 9.1 angeschnittene Frage der o p t i m a l e n Faktorisierung bei N e t z w e r k p r o b l e m e n gelöst werden: Wieviele p i v o t a l e Z e r l e g u n g e n sind minimal notwendig, um ein Netzwerkproblem (G, K) zu lösen, wenn jedes neue Netzwerkproblem jeweils durch s-p- R e d u k t i o n e n bis zu einem s-p-i r r e d u z i e r b a r e n Problem reduziert wird? Es werden bei dieser Fragestellung also z. B. Polygon-zu-Ketten-Reduktionen nicht zugelassen, auch keine Problemzerlegungen von Netzwerkproblemen, die eventuell eine Serie- oder Parallel-Zerlegung besitzen. Die minimale Anzahl pivotaler Zerlegungen, die sich bei dieser Fragestellung ergibt, kann also unter Umständen noch weiter verkleinert werden, wenn außer s- und p-Reduktionen noch weitere Vereinfachungsmethoden zugelassen werden.

Ist (E, S) das monotone System, das dem Netzwerkproblem (G, K) zugeordnet ist, dann bezeichne wie im letzten Abschnitt $d(G, K) = d_S(E)$ die D o m i n a t i o n der Menge E aller Bögen bezüglich des Problems (G, K). Es geht aus (6.5.14) und (6.5.19) hervor, daß $|d(G, K)|$ i n v a r i a n t ist gegenüber s- und p-Reduktionen. Weiter besagt (6.4.19), daß ein S e r i e - oder P a r a l l e l - S y s t e m eine Domination vom Absolutbetrag 1 besitzt. Das bedeutet aber nichts anderes, als daß s-p-r e d u z i b l e Systeme Dominationen vom Absolutbetrag 1 besitzen müssen. Auf der anderen Seite zeigt Satz 2 des vorangehenden Abschnitts, daß bei Netzwerkproblemen (mit ungerichteten Graphen) die Dominationen $d(G, K)$ bei pivotalen Zerlegungen dem Betrage nach nicht zunehmen können. Kann jede pivotale Zerlegung so durchgeführt werden, daß

$$d(G(e+), K(e+)) \neq 0, \qquad d(G - \{e\}, K) \neq 0, \tag{1}$$

dann nehmen die Dominationen sogar strikte ab, d. h. $|d(G(e+), K(e+))|, |d(G - \{e\}, K)|$ $< |d(G, K)|$. Entwickelt man den Baum der pivotalen Faktorisierungen (vergleiche Abschnitt 9.1) so weit, bis alle Systeme s-p-r e d u z i b e l werden, dann haben diese Systeme, die B l ä t t e r n im Baum der pivotalen Zerlegung entsprechen, alle Dominationen vom Absolutbetrage 1. Nach Satz 9.2.2 muß dann die Zahl dieser Blätter gleich $|d(G, K)|$ sein. Weniger Blätter kann der Zerlegungsbaum nicht haben, wenn alle Blätter s-p-reduzibel sind. Wenn alle pivotalen Zerlegungen so durchgeführt werden können, daß immer (1) gilt, dann kann diese minimale Zahl der Blätter im Zerlegungs-

baum erreicht werden, und sie beschreibt die o p t i m a l e Faktorisierung mit der
m i n i m a l e n Zahl von pivotalen Zerlegungen.

Es soll nun gezeigt werden, daß es in der Tat bei kohärenten Netzwerkproblemen
(G, K), bei denen G ein u n g e r i c h t e t e r Graph ist, immer möglich ist, pivotale
Zerlegungen so durchzuführen, daß (1) gilt.

Bei einem nicht kohärenten Graphen G ist $d(G, K) = 0$. Bei Netzwerkproblemen mit
ungerichteten Graphen ist das Verschwinden der Domination $d(G, K)$ auch hinreichend
dafür, daß der Graph G nicht kohärent ist:

Lemma 1 *Es gilt* $d(G, K) \neq 0$ *dann und nur dann, wenn* G k o h ä r e n t *ist.*

B e w e i s. Ist $d(G, K) \neq 0$, dann hat G mindestens eine Formation (genauer gesagt,
die Menge E der Bögen hat eine solche), es kann keine unwesentlichen Bögen geben,
und G ist kohärent.

Es sei umgekehrt $G = (V, E)$ kohärent bezüglich K. Dann wird $d(G, K) \neq 0$ durch
Induktion über die Zahl der Bögen n bewiesen. Ist G ein K - B a u m mit $n = |V| - 1$
Bögen, dann ist $d(G, K) = 1$. Das ist die Induktionsverankerung. Es gelte nun $d(G, K) \neq 0$
für kohärente Graphen mit weniger als n $(> |V| - 1)$ Bögen. Ist G ein kohärenter Graph
mit n Bögen, dann kann eine pivotale Zerlegung über einen Bogen e ausgeführt werden.
Nach Lemma 4 des vorangehenden Abschnitts ist dann mindestens einer der beiden
Graphen $G - \{e\}$ und $G(e+)$ kohärent, und beide haben nur $n - 1$ Bögen. Aus der
Induktionsvoraussetzung und Satz 2 des vorangehenden Abschnitts folgt daher

$$|d(G, K)| = |d(G(e+), K(e+))| + |d(G - \{e\}, K)| > 0. \qquad \blacksquare$$

Jetzt kann der grundlegende Satz formuliert werden, der sichert, daß man bei kohärenten
Netzwerkproblemen mit ungerichteten Graphen G immer pivotale Zerlegungen so durchführen kann, daß (1) gilt.

Satz 1 *Ist* G *ein bezüglich* K k o h ä r e n t e r *und* s-p-i r r e d u z i e r b a r e r *Graph
mit* $|d(G, K)| > 1$, *dann besitzt* G *einen Bogen e, so daß* $|d(G(e+), K(e+))| \neq 0$ *und*
$|d(G - \{e\}, K)| \neq 0$ *gilt.*

B e w e i s. Ist G zerlegbar und $d(G, K) \neq 1$, dann ist G kein Baum, und es gibt eine
nicht zerlegbare Komponente G^i mit mindestens drei Knoten, wovon mindestens zwei
in K oder Schnittknoten sind (Lemma 9.2.3). Das Netzwerkproblem (G, K) hat somit
eine S e r i e - Z e r l e g u n g in die Moduln (G^i, K^i) (vergleiche Beispiel (3) im
Abschnitt 6.6). Gibt es in einem G^i einen Bogen e, so daß $G^i(e+)$ und $G^i - \{e\}$ beide
bezüglich K^i kohärent sind, dann ist auch $G(e+)$ und $G - \{e\}$ bezüglich K kohärent, und
die Behauptung folgt aus Lemma 1.

Es muß die Behauptung also nur noch für n i c h t z e r l e g b a r e Graphen G bewiesen werden. Ist $G = (V, E)$ nicht zerlegbar, dann muß G mindestens drei Knoten besit-
zen (wegen $|d(G, K)| \neq 1$), und $G - \{e\}$ ist zusammenhängend für alle $e \in E$. $G(e+)$ ist
auch zusammenhängend. Für $K = V$ sind dann $G - \{e\}$ und $G(e+)$ kohärent, und die
Behauptung folgt erneut aus dem Lemma 1.

Ist $K \neq V$ und gibt es einen Knoten $u \in V - K$, so daß $G - \{u\}$ auch kohärent ist, dann kann man für e einen Bogen inzident zu u wählen. Aus dem Lemma 3 des vorangehenden Abschnitts folgt dann, daß $G - \{e\}$ und $G(e+)$ beide kohärent sein müssen. Die Behauptung folgt wieder aus Lemma 1.

Es ist also noch zu zeigen, daß es immer einen Knoten $u \in V - K$ gibt, so daß $G - \{u\}$ kohärent ist. Ist $u \in V - K$ und $G - \{u\}$ nicht zerlegbar, dann folgt schon aus Lemma 9.2.3, daß $G - \{u\}$ kohärent ist. Ist dagegen $G - \{u\}$ nicht kohärent, dann muß $G - \{u\}$ zerlegbar sein. Es gibt ferner nach Lemma 9.2.3 einen Schnittknoten v von $G - \{u\}$, so daß $G - \{u, v\}$ eine Zusammenhangskomponente ohne Knoten aus K hat; $\{u, v\}$ ist eine Knoten-Schnittmenge von G. Man betrachte nun alle zweielementigen Knoten-Schnittmengen $\{x, y\}$ von G, die eine Zusammenhangskomponente G_1 in $G - \{x, y\}$ haben o h n e   K n o t e n   a u s   K und wähle diejenige, für die G_1 die m i n i m a l e Zahl von Knoten besitzt. Diese Schnittmenge sei $\{x, y\}$. Da G s-p-irreduzierbar ist, muß G_1 mindestens zwei Knoten haben (die Schnittmenge $\{x, y\}$ gehört nicht zu G_1). Sei w ein solcher Knoten von G_1. Dann ist $w \notin K$. Hätte $G - \{w\}$ einen Schnittknoten, dann wäre G_1 nicht minimal. Folglich ist $G - \{w\}$ nicht zerlegbar und somit nach Lemma 9.2.3 kohärent. Das beschließt den Beweis.   ∎

Zu Beginn dieses Abschnitts wurde darauf hingewiesen, daß s-p-reduzible Netzwerkprobleme eine Domination vom Absolutbetrag 1 haben. Es wird jetzt gezeigt, daß Netzwerkprobleme (G, K), die eine Domination vom Absolutbetrag 1 haben, immer einfach zu berechnen sind. Dazu wird der Begriff s-p- r e d u z i b e l leicht verallgemeinert. Ein monotones System (B, S) soll allgemein s-p- r e d u z i e r b a r genannt werden, wenn es mittels wiederholter s- und p-Reduktionen zu einem S e r i e - S y - s t e m reduziert werden kann. Bei Netzwerkproblemen (G, K) heißt das, daß der Graph G mittels s- und p-Reduktionen zu einem K'-Baum reduziert werden kann (K' muß nicht mehr gleich dem ursprünglichen K sein). s-p-reduzierbare Probleme sind ebenso einfach zu berechnen, wie s-p-reduzible Probleme; sie sind aber nicht mehr unbedingt mit s-p-Graphen verbunden.

Satz 2 *Es gilt* $|d(G, K)| = 1$ *dann und nur dann, wenn* (G, K) s-p- r e d u z i e r b a r *ist.*

B e w e i s.   Die Bedingung ist notwendig, weil nach den Sätzen 6.5.7 und 6.5.8 $|d(G, K)|$ invariant gegenüber s- und p-Reduktionen ist und ein K'-Baum die Domination 1 hat.

Gilt umgekehrt $|d(G, K)| = 1$, dann ist G nach Lemma 1 kohärent. Sei (G', K') das s-p-irreduzierbare Netzwerkproblem, das man erhält, wenn man alle möglichen s- und p-Reduktionen durchführt. Dann gilt immer noch $|d(G', K')| = 1$. Ist G' kein K'-Baum, dann enthält G' nach genau dem gleichen Beweis wie zum Satz 1 einen Bogen e, so daß $G(e+)$ und $G - \{e\}$ ebenfalls kohärent sind. Nach Satz 9.2.2 und Lemma 1 muß dann aber $|d(G', K')| > 1$ sein, und das ist ein Widerspruch; also muß G' ein K'-Baum sein.   ∎

Kommentar zu Kapitel 9

Satz 9.2.2 und die darauf beruhende o p t i m a l e F a k t o r i s i e r u n g von Graphen beruhen auf S a t y a n a r a y a n a , C h a n g (1983). W o o d (1982) verschärft diese Ergebnisse, wenn außer s- und p-Reduktionen auch P o l y g o n - z u - K e t t e n - Reduktionen zugelassen werden, um die in den Faktorisierungen entstehenden Probleme zu vereinfachen.

Ein anderes Faktorisierungsverfahren wird von B a l l (1979) beschrieben (ein Aufsatz, in dem weitere Arbeiten zitiert sind, die als Faktorisierungsansätze klassifiziert werden können).

10 Erzeugung aller minimaler Verbindungen und minimaler Trennungen

10.1 Erzeugung aller elementarer Pfade in einem Graphen

Im Abschnitt 7.1 wurde gezeigt, daß für die Anwendung der Ü b e r d e c k u n g s -
m e t h o d e bzw. des Inklusions-Exklusions-Verfahrens die Kenntnis aller minimaler
Verbindungen — oder dual, aller minimaler Trennungen — eines monotonen Systems
notwendig ist. Auch gewisse Z e r l e g u n g s a n s ä t z e gehen davon aus, daß alle
minimalen Verbindungen bekannt sind; siehe dazu das nachfolgende Kapitel. Schließlich ist die Kenntnis aller minimaler Verbindungen und minimaler Trennungen nützlich
für die Berechnung gewisser einfacher S c h r a n k e n oder A b s c h ä t z u n g e n
der System-Zuverlässigkeit; dazu wird auf Kapitel 12 verwiesen. Aber auch für eine rein
deterministische Beurteilung der System-Zuverlässigkeit oder Verletzlichkeit ist eine
Liste aller minimaler Verbindungen und aller minimaler Trennungen von Interesse. Sie
zeigen, welche minimalen Konfigurationen von Elementen das Funktionieren des
Systems noch ermöglichen bzw. welche minimalen Konfigurationen von Elementen
bereits zum System-Ausfall führen. Letzteres gibt bereits ein weit vollständigeres Bild
der Verletzlichkeit eines Systems, als nur die Kenntnis der minimalen Trennung kleinster Mächtigkeit, die in den Kapiteln 3 bis 5 im Vordergrund stand.

Nun sind die minimalen Verbindungen und Trennungen eines monotonen Systems
(B, S) in den meisten Fällen nicht a priori bekannt. Sie müssen erst durch geeignete
Verfahren systematisch erzeugt werden. Es ist durchaus möglich, für ein monotones
System (B, S), bei dem die monotone Familie S durch einen Entscheidungsalgorithmus
Alg_S definiert ist, einen allgemeinen Algorithmus anzugeben, der alle minimalen Ver-
bindungen erzeugt und Alg_S als S u b r o u t i n e oder P r o z e d u r enthält. Dieser
Algorithmus kann aber nicht sehr effizient sein. Sinnvoller ist es, jeweils für den konkreten Fall einen Algorithmus zur Erzeugung aller minimaler Verbindungen oder Trennungen aufzustellen und dabei soweit wie möglich von den besonderen strukturellen
Eigenschaften des konkreten Falls Gebrauch zu machen. In diesem Kapitel wird das
getan für Netzwerkprobleme (G, K) mit $|K| = 2$ und K = V. Es soll dabei illustriert
werden, daß man immer von einem gleichen Grundansatz ausgehen kann, der in unterschiedlichen Variationen der speziellen Problemstellung angepaßt werden kann.

In diesem ersten Abschnitt werden u n g e r i c h t e t e , z u s a m m e n h ä n g e n d e
Graphen G = (V, E) und zwei Knoten s, t $\in$ V betrachtet. Für das Netzwerkproblem
(G, {s, t}) sind die m i n i m a l e n V e r b i n d u n g e n gerade die e l e m e n t a r e n
P f a d e zwischen s und t (siehe Beispiel (9) im Abschnitt 6.1). Es geht also hier darum,
a l l e elementaren Pfade zwischen einem Paar von Knoten zu finden und in einer Liste
oder in einer anderen geeigneten Form zusammenzustellen.

Der Ansatz zur Lösung dieses Problems ist einfach: Angenommen man habe bereits
einen elementaren Pfad von s nach einem v $\in$ V. Dann erzeuge man a l l e elementaren

Pfade von v nach t, die k e i n e n Knoten des Pfades von s nach v enthalten. Dieser Ansatz soll im folgenden auf zwei Arten algorithmisch ausgestaltet werden: einmal als eine Variation des Grundschemas des Suchens aus dem Abschnitt 2.4 und einmal in einer r e k u r s i v e n Formulierung. Letztere ist einfacher und eleganter in der Formulierung und gibt daher ein Vorbild für die Behandlung der etwas schwierigeren Problemstellungen in den nächsten zwei Abschnitten.

Das explizite Suchverfahren läßt sich an einem Beispiel sehr gut verstehen. In Abb. 1 ist der Graph dargestellt, der zur Illustration verwendet werden soll. Da von s zwei Bögen ausgehen, können diese potentiell den Anfang von zwei Mengen von Pfaden nach t bilden. Der erste Bogen führt zum Knoten 1. Dort sind drei Bögen inzident, und jeder bildet eine potentielle Weiterführung des begonnenen Pfades nach t etc. Am besten organisiert man diese Fortführung von begonnenen Pfaden in einem W u r z e l b a u m. s bilde die W u r z e l , die mit ihren beiden Nachbarknoten 1 und 2 verbunden ist, 1 seinerseits ist mit seinen Nachbarknoten 2, 3, 4 verbunden etc., siehe Abb. 2. Bei der Weiterentwicklung der Pfade ab einem Knoten v ist darauf zu achten, daß nur zu Nachbarn von v weitergegangen wird, die nicht schon im bisherigen Pfad enthalten sind.

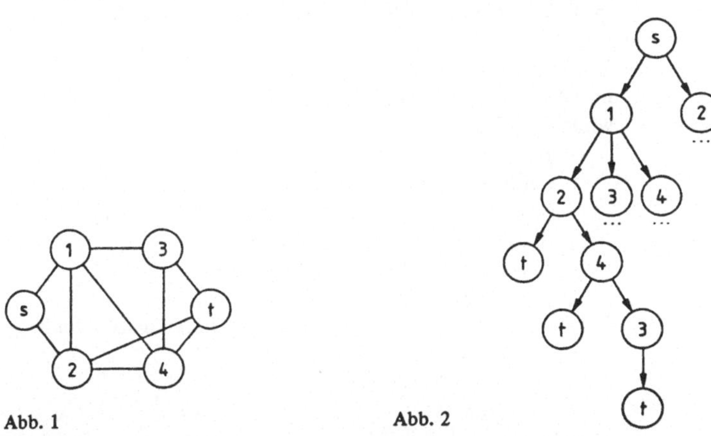

Abb. 1   Abb. 2

Dieses Verfahren kann nun formalisiert werden. Der obige Baum sei $B = (W, F)$, wobei zu Beginn der Baum nur aus einem Knoten, der Wurzel besteht, $W = \{w_0\}$ und $F = \emptyset$. Jedem Knoten $w \in W$ ist ein Knoten $v = v(w) \in V$ zugeordnet; in der Darstellung Abb. 2 ist $v(w)$ in den Knoten des Baumes B eingetragen (verschiedene Knoten des Baumes können den gleichen Knoten $v(w)$ zugeordnet haben). Es ist $v(w_0) = s$. Ist $w \in W$, dann sei $R(w)$ der R ü c k w e g von w nach w_0 in B, d. h. der eindeutige Pfad von w_0 nach w in umgekehrter Richtung. $v(R(w))$ ist dann die Menge der Knoten in V, die mittels $v(w)$ den Baumknoten auf dem Rückweg $R(w)$ zugeordnet sind. $v(R(w))$ beschreibt einen $R(w)$ zugeordneten e l e m e n t a r e n Pfad von s nach $v(w)$ in G.

$N(v)$ bezeichne die Menge aller Nachbarn von $v \in V$ in G; $N(v) = \{u:$ es existiert $e \in E$ mit $I(e) = \{u, v\}\}$. Der allgemeine Schritt des Algorithmus zur Erzeugung aller elementarer Pfade von s nach t lautet dann wie folgt:

(1) Wenn $v(w) = t$, dann definiert $v(R(w))$ einen elementaren Pfad von s nach t;

(2) andernfalls, wenn $N(v(w)) \subseteq v(R(w))$, kann Knoten w nicht weiter entwickelt werden (da sonst in $v(R(w))$ ein Zyklus entstehen würde), w ist das Ende einer Sackgasse;

(3) andernfalls, entwickle den Baum B, indem w für jeden Knoten aus $N(v(w)) - v(R(w))$ ein Sohn u mit $v(u) = v$ in B beigefügt wird.

Zur ausführlichen Formulierung des Algorithmus wird noch eine Liste Q eingeführt, die alle noch nicht behandelten Knoten von B enthalten soll; zu Beginn ist natürlich nur w_0 in Q. Weiter soll noch vorausgesetzt werden, daß G keine parallelen Bögen enthält. Denn, wenn G parallele Bögen enthält, dann kann das Problem der Zuverlässigkeitsberechnung vereinfacht werden, indem diese zunächst durch p-Reduktionen entfernt werden. Damit kann man den Algorithmus wie folgt formulieren:

E r z e u g u n g   a l l e r   e l e m e n t a r e r   P f a d e ;   e x p l i z i t e
V e r s i o n
Input: Zusammenhängender Graph G (Adjazenzliste) ohne parallele Bögen; zwei Knoten s, t, $s \neq t$;
Output: Liste aller elementarer Pfade zwischen s und t.
begin
    $Q := w_0; v(w_0) = s$;
    initialisiere Baum B mit $W = \{w_0\}, F = \emptyset$;
    while $Q \neq \emptyset$ **do**
      begin
        wähle $w \in Q$ und entferne w aus Q;
        if $v(w) = t$ **then** output elementarer Pfad $v(R(w))$
        else if $N(v(w)) - v(R(w)) \neq \emptyset$ **then**
          for all $v \in N(v(w)) - v(R(w))$ **do**
            begin
              füge w in B einen neuen Knoten u als Sohn bei;
              $v(u) := v$;
              $Q := Q + \{u\}$
            end
      end
end.

Man beachte, daß dieser Algorithmus die gesuchte Information, d. h. die Menge aller elementarer Pfade zwischen s und t, nicht nur explizit in Form einer Liste ausgibt, sondern diese zusätzlich noch implizit in Gestalt des Baums B erzeugt. Man könnte sogar auf die Ausgabe der Liste verzichten und als Ergebnis nur den Baum B konstruieren. Aus B kann dann falls nötig die explizite Liste jederzeit mit einem getrennten Programm erzeugt werden. Der folgende Satz stellt fest, daß jeder elementare Pfad von s nach t nach Ablauf des Algorithmus in B genau einmal zu finden ist.

Satz 1 *Der Rückweg* $v(R(w))$ *von jedem* B l a t t *w von B mit* $v(w) = t$ *stellt einen* e l e m e n t a r e n   P f a d *von s nach t dar, und jeder elementare Pfad von s nach t in G entspricht auf diese Weise einem und nur einem Blatt von B.*

B e w e i s. $v(R(w))$ ist ein Pfad von s nach t. Kein Knoten kann auf diesem Pfad mehrmals vorkommen, da in B bei einem Knoten w nur Söhne u dazukommen, für die $v(u) \notin v(R(w))$. Ist umgekehrt s, v_1, v_2, . . ., t ein elementarer Pfad von s nach t, dann muß der Teilpfad s, v_1 in B sein, denn v_1 ist ein Nachbar von s. Ist dann der Teilpfad s, v_1, . . ., v_{i-1} in B und v_{i-1} = $v(w)$, dann muß auch der Teilpfad s, v_1, . . ., v_{i-1}, v_i in B sein, weil v_i ein Nachbar von v_{i-1} ist, der nicht auf dem vorangehenden Teilpfad liegt und daher w einen Knoten u mit $v(u)$ = v_i als Sohn erhält. ■

Es soll nun der gleiche Algorithmus auch noch r e k u r s i v formuliert werden. Diese Formulierung ist ein direkter Ausdruck des eingangs des Abschnitts formulierten Grundansatzes, der selber schon rekursiver Natur ist. Es bezeichne p irgendeinen e l e m e n t a r e n P f a d (als Knotenfolge) von s zu einem beliebigen Knoten v, der aber t n i c h t enthält, außer eventuell als Endknoten (v = t). Der Endknoten sei auch mit v = v(p) bezeichnet. p = {s}, der Pfad, der nur aus s besteht, ist ein solcher Pfad. Es sei nun ferner P(p) die Menge aller elementaren Pfade von s nach t, die als Teilpfad p enthalten, also Fortsetzungen von p sind. Es gilt nun offensichtlich

$$P(p) = \{p\}, \quad \text{wenn } v(p) = t,$$

$$P(p) = \sum_{v \in N(v(p)) - p} P(p, v), \quad \text{wenn } v(p) \neq t \tag{1}$$

worin p, v den Pfad bezeichnet, den man erhält, wenn p von $v(p)$ bis zum nächsten Knoten v verlängert wird ($v(p, v) = v$). (1) bringt die R e k u r s i v i t ä t deutlich zum Ausdruck.

PATH(p) sei nun eine Prozedur, die P(p) erzeugen soll. Diese Prozedur kann man auf Grund von (1) wie folgt rekursiv definieren:

> **Procedure** PATH(p);
> **begin**
>   **if** $v(p)$ = t **then** output elementarer Pfad p
>   **else if** $N(v(p)) - p \neq \emptyset$ **then**
>   **for all** $v \in N(v(p)) - p$ **do** PATH(p, v)
> **end**.

Diese einfach und elegant formulierte Prozedur muß nur noch in einem Hauptprogramm mit p = {s} aufgerufen werden:

> E r z e u g u n g a l l e r e l e m e n t a r e r P f a d e , r e k u r s i v e
> V e r s i o n
> **Input:** Zusammenhängender Graph G, ohne parallele Bögen; zwei Knoten s, t;
> **Output:** Liste aller elementarer Pfade zwischen s und t.
> **begin**
>   PATH(s)
> **end**.

Solche rekursive Formulierungen bilden den Schlüssel, um auch schwierigere Erzeugungsprozesse einfach und verständlich zu formulieren, vergleiche dazu die zwei folgenden **Abschnitte**.

10.2   Erzeugung aller spannenden Bäume

Für ein Netzwerkproblem (G, K) mit K = V bilden die s p a n n e n d e n B ä u m e
von G die m i n i m a l e n V e r b i n d u n g e n. In diesem Abschnitt soll deshalb
die Erzeugung aller spannenden Bäume eines u n g e r i c h t e t e n, z u s a m m e n -
h ä n g e n d e n Graphen G = (V, E) besprochen werden. Der grundlegende Ansatz zur
Lösung dieses Problems ist ganz ähnlich demjenigen, der zur Erzeugung aller elementarer Pfade zwischen einem Knotenpaar im letzten Abschnitt geführt hat: Ist B = (V', E')
(V' $\subseteq$ V und E' $\subseteq$ E) ein T e i l b a u m von G, dann bilde man alle spannenden Bäume,
die B enthalten. Es sei T(G, B) die Menge aller spannenden Bäume in G, die B enthalten.
Der Teilbaum ({s}, $\emptyset$), der nur aus einem Knoten s $\in$ V besteht, ist in a l l e n spannenden Bäumen von G enthalten. Gesucht ist deshalb T(G, ({s}, $\emptyset$)).

Ist B ein Teilbaum eines Graphen G, dann bezeichne N(G, B) die Menge aller Bögen in G,
die einen Knoten aus B mit einem Knoten außerhalb B verbinden; N(G, B) = {e $\in$ E:
I(e) = {u, v}, u $\in$ V', v $\notin$ V'}. Ist B ein spannender Baum von G, dann gilt N(G, B) = $\emptyset$.
B + {e}, e $\in$ N(G, B), bezeichne schließlich den Baum, den man aus B erhält, wenn man
B den Bogen e und seinen Endknoten außerhalb V' beifügt.

Der rekursive Ansatz, der zur Lösung des gestellten Problems herbeigezogen werden
soll, beruht nun auf der folgenden Überlegung: Wenn e $\in$ N(G, B), dann enthält T(G, B)
alle spannenden Bäume, die B + {e} enthalten, T(G, B + {e}). Ist dann e' $\in$ N(G, B) − {e},
dann enthält T(G, B) weiter die Menge aller spannenden Bäume, die B + {e'}, aber
n i c h t e enthalten und wenn e'' $\in$ N(G, B) − {e, e'}, dann enthält T(G, B) auch alle
spannenden Bäume, die B + {e''}, aber n i c h t e und e' enthalten, etc. Die Menge aller
spannenden Bäume, die B + {e'}, aber nicht e enthalten, kann man erzeugen, wenn man
einfach in G den Bogen e entfernt. Diese Menge ist also nichts anderes, als T(G − {e},
B + {e'}). Ebenso ist die Menge aller spannenden Bäume, die B + {e''}, aber nicht {e, e'}
enthalten gleich T(G − {e, e'}, B + {e''}) etc. Alle diese Mengen sind d i s j u n k t
zueinander. Numeriert man die Bögen in N(G, B) mit $e_1, \ldots, e_r$, dann gilt

Lemma 1

$$T(G, B) = \{B\}, \textit{wenn } N(G, B) = \emptyset \; (\textit{d. h. wenn B ein spannender Baum ist});$$

$$T(G, B) = \sum_{i=1}^{r} T(G - \{e_1 e_2, \ldots, e_{i-1}\}, B + \{e_i\}), \textit{sonst.} \qquad (2)$$

B e w e i s. Ein spannender Baum, der B und e_k enthält, ist in

$$\sum_{i=1}^{k} T(G - \{e_1, e_2, \ldots, e_{i-1}\}, B + \{e_i\}) \qquad (3)$$

enthalten. Das gilt für k = 1, 2, . . ., r. Die rechte Seite von (2) enthält somit alle spannenden Bäume von G, die B und mindestens einen Bogen von N(G, B) enthalten. Jeder
spannende Baum von G, der B enthält, muß aber mindestens einen Bogen von N(G, V)
enthalten. Das beweist (2).   ∎

Das ist der rekursive Ansatz, der die Grundlage für die Erzeugung aller spannenden
Bäume bildet. Man beachte weiter noch, daß mit obiger (arbiträrer) Numerierung auch

$$e_i \in N(G - \{e_1, e_2, \ldots, e_{i-1}\}, B) \tag{4}$$

gilt.

Damit kann nun in Analogie zur Erzeugung aller elementarer Pfade im letzten Abschnitt
eine Prozedur TREE(G, B) spezifiziert werden, die alle spannenden Bäume in einem
Graphen G, die den Baum B enthalten, erzeugt. Diese Prozedur kann v e r s u c h s -
w e i s e nach dem Vorbild der rekursiven Prozedur im letzten Abschnitt definiert werden:

```
Procedure TREE(G, B);
begin
    if N(G, B) = Ø then output spannender Baum B
    else
        begin
            Q := N(G, B);
                while Q ≠ Ø do
                    begin
                        wähle e ∈ Q und entferne e aus Q;
                        TREE(G, B + {e});
                        G := G - {e}
                    end
        end
end;
```

Diese Prozedur muß in einem Hauptprogramm für den Graphen G mit einem Teilbaum
bestehend nur aus einem Knoten $s \in V$ aufgerufen werden:

```
E r z e u g u n g  a l l e r  s p a n n e n d e n  B ä u m e
Input: Zusammenhängender Graph G, ohne parallele Bögen;
Output: Liste aller spannender Bäume von G.
begin
    TREE(G, ({s}, Ø))
end.
```

Die obige Prozedur TREE hat wohl eine formal elegante Formulierung – ähnlich PATH
im vorangehenden Abschnitt –, ist aber in dieser Form leider nicht brauchbar. Bei
jedem rekursiven Aufruf von TREE ist nicht nur eine neue Kopie einer Datenstruktur
zur Beschreibung eines Baumes B, sondern auch eine Kopie einer Datenstruktur eines
Graphen G notwendig. Das führt rasch zu einer prohibitiven Speicherplatz-Belegung.

Es soll deshalb eine Variante des obigen Algorithmus gestaltet werden, die den aktuellen Graphen G und den aktuellen Baum B immer als g l o b a l e Datenstrukturen
bearbeitet. Das setzt voraus, daß die Änderungen von G (Entfernung von Bögen) und
die Änderungen von B (Beifügung von Bögen) so durchgeführt werden, daß die ursprünglichen Strukturen G und B wieder rekonstruiert werden können. Auch die Liste Q soll
global geführt werden. Dann braucht nicht jeder Aufruf der Prozedur TREE seine

eigene Kopie von G, B und Q zu erzeugen, und das Problem des Speicherplatzes stellt sich nicht mehr.

Wie oben soll Q — neben anderen — jederzeit die Liste der Bögen von N(G, B) für den gerade aktuellen Graphen G und den aktuellen Baum B enthalten. Q soll als LIFO-Liste (siehe Abschnitt 2.4) geführt werden. Sind die Bögen von Q mit $e_1, e_2, \ldots, e_q, q = |Q|$ numeriert, dann wird jeweils der l e t z t e Bogen e_q als nächster B beigefügt (und dann aus G entfernt). Die Bögen von N(G, B) sollen ferner die l e t z t e n in dieser Liste sein. Das kann dadurch gesichert werden, daß der Baum B in der Art der D e p t h - F i r s t - S u c h e als gerichteter Baum (siehe Abschnitt 2.4) entwickelt wird: Ist $I(e_i) = \{u_i, v_i\}$, $u_i \in B$, dann soll u_j ein Nachkomme von u_i in B sein, wenn $j \geqslant i$ ist. Durch diese Forderung ist gesichert, daß die Bögen von N(G, B) am Schluß in der Liste Q zu finden sind.

Wenn nun N(G, B) nur einen e i n z i g e n Bogen e enthält, dann ist $G - \{e\}$ nicht mehr zusammenhängend. Ein Bogen, der allein eine Bogen-Schnittmenge bildet, wird eine B r ü c k e genannt; das ist ein ähnlicher Begriff wie derjenige eines Schnittknotens. Man erkennt also, daß alle Bögen von N(G, B) abgearbeitet worden sind, wenn der letzte Bogen in Q eine Brücke im aktuellen Graphen ist. In diesem Moment ist der aktuelle Graph gleich $G - N(G, B)$.

Nun kann die neue Version der rekursiven Prozedur TREE formuliert werden. Sie arbeitet auf den globalen Strukturen G, B und Q und benötigt deshalb keine Parameter mehr. Beim Aufruf einer Prozedur TREE trifft diese bestimmte Strukturen G, B und Q an. Es soll nun noch festgelegt werden, daß TREE so zu gestalten ist, daß nach der Ausführung der Prozedur wieder g e n a u d i e g l e i c h e n Strukturen G, B und Q vorhanden sind. Um dieser Spezifikation zu genügen, ist es noch erforderlich, eine (lokale) LIFO-Liste Q1 einzuführen, in der die aus Q entfernten Bögen eingebracht werden und aus der sie am Schluß zur Rekonstruktion von Q und G wieder entnommen werden können.

```
Procedure TREE;
begin
    if N(G, B) = Ø then output spannender Baum B
    else
        begin
            while G zusammenhängend do
                begin
                    e := letztes Element von Q;
                    Q := Q − {e};
                    w := Endknoten von e der nicht in B ist;
                    B := B + {e};
                    füge N = {e ∈ E: I(e) = {w, v}, v nicht in B} bei Q hinten an;
                    entferne M = {e ∈ E: I(e) = {u, w}, u in B} aus Q;
                    TREE;
                    entferne N aus Q;
                    füge e' ∈ M in genau der Reihenfolge, in der die Bögen oben
                    aus Q entfernt wurden, wieder Q bei;
```

```
                    entferne e aus B und G;
                    füge e der Liste Q1 hinten an
            end
        while Q1 ≠ ∅ do
            begin
                e := letztes Element von Q1;
                Q1 := Q1 − {e};
                füge e der Liste Q hinten an;
                G := G + {e}
            end
        end
    end.
```

Die erste **while**-Schleife hier entspricht der **while**-Schleife in der ersten Version von TREE. Die **while**-Schleife am Schluß von TREE in der letzten Version dient der Rekonstruktion von G und Q in die identische Form wie beim Aufruf. Der Test, ob e eine Brücke im aktuellen Graphen G ist, kann dadurch geschehen, daß überprüft wird, ob $G - \{e\}$ noch z u s a m m e n h ä n g e n d ist. Dafür kann ein Suchverfahren wie in Abschnitt 2.4 beschrieben eingesetzt werden.

Diese neue Version von TREE muß wieder in einem Hauptprogramm ähnlich dem obigen aufgerufen werden. Dabei muß nur $Q := N(s)$ mit den Nachbarn von einem beliebigen Knoten s von G initialisiert werden, und B soll der Baum sein, bestehend nur aus dem Knoten s.

Es soll nun gezeigt werden, daß dieser Algorithmus tatsächlich alle spannenden Bäume von G erzeugt. Dazu wird zuerst bewiesen, daß die Liste Q in der Tat die oben verlangten Eigenschaften besitzt.

Lemma 2 *Enthält die Liste Q die Folge* $e_1, e_2, \ldots, e_q$, $q = |Q|$, $I(e_i) = \{u_i, v_i\}$, $u_i \in V'$ *(Knoten des aktuellen Baumes B), dann ist* u_j *ein Nachkomme von* u_i *im Baum, wenn* $j \geqslant i$, *und Q enthält alle Bögen* $e \in N(G, B)$.

B e w e i s. Der Beweis erfolgt durch Induktion. Zu Beginn besteht B nur aus dem Knoten s und Q aus allen Bögen I(s), die inzident zu s sind. Diese Liste Q erfüllt also die Behauptung. Q erfülle die Behauptung ferner beim A u f r u f von TREE. Dann kann zunächst festgestellt werden, daß nach Ausführung von TREE die Strukturen G, B und Q wieder hergestellt worden sind wie beim Aufruf. Betrachtet man nun den ersten Aufruf von TREE in der ersten **while**-Schleife, dann sieht man leicht, daß Q immer noch die Behauptung erfüllt. Q erfülle sie nun auch beim $(i.-1)$-ten Aufruf von TREE in der **while**-Schleife. Dann gilt die Behauptung für Q nach obiger Bemerkung auch nach Ausführung dieses Aufrufs von TREE: Im Rest der **while**-Schleife wird Q wieder so hergerichtet wie zu Beginn des vorhergehenden Durchlaufs, außer daß das letzte Element aus Q entfernt wird; das gleiche Element wird aber auch aus G entfernt. Folglich gilt dann die Behauptung für Q auch beim i-ten Aufruf von TREE, also bei allen Aufrufen von TREE in der **while**-Schleife und folglich überhaupt immer im Algorithmus. ∎

Satz 1 *Der obige Algorithmus erzeugt alle spannenden Bäume von G.*

B e w e i s. Der ursprüngliche Graph habe $|V| = n$ Knoten. Es bezeichne G und B den aktuellen Graphen und aktuellen Baum bei einem Aufruf von TREE. Wenn B ein spannender Baum von G ist, dann erzeugt TREE genau $T(G, B) = \{B\}$. Das ist die Induktionsverankerung. Es wird nun die Induktionsvoraussetzung gemacht, daß TREE alle spannenden Bäume in $T(G, B)$ erzeuge, wenn B mehr als i ($< n$) Knoten habe. Wird TREE aufgerufen mit einem Baum B mit i Knoten, dann wird in der **while**-Schleife TREE für den Baum $B + \{e_i\}$ (mit $i + 1$ Knoten) und den Graphen $G - \{e_1, \ldots, e_{i-1}\}$ aufgerufen, und zwar nach Lemma 2 für alle Bögen $e_i \in N(G, B)$. Nach Induktionsvoraussetzung wird dabei $T(G - \{e_1, \ldots, e_{i-1}\}, B + \{e_i\})$ erzeugt. Dann folgt aus Lemma 1, daß beim Aufruf von TREE $T(G, B)$ erzeugt wird, und TREE erzeugt somit auch alle spannenden Bäume, die Bäume B mit i Knoten enthalten ($i = n, n - 1, \ldots, 1$). Im Hauptprogramm wird TREE aber mit dem ursprünglichen Graphen G und einem Baum, bestehend aus nur einem Knoten, aufgerufen. Da dieser in jedem spannenden Baum sein muß, und TREE nach obigem bei diesem Aufruf $T(G, (\{s\}, \emptyset))$ erzeugt, folgt die Behauptung. ∎

(1) Dieser Algorithmus sei noch an einem ganz einfachen Beispiel illustriert. Es wird der Graph in Abb. 1 betrachtet. In der Tabelle 1 sind dann pro Zeile die aktuellen Strukturen B, G und Q (als Listen von Bögen) jeweils bei einem Aufruf von TREE eingeschrieben. In der Spalte für Q sind auch in Klammern die Mengen M angegeben, die eventuell vorher aus Q entfernt worden sind, aber nach Ablauf der Prozedur wieder eingefügt werden. In der Spalte für B wird durch E i n r ü c k e n des Textes zum Ausdruck gebracht, auf welcher „Tiefe" der Rekursion der entsprechende Aufruf von TREE erfolgt (ein Einrücken: TREE ruft TREE, zwei Einrücken: TREE ruft TREE ruft TREE etc.). Eine ausgezogene Linie markiert den Abschluß einer Ausführung einer Prozedur TREE. Es ist im Beispiel angenommen, daß die Bögen jeweils mit steigendem Index Q angefügt werden; die Bögen mit höherem Index werden daher zuerst behandelt.

Die erste Zeile entspricht dem Aufruf von TREE im Hauptprogramm. B enthält dann noch keinen Bogen; der Knoten s ist in Abb. 1 angegeben. Dann wird TREE aufgerufen mit dem Baum B, der e_2 enthält, dann mit dem Baum B, der $\{e_2, e_5\}$ enthält etc. Beim vierten Aufruf von TREE ist B ($\{e_2, e_5, e_4\}$) ein spannender Baum, es findet keine Rekursion statt, und eine erste Prozedur TREE wird abgeschlossen, bevor der nächste Aufruf stattfindet. Dabei findet die Reduktion von G zu $G - \{e\}$ (hier mit $e = e_4$) statt etc.

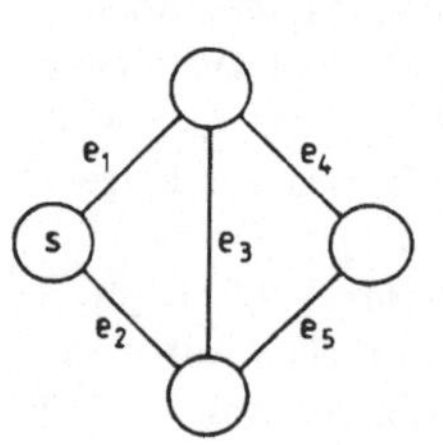

Abb. 1

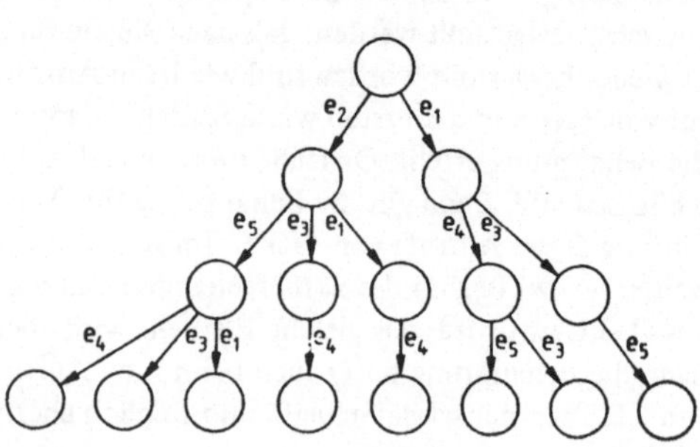

Abb. 2

Tab. 1

	B	G	Q	
(1)	—	e_1, e_2, e_3, e_4, e_5	e_1, e_2	
(2)	e_2		e_1, e_3, e_5	
(3)	e_2, e_5		e_4	(e_1, e_3)
(4)	e_2, e_5, e_4		—	
(4)				
(5)	e_2, e_5, e_3	e_1, e_2, e_3, e_5	—	(e_1)
(5)				
(6)	e_2, e_5, e_1	e_1, e_2, e_5	—	(e_1)
(6)				
(3)				
(7)	e_2, e_3	e_1, e_2, e_3, e_4	e_4	(e_1)
(8)	e_2, e_3, e_4		—	
(8)				
(7)				
(9)	e_2, e_1	e_1, e_2, e_4	e_4	
(10)	e_2, e_1, e_4		—	
(10)				
(9)				
(2)				
(11)	e_1	e_1, e_3, e_4, e_5	e_3, e_4	
(12)	e_1, e_4		e_5	(e_3)
(13)	e_1, e_4, e_5		—	
(13)				
(14)	e_1, e_4, e_3	e_1, e_3, e_4	—	
(14)				
(12)				
(15)	e_1, e_3	e_1, e_3, e_5	e_5	
(16)	e_1, e_3, e_5	—		(e_5)
(16)				
(15)				
(11)				
(1)				

Der Ablauf dieser Rekursion kann (wie jede Rekursion) auch durch einen W u r z e l -
b a u m dargestellt werden. Jeder Knoten entspricht einem Aufruf von TREE, der
erste Aufruf im Hauptprogramm entspricht der W u r z e l. Ein Knoten u wird zu
einem S o h n eines anderen Knotens v, wenn er einem Aufruf von TREE in der Prozedur TREE, die dem Knoten v zugehört, entspricht. Der Verbindungsbogen kann
durch den Bogen e, der bcim Aufruf des Sohns neu zum Baum B kommt, gezeichnet
werden, siehe Abb. 2. Dieser Wurzelbaum ist übrigens schon in der B-Spalte der Tabelle 1
deutlich erkennbar. Jedes Blatt entspricht offenbar einem spannenden Baum, und die
Bögen dieses spannenden Baumes findet man als Kennzeichen der Bögen des R ü c k -
w e g e s vom Blatt zur Wurzel. Man findet hier also letztlich eine völlig analoge Situation wie bei der Erzeugung der elementaren Wege im vorangehenden Abschnitt wieder.

10.3   Erzeugung von Bogen-Schnittmengen

Ist (G, K) ein Netzwerkproblem, bei dem $G = (V, E)$ ein u n g e r i c h t e t e r ,
z u s a m m e n h ä n g e n d e r Graph ist und $K = \{s, t\}$, dann sind die m i n i m a -
l e n T r e n n u n g e n dieses Systems die m i n i m a l e n s-t-S c h n i t t e . Deshalb
soll in diesem Abschnitt die Erzeugung aller minimaler Bogen-Schnittmengen, die zwei
gegebene Knoten s und t trennen, besprochen werden. Zur Lösung dieser Aufgabe sind
zunächst einige vorbereitende Lemmata notwendig.

Das erste gibt eine einfache und sehr nützliche Kennzeichnung von minimalen Bogen-
Schnittmengen. Ist $X \subseteq V$ eine Teilmenge der Knoten von G, dann sei $E(X)$ die Menge
aller Bögen, die Knoten von X verbinden, und $G(X) = (X, E(X))$ der Teilgraph von G
mit den Knoten X und den Bögen $E(X)$. Aus Abschnitt 3.1 wird in Erinnerung gerufen,
daß $(X, \overline{X})$ die Menge aller Bögen bezeichnet, die Knoten von X mit Knoten von $\overline{X}$ verbindet.

Lemma 1 *Ist* $G = (V, E)$ *ein zusammenhängender Graph und* $X \subset V$, *dann ist* $(X, \overline{X})$
dann und nur dann eine m i n i m a l e B o g e n - S c h n i t t m e n g e *von* G, *wenn*
$G(X)$ *und* $G(\overline{X})$ *zusammenhängend sind.*

B e w e i s . Sind $G(X)$ und $G(\overline{X})$ zusammenhängend, dann ist $(X, \overline{X})$ eine Bogen-Schnittmenge und offensichtlich minimal.

Ist dagegen $G(X)$ nicht zusammenhängend, $s \in X$, $t \in \overline{X}$, dann sei $G(X_1)$ eine Zusammenhangskomponente von $G(X)$, die s nicht enthält. Dann muß es in $(X, \overline{X})$ einen
Bogen e von X_1 nach $\overline{X}$ geben, weil G zusammenhängend ist. $(X, \overline{X}) - \{e\}$ trennt aber s
und t immer noch, weil jeder Pfad von s nach t zuerst nach $\overline{X}$ gehen muß, bevor er eventuell nach X_1 kommt. Er kann daher durch einen Bogen aus $(X, \overline{X}) - \{e\}$ getrennt werden. $(X, \overline{X})$ ist daher keine minimale Bogen-Schnittmenge. Ein analoges Argument gilt
auch, wenn $G(\overline{X})$ nicht zusammenhängend ist. ■

Es bezeichne $C(s, t)$ die Menge aller minimalen s-t-Schnitte. s und t werden im folgenden
festgehalten. Sind $S, T \subseteq V$ zwei d i s j u n k t e Knotenmengen mit $s \in S$ und $t \in T$,
dann sei $C(S, T) = \{(X, \overline{X}) \in C(s, t): S \subseteq X \text{ und } T \subseteq \overline{X}\}$ (vergleiche Lemma 3.1.2). Das
folgende Lemma enthält nun die Rekursionsformel, die der Erzeugung aller minimalen
s-t-Schnitte zu Grunde gelegt werden kann.

Lemma 2 *Für alle* $v \in V - (S + T)$ *gilt*

$$C(S, T) = C(S + \{v\}, T) + C(S, T + \{v\}). \tag{1}$$

B e w e i s . Ist der minimale s-t-Schnitt $(X, \overline{X}) \in C(S + \{v\}, T)$, dann gilt $S + \{v\} \subseteq X$,
$T \subseteq \overline{X}$, also $T + \{v\} \not\subseteq \overline{X}$ und daher $(X, \overline{X}) \notin C(S, T + \{v\})$. Daraus erkennt man, daß
$C(S + \{v\}, T)$ und $C(S, T + \{v\})$ d i s j u n k t sind.
Ebenso folgt aus $(X, \overline{X}) \in C(S + \{v\}, T)$ oder $(X, \overline{X}) \in C(S, T + \{v\})$ daß $(X, \overline{X}) \in C(S, T)$.
Umgekehrt gilt für alle $v \in V - (S + T)$ und $(X, \overline{X}) \in C(S, T)$ entweder $v \in X$ und
$S + \{v\} \subseteq X$, $T \subseteq \overline{X}$ und $(X, \overline{X}) \in C(S + \{v\}, T)$ oder $v \in \overline{X}$, $S \subseteq X$, $T + \{v\} \subseteq \overline{X}$ und
$(X, \overline{X}) \in C(S, T + \{v\})$. ■

Die Idee des Algorithmus ist bereits in (1) enthalten: Zur Bestimmung von $C(S, T)$ bestimme man für ein $v \in V - (S + T)$ die beiden Mengen $C(S + \{v\}, T)$ und $C(S, T + \{v\})$. Es kann dabei aber sein, daß eine dieser Mengen leer wird. Man betrachte z. B. den Graphen in Abb. 1. Wenn $S = \{s, 2, 4\}$, $T = \{1, t\}$ und $v = 3$, dann wird $C(S + \{v\}, T)$ l e e r, denn außer $X = S + \{v\}$ gibt es keine andere Menge X, so daß $S + \{v\} \subseteq X$, $T \subseteq \overline{X}$.

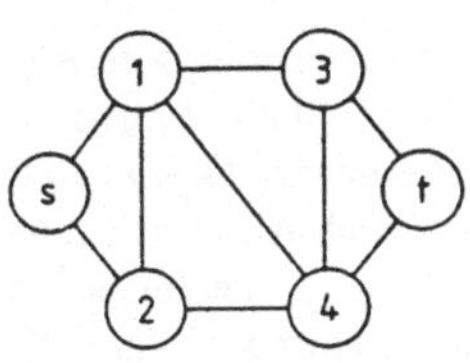

Abb. 1

$(S + \{v\}, \overline{S} - \{v\})$ ist aber k e i n minimaler s-t-Schnitt, da $\overline{S} - \{v\}$ nicht zusammenhängend ist, $(S + \{v\}, \overline{S} - \{v\}) \notin C(s, t)$. Es wird im Algorithmus wichtig sein, schnell und einfach zu erkennen, wann eine solche Situation eintritt, damit man sich keine Mühe macht, eine leere Menge zu bestimmen. Das nächste Lemma hilft dabei:

Lemma 3 *Ist G(S) zusammenhängend und G(W) die Zusammenhangskomponente von* $G(\overline{S})$, *die t enthält, dann ist* $C(S, T) \neq \emptyset$ *dann und nur dann, wenn* $T \subseteq W$.

B e w e i s. Ist $C(S, T) \neq \emptyset$, dann gibt es einen minimalen s-t-Schnitt $(X, \overline{X})$ mit $T \subseteq \overline{X} \subseteq \overline{S}$, $G(\overline{X})$ ist zusammenhängend (Lemma 1) und daher $t \in \overline{X} \subseteq W$, also $T \subseteq W$.

Ist umgekehrt $T \subseteq W$, dann genügt es zu zeigen, daß $G(\overline{W})$ zusammenhängend ist; dann ist nämlich $(\overline{W}, W)$ nach Lemma 1 ein minimaler s-t-Schnitt und daher $(\overline{W}, W) \in C(S, T)$. Sind $u, v \in \overline{W}$, dann gibt es in G einen Pfad von u nach v, weil G zusammenhängend ist. Sind $v_1, v_2 \in \overline{W}$ zwei Knoten des Pfades derart, daß das Pfadstück z w i s c h e n diesen beiden Knoten in W verläuft, dann gilt $v_1, v_2 \in S$, denn sonst wäre W keine (maximale) Zusammenhangskomponente. G(S) ist aber zusammenhängend, und die beiden Knoten v_1, v_2 können durch einen Pfad ganz in $S \subseteq \overline{W}$ verbunden werden. Daher gibt es einen Pfad zwischen u und v in $G(\overline{W})$, und $G(\overline{W})$ ist in der Tat zusammenhängend. ∎

Es ist ferner klar, daß $C(S, T)$ nicht leer ist, wenn G(S) und $G(\overline{S})$ zusammenhängend sind, denn dann ist nach Lemma 1 $(S, \overline{S})$ ein minimaler s-t-Schnitt und $T \subseteq \overline{S}$, also $(S, \overline{S}) \in C(S, T)$. Es ist aber nicht gesagt, daß $G(\overline{S} - \{v\})$ zusammenhängend ist, selbst wenn G(S) und $G(\overline{S})$ es sind. v könnte ja ein Schnittknoten in $G(\overline{S})$ sein. Daher hat man auf diese Weise in der Rekursion (1) noch keine Gewähr, daß $C(S + \{v\}, T)$ nicht leer wird. Das folgende Lemma zeigt aber, wie man (zusammen mit Lemma 3) dieses Dilemma überwinden kann.

Lemma 4 *Ist G(S) zusammenhängend,* $G(\overline{S})$ *nicht zusammenhängend,* G(W) *die Zusammenhangskomponente von* $G(\overline{S})$, *die t enthält, dann ist* $G(\overline{W})$ *zusammenhängend, und es gilt*

$$C(S, T) = C(\overline{W}, T), \tag{2}$$

wenn $T \subseteq W$.

B e w e i s. Wenn $T \subseteq W$, dann folgt, daß $G(\overline{W})$ zusammenhängend ist wie im zweiten Teil des Beweises von Lemma 3. Ist $(X, \overline{X}) \in C(\overline{W}, T)$, dann folgt $\overline{W} \subseteq X$, $T \subseteq \overline{X}$ und wegen $S \subseteq \overline{W}$ auch $(X, \overline{X}) \in C(S, T)$. Ist umgekehrt $(X, \overline{X}) \in C(S, T)$, also $T \subseteq \overline{X} \subseteq \overline{S}$, dann ist weiter nach Lemma 1 $G(\overline{X})$ zusammenhängend und deshalb $\overline{X} \subseteq W$ oder $\overline{W} \subseteq X$. Daher gilt $(X, \overline{X}) \in C(\overline{W}, T)$. ∎

Kommt man also im Algorithmus zu einem Punkt, an dem man feststellt, daß $G(\overline{S} - \{v\})$ nicht zusammenhängend ist, dann konstruiert man die Zusammenhangs-komponente $G(W)$ von $G(\overline{S} - \{v\})$, die t enthält (mit einem effizienten Suchalgorithmus nach Abschnitt 2.4). Ist dann $T \subseteq W$, dann kann man nach Lemma 4 statt $C(S + \{v\}, T)$ ebensogut $C(\overline{W}, T)$ bestimmen. Ist dagegen $T \cap \overline{W} \neq \emptyset$, dann weiß man nach Lemma 3, daß $C(S + \{v\}, T)$ l e e r ist.

Das nächste Lemma gibt schließlich noch eine weitere Bedingung, die es gestattet, die Rekursion abzubrechen, nämlich dann, wenn $C(S, T)$ nur eine einzige minimale s-t-Bogen Schnittmenge enthält. Es wird dazu die Menge $N(S)$ aller Knoten, die durch einen Bogen mit Knoten von S verbunden sind, benötigt,

$$N(S) = \bigcup_{v \in S} N(v), \quad \text{wobei } N(v) = \{u: \text{es existiert } e : I(e) = \{u, v\}\}. \tag{3}$$

$N(S) - S$ sind dann alle Nachbarknoten von Knoten in S, die nicht in S liegen.

Lemma 5 *Sind* $G(S)$ *und* $G(\overline{S})$ *zusammenhängend und ist* $N(S) - S \subseteq T$, *dann ist* $C(S, T) = \{(S, \overline{S})\}$.

B e w e i s. Nach Lemma 1 ist $(S, \overline{S})$ in $C(S, T)$. Gäbe es einen weiteren, minimalen s-t-Schnitt $(X, \overline{X})$ in $C(S, T)$, $X \neq S$, dann wäre $G(X)$ nach Lemma 1 zusammenhängend, und mindestens ein $v \in N(S) - S$ müßte in X sein, dann könnte aber nicht $T \subseteq \overline{X}$ gelten. Das ist ein Widerspruch, und $C(S, T)$ kann daher keine weitere minimale Bogen-Schnitt-menge enthalten. ∎

Damit ist jetzt der Algorithmus klar vorgezeichnet. Es wird eine Prozedur CUT(S, T) spezifiziert, die alle Mengen von $C(S, T)$ erzeugen soll. Diese Prozedur wird rekursiv nach (1) unter Beachtung von Lemmata 3, 4 und 5 definiert:

```
Procedure CUT(S, T);
begin
    if N(S) − S ⊆ T then output minimaler s-t-Schnitt (S, S̄)
    else
        begin
            wähle v ∈ (N(S) − S) − T;
            if G(S̄ − {v}) zusammenhängend then CUT(S + {v}, T)
            else
                begin
                    bestimme Zusammenhangskomponente G(W) von
                    G(S̄ − {v}), die t enthält;
                    if T ⊆ W then CUT(W̄, T)
                end;
```

$$\text{CUT}(S, T + \{v\})$$
end
  end;

Diese Prozedur ist in einem Hauptprogramm aufzurufen, um $C(s, t)$ zu bestimmen. Man kann dabei einfach $S = \{s\}$ und $T = \{t\}$ wählen. Es ist einzig zu beachten, daß s unter Umständen ein Schnittknoten von G ist. Dann ist $G - \{s\} = G(\bar{S})$ nicht zusammenhängend. In diesem Fall ist Lemma 4 anzuwenden:

> A u f z ä h l u n g   a l l e r   m i n i m a l e r   s-t-B o g e n-S c h n i t t m e n g e n
> **Input**: Zusammenhängender Graph G ohne parallele Bögen;
> zwei Knoten $s, t, s \neq t$;
> **Output**: Liste aller minimaler s-t-Bogen-Schnittmengen.
> **begin**
>   bestimme Zusammenhangskomponente $G(W)$, die t enthält in
> $G - \{s\}$;
> $\text{CUT}(\bar{W}, \{t\})$
> **end**.

Dieser Algorithmus gibt das gewünschte Resultat:

Satz 1 *In obigem Algorithmus werden alle minimalen s-t-Bogen-Schnittmengen von G erzeugt.*

B e w e i s. Es wird gezeigt, daß $\text{CUT}(S, T)$ die Menge $C(S, T)$ erzeugt. Dann erzeugt im Hauptprogramm $\text{CUT}(\bar{W}, \{t\})$ die Menge $C(\bar{W}, \{t\}) = C(\{s\}, \{t\}) = C(s, t)$, und zwar nach Lemma 4, wenn $G - \{s\}$ nicht zusammenhängend ist; andernfalls gilt $\bar{W} = \{s\}$.

Bei jedem Aufruf von CUT (im Hauptprogramm oder in CUT selber) ist $G(S)$ und $G(\bar{S})$ z u s a m m e n h ä n g e n d und daher $C(S, T)$ nicht leer. Der Beweis wird nun durch vollständige Induktion nach der Mächtigkeit von $C(S, T)$ geführt. Als Induktionsverankerung wird zuerst gezeigt, daß $\text{CUT}(S, T)$ richtig funktioniert, wenn $C(S, T)$ nur ein einziges Element enthält. Dieses muß dann $(S, \bar{S})$ sein. Ist $N(S) - S \subseteq T$, dann bricht $\text{CUT}(S, T)$ richtig ab. Sonst ist für ein $v \in N(S) - S - T$ im hier betrachteten Fall $C(S, T) = C(S, T + \{v\})$, und es muß nach Lemma 2 $C(S + \{v\}, T) = \emptyset$ sein. Insbesondere ist $\bar{S} - \{v\}$ nicht zusammenhängend, denn sonst wäre $(S + \{v\}, \bar{S} - \{v\})$ ein weiteres Element von $C(S, T)$ bzw. ein Element von $C(S + \{v\}, T)$. Ferner kann auch nicht $T \subseteq W$ sein, wenn $G(W)$ die Zusammenhangskomponente von $G(\bar{S} - \{v\})$ ist, die t enthält, denn sonst wäre $C(S + \{v\}, T)$ erneut nicht leer. Also wird nur $\text{CUT}(S, T + \{v\})$ aufgerufen und dasselbe wiederholt sich, bis T soweit zugenommen hat, daß $N(S) - S \subseteq T$. Dann bricht CUT richtig ab.

Es wird als Induktionsvoraussetzung nun angenommen, daß $\text{CUT}(S, T)$ korrekt $C(S, T)$ erzeuge, wenn $|C(S, T)| < n$. Sind nun S, T zwei Mengen, derart, daß $|C(S, T)| = n$, wird $v \in (N(S) - S) - T$ ausgewählt und hat $G(\bar{S} - \{v\})$ eine Zusammenhangskomponente, die T enthält, dann müssen nach Lemmata 2, 3, 4 $C(S + \{v\}, T)$ oder $C(\bar{W}, T)$ und $C(S, T + \{v\})$ weniger als n Schnitte enthalten, und die beiden Mengen werden durch die entsprechenden Aufrufe von CUT korrekt erzeugt. Nach Lemma 2 erzeugt dann aber auch $\text{CUT}(S, T)$ korrekt $C(S, T)$. Hat jedoch $G(\bar{S} - \{v\})$

keine Zusammenhangskomponente, die T enthält, dann gilt $C(S, T) = C(S, T + \{v\})$ (Lemmata 2 und 3); $CUT(S, T)$ ruft nur $CUT(S, T + \{v\})$ auf. Wenn zu T immer mehr Knoten kommen, dann muß schließlich einmal $C(S + \{v\}, T)$ nicht leer werden, und in diesem Moment gilt wieder das obige Argument. Daraus folgt, daß $CUT(S, T)$ auch in diesem Fall korrekt $C(S, T)$ erzeugt, und das beweist, daß $CUT(S, T)$ in obigem Algorithmus immer $C(S, T)$ erzeugt. ∎

Zur Illustration sei ein einfaches Beispiel betrachtet:

(1) Die minimalen s-t-Bogen-Schnittmengen im Graph der Abb. 1 sollen mit Hilfe des obigen Algorithmus erzeugt werden. In der Tabelle 1 ist der Ablauf des Algorithmus ähnlich wie in Tabelle 1 des vorangehenden Abschnitts dargestellt. Jede Zeile entspricht einem Aufruf von CUT, und es ist angegeben, welches die Mengen S und T beim Aufruf sind. Die Einrückungen zeigen erneut, in welcher „Tiefe" der Rekursion der betreffende Aufruf erfolgt. Aufrufe, denen keine weiteren Aufrufe folgen, stellen minimale Bogen-Schnittmengen dar (in Tabelle 1 unterstrichen). Aufrufe, denen nur ein Aufruf folgt, stellen Beispiele dar, bei denen nur $CUT(S, T + \{v\})$ aufgerufen wird.

Man erkennt hier erneut die Struktur eines W u r z e l b a u m e s , wie schon bei den Erzeugungsalgorithmen der beiden vorangehenden Abschnitte. Knoten stellen Aufrufe von CUT dar, die Wurzel den ersten Aufruf von CUT im Hauptprogramm. Ein Knoten kann in diesem Algorithmus höchstens z w e i Söhne haben, die die beiden rekursiven Aufrufe von CUT in CUT darstellen. Es handelt sich also um einen b i n ä r e n Baum. Der erste Aufruf von $CUT(S + \{v\}, T)$ oder $CUT(\overline{W}, T)$ wird als l i n k e r Sohn betrach-

Tab. 1

```
s/t
   s, 1/t
      s, 1, 2/t
         s, 1, 2, 3/t
            s, 1, 2, 3, 4/t
            s, 1, 2, 3/4, t
         s, 1, 2/3, t
            s, 1, 2, 4/3, t
            s, 1, 2/3, 4, t
      s, 1/2, t
         s, 1, 3/2, t
            s, 1, 3/2, 4, t
         s, 1/2, 3, t
            s, 1/2, 3, 4, t
   s/1, t
      s, 2/1, t
         s, 2, 4/1, t
            s, 2, 4/1, 3, t
      s, 2/1, 4, t
   s/1, 2, t
```


Abb. 2

tet, der zweite Aufruf von CUT(S, T + {v}) als rechter Sohn. Die beiden Verbindungen werden mit dem Knoten v gezeichnet (siehe Abb. 2). Alle Knoten des Wurzelbaumes, die nicht Blätter sind, haben einen r e c h t e n Sohn. Alle B l ä t t e r des Wurzelbaumes entsprechen minimalen s-t-Schnitten $(X, \overline{X})$. X erhält man als Menge aller Knoten, die auf dem R ü c k w e g vom Blatt zur Wurzel Verbindungen zu l i n k e n Söhnen kennzeichnen, und $\overline{X}$ als Menge aller Knoten, die Verbindungen zu r e c h t e n Söhnen kennzeichnen. Man könnte sich also auch damit begnügen, diesen Baum zu konstruieren, statt die minimalen Schnittmengen aufzulisten.

Kommentar zum Kapitel 10

Die Erzeugung aller e l e m e n t a r e n P f a d e wird in den Arbeiten von K i m , C a s e , G h a r e (1972) und N e l s o n , B a t t s , B e a d l e s (1970) beschrieben und im Überdeckungsverfahren zur Zuverlässigkeitsberechnung angewandt.

Der Algorithmus zur Erzeugung aller spannender Bäume des Abschnitts 10.2 stammt von G a b o w , M y e r s (1978). R e a d , T a r j a n (1975) beschreiben ebenfalls Algorithmen zur Erzeugung von Pfaden und spannenden Bäumen.

Die Aufzählung aller m i n i m a l e r B o g e n - S c h n i t t m e n g e n wird von J e n s e n , B e l l m o r e (1969) skizziert. T s u k i y a m a , S h i r a k a w a , O z a k i , A r i y o s h i (1980) diskutieren das Problem systematisch und vergleichen zwei Algorithmen dazu.

11 Zerlegungsverfahren

11.1 Intervall-Zerlegungen für kohärente Systeme

Zerlegungsverfahren wurden im Abschnitt 7.1 eingeführt. Es wird eine Zerlegung des Ereignisses, daß ein System funktioniert, in disjunkte Ereignisse gesucht. Kann man die Wahrscheinlichkeiten dieser Ereignisse einfach berechnen, dann ergibt sich die Wahrscheinlichkeit, daß das System funktioniert einfach als Summe der Wahrscheinlichkeiten der Ereignisse der Zerlegung. Alle Zustände des Systems, für die das System intakt ist, bilden bereits eine solche Zerlegung, siehe (7.1.3). Man ist aber daran interessiert, Zerlegungen zu finden, die viel weniger Ereignisse enthalten als diese t r i v i a l e Zerlegung. Es gibt grundsätzlich zwei Ansätze, um solche Zerlegungen zu konstruieren. Beim einen Ansatz geht man von den m i n i m a l e n V e r b i n d u n g e n oder den m i n i m a l e n T r e n n u n g e n eines monotonen Systems aus. Die entsprechenden Ereignisse bilden eine Überdeckung des gesuchten Ereignisses, vergleiche dazu den Abschnitt 7.1. Man versucht dann, daraus eine Zerlegung zu bilden. Im zweiten Ansatz erzeugt man eine Zerlegung d i r e k t aus der Problemstellung, ohne zuerst die m i n i m a l e n V e r b i n d u n g e n oder m i n i m a l e n T r e n n u n g e n zu erzeugen.

In diesem Abschnitt wird eine Methode der zweiten Art für allgemeine monotone Systeme (B, S) dargestellt. Im folgenden Abschnitt wird diese Methode dann speziell auf Netzwerkprobleme angewandt. Im Abschnitt 11.3 schließlich wird eine Methode der ersten Art vorgestellt, die eine Zerlegung an Hand der minimalen Trennungen von Netzwerkproblemen bildet.

(B, S) sei ein k o h ä r e n t e s , monotones System und $U \subseteq V \subseteq B$ zwei Teilmengen von B. $\langle U, V \rangle = \{A \subseteq B: U \subseteq A \subseteq V\}$ ist die Familie aller Teilmengen von B, die U enthalten und in V enthalten sind. Eine solche Familie von Teilmengen von B wird ein I n t e r v a l l genannt. Einem Intervall $\langle U, V \rangle$ entspricht das E r e i g n i s (U, V), daß alle Elemente $b \in U$ i n t a k t und alle Elemente $b \in \overline{V}$ a u s g e f a l l e n sind,

$$(U, V) = \{x: M(x) \in \langle U, V \rangle\}. \tag{1}$$

Die früher eingeführten Ereignisse (A) (siehe Abschnitt 7.1) entsprechen in dieser Notation dem Ereignis (A, B). Die Wahrscheinlichkeit eines solchen I n t e r v a l l - E r e i g n i s s e s läßt sich leicht berechnen. Es gilt offenbar

$$P(U, V) = \prod_{b_i \in U} p_i \prod_{b_i \in \overline{V}} (1 - p_i). \tag{2}$$

Ist $U \in S$, dann gilt auch $\langle U, V \rangle \subseteq S$; d. h. alle Mengen des Intervalls sind Verbindungen. Man nennt $\langle U, V \rangle$ manchmal auch eine m o d i f i z i e r t e V e r b i n d u n g. Dabei hat man die folgende Interpretation im Sinne: Die Intaktheit der Elemente von U und der Ausfall der Elemente von $\overline{V}$ garantiert immer noch, daß das System funktionsfähig ist, gleichgültig, welchen Status die Elemente in $V - U$ haben. Analoge Begriffe kann man auch beim d u a l e n System (B, T) bilden. Man spricht dann allerdings eher von m o d i f i z i e r t e n T r e n n u n g e n.

Eine Familie von d i s j u n k t e n Intervallen $\langle U_i, V_i \rangle$, i = 1, 2, . . ., I, die S überdeckt,

$$S = \sum_{i=1}^{I} \langle U_i, V_i \rangle, \qquad \langle U_i, V_i \rangle \cap \langle U_j, V_j \rangle = \emptyset \quad \text{für } i \neq j \tag{3}$$

nennt man eine I n t e r v a l l - Z e r l e g u n g von S. Ihr entspricht offensichtlich eine Zerlegung (U_i, V_i) des Ereignisses E, daß das System funktioniert

$$E = \sum_{i=1}^{I} (U_i, V_i) = \{x: M(x) \in S\}, \tag{4}$$

und folglich gilt

$$P(E) = \sum_{i=1}^{I} P(U_i, V_i). \tag{5}$$

Man beachte, daß eine solche Intervall-Zerlegung immer existiert: die t r i v i a l e Zerlegung $\{\langle A, A \rangle, A \in S\}$ ist eine solche. Es geht aber natürlich darum, möglichst k l e i n e Intervall-Zerlegungen zu finden. Das folgende Lemma gibt eine Schranke dazu.

Lemma 1 *Ist* $\langle U_i, V_i \rangle$, i = 1, 2, . . ., I, *eine* I n t e r v a l l - Z e r l e g u n g *von* S *und sind* S_j, j = 1, 2, . . ., r *die* m i n i m a l e n V e r b i n d u n g e n *von* S, *dann gilt* I ⩾ r.

B e w e i s. Wären zwei verschiedene, minimale Verbindungen S_h, S_j in einem Intervall $\langle U_i, V_i \rangle$, dann wäre auch $S_h \cap S_j \in \langle U_i, V_i \rangle$ und somit $U_i \subseteq S_h \cap S_j \in S$. Das steht jedoch im Widerspruch dazu, daß S_h und S_j minimale Verbindungen sind. Also kann jedes Intervall der Zerlegung h ö c h s t e n s e i n e minimale Verbindung enthalten, und das beweist die Behauptung. ■

Man beachte, daß einem Intervall $\langle U, V \rangle$ über die Interpretation, daß die Elemente in U intakt, diejenigen von $\overline{V}$ ausgefallen sein sollen, eine K o n j u n k t i o n in den entsprechenden Booleschen Variablen entspricht (siehe Abschnitt 7.1),

$$\left(\bigwedge_{b_i \in U} x_i \right) \wedge \left(\bigwedge_{b_i \in \overline{V}} \sim x_i \right). \tag{6}$$

Eine Intervall-Zerlegung von S entspricht sodann einer Disjunktion von disjunkten Konjunktionen, also einer a l t e r n a t i v e n N o r m a l f o r m. Damit ist die Verbindung zu dem im Abschnitt 7.1 skizzierten Zerlegungsansatz hergestellt. Es geht im nachfolgenden darum, ein Verfahren zur Erzeugung von Intervall-Zerlegungen von S — und damit von alternativen Normalformen — zu entwickeln.

Es zeigt sich, daß man dabei erneut von ganz analogen Ideen ausgehen kann, wie im letzten Kapitel bei der Erzeugung der minimalen Verbindungen oder Trennungen. Das folgende Lemma ist ähnlich dem Lemma 10.3.2:

Lemma 2 *Ist* $U \subseteq V$, $b \in V - U$, *dann gilt*

$$\langle U, V \rangle = \langle U + \{b\}, V \rangle + \langle U, V - \{b\} \rangle. \tag{7}$$

B e w e i s. Ist $A \in \langle U, V \rangle$, dann ist entweder $b \in A$ und dann $A \in \langle U + \{b\}, V \rangle$ oder $b \notin A$ und dann $A \in \langle U, V - \{b\} \rangle$. Ist umgekehrt $A \in \langle U + \{b\}, V \rangle$ oder $A \in \langle U, V - \{b\} \rangle$, dann ist $A \in \langle U, V \rangle$. Im einen Fall ist $b \in A$, im anderen $b \notin A$; somit sind $\langle U + \{b\}, V \rangle$ und $\langle U, V - \{b\} \rangle$ disjunkt. ∎

Auf Grund dieses Ergebnisses kann eine rekursive Prozedur definiert werden, die eine Intervall-Zerlegung von S erzeugt. Ist $U \subseteq V \subseteq B$ und $V \in S$, dann bestimme die Prozedur INTERVAL(U, V) eine Intervall-Zerlegung von $S \cap \langle U, V \rangle$. Wenn $\langle U, V \rangle \subseteq S$, dann ist $\langle U, V \rangle$ selbst die gesuchte Zerlegung; sonst wird $\langle U, V \rangle$ nach (7) zerlegt. Dabei ist aber die Rekursion abzubrechen, wenn $U = V$. Ist $V - \{b\}$ nicht mehr in S, dann braucht $\langle U, V - \{b\} \rangle$ auch nicht mehr weiter zerlegt zu werden. Die Prozedur lautet dann:

```
Procedure INTERVAL(U, V);
begin
   if U ∈ S then output ⟨U, V⟩
   else
      if V − U ≠ ∅ then
         begin
            wähle b ∈ V − U;
            INTERVAL(U + {b}, V);
            if V − {b} ∈ S then INTERVAL(U, V − {b})
         end
end.
```

Diese Prozedur wird mit INTERVAL($\emptyset$, B) aufgerufen, um eine Intervall-Zerlegung von S zu erzeugen. Diese Prozedur setzt voraus, daß z. B. Alg_S als Testalgorithmus zur Verfügung steht, um zu entscheiden, ob $U \in S$ bzw. $V - \{b\} \in S$ oder nicht. Der folgende Satz bestätigt, daß die Prozedur das gewünschte Resultat erbringt:

Satz 1 *Die Prozedur* INTERVAL(U, V) *erzeugt für* $U \subseteq V \subseteq B$, $V \in S$, *eine* I n t e r - v a l l - Z e r l e g u n g *von* $S \cap \langle U, V \rangle$.

B e w e i s. Der Beweis wird durch Induktion über $|V - U|$ geführt. Ist $|V - U| = 0$, d. h. $U = V$, dann ist $U \in S$, und die Prozedur ergibt $\langle U, U \rangle$, was eine Zerlegung von $S \cap \langle U, U \rangle = \langle U, U \rangle$ ist. Die Behauptung stimme für Intervalle $\langle U, V \rangle$ mit $|V - U| < n$ (> 0). Es sei $\langle U, V \rangle$ nun ein Intervall mit $|V - U| = n$. Ist $U \in S$, dann stoppt die Prozedur mit $\langle U, V \rangle$, was wieder eine Intervall-Zerlegung von $S \cap \langle U, V \rangle = \langle U, V \rangle$ ist. Ist dagegen $U \notin S$ und $V - \{b\} \in S$, dann sind $\langle U + \{b\}, V \rangle$ und $\langle U, V - \{b\} \rangle$ Intervalle mit $|V - (U + \{b\})| = |(V - \{b\}) - U| = n - 1$. Für sie gilt die Induktionsvoraussetzung, und weil die Prozedur in diesem Fall INTERVAL(U + {b}, V) und INTERVAL(U, V − {b}) aufruft, wird je eine Intervall-Zerlegung von $S \cap \langle U + \{b\}, V \rangle$ und von $S \cap \langle U, V - \{b\} \rangle$ erzeugt und damit auch eine solche von $(S \cap \langle U + \{b\}, V \rangle) + (S \cap \langle U, V - \{b\} \rangle)$ $= S \cap (\langle U + \{b\}, V \rangle + \langle U, V - \{b\} \rangle)$, und die Behauptung folgt aus Lemma 2. Ist schließlich $U \notin S$, aber $V - \{b\} \notin S$, dann wird $S \cap \langle U, V - \{b\} \rangle = \emptyset$, und die Behauptung folgt auch in diesem Fall aus Lemma 2.   ∎

Im Falle $V - \{b\} \notin S$, ist offenbar $\langle \overline{V} + \{b\}, \overline{U} \rangle \subseteq T$, wenn (B, T) das zu (B, S) d u a l e System bezeichnet. Ausgehend von dieser Bemerkung kann man eine symmetrische Version der Prozedur INTERVAL formulieren, etwa in der folgenden Form:

```
begin
    if U ∈ S then output modifizierte Verbindung ⟨U, V⟩
    else
        if V̄ ∈ T then output modifizierte Trennung ⟨V̄, Ū⟩
    else
        if V − U ≠ ∅ then
            begin
                wähle b ∈ V − U;
                INTERVAL(U + {b}, V);
                INTERVAL(U, V − {b})
            end
end;
```

Wie im Beweis zu Satz 1 kann man zeigen (unter Benützung der Dualität), daß diese modifizierte Prozedur nicht nur eine Intervall-Zerlegung von S, sondern ebenso eine solche von T erzeugt, wenn sie mit $U = \emptyset$ und $V = B$ aufgerufen wird. Das dürfte schon aus Symmetriegründen einleuchtend sein. Die nachfolgenden Beispiele machen diese Symmetrie noch deutlicher. Übrigens kann man in der ersten Version von INTERVAL statt $V - \{b\} \notin S$ genau so gut prüfen, ob $\overline{V} + \{b\} \in T$, also eine T r e n n u n g ist. Beachtet man dies, zusammen mit dem Beweis von Satz 1, dann erkennt man, daß die Intervalle $\langle \overline{V} + \{b\}, \overline{U} \rangle$, die in der obigen Prozedur entstehen, wenn $V - \{b\} \notin S$ ist, eine I n t e r v a l l - Z e r l e g u n g von T bilden.

Offen ist in der obigen Prozedur, wie jeweils das Element $b \in V - U$ zu wählen ist. Eine Möglichkeit besteht darin, die Elemente von B zu numerieren und jeweils, das Element b mit der k l e i n s t e n Nummer in $V - U$ zu wählen. Das wird bei den folgenden Beispielen so gemacht. Die Intervall-Zerlegung, die man erhält — und insbesondere auch die Zahl der Intervalle — hängt dann von der gewählten Numerierung ab. Im folgenden Abschnitt wird gezeigt, daß bei Problemen mit mehr Struktur weitere Möglichkeiten für die Gestaltung von Wahlregeln für b zur Verfügung stehen. Die Bestimmung der b e s t e n Regel, die die Zahl der Intervalle der Zerlegung m i n i m i e r t (oder noch besser den Rechenaufwand minimiert), ist praktisch nicht möglich, so daß man sich für diese Wahlregeln auf mehr oder weniger optimale H e u r i s t i k e n verlassen muß.

Die folgenden beiden Beispiele sollen die obige, allgemeine Prozedur illustrieren.

(1) In der Abb. 1 ist ein ganz einfacher Graph G dargestellt, und es soll das Netzwerkproblem (G, {s, t}) betrachtet werden. Der Ablauf der rekursiven Prozedur INTERVAL kann wieder sehr anschaulich in einem W u r z e l b a u m dargestellt werden. Jeder Knoten entspricht wie gewohnt (siehe z. B. Kapitel 10) einem Aufruf von INTERVAL. Ein Knoten hat höchstens z w e i Söhne. Der l i n k e Sohn entspricht einem Aufruf

INTERVAL(U + {b}, V), der r e c h t e Sohn – falls vorhanden – einem Aufruf
INTERVAL(U, V – {b}). In der Abb. 2 ist der Wurzelbaum für das Beispielproblem

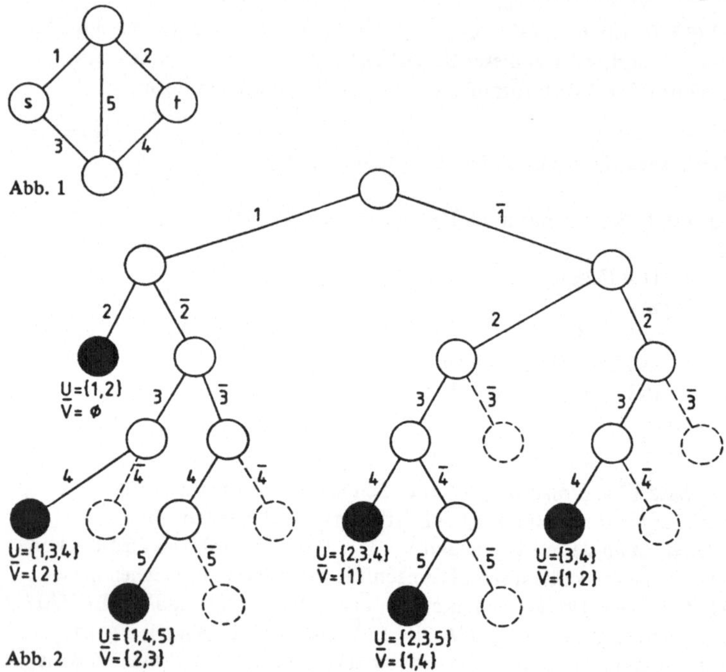

Abb. 1

Abb. 2

dargestellt. Die Verbindungsbögen von einem Knoten zu seinem linken Sohn sind mit
dem Element b bezeichnet. Dies soll zum Ausdruck bringen, daß b zu U kommt und
als intakt betrachtet wird. Der Verbindungsbogen zum rechten Sohn ist dagegen mit $\bar{b}$
bezeichnet, womit zum Ausdruck gebracht wird, daß b zu $\bar{V}$ kommt und daher als ausgefallen zu betrachten ist. Blätter entsprechen Intervallen der Zerlegung, und zwar
erhält man für jedes Blatt U und V, indem man auf dem Rückweg vom Blatt zur Wurzel
des Baumes alle b zu U und alle $\bar{b}$ zu $\bar{V}$ gibt. Dort, wo V – {b} $\notin$ S wird, also $\bar{V}$ + {b} zu
einer Trennung wird, ist der rechte Sohn – obwohl kein Aufruf von INTERVAL(U, V – {b}
stattfindet – dennoch gestrichelt eingezeichnet. Diese Knoten bilden in der Form
$\langle \bar{V}, \bar{U} \rangle$ eine Intervall-Zerlegung von T, wie weiter oben allgemein festgestellt worden ist.
Man erhält $\bar{V}$ und $\bar{U}$, indem man auf dem Rückweg vom Blatt zur Wurzel alle $\bar{b}$ zu $\bar{V}$
und alle b zu U gibt.

Man zählt in diesem Wurzelbaum 6 modifizierte Verbindungen und 7 modifizierte
Trennungen, die zur Berechnung von P(E) dienen können. Dies vergleicht sich relativ
günstig mit den $2^5 = 32$ Zuständen des Systems.

(2) In diesem zweiten Beispiel wird der gleiche Graph G der Abb. 1 betrachtet. Es soll
jetzt aber das Netzwerkproblem (G, K) mit K = V betrachtet werden und es sollen jetzt
m o d i f i z i e r t e T r e n n u n g e n für dieses Problem erzeugt werden. D. h. es wird

eigentlich das d u a l e Problem zu (G, K) betrachtet. Der Test in INTERVAL lautet
nun U ∈ T bzw. V − {b} ∈ T, d. h. es ist zu prüfen, ob U bereits eine Trennung ist, bzw.
ob V − {b} immer noch eine Trennung ist. Ein Intervall ⟨U, V⟩ erhält die duale Interpretation, daß alle b ∈ U a u s g e f a l l e n und alle b ∈ V̄ i n t a k t sind. ⟨U, V⟩ ist eine
modifizierte Trennung, wenn beim Ausfall der Elemente in U und bei Intaktheit der
Elemente in V garantiert ist, daß System ausgefallen ist, gleichgültig, welchen Status
die Elemente von V − U haben.

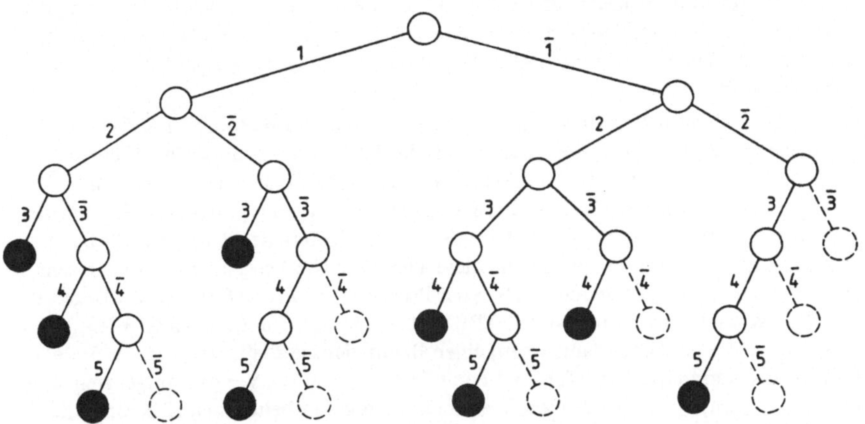

Abb. 3

In der Abb. 3 ist der Wurzelbaum dargestellt, der sich ergibt, wenn INTERVAL auf
dieses Problem angewandt wird. Die Blätter des Wurzelbaumes bestimmen hier modifizierte Trennungen. Die b auf dem Rückweg zur Wurzel bilden U, sind also ausgefallen; die b̄ auf dem Rückweg bilden V̄, sind also als intakt fixiert. Die gestrichelten,
rechten Söhne von Knoten, für die V̄ + {b} zu einer Verbindung werden (V − {b} keine
Trennung mehr ist), bestimmen wieder analog wie oben, dual, modifizierte Verbindungen.

Im nachfolgenden Abschnitt werden ähnliche Netzwerkprobleme erneut aufgegriffen.
Dabei wird aber die Wahl von b in der Prozedur INTERVAL nicht mehr von der zufälligen Numerierung der Bögen abhängig gemacht, sondern von gewissen graphentheoretischen Überlegungen. Es besteht dabei die Hoffnung, daß dadurch die Zahl der modifizierten Verbindungen oder Trennungen reduziert wird.

11.2   Erzeugung modifizierter Trennungen bei Netzwerkproblemen

In diesem Abschnitt werden zwei verschiedene Regeln für die Auswahl des Elements b
in der Prozedur INTERVAL zur Erzeugung einer Intervall-Zerlegung betrachtet. Dabei
wird aber nicht mehr ein allgemeines monotones System angenommen, sondern ein
N e t z w e r k p r o b l e m (G, K), wobei G ein u n g e r i c h t e t e r Graph ist. Aller-

dings können die hier eingeführten Prinzipien für die Auswahlregel ebensogut auch bei
g e r i c h t e t e n Graphen Verwendung finden.

Es wird also ein ungerichteter Graph G betrachtet, und eine Teilmenge von Knoten K.
Damit ist dann ein Netzwerkproblem (G, K) definiert. Genau genommen wird das dazu
d u a l e System betrachtet; d. h. es soll eine Zerlegung in m o d i f i z i e r t e T r e n -
n u n g e n für dieses Problem gefunden werden. Die Intervalle ⟨U, V⟩ werden also so
interpretiert, daß die Elemente von U a u s g e f a l l e n sind, d. h. zur Trennung bei-
tragen, während die Elemente von $\overline{V}$ i n t a k t sind und somit nicht zur Trennung bei-
tragen können. Man vergleiche dazu das Beispiel (2) im letzten Abschnitt, wo bereits
eine derartige „duale" Anwendung des Verfahrens zur Erzeugung einer Intervall-Zerlegung illustriert wurde.

Es sei s ein beliebiger Knoten von K. Es sollen nun in der Prozedur INTERVAL nur
Intervalle ⟨U, V⟩ erzeugt werden, derart, daß die i n t a k t e n Bögen aus $\overline{V}$ einen
B a u m bilden, der s enthält. Dann bilden alle Bögen $N(\overline{V})$, die Knoten des Baums $\overline{V}$
mit Knoten außerhalb des Baums verbinden, eine T r e n n u n g zwischen Knoten von
K, also eine Trennung zum Netzwerkproblem (G, K) (sofern der Baum $\overline{V}$ nicht bereits
einen K-Baum enthält). Es soll U dann diese Trennung $N(\overline{V})$ enthalten. Das kann sehr
einfach dadurch erreicht werden, daß in der Prozedur INTERVAL jeweils ein Bogen e
aus $N(\overline{V})$ gewählt wird. Dann wird INTERVAL zuerst mit dem Intervall ⟨U + {e}, V⟩
aufgerufen. $\overline{V}$ + {e} bildet dann erneut einen Baum, der s enthält, wenn das für $\overline{V}$ der
Fall ist, also kann zweitens INTERVAL mit dem Intervall ⟨U, V − {e}⟩ aufgerufen wer-
den, es sei denn, $\overline{V}$ + {e} bilde eine V e r b i n d u n g (enthalte einen K-Baum). Die
Prozedur kann abgebrochen werden, wenn $N(\overline{V}) \subseteq U$, denn dann ist U sicher eine Trennung.

Es ist nun einfach, die rekursive Prozedur INTERVAL des vorangehenden Abschnitts
entsprechend diesen Vorstellungen im Wahlmechanismus für b noch festzulegen. Allerdings ist es ungünstig, die Prozedur, wie im letzten Abschnitt vorgesehen, mit den beiden Parametern U und V aufzurufen. Um Speicherplatz zu sparen, sollen diese Strukturen als g l o b a l e Information der Prozedur INTERVAL zugänglich gemacht werden. Auch diese Änderung ist einfach durchzuführen. Man erhält die folgende neue
Prozedur:

```
Procedure INTERVAL;
begin
    if N(V̄) ⊆ U then output modifizierte Trennung ⟨U, V⟩
    else
        begin
            wähle e ∈ N(V̄) − U;
            U := U + {e};
            INTERVAL;
            U := U − {e};
            if V̄ + {e} ist keine Verbindung then
                begin
                    V := V − {e};
```

```
              INTERVAL;
              V := V + {e}
         end
    end
end.
```

Diese Prozedur ist wie gewohnt mit U = $\emptyset$ und V = E aufzurufen. Der Test, ob $\overline{V}$ + {e} eine Verbindung ist, wird besonders einfach in den Fällen K = {s, t} und wenn K gleich der Menge aller Knoten ist. Wenn K = {s, t}, dann wird $\overline{V}$ + {e} zu einer Verbindung, wenn der Bogen e inzident zu t ist, denn $\overline{V}$ ist ja ein Baum, der s enthält. Ist K gleich der Menge aller Knoten, dann wird $\overline{V}$ + {e} dann zu einer Verbindung, wenn der Baum zu einem s p a n n e n d e n Baum wird, und das erkennt man am einfachsten daran, daß $\overline{V}$ + {e} genau m − 1 Bögen enthält, wenn m die Anzahl der Knoten von G ist. Das folgende Beispiel illustriert diese neue Variante von INTERVAL.

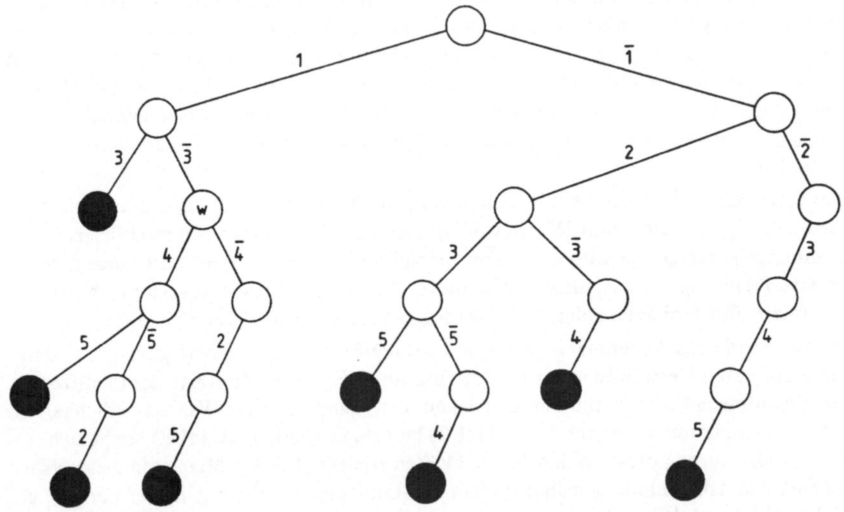

Abb. 1

(1) Als Beispiel wird erneut der gleiche Graph der Abb. 11.1.1 genommen, wie in den beiden Beispielen (1) und (2) des vorangehenden Abschnitts. Es sei K gleich der Menge aller Knoten, und der Knoten s ist in Abb. 11.1.1 angegeben. In der Abb. 1 ist der Wurzelbaum dargestellt, der sich aus der Anwendung von INTERVAL ergibt. Dabei wurde die Wahl von e innerhalb N($\overline{V}$) − U nach dem Prinzip der kleinsten Nummer getroffen. In Abb. 1 sind nun die rechten Söhne nicht mehr wie in den Abbildungen des letzten Abschnitts eingetragen, wenn $\overline{V}$ + {e} eine Verbindung wird. Man erkennt in Abb. 1 insgesamt 8 Blätter, die modifizierten Trennungen entsprechen, gegenüber deren 9 in Abb. 11.1.3, die ja das gleiche Beispiel betrifft.

Es ist wünschbar, möglichst wenige und möglichst kurze modifizierte Trennungen zu erhalten. Die obige Heuristik für die Wahl von e in der Prozedur INTERVAL macht

noch keine explizite Anstrengung in diese Richtung. Insbesondere hat sie noch eine rein
l o k a l e Sicht bei der Wahl von e. Demgegenüber kann man sich eine Variante des
Verfahrens vorstellen, bei dem eine explizite Anstrengung gemacht wird, mindestens
die „Länge" $|U| + |\overline{V}|$ der modifizierten Trennungen (bzw. der ihr zugeordneten
K o n j u n k t i o n e n) möglichst kurz zu halten. Ganz zu Beginn ist $U = \emptyset$ und
$V = E$. Dann sucht man die minimale Trennung k l e i n s t e r M ä c h t i g k e i t.
Bei einem Zwei-Terminalproblem, $K = \{s, t\}$ ist das genau das Problem der Bestimmung
des s-t-Bogen-Zusammenhangs und kann wie in Kap. 3 mit einem m a x i m a l e n
F l u ß p r o b l e m gelöst werden. Wenn K gleich der Menge aller Knoten ist, dann ist
das Problem äquivalent zur Bestimmung der K o h ä s i o n des Graphen G und kann
mit den Methoden des Kapitels 4 behandelt werden. Die Bögen dieses Bogen-Schnitts
minimaler Mächtigkeit werden in eine LIFO-Liste U gesetzt, der letzte Bogen e wird
aus U entfernt, und es wird $V := E - \{e\}$ gebildet.

Hat man nun ein bestimmtes Intervall $\langle U, V \rangle$, dann sucht man die Menge $M \subseteq V - U$
kleinster Mächtigkeit, die zusammen mit U eine Trennung bildet. Diese kann man erneut
mit Hilfe von m a x i m a l e n F l u ß p r o b l e m e n und eventuell der Methode von
Gomory-Hu (siehe Kapitel 4) finden. Und zwar erhalten in G alle Bögen $e \in V - U$ die
Kapazität 1, alle Bögen $e \in U$ die Kapazität 0 und alle Bögen $e \in \overline{V}$ eine unendliche
Kapazität. Der Schnitt M minimaler Mächtigkeit ist dann offenbar in der Menge $V - U$
zu finden.

Auf dieser Grundlage kann ein Verfahren aufgebaut werden, daß immer noch zum allgemeinen Typ der Prozedur INTERVAL gehört und also immer noch modifizierte
Trennungen erzeugt. Es wird dabei aber versucht, systematisch möglichst kurze modifizierte Trennungen zu schaffen, wofür durch Auswahlregel, die eines oder mehrere
maximale Flußprobleme beinhaltet, allerdings mehr Rechenaufwand zu leisten ist.

Bislang wurde das Augenmerk vorwiegend auf die Erzeugung der Zerlegung gelegt und
nicht auf deren Verwendung zur Berechnung von P(E). Wenn die Liste der modifizierten Trennungen (oder Verbindungen) bekannt ist, dann kann die Wahrscheinlichkeit
jeder modifizierten Trennung nach (11.1.2) berechnet werden, und P(E) ergibt sich
durch Summierung dieser Wahrscheinlichkeiten (siehe (11.1.5)). Man kann diese Wahr-
scheinlichkeitsberechnungen aber auch in die Rekursion zur Erzeugung der Zerlegung
einbeziehen und damit einige Multiplikationen einsparen. In Fällen jedoch, wo das
gleiche System oft mit unterschiedlichen Zuverlässigkeiten oder Intaktwahrscheinlichkeiten p_i seiner Elemente berechnet werden muß, empfiehlt es sich, die Erzeugung der
Zerlegung und die Zuverlässigkeitsberechnung zu trennen.

Es ist dann jedoch günstiger, die Zerlegung nicht in Form einer expliziten Liste der
Intervalle (modifizierten Verbindungen oder Trennungen) zu präsentieren, sondern in
Form des Wurzelbaumes B, der bei der Rekursion aufgebaut wird (etwa Abb. 1 als
Beispiel). Ist w ein Knoten dieses Baumes, dann bezeichne B(w) den Teilbaum von B
mit Wurzel w. ℓs(w) und rs(w) bezeichne den linken bzw. rechten Sohn von w (sofern
vorhanden). i(w) bezeichne den Index des Elementes b, das im Aufruf von INTERVAL,
der dem Knoten w entspricht, gewählt worden ist. Als Beispiel sei der Knoten w in der
Abb. 1 betrachtet. Dort ist i(w) = 4 und der gewählte Bogen bei der Verzweigung aus
w war $e_{i(w)} = e_4$. Dann kann die folgende Rekursion definiert werden:

$$p(w) = 1, \quad \text{wenn } w \text{ ein Blatt von B ist,}$$

$$p(w) = p_{i(w)}p(\ell s(w)) + (1 - p_{i(w)})p(rs(w)). \tag{1}$$

Dabei ist $p(rs(w)) = 0$ angenommen, wenn kein rechter Sohn von w existiert. Diese Rekursion kann dazu dienen, $P(E)$ zu berechnen.

Satz 1 *Ist* w_0 *die Wurzel des Baums* B, *dann gilt* $P(E) = p(w_0)$.

B e w e i s. Ist w ein Knoten des Baumes, dann sei U(w) die Menge aller Elemente $\underline{b}$, die auf dem Rückweg von w zur Wurzel liegen und V(w) die Menge aller Elemente $\overline{b}$ auf diesem Rückweg. Dann kann man das Ereignis (U(w), V(w)) betrachten (vergleiche Abschnitt 11.1), das bedeutet, daß alle Elemente in U(w) intakt sind (bei modifizierten Verbindungen, ausgefallen bei modifizierten Trennungen) und alle Elemente in V(w) ausgefallen (bei modifizierten Verbindungen, intakt bei modifizierten Trennungen). Es wird bewiesen, daß $p(w) = P(E|(U(w), V(w)))$ ist, also gleich der bedingten Wahrscheinlichkeit, daß das System funktionsfähig ist (ausgefallen bei der dualen Aufgabenstellung), gegeben, gewisse Elemente sind intakt und gewisse Elemente ausgefallen. Da bei w_0 das Ereignis $(U(w_0), V(w_0))$ das s i c h e r e Ereignis ist, gilt dann in der Tat $p(w_0) = P(E)$ Ist w ein B l a t t des Baums B, dann ist $E|(U(w), V(w))$ wieder ein sicheres Ereignis, da ja (U(w), V(w)) eine modifizierte Verbindung (Trennung) ist, und daher ist $p(w) = 1$ richtig. Der Beweis wird nun durch Induktion über die Tiefe von w geführt. Die Tiefe von w in B ist gleich der Anzahl der Bögen auf dem Rückweg von w zur Wurzel w_0. Die Behauptung $p(w) = P(E|(U(w), V(w)))$ gelte für alle Knoten mit einer Tiefe g r ö ß e r als n (die Tiefe des Baumes ist durch die Anzahl der Elemente des zu berechnenden Systems beschränkt). Sei w ein Knoten der Tiefe n. Dann ist (U(w), V(w)) $= (U(\ell s(w)), V(\ell s(w))) + (U(rs(w)), V(rs(w)))$, man vergleiche dazu auch Lemma 11.1.2. Daraus folgt aus (1), weil für $\ell s(w)$ und $rs(w)$ (falls vorhanden) die Induktionsvoraussetzung gilt

$$p(w) = p_{i(w)}P(E|(U(\ell s(w)), V(\ell s(w)))) + (1 - p_{i(w)})P(E|(U(rs(w)), V(rs(w))))$$

Man beachte nun, daß $p_{i(w)}$ auch gleich der b e d i n g t e n Wahrscheinlichkeit ist, daß $b_{i(w)}$ intakt ist, gegeben (U(w), V(w)) (tatsächlich besteht ja Unabhängigkeit). Das ist aber weiter gleich der bedingten Wahrscheinlichkeit für das Ereignis $(U(\ell s(w)), V(\ell s(w)))$, gegeben (U(w), V(w)). Analoges gilt für $1 - p_{i(w)}$. Also folgt

$$\begin{aligned}
p(w) &= P((U(\ell s(w)), V(\ell s(w)))|(U(w), V(w)))P(E|(U(\ell s(w)), V(\ell s(w)))) \\
&\quad + P((U(rs(w)), V(rs(w)))|(U(w), V(w)))P(E|(U(rs(w)), V(rs(w)))) \\
&= P(E|(U(\ell s(w)), V(\ell s(w))) + (U(rs(w)), V(rs(w)))) \\
&= P(E|(U(w), V(w))). \tag{2}
\end{aligned}$$

Das beweist die Behauptung. ∎

Dieser Satz stellt also eine Rekursion zur Verfügung, um $P(E)$ mit Hilfe einer Darstellung von modifizierten Verbindungen oder Trennungen in Form eines Wurzelbaumes, wie er sich aus der Rekursion zur Erzeugung der Zerlegung ergibt, zu berechnen.

11.3   Konstruktion von modifizierten Trennungen aus minimalen Trennungen

Die letzten beiden Abschnitte zeigten, wie modifizierte Trennungen eines monotonen Systems direkt aus der Systemstruktur erzeugt werden können. In diesem Abschnitt soll gezeigt werden, daß in gewissen Fällen modifizierte Trennungen auch aus den m i n i m a l e n T r e n n u n g e n eines Systems erzeugt werden können. Das setzt natürlich voraus, daß man zuerst die minimalen Trennungen erzeugt. Man kann sich dann fragen, ob in diesem Fall der Umweg der Konstruktion modifizierter Trennungen über die vorgängige Erzeugung der minimalen Trennungen sinnvoll ist. Es zeigt sich aber beim Fall, der in diesem Abschnitt betrachtet wird, daß es auf diese Weise möglich ist, eine Zerlegung mit „wenigen" modifizierten Trennungen zu erhalten. In der Tat gelingt es, die untere Schranke, die im Lemma 11.1.1 für Intervall-Zerlegungen gegeben ist, zu erreichen, was mit den Verfahren der vorangehenden Abschnitte oft nicht möglich ist. Die Zerlegung hat also genau so viele Ereignisse, wie es minimale Trennungen gibt. Das ist vorteilhaft, mindestens im Vergleich zur Verwendung der minimalen Trennungen für ein Inklusions-Exklusionsverfahren.

Es wird ein Netzwerkproblem $(G, \{s, t\})$ betrachtet. Die Resultate dieses Abschnitts gelten nur für Netzwerkprobleme mit $|K| = 2$. $G = (V, E)$ ist wie üblich ungerichtet und zusammenhängend; die Ergebnisse lassen sich aber leicht auf gerichtete Graphen übertragen. Genauer gesagt, es wird wieder wie im letzten Abschnitt das d u a l e Problem betrachtet. E_T sei dementsprechend wie im Abschnitt 7.1 das Ereignis, daß s und t getrennt sind. $(G, \{s, t\})$ habe die m i n i m a l e n Trennungen oder m i n i m a l e n s-t-B o g e n - S c h n i t t m e n g e n $T_1, T_2, \ldots, T_r$. Nach Lemma 10.3.1 ist $T_j = (X_j, \overline{X}_j)$, wobei $s \in X_j$, $t \in \overline{X}_j$ und die beiden Graphen $G(X_j)$ und $G(\overline{X}_j)$ zusammenhängend sind. $L(X_j)$ bezeichne die Menge der G r e n z k n o t e n in X_j, d. h. die Menge der Knoten von X_j, die durch einen Bogen mit einem Knoten von $\overline{X}_j$ verbunden sind. (T_j) bezeichne das Ereignis, daß alle Bögen in T_j ausgefallen sind. (G, K) bezeichne auch das Ereignis, daß alle Knoten von K in G untereinander verbunden sind.

Jeder minimalen Trennung T_j kann nun das Ereignis

$$E(T_j) = (G(X_j), \{s\} \cup L(X_j)) \cap (T_j) \tag{1}$$

zugeordnet werden. Dieses Ereignis bedeutet, daß s mit allen Grenzknoten von X_j durch Pfade verbunden ist, die in $G(X_j)$ verlaufen und daß aber gleichzeitig alle Bögen von T_j ausgefallen sind. Insbesondere ist s mit keinem Knoten von $\overline{X}_j$ verbunden, wenn das Ereignis $E(T_j)$ eintritt. Diese Ereignisse bilden eine Z e r l e g u n g von E_T:

Satz 1 *Es gilt*

$$E_T = \sum_{j=1}^{r} E(T_j). \tag{2}$$

B e w e i s. Es ist $E(T_j) \subseteq (T_j) \subseteq E_T$, und E_T enthält daher die rechte Seite von (2). Ist $x \in E_T$, dann sei Y die Menge aller Knoten, die im Zustand x mit s verbunden sind, $Y = \{v \in V: M(x)$ ist eine Verbindung von $(G, \{s, v\})\} \subseteq V - \{t\}$. Nach Definition von Y ist $G(Y)$ zusammenhängend und $(Y, \overline{Y})$ eine s-t-Trennung. Es gibt daher eine minimale

Trennung T_j, die in $(Y, \overline{Y})$ enthalten ist, $T_j \subseteq (Y, \overline{Y})$. Es muß $X_j = Y$ sein und somit $(Y, \overline{Y}) = (X_j, \overline{X}_j)$. Also ist $L(X_j) \subseteq Y$. Daraus schließt man $x \in (G(X_j), \{s\} \cup L(X_j))$. Ferner muß $T_j = (Y, \overline{Y}) \subseteq \overline{M}(x)$ sein. Das zeigt schließlich, daß $x \in E(T_j)$ ist, und da T_j eindeutig bestimmt ist, kann x in keinem anderen $E(T_k)$ sein. Die Ereignisse $E(T_j)$ sind disjunkt, und (2) ist somit eine Zerlegung, die E_T überdeckt.   ∎

Auf Grund dieses Satzes gilt

$$P(E_T) = \sum_{j=1}^{r} P(E(T_j)). \tag{3}$$

Die Frage ist jetzt aber, ob die Wahrscheinlichkeiten der Ereignisse $E(T_j)$ leicht berechnet werden können. Das ist der Fall. Es braucht aber einige Vorbereitungen, um das zu sehen. Analog, wie im Abschnitt 4.2 ist auch hier die Operation des Zusammenfassens einer Teilmenge $M \subseteq V$ von Knoten eines Graphen $G = (V, E)$ wichtig. Es entsteht dabei ein neuer Graph G/M, bei dem M durch einen neuen Knoten m ersetzt ist. Alle Bögen zwischen einem Knoten v aus $\overline{M}$ und einem Knoten aus M werden zu Bögen zwischen v und m. Alle Bögen zwischen Knoten von M verschwinden, und alle anderen Bögen ändern sich nicht. Diese Operation spielt für das folgende Lemma und den nachfolgenden Satz eine wichtige Rolle. Ist C eine beliebige Menge von Bögen, dann bezeichne $S(C)$ die Menge aller Knoten, die von s aus im Graphen $G - C$ erreichbar sind.

Lemma 1 *Es sei* $T_j = (X_j, \overline{X}_j)$ *eine minimale s-t-Trennung im Graphen* $G = (V, E)$*. Dann ist* $C \subseteq E$ *dann und nur dann eine minimale s-t-Trennung in* G *mit* $S(C) \subseteq X_j$*, wenn* C *eine minimale s-m-Trennung in* $G/\overline{X}_j$ *ist.*

B e w e i s. Ist C eine minimale s-t-Trennung und $S(C) = X$, dann ist nach Lemma 3.1.2 $C = (X, \overline{X})$. Wegen $X \subseteq X_j$ ist $\overline{X}_j \subseteq \overline{X}$, und daher gilt auch in $G/\overline{X}_j$ $C = (X, \overline{X})$ (wobei das Komplement von X bezüglich der Knotenmenge von $G/\overline{X}_j$ zu nehmen ist), und nach Lemma 10.3.1 ist C auch ein minimaler s-m-Schnitt in $G/\overline{X}_j$.

Ist umgekehrt C ein minimaler s-m-Schnitt in $G/\overline{X}_j$, dann ist erneut in diesem Graphen $S(C) = X$ und $C = (X, \overline{X})$. Daher ist in G $\overline{X}_j \subseteq \overline{X}$ und $X \subseteq X_j$ und $C = (X, \overline{X})$ in G, und somit ist C ein minimaler s-t-Schnitt in G.   ∎

Der folgende Satz enthält das Ergebnis, das die Berechnung der Wahrscheinlichkeit von $E(T_j)$ erlaubt.

Satz 2 *Es gilt*

$$(T_j) = \sum_{k\,:\,X_k \subseteq X_j} (E(T_k) \cap (T_j)). \tag{4}$$

B e w e i s. Der minimalen Trennung $T_j = (X_j, \overline{X}_j)$ kann das Ereignis (es gibt keinen Pfad in G zwischen s und Knoten aus $\overline{X}_j$) zugeordnet werden. In $G/\overline{X}_j$ ist dieses Ereignis nichts anderes als das Komplement zum Ereignis $(G/\overline{X}_j, \{s, m\})$, also das Ereignis E_T, das zu diesem Netzwerkproblem gehört. Man kann darauf Satz 1 anwenden und erhält unter Beachtung von Lemma 1

$$\overline{(G/\overline{X}_j, \{s, m\})} = \sum_{k\,:\,X_k \subseteq X_j} E(T_k). \tag{5}$$

Die Ereignisse $E(T_k)$, die in (5) auftreten, können ebensogut auf das Problem $(G, \{s, t\})$ bezogen werden wie auf $(G/\overline{X}_j, \{s, m\})$, denn sie betreffen nur Bögen aus $G(X_j)$. Bildet man nun den Druchschnitt von (5) mit dem Ereignis (T_j), dann erhält man links (T_j), denn dieses Ereignis ist in $(G/\overline{X}_j, \{s, m\})$ enthalten. Dann folgt (4) aber aus (5).   ■

(4) ist eine Zerlegung des Ereignisses (T_j). Nimmt man die Wahrscheinlichkeit davon, dann folgt

$$P((T_j)) = \sum_{k\,:\,X_k \subseteq X_j} P(E(T_k) \cap (T_j))$$

$$= P(E(T_j)) + \sum_{k\,:\,X_k \subset X_j} P(E(T_k) \cap (T_j - T_k)). \qquad (6)$$

Die Ereignisse $E(T_k)$ und $(T_j - T_k)$ betreffen unterschiedliche Bögen und sind daher u n a b h ä n g i g voneinander. Man erhält daher aus (6) schließlich (wenn q_i die Wahrscheinlichkeit ist, daß der Bogen e_i ausgefallen ist)

$$P(E(T_j)) = \prod_{e_i \in T_j} q_i - \sum_{k\,:\,X_k \subset X_j} (P(E(T_k)) \prod_{e_i \in T_j - T_k} q_i). \qquad (7)$$

Dies gibt eine rekursive Möglichkeit, $P(E(T_j))$ zu berechnen. Dazu werden die minimalen Trennungen $T_1, T_2, \ldots, T_r$ nach steigender Mächtigkeit von X_j angeordnet. Es ist dann $X_1 = \{s\}$ und $E(T_1) = (T_1)$. Wenn dann $P(E(T_j))$ $(j > 1)$ berechnet wird, dann ist dank dieser Anordnung $P(E(T_k))$ für alle $X_k \subset X_j$ schon bekannt. Auf diese Weise lassen sich alle $P(E(T_j))$ leicht berechnen, und $P(E_T)$ folgt aus (3).

Kommentar zu Kapitel 11

Der Begriff der I n t e r v a l l - Z e r l e g u n g stammt von B a l l , N e m h a u s e r (1979). Die Anwendung auf die Erzeugung modifizierter Trennungen ist bei B a l l , V a n   S l y k e (1977) beschrieben. Das Verfahren des Abschnitts 11.3 wurde von P r o v a n , B a l l (1984) angegeben.

Weitere Beispiele von Ansätzen, die als Z e r l e g u n g s v e r f a h r e n klassifiziert werden können, finden sich bei B u z a c o t t (1980), L e e (1980) und R o s e n - t h a l (1977).

12 Schranken und Abschätzungen für die Zuverlässigkeit

12.1 Abschätzungen auf Grund von Serie- und Parallelformen

Die vorausgehenden Kapitel und Abschnitte haben gezeigt, daß exakte Berechnungen der System-Zuverlässigkeit sehr aufwendig werden können. Auch kann man nicht immer voraussetzen, daß alle notwendige Information über die Zuverlässigkeit der Elemente eines Systems wirklich vorhanden ist. Aus diesen Gründen besteht ein Interesse an einfachen Rechenverfahren, die schnell möglichst gute Abschätzungen der System-Zuverlässigkeit geben. In diesem und den folgenden beiden Abschnitten werden einfache S c h r a n k e n für die System-Zuverlässigkeit eingeführt, die auf der Kenntnis der minimalen Verbindungen oder minimalen Trennungen des Systems beruhen.

Es wird im folgenden ein allgemeines, m o n o t o n e s   S y s t e m (B, S) betrachtet und p_i, i = 1, 2, . . ., n, n = |B|, seien die I n t a k t w a h r s c h e i n l i c h k e i t e n der Elemente $b_i \in B$ des Systems. Die Ausfälle der Elemente werden wie bisher als u n a b h ä n g i g voneinander vorausgesetzt. Es gibt zunächst eine ganz einfache Abschätzung der Zuverlässigkeit des Systems, die auf einem Vergleich des Systems mit einem   S e r i e - und einem   P a r a l l e l - S y s t e m , gebildet aus den gleichen Elementen, beruht. Das folgende Ergebnis ist eine Verallgemeinerung von Satz 6.3.2, der besagt, daß ein System mindestens so zuverlässig ist wie das Serie-System und höchstens so zuverlässig wie das Parallel-System, gebildet aus den gleichen Komponenten:

Satz 1 *Ist* (B, S) *ein monotones System,* $p = (p_1, p_2, . . ., p_n)$ *der Vektor der Intaktwahrscheinlichkeiten der Elemente* $b_i \in B$, $z(p)$ *die Intaktwahrscheinlichkeit des Systems, dann gilt*

$$\prod_{i=1}^{n} p_i \leqslant z(p) \leqslant 1 - \prod_{i=1}^{n} (1 - p_i). \tag{1}$$

B e w e i s . Es sei E_S das Ereignis, daß das System (B, S) intakt ist, $E_{S1} = \{x: M(x) = B\}$ und $E_{S2} = \{x: M(x) \neq \emptyset\}$. In (1) stehen von links nach rechts die Wahrscheinlichkeiten der drei Ereignisse E_{S1}, E_S, E_{S2}, und es gilt die Inklusion $E_{S1} \subseteq E_S \subseteq E_{S2}$. Daraus folgt (1). ∎

Das monotone System (B, S) habe nun die m i n i m a l e n   V e r b i n d u n g e n S_j, j = 1, 2, . . ., r und die m i n i m a l e n   T r e n n u n g e n T_k, k = 1, 2, . . ., s. Da sich die verschiedenen minimalen Verbindungen untereinander überschneiden, sind die Ereignisse (S_j), daß eine minimale Verbindung S_j alle Elemente intakt hat, n i c h t unabhängig voneinander. Das gleiche gilt für die Ereignisse (T_k), daß alle Elemente der minimalen Trennung T_k ausgefallen sind. Es gilt

$$P(S_j) = \prod_{b_i \in S_j} p_i, \qquad P(T_k) = \prod_{b_i \in T_k} (1 - p_i). \tag{2}$$

Wenn man jedoch so rechnet, als ob die Ereignisse (S_j) unabhängig voneinander sind, dann ist die Wahrscheinlichkeit, daß mindestens e i n e minimale Verbindung intakt ist, gleich

$$1 - \prod_{j=1}^{r} (1 - P(S_j)). \tag{3}$$

Wenn man ebenso rechnet, also ob die Ereignisse (T_k) unabhängig voneinander sind, dann erhält man für die Wahrscheinlichkeit, daß k e i n e minimale Trennung ausgefallen ist,

$$\prod_{k=1}^{s} (1 - P(T_k)). \tag{4}$$

Beide Ereignisse sind identisch mit dem Ereignis, daß das System (B, S) funktionsfähig ist. (3) und (4) wären die gesuchte Wahrscheinlichkeit $z(\mathbf{p})$, wenn die Ereignisse (S_j) bzw. (T_k) je unabhängig untereinander wären. Der folgende Satz zeigt aber, daß (3) und (4) wenigstens immer S c h r a n k e n für die System-Zuverlässigkeit bilden.

Satz 2 *Es gilt*

$$\prod_{k=1}^{s} (1 - P(T_k)) \leqslant z(\mathbf{p}) \leqslant 1 - \prod_{j=1}^{r} (1 - P(S_j)). \tag{5}$$

B e w e i s. Es ist (vergleiche (7.1.13))

$$E_S = \bigcup_{j=1}^{r} (S_j) \tag{6}$$

und $z(\mathbf{p}) = P(E_S)$. Für $r = 2$ ist $P((S_1) \cup (S_2)) = P(S_1) + P(S_2) - P((S_1) \cap (S_2))$. Nun ist $P((S_1) \cap (S_2)) = P(S_1)P((S_2)|(S_1))$ und

$$P((S_2)|(S_1)) = \prod_{b_i \in S_2 - S_1} p_i \geqslant \prod_{b_i \in S_2} p_i = P(S_2). \tag{7}$$

Es folgt daraus $P((S_1) \cap (S_2)) \geqslant P(S_1)P(S_2)$ und

$$P((S_1) \cup (S_2)) \leqslant P(S_1) + P(S_2) - P(S_1)P(S_2)$$
$$= 1 - (1 - P(S_1))(1 - P(S_2)). \tag{8}$$

Die rechte Ungleichung von (5) gilt also für $r = 2$. Der weitere Beweis erfolgt durch Induktion nach r. Wenn die rechte Ungleichung von (5) für $r - 1$ gilt, dann schreibt man

$$\bigcup_{j=1}^{r} (S_j) = \left(\bigcup_{j=1}^{r-1} (S_j) \right) \cup (S_r) \tag{9}$$

und beweist die rechte Ungleichung von (5) analog mit Hilfe von ähnlichen Ungleichungen wie (7) und (8).

Betrachtet man das d u a l e System (B, T) und wendet man die bereits bewiesene rechte Ungleichung von (5) auf dieses System an, dann erhält man

$$P(E_T) \leqslant 1 - \prod_{k=1}^{s} (1 - P(T_k)) \tag{10}$$

Daraus folgt

$$z(p) = 1 - P(E_T) \geqslant \prod_{k=1}^{s} (1 - P(T_k)) \tag{11}$$

und damit die linke Ungleichung von (5).   ∎

Setzt man in (5) $P(T_k)$ und $P(S_j)$ nach (2) ein, dann folgt

$$\prod_{k=1}^{s} (1 - P(T_k)) = \prod_{k=1}^{s} (1 - \prod_{b_i \in T_k} (1 - p_i)), \tag{12}$$

$$1 - \prod_{j=1}^{r} (1 - P(S_j)) = 1 - \prod_{j=1}^{r} (1 - \prod_{b_i \in S_j} p_i). \tag{13}$$

Ein Vergleich mit (6.3.12) und (6.3.11) zeigt, daß die Schranken des Satzes 2 formal einfach dadurch gebildet werden können, indem in der r e d u z i e r t e n S e r i e - bzw. r e d u z i e r t e n P a r a l l e l f o r m die Booleschen Variablen x_i durch die Intaktwahrscheinlichkeiten p_i ersetzt werden.

Man beachte, daß in (7) dann und nur dann Gleichheit gilt, wenn S_1 und S_2 disjunkt sind, bei $0 < p_i < 1$. Daraus folgt, daß in der rechten Ungleichung von (5), wenn $0 < p_i < 1$, dann und nur dann Gleichheit besteht, wenn alle S_j d i s j u n k t sind. In diesem Fall besitzt das System (B, S) offenbar eine P a r a l l e l - Z e r l e g u n g in S e r i e - M o d u l n. Analog gilt in der linken Ungleichung von (5) dann und nur dann Gleichheit, wenn alle T_k disjunkt sind. In diesem Fall besitzt das System (B, S) eine S e r i e - Z e r l e g u n g in P a r a l l e l - M o d u l n.

Zur Illustration sei noch ein ganz einfaches Beispiel betrachtet:

(1) Bei einem 2-von-3- S y s t e m sollen alle drei Elemente die gleiche Intaktwahrscheinlichkeit p besitzen. Das 2-von-3-System besitzt drei minimale Verbindungen, bestehend je aus zwei Elementen, so daß $P(S_j) = p^2$ gilt. Die obere Schranke nach (5) wird deshalb gleich $1 - (1 - p^2)^3$. Ebenso sind alle drei zweielementigen Teilmengen der drei Elemente minimale Trennungen. Folglich gilt $P(T_k) = (1 - p)^2$. Die untere Schranke nach (5) wird demnach $(1 - (1 - p)^2)^3$. In der Abb. 1 sind diese Schranken sowie die exakte System-Zuverlässigkeit für $0 \leqslant p \leqslant 1$ dargestellt.

Es gibt auch eine Abschätzung der System-Zuverlässigkeit, bei der die m i n i m a l e n V e r b i n d u n g e n eine u n t e r e und die m i n i m a l e n T r e n n u n g e n eine o b e r e S c h r a n k e ergeben.

Satz 3 *Es gilt*

$$\max_{j=1,\ldots,r} P(S_j) \leqslant z(p) \leqslant \min_{k=1,\ldots,s} (1 - P(T_k)). \tag{14}$$

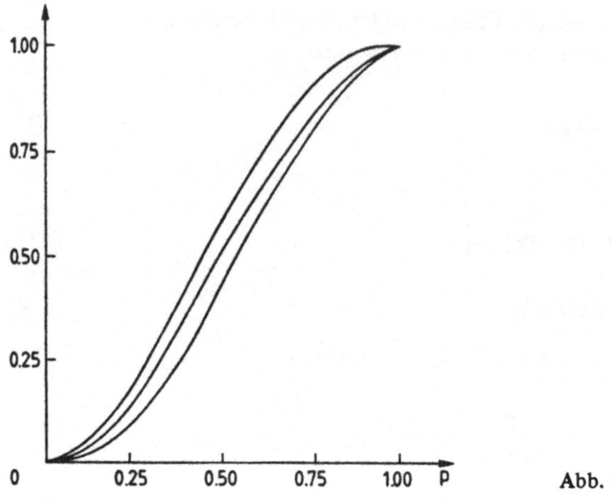

Abb. 1

B e w e i s. Nach (6.3.11) und (6.3.12) gilt für jede minimale Verbindung S_j und jede minimale Trennung T_k

$$\min_{b_i \in S_j} x_i \leqslant B(x) \leqslant \max_{b_i \in T_k} x_i. \tag{15}$$

Sind nun X_i unabhängige Zufallsvariablen mit den möglichen Werten 0 und 1 und $P(X_i = 1) = p_i$, dann folgt aus (15)

$$P(\min_{b_i \in S_j} X_i = 1) \leqslant P(B(x) = 1) \leqslant P(\max_{b_i \in T_k} X_i = 1) \tag{16}$$

und

$$P(\min_{b_i \in S_j} X_i = 1) = \prod_{b_i \in S_j} p_i = P(S_j),$$

$$P(\max_{b_i \in T_k} X_i = 1) = 1 - \prod_{b_i \in T_k} (1 - p_i) = 1 - P(T_k). \tag{17}$$

Aus (16) und (17) folgt (14).   ∎

12.2   Verbesserung der Schranken bei modularer Zerlegung

Wenn ein monotones System (B, S) eine m o d u l a r e Z e r l e g u n g besitzt, dann können die Schranken des vorangehenden Abschnitts, insbesondere Satz 2, auf verschiedene Art und Weisen angewandt werden. Dies soll besonders für die u n t e r e S c h r a n k e (12.1.5) des Satzes 2 aus dem letzten Abschnitt erläutert werden. Ist (B, S) ein monotones System mit den minimalen Trennungen T_k, $k = 1, 2, \ldots, s$, und den Intaktwahrscheinlichkeiten $p = (p_1, p_2, \ldots, p_n)$, $n = |B|$, dann bezeichne $u_S(p)$ die untere Schranke gemäß (12.1.5) der Intaktwahrscheinlichkeit $z_S(p)$ dieses Systems,

$$u_S(p) = \prod_{k=1}^{s} (1 - P(T_k)). \tag{1}$$

Das System (B, S) habe nun eine m o d u l a r e Z e r l e g u n g in die Moduln
(M_i, U_i), i = 1, 2, . . ., m, mit der o r g a n i s i e r e n d e n S t r u k t u r (B', S'). Die
organisierende Struktur (B', S') habe die minimalen Trennungen T'_k, k = 1, 2, . . ., s',
und die Moduln (M_i, U_i) haben die minimalen Trennungen U_{ij}, j = 1, 2, . . ., s_i. Dann ist

$$u_{S'}(\mathbf{p}) = \prod_{k=1}^{s'} (1 - P(T'_k)), \qquad u_{U_i}(\mathbf{p}) = \prod_{j=1}^{s_i} (1 - P(U_{ij})). \tag{2}$$

$\mathbf{p}$ bezeichne hier in diesen Formeln, wie auch später, jeweils einen Vektor der entsprechenden Dimension. Es gilt nun auf Grund von (12.1.5) und Korollar 8.1.1

$$u_{S'}(z_{U_1}(\mathbf{p}), \ldots, z_{U_m}(\mathbf{p})) \leqslant z_{S'}(z_{U_1}(\mathbf{p}), \ldots, z_{U_m}(\mathbf{p})) = z_S(\mathbf{p}). \tag{3}$$

Ferner gilt wieder auf Grund von (12.1.5) $u_{U_i}(\mathbf{p}) \leqslant z_{U_i}(\mathbf{p})$, und weil $z_{S'}(\mathbf{p})$ eine monotone Funktion von $\mathbf{p}$ ist (Satz 7.1.3), folgt

$$z_{S'}(u_{U_1}(\mathbf{p}), \ldots, u_{U_m}(\mathbf{p})) \leqslant z_{S'}(z_{U_1}(\mathbf{p}), \ldots, z_{U_m}(\mathbf{p})) = z_S(\mathbf{p}). \tag{4}$$

Das ergibt zwei verschiedene Abschätzungen der System-Zuverlässigkeit $z_S(\mathbf{p})$. Einmal
wird mit den exakten Zuverlässigkeiten der Moduln die System-Zuverlässigkeit auf
Grund der minimalen Trennungen der organisierenden Struktur abgeschätzt (siehe (3)),
das andere Mal werden die Zuverlässigkeiten der Moduln auf Grund ihrer Trennungen
abgeschätzt und dann wird mit diesen Abschätzungen exakt die System-Zuverlässigkeit
hochgerechnet (siehe (4)). Man kann nicht sagen, welche dieser zwei Abschätzungen
die besseren Schranken ergibt. Es gibt aber auch noch die Abschätzung $u_S(\mathbf{p})$ von $z_S(\mathbf{p})$
auf Grund der minimalen Trennungen von S, $u_S(\mathbf{p}) \leqslant z_S(\mathbf{p})$. Der folgende Satz zeigt
aber, daß diese Schranke immer schlechter ist als die Schranken (3) und (4). Es lohnt
sich also immer von der modularen Zerlegung Gebrauch zu machen, wenn Abschätzungen der System-Zuverlässigkeit gemäß (12.1.5) gemacht werden sollen.

Bevor der Satz formuliert und bewiesen wird, soll ein Lemma bewiesen werden, das
einen einfacheren Spezialfall des folgenden Satzes darstellt, nämlich den Fall, in dem S'
ein Parallel-System definiert.

Lemma 1 *Sei* (B, S) *ein monotones System mit einer* P a r a l l e l - Z e r l e g u n g *in
die Moduln* (M_i, U_i), i = 1, 2, . . ., m. *Dann gilt*

$$u_S(\mathbf{p}) \leqslant 1 - \prod_{i=1}^{m} (1 - u_{U_i}(\mathbf{p})). \tag{5}$$

B e w e i s. Es seien U_{ij}, j = 1, 2, . . ., s_i, die minimalen T r e n n u n g e n von U_i.
Setzt man nun $u_{U_i}(\mathbf{p})$ gemäß (2) in die rechte Seite von (5) ein, dann wird diese gleich

$$1 - \prod_{i=1}^{m} \left(1 - \prod_{j=1}^{s_i} \left(1 - \prod_{b_h \in U_{ij}} (1 - p_h)\right)\right). \tag{6}$$

Dies ist die Zuverlässigkeitsfunktion $z_{\bar{S}}(\mathbf{p})$ eines Systems $\bar{S}$, das ein P a r a l l e l -
S y s t e m von m Moduln ist, die ihrerseits S e r i e - S y s t e m e von je s_i Submoduln
sind, die je P a r a l l e l - S y s t e m e von $|U_{ij}|$ Elementen sind. Jede Menge U_{ij} ist

eine Trennung des i-ten Serie-Systems, und daher ist

$$\sum_{i=1}^{m} U_{ij_i} \tag{7}$$

für jede Wahl von j_i eine minimale Trennung sowohl von S wie von $\overline{S}$. Folglich gilt $u_S(p) = u_{\overline{S}}(p)$. Nach Satz 12.1.2 ist aber $u_{\overline{S}}(p) \leqslant z_{\overline{S}}(p)$ und daher $u_S(p) \leqslant z_{\overline{S}}(p)$.   ∎

Dieses Lemma wird im Beweis des folgenden Satzes bernötigt:

Satz 1 *Ist* (B, S) *ein monotones System mit einer modularen Zerlegung* (M_i, U_i), $i = 1, 2, \ldots, m$, *mit* o r g a n i s i e r e n d e r S t r u k t u r (B′, S′), *dann gilt immer*

$$u_S(p) \leqslant u_{S'}(u_{U_1}(p), \ldots, u_{U_m}(p)) \leqslant \begin{cases} u_{S'}(z_{U_1}(p), \ldots, z_{U_m}(p)) \\ z_{S'}(u_{U_1}(p), \ldots, u_{U_m}(p)) \end{cases} \tag{8}$$

B e w e i s. Die beiden Ungleichungen rechts in (8) folgen unmittelbar aus Satz 12.1.2 und der Monotonität der Funktionen $u_{S'}$ und $z_{S'}$. Es ist also nur noch die Ungleichung links in (8) zu beweisen. Es ist

$$u_{S'}(u_{U_1}(p), \ldots, u_{U_m}(p)) = \prod_{j=1}^{s'} \left(1 - \prod_{b_i' \in T_j'} (1 - u_{U_i}(p))\right) \tag{9}$$

und $\quad u_{U_i}(p) = \prod_{j=1}^{s_i} \left(1 - \prod_{b_h \in U_{ij}} (1 - p_h)\right).$ \hfill (10)

Daraus ersieht man, daß $u_{S'}$ in (9) eine Zuverlässigkeitsfunktion eines Systems $\overline{S}$ ist, das eine S e r i e - Z e r l e g u n g in s' Moduln besitzt, die ihrerseits je eine P a r a l - l e l - Z e r l e g u n g besitzen. Jede Menge

$$\sum_{b_i' \in T_j'} U_{ij} \tag{11}$$

ist für jede beliebige Wahl von j_i eine minimale Trennung sowohl von S wie auch von $\overline{S}$ (vergleiche dazu auch (6.6.2)). Die Familie der minimalen Trennungen T_k, $k = 1, 2, \ldots, s$, zerfällt demnach in s' disjunkte Teilfamilien H_j, $j = 1, 2, \ldots, s'$. Wendet man nun Lemma 1 auf die M o d u l n von $\overline{S}$ an, die ja je eine P a r a l l e l - Z e r l e g u n g besitzen, dann erhält man aus (9)

$$u_{S'}(u_{U_1}(p), \ldots, u_{U_m}(p)) \geqslant \prod_{j=1}^{s'} \prod_{k \in H_j} \left(1 - \prod_{b_h \in T_k} (1 - p_h)\right)$$

$$= \prod_{j=1}^{s} \left(1 - \prod_{b_h \in T_j} (1 - p_h)\right) = u_S(p). \tag{12}$$

Das beweist die linke Ungleichung in (8).   ∎

Mittels Dualität kann man die Folgerungen dieses Abschnitts und insbesondere Satz 1 leicht auch auf Verbindungen und obere Schranken übertragen. Es ist klar, daß dafür analoge Ergebnisse gelten, nämlich, daß auch für die oberen Schranken der Gebrauch einer modularen Zerlegung bessere Schranken ergibt.

12.3   Schranken zweiter Ordnung

Beim Überdeckungsverfahren (siehe Abschnitt 7.1) wird das Ereignis, daß das System intakt ist, als Vereinigung gewisser Ereignisse dargestellt; analoges gilt auch für das Ereignis, daß das System ausgefallen ist,

$$E = \bigcup_{i=1}^{m} E_i. \tag{1}$$

Die Wahrscheinlichkeit einer solchen Vereinigung wird im Inklusions-Exklusions-Verfahren durch eine Summe berechnet, in der die Wahrscheinlichkeiten aller möglichen Durchschnitte aller Teilmengen von Ereignissen $E_1, E_2, \ldots, E_m$ vorkommen. Dies kann, wie schon öfters erwähnt wurde, sehr aufwendig werden. Daher sollen hier Abschätzungen der Wahrscheinlichkeit der Vereinigung betrachtet werden, die nur mittels der Wahrscheinlichkeiten von E_i und der paarweisen Durchschnitte $E_i E_j$, $i, j = 1, 2, \ldots, m$, berechnet werden.
Es bezeichne im folgenden

$$h = P\left(\bigcup_{i=1}^{m} E_i\right). \tag{2}$$

Die Ungleichungen

$$\sum_{i=1}^{m} P(E_i) - \sum_{i=1}^{m} \sum_{j=1}^{i-1} P(E_i E_j) \leqslant h \leqslant \sum_{i=1}^{m} P(E_i) \tag{3}$$

sind wohl bekannt. Rechts steht die B o o l e s c h e U n g l e i c h u n g und links eine sogenannte B o n f e r r o n i - U n g l e i c h u n g. Zuerst soll die linke Ungleichung als untere Schranke verallgemeinert und verschärft werden. Als zweites wird dann auch die rechte Ungleichung als obere Schranke verallgemeinert und verschärft werden, indem ebenfalls Wahrscheinlichkeiten $P(E_i E_j)$ in die Rechnung einbezogen werden.

Satz 1 *Es gilt*

$$(2/(s+1)) \sum_{i=1}^{m} P(E_i) - (2/s(s+1)) \sum_{i=1}^{m} \sum_{j=1}^{i-1} P(E_i E_j) \leqslant h \tag{4}$$

für alle ganzzahligen Werte $s = 1, 2, \ldots, m-1$.

B e w e i s. Es bezeichne A_s die Menge aller $x \in E$, die in g e n a u s der Ereignisse $E_1, E_2, \ldots, E_m$ enthalten sind, und es sei $a_s = P(A_s)$. Es ist $E = A_1 + A_2 + \ldots + A_m$ und daher

$$\sum_{k=1}^{m} a_k = h. \tag{5}$$

Ferner wird in $P(E_1) + P(E_2) + \ldots + P(E_m)$ die Wahrscheinlichkeit jedes Stichprobenpunkts in A_s genau s mal mitgezählt. Daher gilt

$$\sum_{k=1}^{m} ka_k = \sum_{i=1}^{m} P(E_i) = p. \tag{6}$$

Ähnlich überlegt man sich auch, daß

$$\sum_{k=1}^{m} (k(k-1)/2)a_k = \sum_{i=1}^{m} \sum_{j=1}^{i-1} P(E_iE_j) = q \tag{7}$$

Für ein s = 2, 3, . . ., m sollen nun die Variablen a_{s-1} und a_s durch die restlichen Variablen a_k, $k \neq s-1$, s, ausgedrückt werden. Das erreicht man z. B., indem zuerst (6) nach a_{s-1} aufgelöst wird und dieser Ausdruck dann in (7) eingesetzt wird. Dabei wird mit Vorteil noch durch s/2 dividiert wird, so daß im Ergebnis a_s den Koeffizienten 1 erhält:

$$(-(s-2)/s)a_1 + \sum_{k=2}^{m} a_k\{k(k-1)/s - k(s-2)/s\} = 2q/s - (s-2)p/s. \tag{8}$$

Weiter wird (7) nach a_s aufgelöst und das Ergebnis in (6) eingesetzt:

$$a_1 + \sum_{k=2}^{m} a_k\{k - k(k-1)/(s-1)\} = p - 2q/(s-1). \tag{9}$$

(8) kann nun nach a_s und (9) nach a_{s-1} aufgelöst werden. Setzt man die Ausdrücke für a_{s-1} und a_s in (5) ein, dann ergibt sich

$$h - \{2p/s - 2q/s(s-1)\} = ((s-2)/s)a_1 + \sum_{k=2}^{m} a_k\{(s-k)(s-k-1)/s(s-1)\}. \tag{10}$$

Es ist $s(s-1) > 0$ für s = 2, 3, . . . und auch $(s-k)(s-k-1) \geqslant 0$ für alle positiven s. Daher ist in der Tat $2p/s - 2q/s(s-1) \leqslant h$ und die Behauptung folgt, wenn man noch s durch s + 1 ersetzt. ∎

Für s = 1 ergibt (4) die linke Ungleichung von (3). Man kann sich nun fragen, für welchen Wert von s man die b e s t e untere Schranke unter allen Schranken (4) erhält. Der folgende Satz beantwortet diese Frage.

Satz 2 *Die untere Schranke* (4) *aus* Satz 1 *wird* m a x i m a l, *wenn*

$$s = [2q/p] + 1. \tag{11}$$

[x] *bezeichnet die größte ganze Zahl kleiner oder gleich* x.

B e w e i s. d(s) bezeichne die Differenz zwischen der linken Seite von (4) für s und s − 1,

$$d(s) = (2p/(s+1) - 2q/s(s+1)) - (2p/s - 2q/(s-1)s)$$

$$= (-2(s-1)p + 4q)/(s-1)s(s+1). \tag{12}$$

Man sieht daraus, daß $d(s) > 0$ ist, solange $s < 2q/p + 1$, und daß $d(s) < 0$ wird, sobald $s > 2q/p + 1$. D. h. die linke Seite von (4) nimmt zu bis $s = [2q/p] + 1$ und nimmt von da an ab. Das beweist die Behauptung. ∎

Als zweites werden nun obere Schranken als Verallgemeinerung der Booleschen Ungleichung rechts in (3) betrachtet. Als Vorbereitung dazu soll die folgende graphentheoretische Betrachtungsweise eingeführt werden: Alle Ereignisse E_i sollen als K n o t e n betrachtet werden. Die Durchschnitte $E_i E_j$ bestimmen dann ungerichtete Bögen zwischen obigen Knoten. Bei m Ereignissen E_i interessieren nun besonders Mengen T von $m-1$ Bögen, die s p a n n e n d e B ä u m e mit obigen m Knoten bilden. Solche Bogenmengen ergeben obere Schranken für h wie der folgende Satz zeigt.

Satz 3 *Es gilt für jeden* s p a n n e n d e n B a u m T

$$h \leqslant \sum_{i=1}^{m} P(E_i) - \sum_{(i,j) \in T} P(E_i E_j). \tag{13}$$

B e w e i s. Es gilt

$$h = P(E_1) + \sum_{k=2}^{m} P(\overline{E}_1 \ldots \overline{E}_{k-1} E_k). \tag{14}$$

Ist nun (k) irgend ein beliebiger Index aus $\{1, 2, \ldots, k-1\}$, dann folgt daraus, daß

$$h \leqslant P(E_1) + \sum_{k=2}^{m} P(\overline{E}_{(k)} E_k) = \sum_{i=1}^{m} P(E_i) - \sum_{k=2}^{m} P(E_{(k)} E_k). \tag{15}$$

Ist nun T ein spannender Baum, dann können seine Knoten wie folgt numeriert werden: Ein beliebiger Knoten wird mit 1 bezeichnet. Dann werden alle Knoten, die einen Bogen von 1 entfernt sind, beliebig weiter numeriert $(2, 3, \ldots)$; anschließend werden alle Knoten, die zwei Bogen von 1 entfernt sind, weiter numeriert etc. Da ein spannender Baum zusammenhängend ist, werden auf diese Weise alle Knoten numeriert, und da ein Baum keinen Zykel enthält, wird keinem Knoten eine Nummer mehrfach zugeordnet. Es sei nun in dieser Numerierung (k) (für $k > 1$) der eindeutig bestimmte Knoten, der genau einen Bogen vor k auf dem (einzigen) Pfad von 1 nach k liegt (vergleiche dazu Satz 2.2.1). Dann ist bei obigem Numerierungsverfahren $(k) \in \{1, 2, \ldots, k-1\}$. Ferner ist $T = \{((k), k); k = 2, \ldots, m\}$, da $((k), k) \in T$ und T $m-1$ Bögen enthält. Dann ist aber

$$\sum_{(i,j) \in T} P(E_i E_j) = \sum_{k=2}^{m} P(E_{(k)} E_k) \tag{16}$$

und aus (15) folgt die Behauptung. ∎

Die beste obere Schranke (13) erhält man, wenn man den spannenden Baum mit dem m a x i m a l e n Gewicht

$$\max_{T} \sum_{(i,j) \in T} P(E_i E_j) \tag{17}$$

über alle spannenden Bäume T nimmt. Die Bestimmung eines maximalen spannenden Baumes ist völlig analog zur Bestimmung eines spannenden Baumes mit minimalem Gewicht (siehe Abschnitt 2.2) und daher recht einfach und effizient durchzuführen.

In der Anwendung der Schranken aus den Sätzen 1 bis 3 auf die Abschätzung von Zuverlässigkeiten oder Verfügbarkeiten sind die Ereignisse E_i, wie bei der praktischen

Anwendung des Überdeckungsverfahrens, gleich den Ereignissen (S_i) daß alle Elemente der m i n i m a l e n V e r b i n d u n g S_i intakt sind. Es ist dann (zur Erinnerung, vergleiche Abschnitt 7.1, insbesondere (7.1.15))

$$P(E_i) = P((S_i)) = \prod_{b_k \in S_i} p_k, \tag{18}$$

$$P(E_i E_j) = P((S_i \cup S_j)) = \prod_{b_k \in S_i \cup S_j} p_k, \tag{19}$$

wenn p_i die Intaktwahrscheinlichkeit von Element b_i ist.

Man kann die Schranken auch anwenden um die Ausfallwahrscheinlichkeit eines Systems abzuschätzen. Dann wird für das Ereignis E_i das Ereignis (T_i), daß alle Elemente einer m i n i m a l e n T r e n n u n g ausgefallen sind, genommen. O b e r e Schranken für die Ausfallwahrscheinlichkeit werden dann zu u n t e r e n Schranken für die Intaktwahrscheinlichkeit des Systems, und umgekehrt werden u n t e r e Schranken für die Ausfallswahrscheinlichkeit zu o b e r e n Schranken für die Intaktwahrscheinlichkeit, da ja Ausfalls- und Intaktwahrscheinlichkeiten sich zu eins summieren. Auf diese Weise kann mittels Dualität aus jeder oberen (unteren) Schranke eine untere (obere) Schranke gewonnen werden. Dies soll an einem Beispiel illustriert werden:

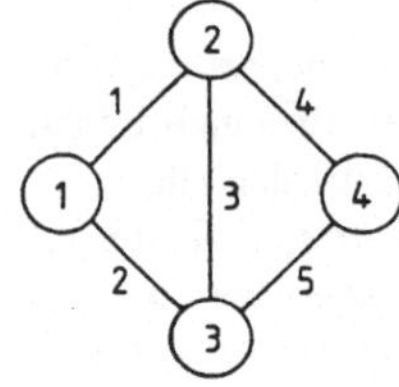

Abb. 1

(1) Man betrachte das Netzwerk der Abb. 1. Alle Bögen sollen eine e x p o n e n t i a l verteilte Lebensdauer haben, wobei für die Bögen 1, 2 und 4, 5 eine erwartete Lebensdauer von 100 h und für Bogen 3 eine solche von 500 h angenommen wird. Es wird die Verbindung der Knoten 1 und 4 betrachtet. Was ist die Z u v e r l ä s s i g k e i t s - f u n k t i o n dieser Verbindung bei den angenommenen Lebensdauerverteilungen der Bögen? Das Netzwerkproblem hat die minimalen Verbindungen $\{1, 4\}, \{2, 5\}, \{1, 3, 5\}$ und $\{2, 3, 4\}$ sowie die minimalen Trennungen $\{1, 2\}, \{4, 5\}, \{1, 3, 5\}$ und $\{2, 3, 4\}$. In der Abb. 2 sind die unteren und oberen Schranken für die gesuchte Zuverlässigkeitsfunktion eingetragen, die sich aus den Sätzen 1 bis 3 und der Dualität ergeben, ebenso wie die Schranken aus Satz 12.1.2 dargestellt. Die besten Schranken ergeben sich, wenn das M a x i m u m der drei unteren und das M i n i m u m der drei oberen Schranken genommen wird.

Das Beispiel zeigt, daß mit Hilfe dieser Schranken, wenn die minimalen Verbindungen und Trennungen eines Systems bekannt sind, sehr gute Abschätzungen erhalten werden können. Das Beispiel zeigt weiter, daß keine der Schranken gleichförmig über den ganzen Bereich am besten ist.

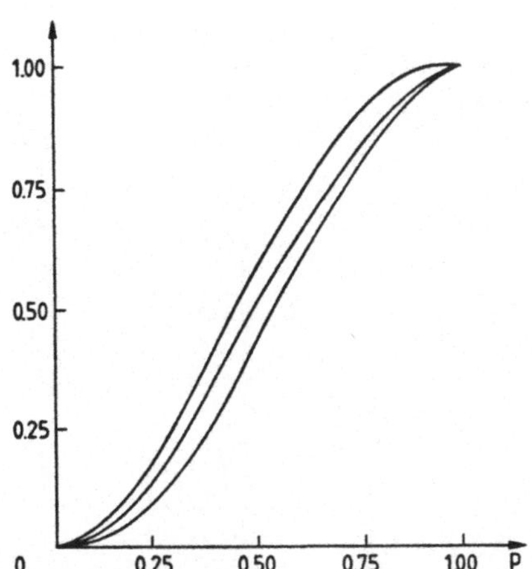

Abb. 2

Kommentar zu Kapitel 12

Die Ungleichungen des Abschnitts 12.1 gelten auch noch, wenn bestimmte s t o c h a -
s t i s c h e   A b h ä n g i g k e i t e n zwischen den Zuverlässigkeiten der Elemente
vorhanden sind (sog. Assoziiertheit), siehe dazu E s a r y , P r o s c h a n (1970),
E s a r y , P r o s c h a n , W a l k u p (1967) und auch B a r l o w , P r o s c h a n
(1975).
Die Resultate von Abschnitt 12.2 gehen auf B o d i n (1970) zurück.
Die Sätze 12.3.1 und 12.3.2 sind in D a w s o n , S a n k o f f (1967) enthalten, und
Satz 12.3.3 stammt von H u n t e r (1976), siehe auch H u n t e r (1977). Weitere
interessante Ungleichungen dieser Art enthalten H a l p e r i n (1965) und K o u n i a s
(1968).

Weitere Abschätzungen für die System-Zuverlässigkeit oder Verfügbarkeit finden sich bei B a l l , P r o v a n (1982 und 1983), N a t v i g (1980) und Z e m a l (1982). Auch B a r l o w , P r o s c h a n (1975) und B e i c h t e l t , F r a n k e n (1983) enthalten noch weitere Schranken. B u t l e r (1982) gibt Schranken für m e h r - w e r t i g e Systeme an.

Teil III Reparatur und Wartung

13   Markoffsche Modelle

13.1   Einführende Beispiele

In diesem dritten Buchteil soll ein weiterer wichtiger Aspekt der Zuverlässigkeitsanalyse
von Systemen zusätzlich in die Betrachtung eingeführt werden. Es handelt sich um die
R e p a r a t u r von ausgefallenen Systemen oder Elementen. Die Reparatur hat das
offensichtliche Ziel, die N u t z u n g s d a u e r eines Systems zu verlängern. Durch
die Instandsetzung eines defekten Systems, kann dieses — eventuell nach einer kürzeren
oder längeren Unterbrechung — wieder weiterverwendet werden. Die bei der Anschaf-
fung des Systems getätigte Investition muß nicht abgeschrieben werden. Daneben hat
die Reparatur und Wartung aber noch eine weitere, weniger offensichtliche Funktion,
mindestens bei Systemen mit Redundanz. Fällt ein Element eines redundanten Systems
aus, dann muß deswegen das System selbst noch nicht funktionsunfähig werden. Wird
nun das ausgefallene Element durch Reparatur instandgesetzt, bevor der Ausfall weiterer Elemente den Ausfall des Systems bewirkt, dann kann dadurch das System selbst
instandgehalten werden, ohne daß ein Systemausfall verzeichnet werden muß. Ein
Systemausfall tritt nur dann ein, wenn genügend Elemente so rasch hintereinander ausfallen, daß die Reparatur nicht schnell genug erfolgen kann, um genügend viele Elemente
wieder instand zu setzen. Die Reparatur hat hier also auch die Funktion, die a u s f a l l -
f r e i e Zeit oder die I n t a k t z e i t eines Systems zu verlängern. Dies ist insbesondere
in den Fällen von größter Bedeutung, wo ein Systemausfall hohe Kosten oder eine große
Gefährdung von Leben oder Sachwerten mit sich bringt.

Der Einbezug der Reparatur in die Zuverlässigkeitsanalyse bezweckt eine qualitative
oder noch besser quantitative Bewertung der eben erwähnten Funktionen der Reparatur. Damit steigt aber die Komplexität der damit verbundenen mathematischen Modelle
ganz beträchtlich an. Neben der womöglich schon komplizierten Systemstruktur, die
mit den Methoden der beiden ersten Buchteile befriedigend behandelt werden kann,
tritt nun zusätzlich noch die Organisation der Reparaturprozesse mit der Beschreibung
und Analyse der Reparaturabläufe und der beschränkten Arbeitskapazitäten in den
Reparaturstellen.

Eine exakte Analyse ist in diesem Problemkomplex im allgemeinen nur dann möglich,
wenn gewisse Vereinfachungen in den Modellannahmen getroffen werden dürfen. Diese
können z. B. die Beschränkung auf einfache Systemstrukturen wie Serie- oder Parallel-
systeme oder k-von-n-Systeme betreffen. Es kann manchmal auch eine sehr einfache
Reparaturorganisation, mindestens für grobe rechnerische Abschätzungen, unterstellt

werden (siehe Kapitel 14). Ferner wird die Analyse oft sehr erleichtert, wenn spezielle Annahmen über die Verteilungen der (stochastisch angenommenen) Lebensdauern und Reparaturzeiten der Elemente eines Systems gemacht werden können.

Eine solche, besonders wichtige, spezielle Annahme setzt E x p o n e n t i a l v e r t e i - l u n g e n für die Lebensdauern und Reparaturzeiten der Elemente eines Systems voraus. Diese Annahmen führen zu sogenannten M a r k o f f s c h e n M o d e l l e n . Diese haben eine Reihe von vorteilhaften Eigenschaften, die eine einfache und elegante Behandlung dieser Modelle ermöglichen. Daher sind diese Modelle sehr beliebt und nützlich. In diesem und dem folgenden Kapitel werden Markoffsche Modelle, ihre mathematischen Grundlagen und ihre Anwendung für die Modellierung und Analyse von Reparatur- und Wartungsprozessen dargestellt. Zur Einführung in die Thematik werden in diesem Abschnitt zwei einfache Beispiele besprochen.

(1) Als erstes wird ein einzelnes Element betrachtet. Dieses habe eine e x p o n e n t i a l verteilte Lebensdauer mit Ausfallrate λ. Beim Ausfall des Elements wird dieses ohne Verzug in Reparatur genommen, und die Reparaturzeit sei ebenfalls e x p o n e n t i a l verteilt. In Analogie zur Ausfallrate kann eine R e p a r a t u r r a t e μ definiert werden, die den Parameter der Reparaturverteilung festlegt. Nach Abschluß der Reparatur wird vorausgesetzt, daß das Element so gut wie neu ist, so daß eine weitere, exponential verteilte Lebensdauer mit Ausfallrate λ anschließen kann. Das Element wechselt also zwischen dem Zustand „intakt" und dem Zustand „ausgefallen". $X(t)$ bezeichne den Zustand, in dem sich das Element zum Zeitpunkt $t \geq 0$ befindet. Dabei bedeute $X(t) = 0$, daß das Element zum Zeitpunkt t ausgefallen (in Reparatur) ist und $X(t) = 1$, daß zum Zeitpunkt t das Element intakt ist. $X(t)$ ist für jedes $t \geq 0$ eine Zuvallsvariable, und man kann die bedingte Wahrscheinlichkeit $p_{ij}(t) = P(X(t) = j \mid X(0) = i)$, daß sich das Element zur Zeit t im Zustand j (= 0 oder 1) befindet, gegeben, daß es sich zu Beginn (t = 0) im Zustand i (= 0 oder 1) befand, betrachten.

Zur Bestimmung von $p_{ij}(t)$ kann man mittels verschiedenen, aber äquivalenten Ansätzen, Gleichungssysteme für $p_{ij}(t)$ aufstellen. Zwei solche Ansätze sollen hier illustriert werden, da sie allgemeiner anwendbar sind. Das Element befinde sich zu Beginn im Zustand i = 1. Was ist dann die Wahrscheinlichkeit, daß sich das Element zum Zeitpunkt $t > 0$ wieder (oder immer noch) im Zustand j = 1 befindet? Damit dieses Ereignis stattfindet, muß entweder das Element o h n e A u s f a l l bis t überlebt haben. Die Wahrscheinlichkeit dafür ist gleich $\exp(-\lambda t)$ (gleichgültig, wie alt das Element zum Zeitpunkt t = 0 schon war; die Exponentialverteilung kennt kein Altern, siehe Abschnitt 7.2). Oder aber das Element erlitt zu einem Zeitpunkt im Intervall [s, s + ds], s < t, einen ersten Ausfall (Wahrscheinlichkeit dafür ist $\lambda \exp(-\lambda s)ds$), und ausgehend vom Zustand k = 0 zum Zeitpunkt s geht das Element im verbleibenden Zeitintervall der Länge t − s bis zum Zeitpunkt t wieder in den Zustand j = 1 über (die Wahrscheinlichkeit dafür ist $p_{01}(t - s)$). Also gilt zusammenfassend

$$p_{11}(t) = e^{-\lambda t} + \int_0^t \lambda e^{-\lambda s} p_{01}(t - s)\,ds. \tag{1}$$

Ist nun das Element zu Beginn in Reparatur (i = 0), dann kann das Element zur Zeit $t > 0$ nur dann im Zustand j = 1 sein, wenn in einem Intervall [s, s + ds], s < t, die

Reparatur abgeschlossen wurde (Wahrscheinlichkeit dafür $\mu \exp(-\mu s)ds$) und dann im verbleibenden Zeitintervall der Länge $t - s$ bis zum Zeitpunkt t das Element vom Zustand $k = 1$ in den Zustand $j = 1$ übergeht (die Wahrscheinlichkeit dafür ist $p_{11}(t - s)$). Folglich gilt

$$p_{01}(t) = \int_0^t \mu e^{-\mu s} p_{11}(t - s)ds. \tag{2}$$

Diese beiden Integralgleichungen bilden ein Gleichungssystem, das die Bestimmung von $p_{11}(t)$ und $p_{01}(t)$ zuläßt. Ein ähnliches Gleichungspaar läßt sich analog auch für $p_{10}(t)$ und $p_{00}(t)$ aufstellen.

Man kann aber auch folgendermaßen argumentieren: Damit sich das Element zum Zeitpunkt $h + t$ im Zustand $j = 1$ befindet (wenn zu Beginn das Element im Zustand $i = 1$ war), muß entweder das Element bis zum Zeitpunkt h keinen Ausfall erleiden und dann anschließend im verbleibenden Zeitintervall von h bis $h + t$ vom Zustand $k = 1$ in den Zustand $j = 1$ zum Zeitpunkt $h + t$ übergehen. Die Wahrscheinlichkeit für letzteres ist gleich $p_{11}(t)$. Die Wahrscheinlichkeit für keinen Ausfall bis h ist gleich $\exp(-\lambda h)$ $= 1 - \lambda h + o(h)$ ($o(h)$ bezeichnet eine Größe, die von der Ordnung h^2 oder höherer Ordnung ist, so daß $o(h)/h \to 0$ strebt für $h \to 0$). In einem alternativen Fall muß das Element bis zum Zeitpunkt h einen Ausfall erleiden (Wahrscheinlichkeit gleich $1 - \exp(-\lambda h) = \lambda h + o(h)$) und anschließend vom Zustand $k = 0$ zum Zeitpunkt h im Zeitintervall der Länge t in den Zustand $j = 1$ zum Zeitpunkt $h + t$ übergehen (Wahrscheinlichkeit $p_{01}(t)$). In beiden Fällen ist noch die Möglichkeit zu berücksichtigen, daß bis zum Zeitpunkt h m e h r e r e Sprünge (Ausfälle und Reparaturen) stattfinden. Die Wahrscheinlichkeit dafür ist aber von der Ordnung $o(h)$. Es folgt daraus also

$$p_{11}(t + h) = (1 - \lambda h)p_{11}(t) + \lambda h p_{01}(t) + o(h). \tag{3}$$

Ganz analog findet man, wenn man voraussetzt, daß das Element zu Beginn im Zustand $i = 0$ ist

$$p_{01}(t + h) = \mu h p_{11}(t) + (1 - \mu h)p_{01}(t) + o(h). \tag{4}$$

Subtrahiert man in (3) $p_{11}(t)$ auf beiden Seiten und in (4) $p_{01}(t)$, dividiert man dann durch h und läßt man h gegen 0 streben, dann erhält man das System von Differentialgleichungen

$$\dot{p}_{11}(t) = -\lambda p_{11}(t) + \lambda p_{01}(t), \tag{5}$$

$$\dot{p}_{01}(t) = \mu p_{11}(t) - \mu p_{01}(t). \tag{6}$$

Wenn man in (1) und (2) die Substitution $x = t - s$ durchführt und dann nach t differenziert, erhält man genau diese Differentialgleichungen. Das zeigt, daß die beiden Gleichungssysteme äquivalent sind. Ähnliche Differentialgleichungen kann man auf die gleiche Art und Weise auch für $p_{10}(t)$ und $p_{00}(t)$ erhalten. Es gibt für diese Größen auch noch weitere Differentialgleichungen (siehe nächsten Abschnitt).

Es interessieren die Lösungen von (5) und (6) mit den Anfangsbedingungen $p_{11}(0) = 1$ und $p_{01}(0) = 0$. Diese Lösungen lauten wie folgt:

$$p_{11}(t) = (\mu/\lambda + \mu) + (\lambda/\lambda + \mu)e^{-(\lambda + \mu)t}, \tag{7}$$

$$p_{01}(t) = (\mu/\lambda + \mu) - (\mu/\lambda + \mu)e^{-(\lambda + \mu)t}. \tag{8}$$

Offenbar gilt $p_{11}(t) + p_{10}(t) = 1$ und $p_{01}(t) + p_{00}(t) = 1$, denn für jedes t gilt $X(t) = 0$ oder $X(t) = 1$. Daraus ergibt sich mit (7) und (8) sofort auch $p_{10}(t)$ und $p_{00}(t)$. Insbesondere sieht man, daß für $t \to \infty$

$$\lim_{t \to \infty} p_{11}(t) = \lim_{t \to \infty} p_{01}(t) = p_1 = \mu/(\lambda + \mu) = E(L)/(E(L) + E(R)), \tag{9}$$

$$\lim_{t \to \infty} p_{10}(t) = \lim_{t \to \infty} p_{00}(t) = p_0 = \lambda/(\lambda + \mu) = E(R)/(E(L) + E(R)), \tag{10}$$

wenn $E(L) = 1/\lambda$ und $E(R) = 1/\mu$ die erwartete Lebensdauer bzw. Reparaturdauer des Elements sind. p_1 kann als asymptotische Verfügbarkeit des Elements bezeichnet werden. Man erkennt, daß dieser Wert u n a b h ä n g i g vom Anfangszustand $X(0)$ ist.

(2) Als zweites Beispiel soll ein etwas komplizierterer Fall betrachtet werden. Ein P a r a l l e l - S y s t e m bestehe aus z w e i Elementen, von denen jedes eine e x p o n e n t i a l verteilte Lebensdauer, und zwar mit Ausfallraten λ_1 und λ_2 habe. Bei Ausfall eines der beiden Elemente wird dieses repariert, wobei die Reparaturdauer für beide Elemente wieder e x p o n e n t i a l sein soll, und zwar mit Reparaturraten μ_1 und μ_2. Fällt ein Element aus, während das andere sich in Reparatur befindet, dann beginnt die Reparatur dieses Elements erst, wenn die Reparatur des ersten beendet ist, das zweite Element muß auf seinen Reparaturbeginn warten. Man trifft hier zum ersten Mal das für Reparaturmodelle typische Phänomen der W a r t e s c h l a n g e. In diesem Fall sind beide Elemente ausgefallen, und damit ist auch das System nicht funktionsfähig.

Um dieses System mit seinen Reparaturabläufen zu erfassen und zu beschreiben, werden fünf verschiedene Z u s t ä n d e definiert, in denen sich das System jederzeit befinden kann:

1. beide Elemente des Systems sind intakt;

2. Element 1 ist intakt, Element 2 befindet sich in Reparatur;

3. Element 2 ist intakt, Element 1 befindet sich in Reparatur;

4. beide Elemente sind ausgefallen, Element 2 befindet sich in Reparatur, Element 1 wartet auf Beginn der Reparatur;

5. beide Elemente sind ausgefallen, Element 1 befindet sich in Reparatur, Element 2 wartet auf Beginn der Reparatur.

Der Prozeß beginnt in einem bestimmten Zustand, z. B. im Zustand 1. Er wird sich eine gewisse, zufällige Zeit in diesem Zustand aufhalten und dann zu einem neuen Zustand springen, wobei auch dieser Sprung zufällig ist. Im neuen Zustand wird sich der Prozeß wieder eine zufällige Zeit lang aufhalten und dann erneut in einen anderen Zustand springen etc. Aus Zustand 1 z. B. kann der Prozeß sowohl in Zustand 2 wie auch in Zustand 3 übergehen. Es sollen nun die Verteilungen der Aufenthaltsdauern in den einzelnen Zuständen, sowie die Übergangswahrscheinlichkeiten in neue Zustände bei Sprüngen für diesen Prozeß bestimmt werden.

Es wird zunächst der Zustand 1 betrachtet. T_1 und T_2 seien die Lebensdauern der beiden Elemente. Der Aufenthalt in diesem Zustand 1 wird beendet, wenn eines der beiden Elemente ausfällt. Die Aufenthaltsdauer im Zustand 1 ist also nichts anderes als die Lebensdauer eines S e r i e s y s t e m s , bestehend aus den zwei Elementen, $T = \min (T_1, T_2)$. Bekanntlich ist diese Lebensdauer wieder e x p o n e n t i a l verteilt, und zwar mit der Ausfallrate $q_1 = \lambda_1 + \lambda_2$ (siehe (7.2.18)). Wenn der Aufenthalt im Zustand 1 beendet wird, in welchen neuen Zustand geht dann der Prozeß über? Wenn zuerst Element 1 ausfällt ($T_1 < T_2$), dann geht der Prozeß in den Zustand 3 über, wenn jedoch zuerst Element 2 ausfällt ($T_2 < T_1$), dann geht der Prozeß in den Zustand 2 über. Die zugehörigen Übergangswahrscheinlichkeiten q'_{13} und q'_{12} lassen sich einfach bestimmen. Die gemeinsame, zweidimensionale Dichtefunktion von T_1 und T_2 ist gleich dem Produkt der eindimensionalen, exponentialen Dichtefunktionen von T_1 und T_2. Die Wahrscheinlichkeit des Ereignisses $T_1 < T_2$ erhält man durch Integration der zweidimensionalen Dichtefunktion über das Gebiet $s_1 < s_2$:

$$q'_{13} = P(T_1 < T_2) = \int_0^\infty \lambda_2 \exp(-\lambda_2 s_2) \int_0^{s_2} \lambda_1 \exp(-\lambda_1 s_1)\,ds_1 ds_2 = \lambda_1/(\lambda_1 + \lambda_2).$$

(11)

Analog folgt

$$q'_{12} = \lambda_2/(\lambda_1 + \lambda_2),$$

(12)

und es ist $q'_{12} + q'_{13} = 1$, wie es sein muß, da der Sprung entweder nach Zustand 2 oder Zustand 3 gehen muß.

Auf die gleiche Art und Weise können die anderen Zustände untersucht werden. Zustand 2 z. B. wird verlassen, sobald entweder das erste (intakte) Element auch noch ausfällt, oder sobald die Reparatur des zweiten (ausgefallenen) Elements beendet ist. Da die Exponentialverteilung kein Altern kennt, ist die Lebensdauer T_1 des ersten Elements vom Moment an, in dem Zustand 2 erreicht wird, immer noch exponential verteilt mit Ausfallrate λ_1. Die Reparaturdauer R_2 des zweiten Elements ist ebenfalls exponential verteilt, und zwar mit Reparaturrate μ_2. Die Aufenthaltsdauer im Zustand 2 ist somit gleich min (T_1, R_2), und genau gleich wie beim Zustand 1 folgt, daß diese Dauer e x p o n e n t i a l verteilt, und zwar mit Rate $q_2 = \lambda_1 + \mu_2$. Ist $T_1 < R_2$, dann erfolgt ein Sprung in den Zustand 4 und ist $R_2 < T_1$, dann erfolgt ein Sprung in den Zustand 1 beim Verlassen des Zustands 2. Genau gleich wie beim Zustand 1 erhält man auch hier für die Übergangswahrscheinlichkeiten $q'_{24} = P(T_1 < R_2) = \lambda_1/(\lambda_1 + \mu_2)$ und $q'_{21} = P(R_2 < T_1) = \mu_2/(\lambda_1 + \mu_2)$.

In der Tabelle 1 sind die P a r a m e t e r der e x p o n e n t i a l v e r t e i l t e n Aufenthalsdauern sämtlicher fünf Zustände zusammen mit den Übergangswahrscheinlichkeiten aus den fünf Zuständen zusammengestellt. Die Situation kann noch anschaulicher durch einen g e r i c h t e t e n Graphen dargestellt werden. Jeder der fünf Zustände wird dabei durch einen Knoten dargestellt und jeder mögliche Übergang nach einem Zustand j bei einem Sprung aus einem Zustand i durch einen gerichteten Bogen vom Knoten i zum Knoten j, also in der Richtung des Übergangs (siehe Abb. 1). Dem Bogen von i nach j wird die Übergangswahrscheinlichkeit q'_{ij} beigegeben. Allerdings genügt es, den Zähler von q'_{ij} anzugeben, da der Nenner als Summe der Bewertungen aller von i ausgehenden Bögen rekonstruiert werden kann. Zudem ist dieser Nenner zugleich dem Parameter q_i der Verteilung der Aufenthaltsdauer, oder wenn man will, gleich der Austrittsrate aus dem Zustand i. Einen solchen Graphen nennt man einen Übergangsgraphen.

Tab. 1

Zustand	Aufenthaltsdauer (Parameter)	Übergang nach Zustand	Wahrscheinlichkeit
1	$\lambda_1 + \lambda_2$	2	$\lambda_2/(\lambda_1 + \lambda_2)$
		3	$\lambda_1/(\lambda_1 + \lambda_2)$
2	$\lambda_1 + \mu_2$	1	$\mu_2/(\lambda_1 + \mu_2)$
		4	$\lambda_1/(\lambda_1 + \mu_2)$
3	$\lambda_2 + \mu_1$	1	$\mu_1/(\lambda_2 + \mu_1)$
		5	$\lambda_2/(\lambda_2 + \mu_1)$
4	μ_2	3	1
5	μ_1	2	1

Es wird nun ein stochastischer Prozeß $X(t)$, $t \geq 0$ betrachtet, bei dem $X(t) = i$ bedeutet, daß der Prozeß zur Zeit t sich im Zustand i ($= 1, 2, 3, 4, 5$) befindet. Ähnlich wie im Beispiel (1) werden die bedingten Wahrscheinlichkeiten $p_{ij}(t) = P(X(t) = j \mid X(0) = i)$, daß der Prozeß sich zur Zeit t im Zustand j befindet, gegeben, er befand sich zur Zeit 0 im Zustand i, betrachtet. Es wird nun ein kurzes Zeitintervall der Länge $h > 0$ betrachtet. Die Wahrscheinlichkeit, daß in diesem Intervall zwei oder mehr Sprünge stattfinden, ist von der Ordnung o(h). $p_{ii}(h)$ ist daher bis auf einen Term der Ordnung o(h) gleich der Wahrscheinlichkeit exp $(-q_i h)$, daß im Intervall der Länge h kein Sprung aus dem Zustand i stattfindet. Also gilt

$$p_{ii}(h) = 1 - q_i h + o(h). \tag{13}$$

$p_{ij}(h)$ dagegen ist demnach bis auf einen Term der Ordnung o(h) gleich der Wahrscheinlichkeit, daß im Intervall der Länge h genau ein Sprung aus dem Zustand i stattfindet, und zwar mit einem Übergang nach dem Zustand j. Es gilt also

$$p_{ij}(h) = (1 - \exp{(-q_i h)})q'_{ij} + o(h) = q_i q'_{ij} h + o(h). \tag{14}$$

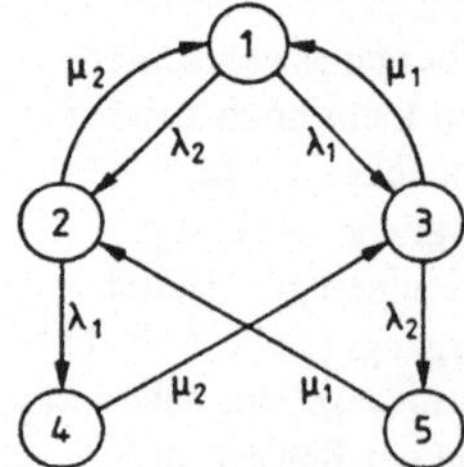

Abb. 1

$q_{ij} = q_i q'_{ij}$ ist gleich dem Zähler der Übergangswahrscheinlichkeiten (z. B. $q_{12} = \lambda_2$, $q_{13} = \lambda_1$ etc.). Aus (14) folgt

$$\lim_{h \to 0} p_{ij}(h)/h = q_{ij}. \tag{15}$$

Daher nennt man die q_{ij} auch Ü b e r g a n g s r a t e n. In der Abb. 1 sind die Bögen, die mögliche Übergänge darstellen, gerade mit diesen Übergangsraten bewertet.

Mit allen diesen Gegebenheiten ist es nun, analog wie im Beispiel (1) leicht möglich, Gleichungssysteme für die Funktionen $p_{ij}(t)$ herzuleiten. Dies soll nun aber nicht mehr hier speziell, bezogen auf dieses Beispiel gemacht werden, sondern im folgenden Abschnitt gerade allgemein, für beliebige Markoffsche Modelle.

13.2 Grundlagen Markoffscher Modelle

Es wird in diesem Abschnitt das allgemeine (endliche) Markoffsche Modell formuliert. Diesem wird eine e n d l i c h e Menge I als Z u s t a n d s r a u m unterlegt. Die Elemente des Zustandsraumes können numeriert werden. Meistens wird mit $i = 1, 2, \ldots, n$ numeriert, manchmal auch mit $i = 0, 1, 2, \ldots, n$. Auf diesem Zustandsraum I wird ein stochastischer Prozeß $X(t)$ für $t \geq 0$ betrachtet, so daß zu jedem Zeitpunkt t gilt $X(t) = i \in I$. Dabei wird speziell folgendes vorausgesetzt:

(1) Die Aufenthaltsdauern von $X(t)$ in den Zuständen $i \in I$ sind u n a b -
h ä n g i g voneinander und e x p o n e n t i a l v e r t e i l t mit Parametern $q_i \geq 0$.

(2) Bei einem Sprung aus einem Zustand i wird mit Wahrscheinlichkeit q'_{ij} ein neuer Zustand $j \in I, j \neq i$ erreicht. Für diese Übergangswahrscheinlich-keiten gilt

$$0 \leq q'_{ij} \leq 1, \qquad \sum_{j \in I} q'_{ij} = 1, \qquad q'_{ii} = 0 \quad \text{für alle } i \in I. \tag{1}$$

Ein solcher Prozeß $X(t)$ wird ein M a r k o f f s c h e s M o d e l l oder auch ein e n d l i c h e r M a r k o f f - P r o z e ß m i t s t e t i g e m Z e i t p a r a m e t e r genannt.

Da die Exponentialverteilung kein Altern kennt (siehe Abschnitt 7.2), wird die Auf-enthaltsdauer von $X(t)$ in einem Zustand i, unabhängig davon, wie lange $X(t)$ sich schon im Zustand i befindet, exponential verteilt mit Parameter q_i sein. Das bedeutet, daß die ganze zukünftige Entwicklung des Prozesses $X(t)$ über einen Zeitpunkt $t = s$ hinaus, nur davon abhängig ist, in welchem Zustand i sich der Prozeß zum Zeitpunkt $t = s$ befindet, aber nicht von der Geschichte des Prozesses v o r dem Zeitpunkt s. Das nennt man die M a r k o f f s c h e E i g e n s c h a f t, die also eine Konsequenz der Exponentialverteilung ist, und nicht gilt, wenn die Aufenthaltsdauern nicht exponential verteilt sind. Die Einfachheit der Markoffschen Modelle ist auf diese Markoffsche Eigen-schaft zurückzuführen.

Die Funktionen

$$p_{ij}(t) = P(X(t) = j \,|\, X(0) = i) \tag{2}$$

werden Ü b e r g a n g s w a h r s c h e i n l i c h k e i t s - F u n k t i o n e n genannt.
Wird ein (kurzes) Zeitintervall der Länge h betrachtet, dann folgt aus der obigen Eigenschaft (1), daß die Wahrscheinlichkeit, daß der Prozeß im Intervall der Länge h zwei
oder mehr Sprünge ausführt, von der Ordnung o(h) ist. Infolgedessen ist $p_{ii}(t)$ bis auf
einen Term der Ordnung o(h) gleich der Wahrscheinlichkeit, daß der Prozeß X(t) im
Intervall der Länge h keinen Sprung ausführt, also

$$p_{ii}(h) = \exp\,(-q_i h) = 1 - q_i h + o(h). \tag{3}$$

$p_{ij}(h)$, $i \neq j$, ist ähnlich bis auf einen Term der Ordnung o(h) gleich der Wahrscheinlichkeit, daß im Intervall der Länge h genau ein Sprung aus dem Zustand i stattfindet und
daß dieser zum neuen Zustand j führt. Also gilt

$$p_{ij}(h) = (1 - \exp\,(-q_i h))q'_{ij} = q_i q'_{ij} h + o(h). \tag{4}$$

Es wird $q_i q'_{ij} = q_{ij}$ gesetzt. Dann folgt aus (3) und (4)

$$\lim_{t \to 0} (1 - p_{ii}(t))/t = q_i, \quad i \in I, \tag{5}$$

$$\lim_{t \to 0} p_{ij}(t)/t = q_{ij}, \quad i, j \in I, i \neq j. \tag{6}$$

q_{ij} nennt man Übergangsraten. Wegen (1) gilt

$$\sum_{j \in I, j \neq i} q_{ij} = q_i. \tag{7}$$

Die Größen q_i und q_{ij} können in einer Matrix **A** zusammengefaßt werden. Dabei ist
$a_{ii} = -q_i$ und $a_{ij} = q_{ij}$ für $i \neq j$. Aus (7) folgt dann auch

$$\sum_{j \in I} a_{ij} = 0 \quad \text{für alle } i \in I. \tag{8}$$

Eine Matrix mit dieser Eigenschaft nennt man auch eine D i f f e r e n t i a l m a t r i x.

Lemma 1 *Für alle* $0 \leqslant s$, t *und für alle* $i, j \in I$ *gilt*

$$p_{ij}(s + t) = \sum_{k \in I} p_{ik}(s)p_{kj}(t). \tag{9}$$

Das sind die C h a p m a n - K o l m o g o r o f f - G l e i c h u n g e n.

B e w e i s. Ist $k \in I$ ein beliebiger Zustand, dann ist $p_{ik}(s)$ die Wahrscheinlichkeit, daß
der Prozeß, ausgehend vom Zustand i, zur Zeit s im Zustand k ist. $p_{kj}(t)$ ist die Wahrscheinlichkeit, daß der Prozeß, ausgehend von k, nach der Zeit t sich im Zustand j
befindet. Somit ist $p_{ik}(s)p_{kj}(t)$ die Wahrscheinlichkeit, daß X(s) = k und X(s + t) = j,
gegeben, daß X(0) = i. Summiert man hier über $k \in I$, dann erhält man in der Tat
P(X(s + t) = j | X(0) = i). ∎

Mit Hilfe der Chapman-Kolmogoroff-Gleichungen kann man nun leicht Differentialgleichungen für die Übergangswahrscheinlichkeits-Funktionen $p_{ij}(t)$ ableiten.

Satz 1 *Die Funktionen* $p_{ij}(t)$ *sind für alle* $t \geqslant 0$ *differenzierbar und genügen den Differentialgleichungen*

$$\dot{p}_{ij} = -q_i p_{ij} + \sum_{k \in I,\, k \neq i} q_{ik} p_{kj}, \quad i, j \in I, \tag{10}$$

$$\dot{p}_{ij} = -p_{ij} q_j + \sum_{k \in I,\, k \neq j} p_{ik} q_{kj}, \quad i, j \in I. \tag{11}$$

(10) sind die K o l m o g o r o f f s c h e n   R ü c k w ä r t s g l e i c h u n g e n und
(11) die K o l m o g o r o f f s c h e n   V o r w ä r t s g l e i c h u n g e n.

B e w e i s. Aus den Chapman-Kolmogoroff-Gleichungen (9) folgt

$$p_{ij}(s + t) - p_{ij}(t) = \sum_{k \neq i} p_{ik}(s) p_{kj}(t) - (1 - p_{ii}(s)) p_{ij}(t). \tag{12}$$

Dividiert man diese Gleichung durch s und verwendet man (3) und (4), dann erhält man

$$(1/s)(p_{ij}(s + t) - p_{ij}(t)) = -q_i p_{ij}(t) + \sum_{k \neq i} q_{ik} p_{kj}(t) + o(s)/s \tag{13}$$

Läßt man hier s gegen 0 streben, dann konvergiert die rechte Seite, und es folgt (10).
(11) folgt ähnlich, wenn man die Chapman-Kolmogoroff-Gleichungen in der Form

$$p_{ij}(t + s) - p_{ij}(s) = \sum_{k \neq j} p_{ik}(s) p_{kj}(t) - p_{ij}(s)(1 - p_{jj}(t)) \tag{14}$$

schreibt und durch t dividiert.   ∎

Die Gleichungen (10) und (11) können auch in Matrixform geschrieben werden

$$\dot{\mathbf{P}} = \mathbf{A}\mathbf{P}, \qquad \dot{\mathbf{P}} = \mathbf{P}\mathbf{A}. \tag{15}$$

Die Anfangsbedingungen für diese Differentialgleichungen sind $p_{ii}(0) = 1$, für alle $i \in I$, $p_{ij}(0) = 0$, wenn $i \neq j$. In Matrix-Schreibweise lauten diese Bedingungen $\mathbf{P}(0) = \mathbf{I}$, wobei $\mathbf{I}$ die Einheitsmatrix ist. Sehr oft ist ein bestimmter Zustand als natürlicher Anfangszustand ausgezeichnet. Bei Zuverlässigkeitsmodellen ist oft der Zustand 1 der Zustand der vollständigen Intaktheit. Man kann aber auch von einer Wahrscheinlichkeitsverteilung p_i, $i \in I$, der Anfangszustände ausgehen. Was ist dann die Wahrscheinlichkeit $p_j(t)$, daß sich der Prozeß zur Zeit t im Zustand j befindet? Damit dies der Fall ist, muß sich der Prozeß zum Zeitpunkt $t = 0$ in einem Zustand $i \in I$ befinden und dann bis t von i in den Zustand j übergehen. Daher gilt

$$p_j(t) = \sum_{i \in I} p_i p_{ij}(t). \tag{16}$$

Differenziert man (16) nach t und setzt man (11) ein, dann folgt

$$\dot{p}_j(t) = -p_j(t) q_j + \sum_{i \in I,\, i \neq j} p_i(t) q_{ij}. \tag{17}$$

Das ist ein System von Differentialgleichungen der gleichen Form wie (11). Die Anfangsbedingungen lauten hier $p_i(0) = p_i$. Startet das System in einem bestimmten Zustand i, so kann man auch einfach $p_i(0) = 1$, $p_j(0) = 0$ für $j \neq i$ setzen.

Aus den Kolmogoroffschen Gleichungen können die Übergangswahrscheinlichkeits-Funktionen $p_{ij}(t)$ bestimmt werden. Man vergleiche dazu insbesondere den folgenden Abschnitt. Hier sollen nun zunächst noch eine Reihe von Beispielen von Markoffschen Modellen betrachtet werden.

(1) Vielfach sind Elemente und Systeme nicht ständig, sondern nur gelegentlich oder zeitweise in Betrieb. Ein Beispiel ist etwa ein Notstromversorgungssystem, das nur bei Ausfall der normalen Stromversorgung in Betrieb genommen wird. Man kann sich vorstellen, daß bei solchen Systemen auch während der Stillstandzeit Fehler auftreten können, die aber erst bei Inbetriebnahme des Systems zu Tage treten. Ein Markoffsches Modell für ein solches System unterscheidet die folgenden Zustände:

> 1. Standby, System funktionsfähig;
>
> 2. Standby, System ausgefallen;
>
> 3. Betrieb des funktionsfähigen Systems;
>
> 4. Betrieb ist verlangt, System ist aber ausgefallen.

Die möglichen Übergänge zwischen diesen Zuständen sind im Übergangsgraphen zu diesem Modell, Abb. 1, dargestellt. Dabei sind die folgenden Raten definiert:

> λ_A = Ausfallrate des Systems im Standby,
>
> λ_B = Rate, mit der Inbetriebnahme des Systems verlangt wird,
>
> λ_C = Rate der Betriebsdauer ($1/\lambda_C$ = mittlere Betriebsdauer),
>
> λ_D = Ausfallrate des Systems im Betrieb.

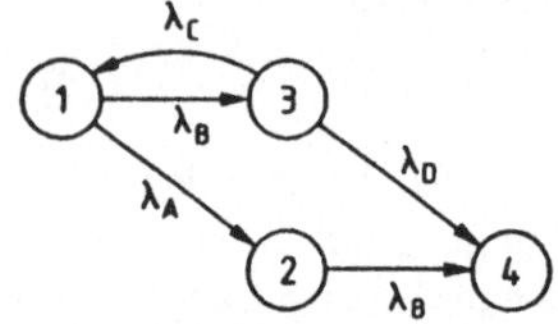

Abb. 1

Damit ist das Markoffsche Modell definiert, die Kolmogoroffschen Gleichungen können niedergeschrieben werden. Hier soll nur die Matrix **A** des Modells noch aufgeschrieben werden

$$\begin{bmatrix} -(\lambda_A + \lambda_B) & \lambda_A & \lambda_B & 0 \\ 0 & -\lambda_B & 0 & \lambda_B \\ \lambda_C & 0 & -(\lambda_C + \lambda_D) & \lambda_D \\ 0 & 0 & 0 & 0 \end{bmatrix} \tag{18}$$

Bei einem solchen System stellt sich natürlich die Frage, ob nicht ein Reservesystem vorzusehen ist, oder ob nicht durch präventive Inspektion Ausfälle im Standby entdeckt und behoben werden können. Im folgenden Beispiel wird dieses Modell in dieser Richtung weiter entwickelt.

(2) Eine präventive Inspektion kann dazu dienen, Fehler die bei einem intermittierend benutzten System, wie demjenigen des Beispiels (1), während der Stillstandszeit aufge-

treten sind, zu entdecken und zu beheben, b e v o r der Betrieb des Systems verlangt
wird und das System dann nicht verfügbar ist. Bei einer solchen Inspektion werden z. B.
Probeläufe mit dem System durchgeführt. Treten dabei Defekte zu Tage, dann werden
diese mittels einer Reparatur behoben. Das Modell von Beispiel (1) soll nun durch Einbezug einer solchen präventiven Inspektion ergänzt werden. Diese Inspektion finde mit
einer Rate λ_I statt. Ist bei einer solchen Inspektion das System intakt, dann dauere die
Inspektion eine mittlere Zeit von $1/\lambda_T$ (Testrate λ_T), ist dagegen das System defekt,
dann dauere die Reparatur im Mittel $1/\lambda_R$ (Reparaturrate λ_R). Es müssen zu den
Zuständen des Beispiels (1) zwei weitere, neue Zustände hinzugefügt werden:

     5. intaktes System wird inspiziert,

     6. defektes System wird repariert.

Das neue, ergänzte Modell ist in Abb. 2 durch seinen Übergangsgraphen dargestellt.
Dabei ist angenommen, daß das System während der Inspektion nicht verfügbar ist.
Wird ein Betrieb des Systems während einer Inspektion verlangt, dann führt dies zum
Zustand 4, also zu einem Systemausfall.

Abb. 2   Abb. 3

(3) Manchmal kann ein Element eine Störung erleiden, ohne daß das Element deswegen
schon ausgefallen ist. Erst wenn noch ein äußeres Ereignis, ein Störereignis, dazu kommt,
führt die latente Störung zum Ausfall der Komponente oder des Systems. Eine solche
Situation ist im Modell des Beispiels (1) in der Zustandsfolge $1 - 2 - 4$ enthalten. Man
kann einen solchen Modellteil auch isoliert betrachten, siehe Abb. 3. λ_S ist die Rate der
auftretenden Störung und λ_E die Rate der Störereignisse.

Die Kolmogoroffschen Gleichungen (17) zu diesem Modell lauten

$$\dot{p}_1 = -p_1\lambda_S,$$

$$\dot{p}_2 = p_1\lambda_S - p_2\lambda_E,$$

$$\dot{p}_3 = p_2\lambda_E. \tag{19}$$

Dieses System ist einfach zu integrieren. Mit $p_1(0) = 1$ erhält man aus der ersten Gleichung $p_1(t) = \exp(-\lambda_S t)$. Setzt man dies in die zweite Gleichung ein, so erhält man
mit der Anfangsbedingung $p_2(0) = 0$

$$p_2(t) = (\lambda_S/(\lambda_E - \lambda_S))(\exp(-\lambda_S t) - \exp(-\lambda_E t)). \tag{20}$$

Für die Zuverlässigkeit, d. h. für die Wahrscheinlichkeit, daß das System noch nicht ausgefallen ist, folgt

$$p_1(t) + p_2(t) = (\lambda_E \exp(-\lambda_S t) - \lambda_S \exp(-\lambda_E t))/(\lambda_E - \lambda_S). \tag{21}$$

Ist $\lambda_E \gg \lambda_S$, so ist für große t in (21) die Exponentialfunktion mit dem Parameter λ_S
dominierend, und die Zuverlässigkeitsfunktion schmiegt sich asymptotisch einer Exponentialverteilung mit Parameter λ_S an.

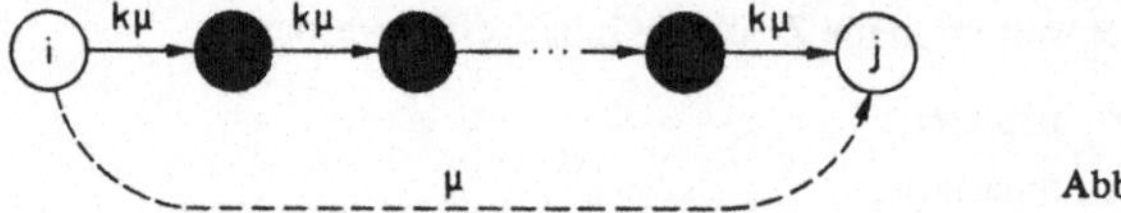

Abb. 4

(4) Die Grundvoraussetzungen des Markoffschen Modells zwingt zur Annahme von
exponential verteilten Zeiten, auch wo das nicht als sehr realistisch erscheint. Das gilt
z. B. für die Zeiten zwischen zwei Inspektionen im Beispiel (2), die viel eher k o n -
s t a n t als exponential verteilt sind. Auch Reparaturzeiten konzentrieren sich in
Wirklichkeit oft vielmehr um den Mittelwert $1/\mu$, als das bei der Exponentialverteilung
der Fall ist. Das kann im Rahmen der Markoffschen Modelle bis zu einem gewissen
Grad berücksichtigt werden, indem eine solche Zeitdauer durch eine S u m m e von k
unabhängigen, exponential verteilten Zeiten mit Mittelwert $1/k\mu$ dargestellt wird. Im
Markoff-Modell wird das so dargestellt, daß entsprechend viele neue (Dummy-) Zustände
eingeführt werden, siehe Abb. 4, wobei die Übergangsraten nicht mehr μ, sondern $k\mu$
sind.

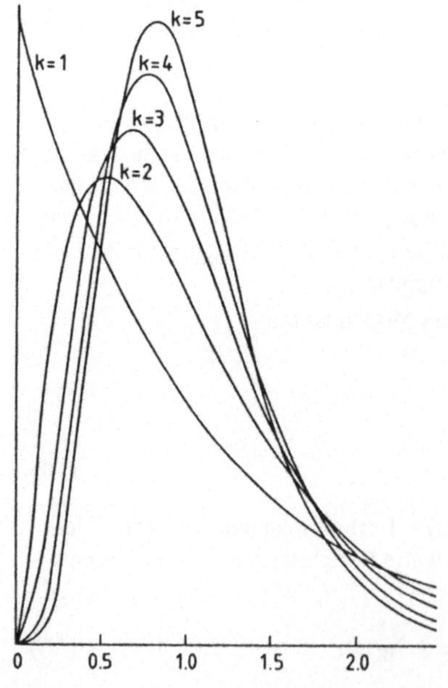

Abb. 5

Der Mittelwert dieser Summe von k exponential verteilten Zufallsvariablen ist gleich
$k(1/k\mu) = 1/\mu$. Für die Varianz gilt $k(1/(k\mu)^2)$ (vergleiche Abschnitt 7.2), und die
Streuung ist daher gleich $1/\sqrt{k}\mu$). Da sieht man, daß sich die Verteilung um so mehr
um den Mittelwert konzentriert, je größer k ist. In Abb. 5 sind die Dichtefunktionen
für einige k und $\mu = 1$ dargestellt. Man nennt diese Verteilungen E r l a n g v e r t e i -
l u n g e n.

(5) In diesem Beispiel werden k-von-n- S y s t e m e betrachtet, die aus g l e i c h -
a r t i g e n Elementen bestehen. Damit ist gemeint, daß alle n Elemente die gleiche
Exponentialverteilung mit Ausfallrate λ für die Lebensdauer besitzen und auch, daß
sie alle die gleiche Reparaturrate μ haben. Es wird ein recht allgemeines Markoffsches
Modell für dieses System betrachtet, das eine Reihe von wichtigen Sonderfällen umfaßt.
Weil alle Elemente gleichartig sind, können die Zustände i = 0, 1, 2, . . ., n einfach der
Anzahl i n t a k t e r Elemente entsprechen. Von jedem Zustand $0 < i < n$ aus sind
z w e i Übergänge möglich: Wenn ein weiteres Element ausfällt, kommt man zum
Zustand $i - 1$, wenn ein Element fertig repariert ist, kommt man zum Zustand $i + 1$.
Beim Zustand 0 ist natürlich nur letzteres möglich und beim Zustand n nur ersteres.
Diese Übergangsstruktur ist in Abb. 6 im entsprechenden Übergangsgraphen dargestellt.
Dabei sind für den Moment allgemeine Übergangsraten λ_i (Ausfallraten) und μ_{n-i}
(Reparaturraten) in Funktion der Anzahl intakter bzw. ausgefallener Elemente ange-
nommen.

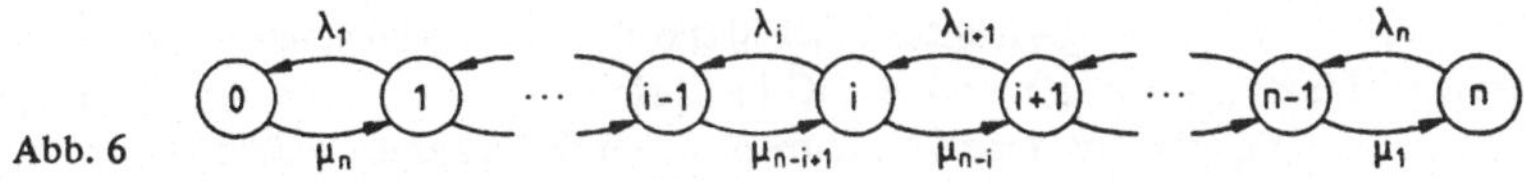

Abb. 6

Wenn i Elemente intakt sind, dann kann eines dieser i Elemente ausfallen, und es ist
$\lambda_i = \lambda i$. Dies ist der Fall der h e i ß e n R e s e r v e. Es kann aber auch sein, daß bei
$i > k$ nur k Elemente in Betrieb sind und ausfallen können, während die anderen $i - k$
Elemente als Reserve ruhen und nicht ausfallen können. Das ist der Fall der k a l t e n
R e s e r v e. In diesem Fall gilt $\lambda_i = \lambda \min (i, k)$. Die Reparaturraten können von der
Anzahl zu reparierenden Elemente $n - i$ abhängig sein. Können z. B. höchstens s Ele-
mente gleichzeitig repariert werden (s Reparaturkanäle), dann gilt $\mu_{n-i} = \min (n-i, s)\mu$.
Ist s = 1, dann gilt $\mu_{n-i} = \mu$ für $i < n$, und ist s = n, dann gilt $\mu_{n-i} = (n - i)\mu$. Auf diese
Weise kann das allgemeine Modell für eine Reihe von wichtigen Spezialfällen ausgestal-
tet werden.

Ein Markoffscher Prozeß mit einer Übergangsstruktur wie derjenigen von Abb. 6, bei
der von i nur Übergänge zu $i - 1$ und $i + 1$ möglich sind, wird auch G e b u r t s - u n d
T o d e s p r o z e ß genannt. Die Kolmogoroffschen Gleichungen haben hier eine
besonders einfache Form. (17) z. B. lautet

$$\dot{p}_0 = -p_0\mu_n + p_1\lambda_1,$$

$$\dot{p}_i = p_{i-1}\mu_{n-i+1} - p_i(\lambda_i + \mu_{n-i}) + p_{i+1}\lambda_{i+1},$$

$$\dot{p}_n = p_{n-1}\mu_1 - p_n\lambda_n. \tag{22}$$

(6) Als abschließendes Beispiel soll ein Markoffsches Modell für eine weitere recht allgemeine und verbreitete Situation beschrieben werden. Ein System bestehe aus n Elementen i = 1, 2, . . ., n mit den Ausfallraten λ_i. Das System werde nun in j = 1, 2, . . ., m verschiedenen F u n k t i o n a r t e n eingesetzt, wobei bei der Funktionsart j eine gewisse Teilmenge M_j der Elemente benötigt wird, um die Funktion richtig zu erfüllen. Befindet sich das System in der Funktion j, dann ist die Ausfallrate η_j dieser Funktion gleich der Summe der Ausfallraten λ_i der benötigten Elemente,

$$\eta_j = \sum_{i \in M_j} \lambda_i. \tag{23}$$

Es kann sein, daß der Ausfall in unterschiedlichen Funktionen unterschiedlich gravierend ist (man denke z. B. an ein Flugzeug in der Luft und am Boden). Das kann man durch die Definition unterschiedlicher Ausfallzustände berücksichtigen.

Diese Situation kann modelliert werden, indem man für jede Funktionsart j einen Zustand einführt und zudem die Ausfallzustände dazu nimmt. Für den Übergang von einer Funktionsart j zu einer anderen k sind gewisse Übergangsraten f_{jk} vorzugeben. Aus jeder Funktionsart j ist ferner ein Übergang in einen Ausfallzustand möglich. Die dazugehörige Ausfallrate ist η_j. Man kann dieses Modell noch durch Reparaturprozesse ergänzen, die das System von gewissen Ausfallzuständen wieder in gewisse Funktionsarten zurückführen. Diese Darstellung soll nur eine Skizze, ein Gerüst eines Modells geben, das als Vorbild für die Modellierung ähnlicher Fälle dienen kann.

Auf Grund der Übergangsstruktur eines Markoffschen Modells, wie sie im dazu gehörenden Ü b e r g a n g s g r a p h e n G beschrieben ist, kann man eine K l a s s e n - e i n t e i l u n g der Zustände vornehmen. Es sei festgehalten, daß in G nur Bögen zwischen zwei Knoten i und j vorkommen, wenn die Übergangsrate $q_{ij} > 0$ ist. Zwei Zustände i, j ∈ I k o m m u n i z i e r e n , i ∼ j, wenn es im Übergangsgraphen G sowohl einen gerichteten Pfad von i nach j, wie auch einen gerichteten Pfad von j nach i gibt. Die Relation i ∼ j ist eine Ä q u i v a l e n z r e l a t i o n , wie bereits im Abschnitt 2.1 erwähnt wurde. Sie ergibt eine Einteilung der Zustandsmenge in Klassen von Zuständen, wobei die Zustände einer Klasse miteinander kommunizieren. Hat ein Markoffsches Modell eine e i n z i g e Klasse, dann heißt es i r r e d u z i b e l . Das ist der Fall für die Modelle der Beispiele (2) des vorangehenden Abschnitts und (5) dieses Abschnitts.

Es kann sein, daß es aus einer Klasse einen Pfad gibt, der zu einem Zustand einer anderen Klasse führt, aber keinen Pfad der von der zweiten Klasse zur ersten zurückführt. Eine solche Klasse nennt man o f f e n oder t r a n s i e n t . Beispiele dafür sind die Klassen {1, 3} im Beispiel (1) oder {1, 2, 3, 5, 6} im Beispiel (2). Es ist anschaulich einleuchtend, daß der Prozeß mit Sicherheit irgendwann einmal eine transiente Klasse v e r l a s s e n wird und dann nie mehr dorthin zurückkehren kann. Eine Klasse dagegen, aus der kein Pfad herausführt, nennt man a b g e s c h l o s s e n oder r e k u r - r e n t . Ein irreduzibles Modell hat eine rekurrente Klasse, und jedes (endliche) Markoffsche Modell muß notwendigerweise mindestens eine rekurrente Klasse besitzen. Wenn der Prozeß einmal in eine abgeschlossene Klasse gelangt ist, dann bleibt er für immer darin. In den Beispielen (1) und (2) bildet der Zustand 4 allein eine abgeschlossene Klasse. Einen solchen Zustand nennt man auch a b s o r b i e r e n d : Wenn der Prozeß einmal in einen absorbierenden Zustand gelangt ist, dann bleibt er für immer in diesem Zustand.

Zum Abschluß soll noch ein Lemma bewiesen werden, das später nützlich wird.

Lemma 2 *Gibt es im Übergangsgraphen G einen gerichteten Pfad von einem Zustand* i *zu einem Zustand* j, *dann gilt* $p_{ij}(t) > 0$ *für alle* t > 0.

B e w e i s. $p_{ii}(t)$ ist stetig (sogar differenzierbar, siehe Satz 1) und $p_{ii}(0) = 1$. Daher gibt es ein h > 0, so daß für $0 \leqslant t \leqslant h$ gilt $p_{ii}(t) > 0$. Aus den Chapman-Kolmogoroffschen Gleichungen folgt leicht, daß $p_{ii}(2h) \geqslant p_{ii}^2(h) > 0$ und durch Induktion $p_{ii}(nh) \geqslant p_{ii}^n(h) > 0$. Ist nun t $> h$, dann kann man $t = nh + s$, $0 \leqslant s < h$, schreiben und erhält wieder aus den Chapman-Kolmogoroffschen Gleichungen $p_{ii}(t) \geqslant p_{ii}(nh)p_{ii}(s) > 0$.

Ist nun $j \neq i$ und $q_{ij} > 0$, dann folgt aus (6), daß es ein h_{ij} gibt, so daß für $0 \leqslant t \leqslant h_{ij}$ gilt $p_{ij}(t) > 0$. Aus den Chapman-Kolmogoroffschen Gleichungen folgt dann für $t > h_{ij}$, daß $p_{ij}(t) \geqslant p_{ij}(h_{ij})p_{jj}(t - h_{ij}) > 0$ gilt.

Ist dagegen $q_{ij} = 0$, dann gibt es einen Pfad $i, k_1, k_2, \ldots, k_n, j$ von i nach j im Übergangsgraphen G, längs dem $q_{ik_1}, q_{k_1 k_2}, \ldots, q_{k_n j}$ alle p o s i t i v sind. Wählt man beliebig $0 < t_1 < t_2 \ldots < t_n < t$, dann ergibt sich aus der wiederholten Anwendung der Chapman-Kolmogoroff-Gleichungen

$$p_{ij}(t) \geqslant p_{ik_1}(t_1)p_{k_1 k_2}(t_2 - t_1) \ldots p_{k_n j}(t - t_n) > 0. \tag{24}$$

Damit ist die Behauptung bewiesen.   ∎

13.3   Verfügbarkeit reparierbarer Systeme

Wenn ein System mit Reparaturmöglichkeiten durch ein Markoffsches Modell beschrieben wird, wie in den letzten beiden Abschnitten gezeigt, wie kann dann die Verfügbarkeit eines solchen Systems berechnet werden? Unter V e r f ü g b a r k e i t kann man verschiedenes verstehen. Hier bedeute Verfügbarkeit zunächst die Wahrscheinlichkeit, daß das betrachtete System zu einem bestimmten Zeitpunkt t $\geqslant 0$ f u n k t i o n s - f ä h i g oder i n t a k t ist. Um diese Wahrscheinlichkeit zu bestimmen, ist zuerst festzulegen, bei welchen Zuständen eines Markoffschen Modell das System als intakt zu betrachten ist, und bei welchen Zuständen das System als ausgefallen bezeichnet werden muß. Im Beispiel (2) des Abschnitts 13.1 z. B. kann das System als funktionsfähig betrachtet werden, solange es sich in den Zuständen 1, 2, 3 befindet, in den Zuständen 4 und 5 dagegen ist das System ausgefallen. Beim Beispiel (5) des vorangehenden Abschnitts ist das System in den Zuständen i $\geqslant$ k intakt, in den Zuständen i $<$ k dagegen ausgefallen. In den Beispielen (1) und (2) des letzten Abschnitts sind nur die Zustände 1 und 3 Zustände, in denen das System wirklich verfügbar ist, in allen anderen Zuständen ist das System als nicht verfügbar zu betrachten, wobei allerdings nur im Zustand 4 diese Nichtverfügbarkeit eigentliche negative Folgen hat.

Allgemein wird also vorausgesetzt, daß sich der Zustandsraum I in zwei Teilmengen U (Up) und D (Down) zerlegt, I = U + D, wobei in Zuständen von U das System als intakt betrachtet werden kann und in Zuständen von D das System als ausgefallen angenommen werden muß. Ist irgend eine **A n f a n g s v e r t e i l u n g** p_i, $i \in I$, der Zustände des Markoffschen Modells gegeben, dann sei $p_j(t)$ die Wahrscheinlichkeit, daß sich der Prozeß zur Zeit t im Zustand j befindet. $p_j(t)$ ergibt sich als Lösung der Kolmogoroffschen Gleichungen (13.2.17) mit den Anfangsbedingungen $p_j(0) = p_j$. Die Verfügbarkeit des Systems zur Zeit t ist dann gleich der Wahrscheinlichkeit, daß sich der Prozeß X(t) zur Zeit t in einem Zustand von U befindet,

$$p(X(t) \in U) = p_U(t) = \sum_{j \in U} p_j(t). \tag{1}$$

Um diese Verfügbarkeit zu berechnen, müssen demnach die **K o l m o g o r o f f s c h e r G l e i c h u n g e n** (13.2.17) oder (13.2.10), (13.2.11) gelöst werden. Nur in den wenig sten Fällen ist dies in expliziter Form möglich. In den weitaus meisten Fällen muß man sich mit einer **n u m e r i s c h e n** Lösung dieser Gleichungen begnügen. Die Kolmogoroffschen Gleichungen sind lineare Differentialgleichungen mit konstanten Koeffizienter gehören also zum einfachsten Typus von Differentialgleichungen. Zudem sind sie noch insofern speziell, als ihre Matrix eine Differentialmatrix ist. Daher gibt es sehr wirkungsvolle und einfache Verfahren zur numerischen Lösung der Kolmogoroffschen Gleichungen. Eines davon wird im folgenden beschrieben.

Zuerst wird die **M a t r i x - E x p o n e n t i a l f u n k t i o n** $\exp(At)$ durch

$$e^{At} = \sum_{n=0}^{\infty} A^n t^n / n! \tag{2}$$

für endliche, quadratische Matrizen **A** definiert. Dabei ist $\mathbf{A}^0 = \mathbf{I}$ die Einheitsmatrix der entsprechenden Größe. Führt man die Matrixnorm

$$\|A\| = \max_{i \in I} \sum_{j \in I} |a_{ij}| \tag{3}$$

ein, dann folgt

$$\sum_{k \in I} \left| \sum_{j \in I} a_{ij} a_{jk} \right| \leqslant \sum_{k \in I} \sum_{j \in I} |a_{ij}| |a_{jk}| = \sum_{j \in I} \left(|a_{ij}| \sum_{k \in I} |a_{jk}| \right) \leqslant \|A\|^2. \tag{4}$$

Daraus kann man durch Induktion und einer ähnlichen Abschätzung wie in (4) $\|A^n\| \leqslant \|A\|^n$ beweisen. Weil für jedes Element $a_{ij}^{(n)}$ von $A^n |a_{ij}^{(n)}| \leqslant \|A^n\| \leqslant \|A\|^n$ gilt, folgt, daß die Reihe (2) elementweise **a b s o l u t** konvergiert, genauer gesagt durch

$$\sum_{n=0}^{\infty} \|A\|^n t^n / n! = e^{\|A\| t} \tag{5}$$

majorisiert wird. Deswegen gilt

$$e^{(A+B)t} = e^{At} e^{Bt}, \quad \text{wenn } \mathbf{AB} = \mathbf{BA} \tag{6}$$

$$e^{A(t+s)} = e^{At} e^{As}, \tag{7}$$

wie man leicht verifizieren kann. Insbesondere kann man die Reihe (2) gliedweise differenzieren, so daß

$$d(e^{At})/dt = Ae^{At} = e^{At} A \tag{8}$$

folgt. Das zeigt aber, daß (2) eine Lösung der Kolmogoroffschen Gleichungen (13.2.15) ist, und zwar die Lösung mit den verlangten Anfangsbedingungen $e^0 = I$.

Allerdings ist die Reihe (2) nicht geeignet für numerische Rechnungen, und zwar deswegen nicht, weil die Teilsummen von (2) P o l y n o m e sind und daher für $t \to \infty$ im Betrag unbeschränkt anwachsen. Es sei nun aber A eine Differentialmatrix und

$$c \geqslant \max_{i \in I} q_i. \tag{9}$$

Dann ist

$$R = I + (1/c)A \tag{10}$$

eine Matrix mit n i c h t n e g a t i v e n Elementen, $r_{ij} \geqslant 0$, und für jede Zeilensumme gilt

$$\sum_{j \in I} r_{ij} = 1, \quad i \in I. \tag{11}$$

Eine solche Matrix nennt man s t o c h a s t i s c h.

$P(t)$ sei die Matrix mit den Elementen $p_{ij}(t)$. Dann kann man schreiben

$$P(t) = e^{At} = e^{(I + (1/c)A)ct - Ict} = e^{Rct}e^{-ct} = \sum_{n=0}^{\infty} (R^n(ct)^n/n!)e^{-ct}. \tag{12}$$

Es ist leicht zu verifizieren, daß R^n für alle $n = 2, 3, 4, \ldots$ eine s t o c h a s t i s c h e Matrix ist, wenn sie es für $n = 1$ ist. $(ct)^n/n!\ \exp(-ct)$ sind die Terme einer P o i s - s o n v e r t e i l u n g. Daraus folgt leicht, daß $P(t)$ ebenfalls eine s t o c h a s t i s c h e Matrix ist.

Die Reihe (12) eignet sich nun sehr gut für numerische Rechnungen, denn ihre Glieder sind alle positiv (Wahrscheinlichkeiten). Bricht man die Reihe bei einem m ab,

$$P(t) = \sum_{n=0}^{m} (R^n(ct)^n/n!)e^{-ct} + S^{(m)}(t), \tag{13}$$

dann ist das Restglied $S^{(m)}(t)$ leicht abzuschätzen. Seine Elemente sind

$$0 \leqslant s^{(m)}(t) = \sum_{n=m+1}^{\infty} (r^{(n)}(ct)^n/n!)e^{-ct} \leqslant \sum_{n=m+1}^{\infty} ((ct)^n/n!)e^{-ct}. \tag{14}$$

Der Stutzungsfehler ist beschränkt durch den Schwanz einer Poissonverteilung mit Parameter ct. Das zeigt, daß man alles Interesse hat, c möglichst klein zu wählen, so daß in (9) Gleichheit gilt.

Soll nun die Verteilung $p_j(t)$ zu einer Anfangsverteilung $p_j(0) = p_j$ berechnet werden, dann kann man (13.2.16) verwenden (in Matrix-Schreibweise)

$$p(t) = p(0)P(t) = \sum_{n=0}^{\infty} (p(0)R^n(ct)^n/n!)e^{-ct} = \sum_{n=0}^{\infty} (r^{(n)}(ct)^n/n!)e^{-ct}. \tag{15}$$

Dabei ist $r^{(n)} = p(0)R^n$. Die Größen $r^{(n)}$ können mittels

$$r^{(n)} = r^{(n-1)}R \tag{16}$$

iterativ berechnet werden.

Es sollen nun für zwei Beispiele numerische Ergebnisse präsentiert werden, die mit diesem Berechnungsverfahren gewonnen worden sind.

(1) Zuerst sei das Beispiel (2) aus dem Abschnitt 13.1 betrachtet. Damit numerische Rechnungen durchgeführt werden können, müssen Zahlenwerte für die Parameter des Modells (die Übergangsraten) angegeben werden. Dazu wiederum muß vor allem die Zeiteinheit gewählt werden. In diesem Fall soll die Zeiteinheit eine Stunde (h) sein, und die Raten habe dann die Dimension 1/h. Statt die Ausfallraten λ_1, λ_2 und die Reparaturraten μ_1, μ_2 können auch die erwarteten Lebensdauern $1/\lambda_1 = 400$ h, $1/\lambda_2 = 100$ h und die erwarteten Reparaturdauern $1/\mu_1 = 10$ h, $1/\mu_2 = 25$ h angegeben werden. Die Verfügbarkeit $p_U(t)$, die sich mit diesen Daten aus dem Markoffschen Modell des Beispiels (2) (Abschnitt 13.1) ergibt, ist in der Abb. 1 dargestellt als Funktion der Zeit (Zeiteinheit h). Dabei besteht U aus den Zuständen 1, 2, 3. Als Anfangszustand ist der Zustand 1 angenommen. Man sieht, daß $p_U(t)$ rasch gegen einen positiven Grenzwert konvergiert.

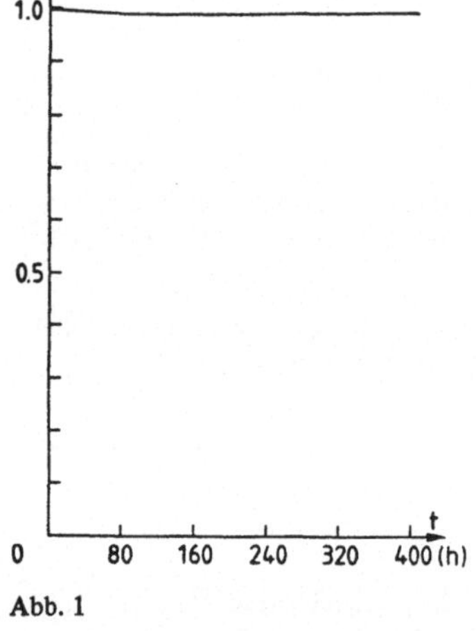

Abb. 1

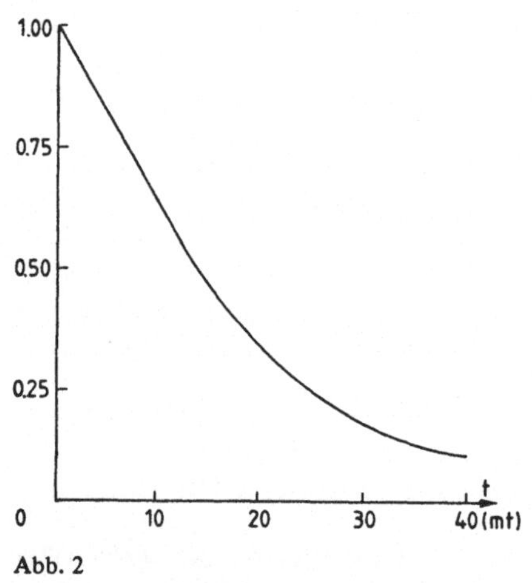

Abb. 2

(2) In einem zweiten Beispiel soll das Modell des Beispiels (1) des vorangehenden Abschnitts berechnet werden. Als Zeiteinheit soll hier der Monat (mt) gewählt werden. Es wird angenommen, daß das System im Mittel alle 15 Monate im Standby eine Störung erleidet, $\lambda_A = 1/15 = 0.067/$mt, im Mittel alle 3 Monate eine Betriebsanforderung erhält, $\lambda_B = 1/3 = 0.33/$mt, dabei durchschnittlich einen Tag lang im Betrieb ist, $\lambda_C = 30/$mt (der Monat zu dreißig Tagen gerechnet), und schließlich, daß die Ausfallrate im Betrieb $\lambda_D = 0.02/$mt ist. Die Zustände, in denen das System verfügbar ist, sind $U = \{1, 2\}$. Als Anfangszustand wird der Zustand 1 angenommen. In der Abb. 2 ist $p_U(t)$ über einige Monate dargestellt. Man sieht, daß die Verfügbarkeit in diesem Modell rasch gegen Null strebt. Das kommt daher, daß in diesem Modell das ausgefallene System nicht repariert wird und die Zustände 1 und 2 daher t r a n s i e n t sind (zu einer transienten Klasse gehören).

Oft interessiert man sich für die Verfügbarkeit für größere t, oder wenn t gegen ∞ strebt. Die beiden Beispiele zeigen, daß die Verfügbarkeit dabei gegen einen Grenzwert streben kann. Der folgende Satz verallgemeinert diese Erkenntnis (genauer gesagt den Fall von Beispiel (1)) und zeigt gleichzeitig einen Weg auf, wie diese Grenzwerte direkt berechnet werden können, ohne daß die $p_i(t)$ für endliche t berechnet werden müssen).

Satz 1 *Bei einem* i r r e d u z i b l e n *(endlichen) Markoffschen Modell gilt*

$$\lim_{t \to \infty} p_{ij}(t) = u_j > 0, \quad i, j \in I. \tag{17}$$

Diese Grenzwerte sind unabhängig vom Anfangszustand i und bilden die eindeutige Lösung der Gleichungen

$$u_i q_i = \sum_{j \in I, j \neq i} u_j q_{ji}, \quad i \in I \tag{18}$$

und $\quad \sum_{j \in I} u_j = 1.$ $\hspace{8cm}$ (19)

Dieser Satz ist ein Hauptsatz der Theorie Markoffscher Modelle. Sein Beweis erfordert aber etwas tiefer liegende Methoden und Resultate der Theorie Markoffscher Modelle. Daher wird dafür auf einschlägige Lehrbücher verwiesen (siehe Referenzen zu diesem Kapitel).

(17) und (19) zeigen, daß die u_j eine W a h r s c h e i n l i c h k e i t s v e r t e i l u n g auf dem Zustandsraum I bilden. Aus (18) folgt, daß $p_j(t) = u_j$ für $t \geq 0$ eine Lösung der Kolmogoroffschen Gleichungen (13.2.17) bilden. Nimmt man also $u_j, j \in I$, als A n f a n g s v e r t e i l u n g , dann ist $p_j(t)$ konstant und gleich u_j. u_j ist daher eine s t a t i o n ä r e Verteilung des Markoffschen Prozesses, und da dies die einzige Lösung der Gleichungen (18) und (19) ist, ist $u_j, j \in I$, die einzige solche stationäre Verteilung.

Das Gleichungssystem (18) kann auch in Matrixform als $\mathbf{uA} = \mathbf{0}$ geschrieben werden. Hat die Matrix $\mathbf{A}$ n Spalten und Zeilen, dann ist ihr Rang immer höchstens $n - 1$, da ihre Zeilensummen ja alle gleich Null sind. Wenn das durch $\mathbf{A}$ definierte Markoffsche Modell irreduzibel ist, dann impliziert Satz 1, daß der Rang gleich $n - 1$ ist, und Gleichung (19) legt dann die Lösung u_j eindeutig fest. Das wird im folgenden an Hand von Beispielen illustriert.

Zuvor sei aber noch festgehalten, daß aus Satz 1 folgt

$$\lim_{t \to \infty} p_U(t) = \lim_{t \to \infty} \sum_{j \in U} p_j(t) = \sum_{j \in U} u_j. \tag{20}$$

Damit ist auch der Grenzwert der Verfügbarkeit leicht zu bestimmen.

(3) Es sei hier das ganz einfache Beispiel (1) aus dem Abschnitt 13.1 nochmals betrachtet. Das Modell hat zwei Zustände 0 und 1, und die Gleichungen (18) für die stationäre Verteilung lauten in diesem Fall

$$u_0 \mu = u_1 \lambda, \quad u_1 \lambda = u_0 \mu. \tag{21}$$

Aus diesen beiden Gleichungen folgt $u_1 = (\mu/\lambda)u_0$. Setzt man dies in (19) ein,

$$u_0 + (\mu/\lambda)u_0 = 1, \tag{22}$$

dann folgt leicht $u_0 = \lambda/(\lambda + \mu)$ und daher $u_1 = \mu/(\lambda + \mu)$. Das sind gerade die Grenzwerte, die im Beispiel (1) (Abschnitt 13.1) bereits durch explizite Lösung der Kolmogoroffschen Gleichungen gefunden worden sind.

(4) Die stationären Verteilungen sind wie so vieles andere bei G e b u r t s - u n d T o d e s p r o z e s s e n besonders einfach zu bestimmen. Es soll also das k-von-n-System (Beispiel (5) im letzten Abschnitt) betrachtet werden. Gleichungen (18) werden in diesem Fall:

$$-u_0\mu_n + u_1\lambda_1 = 0,$$

$$u_{i-1}\mu_{n-i+1} - u_i(\lambda_i + \mu_{n-i}) + u_{i+1}\lambda_{i+1} = 0, \quad i = 1, \ldots, n-1,$$

$$u_{n-1}\mu_1 - u_n\lambda_n = 0. \tag{23}$$

Addiert in (23) die erste Gleichung zu derjenigen für $i = 1$, diese neue Gleichung zu derjenigen für $i = 2$ etc., dann erhält man die einfacheren Gleichungen

$$-u_i\mu_{n-i} + u_{i+1}\lambda_{i+1} = 0, \quad i = 0, 1, \ldots, n-1. \tag{24}$$

Daraus folgt

$$u_{i+1} = (\mu_{n-i}/\lambda_{i+1})u_i. \tag{25}$$

Man kann damit alle u_i für $i = 1, 2, \ldots, n$ durch u_0 ausdrücken, diese Ausdrücke in Gleichung (19) einsetzen, daraus u_0 und damit dann u_i für $i > 0$ bestimmen. Das führt zu expliziten Ausdrücken für u_i. Aber außer für kleine n sind diese Ausdrücke nicht von Interesse und insbesondere nicht für numerische Rechnungen geeignet. Für die numerische Rechnung (bei größeren n) setzt man am besten zunächst $u_0 = 1$ und benutzt (25), um iterativ u_i und die Summe der u_i zu berechnen. Wenn das für $i = 1, 2, \ldots, n$ getan ist, dann normiert man, indem man alle u_i für $i = 0, 1, 2, \ldots, n$ durch die Summe der u_i dividiert.

13.4   Zuverlässigkeitsfunktion reparierbarer Systeme

Ähnlich wie im letzten Abschnitt wird vorausgesetzt, daß die Zustände eines Markoffschen Modells in zwei Mengen U (Up) und D (Down) zerlegt sind, $I = U + D$. Solange der Prozeß sich in den Zuständen von U bewegt, ist das System funktionsfähig, sobald der Prozeß in einen Zustand von D kommt, ist das System ausgefallen. In diesem Abschnitt soll die Zeitdauer T untersucht werden, bis das System z u m e r s t e n M a l ausfällt, d. h. der Prozeß zum ersten Mal in einen Zustand von D kommt. In Analogie zu Abschnitt 7.2 könnte T „Lebensdauer" des Systems genannt werden und $\overline{F}(t) = P(T > t)$ die Z u v e r l ä s s i g k e i t s f u n k t i o n des Systems. Es ist aber zu beachten, daß T davon abhängt, in welchem Zustand $i \in U$ der Prozeß startet oder welche Anfangsverteilung p_i, $i \in U$ angenommen wird. Um dieser Tatsache Ausdruck zu verschaffen, wird die Zeit bis zum ersten Ausfall mit T_i bezeichnet, wenn der Prozeß im Zustand $i \in U$ startet $(X(0) = i)$ und $\overline{F}_i(t) = P(T_i > t)$.

Um diese Zuverlässigkeitsfunktionen zu berechnen, wird − wenn nötig − das Markoffsche Modell so abgeändert, daß die Menge D der Ausfallszustände a b g e s c h l o s -
s e n wird, d. h. daß im Übergangsgraphen kein Pfad von einem Zustand in D zu einem
Zustand in U führt. Gleichzeitig wird die Menge der Zustände U als o f f e n vorausgesetzt, d. h. daß mindestens ein Pfad von jedem Zustand in U zu einem Ausfallzustand
führt (sonst könnte ja eventuell gar kein Ausfall stattfinden). Dadurch, daß D eine abgeschlossene Menge wird, bricht der Prozeß sozusagen ab, sobald er in einen Ausfallzustand
kommt, indem er von da an immer in Ausfallzuständen bleibt, was dann nicht mehr
interessiert.

Dieses Ziel wird so erreicht, daß im neuen Markoffschen Modell alle Übergangsraten
von Zuständen in D nach Zuständen in U gleich Null gesetzt werden, $q_{ij} = 0$ für $i \in D$,
$j \in U$. Alle Übergangsraten zwischen Zuständen von U werden nicht geändert. Ebenso
werden Übergangsraten von Zuständen $i \in U$ nach Zuständen $j \in D$ nicht geändert.
Erreicht dieser modifizierte Prozeß einmal einen Zustand von D, dann interessiert das
weitere Geschehen nicht mehr. Daher kann man die Zustände von D ebensogut auch
a b s o r b i e r e n d machen, indem weiter alle Übergangsraten zwischen Zuständen
von D ebenfalls gleich Null gesetzt werden, $q_{ij} = 0$ für $i, j \in D$. Nun können dabei effektiv nur Zustände j in D erreicht werden, für die es mindestens einen Zustand $i \in U$ gibt
mit einer positiven Übergangsrate $q_{ij} > 0$, d. h. die im Übergangsgraphen mit mindestens einem Bogen von einem Knoten in U aus erreichbar sind. Solche Knoten werden
G r e n z k n o t e n genannt. Im neuen Markoffschen Modell genügt es, neben U nur
die Grenzknotenmenge D' von D zu berücksichtigen. Der neue Zustandsraum ist also
$I' = U + D'$.

Die Übergangswahrscheinlichkeitsfunktionen $p_{ij}(t)$, $i, j \in U$ des n e u e n Markoffschen Modells haben im a l t e n Modell die Interpretation der bedingten Wahrscheinlichkeit, daß ausgehend vom Zustand i der Prozeß sich zur Zeit t im Zustand j befindet,
o h n e d a ß e r v o r h e r e i n e n Z u s t a n d i n D b e s u c h t h a t . Es ist
$T_i > t$ offenbar eben genau dann, wenn der Prozeß (ausgehend vom Zustand i) sich
zur Zeit t in einem Zustand j von U befindet, ohne daß er vorher einen Zustand von D
besucht hat. Daher gilt

$$\overline{F}_i(t) = P(T_i > t) = \sum_{j \in U} p_{ij}(t). \tag{1}$$

Für die Berechnung von $p_{ij}(t)$, den Übergangswahrscheinlichkeitsfunktionen des
n e u e n Markoffschen Modells, kann man selbstverständlich das im vorangehenden
Abschnitt beschriebene numerische Rechenverfahren verwenden. Damit ist die Aufgabe der Bestimmung der Zuverlässigkeitsfunktionen gelöst. Dieses Vorgehen sei an
einigen Beispielen illustriert.

(1) Als erstes Beispiel sei das Beispiel (2) des Abschnitts 13.1 erneut betrachtet. D
wird in diesem Beispiel von den beiden Zuständen 4 und 5 gebildet. Es sind beides
Grenzzustände, so daß $D' = D$ ist. Entfernt werden müssen die Übergänge von 4 nach 3
und von 5 nach 2 (siehe Abb. 13.1.1). Damit werden die beiden Zustände 4 und 5
absorbierend. In der Abb. 1 ist die Zuverlässigkeitsfunktion $\overline{F}_1(t)$ dargestellt, wie sie

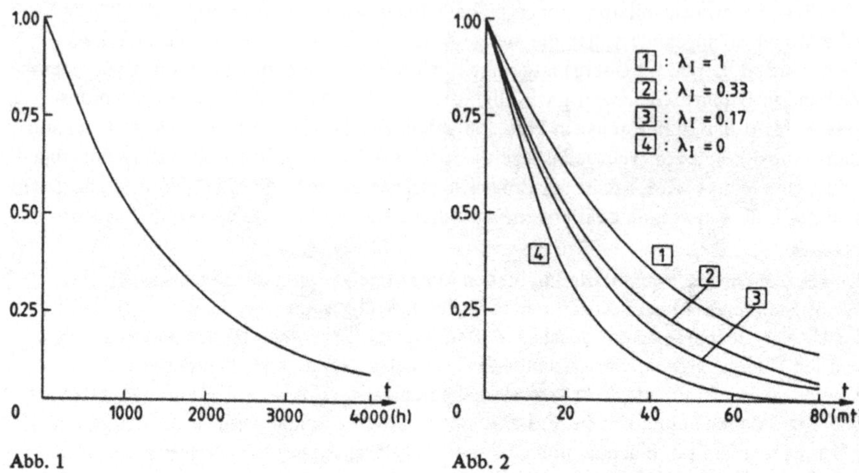

Abb. 1   Abb. 2

sich mit der beschriebenen Methode und den gleichen Daten wie im Beispiel (1) des letzten Abschnitts ergibt.

(2) Hier soll das Beispiel (2) des Abschnitts 13.2 erneut betrachtet werden. Der eigentliche Systemausfall erfolgt hier, wenn der Prozeß den Zustand 4 erreicht (vergleiche Abb. 13.2.2). Dieser Zustand ist bereits absorbierend, das Modell muß also nicht modifiziert werden. Hier ist es interessant, den Einfluß der Frequenz oder Häufigkeit der Inspektion auf die Zuverlässigkeit des Systems zu untersuchen. Es sollen dabei die Daten aus dem Beispiel (2) des Abschnitts 13.3 übernommen werden. Zusätzlich wird angenommen, daß die Inspektion im Mittel einen Tag dauert, wenn das System nicht ausgefallen ist, bzw. zwei Tage, wenn es ausgefallen ist. Bei einer Zeiteinheit von Monaten ergibt das die Raten $\lambda_T = 30$/mt und $\lambda_R = 15$/mt. Die Inspektion soll im Mittel alle Monate, alle drei und alle sechs Monate stattfinden. Diesen drei Fällen entsprechen die Raten $\lambda_I = 1$/mt, 0.33/mt und 0.17mt. Schließlich soll auch noch der Fall $\lambda_I = 0$, also der Fall k e i n e r Inspektion betrachtet werden. Dieser Fall entspricht dann offenbar dem Modell des Beispiels (1) im Abschnitt 13.2. Die vier Zuverlässigkeitsfunktionen $\overline{F}_1(t)$ für die vier verschiedenen Inspektionsraten sind in der Abb. 2 dargestellt. Man erkennt, daß die Zuverlässigkeit um so besser ist, je häufiger die Inspektion stattfindet. Das wird man auch erwartet haben. Allerdings wird diese Tendenz irgendwann umschlagen, wenn die Frequenz der Inspektionen zu häufig wird, weil eine Betriebsanforderung während einer Inspektion auch zum Systemausfall führt. Die Rechnungen zeigen, daß dies aber erst bei viel größeren Inspektionsraten zu erwarten ist.

(3) Bei einem k-von-v-System, wie es im Beispiel (5) des Abschnitts 13.2 betrachtet worden ist, ist der Zustand k − 1 der einzige Grenzzustand. Das neue, modifizierte Markoffsche Modell erhält also einen Übergangsgraphen, wie er in der Abb. 3 dargestellt ist.

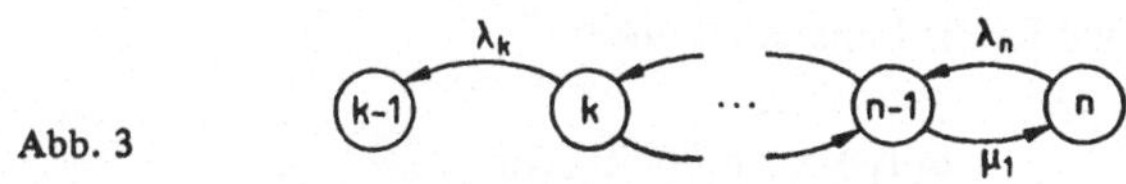

Abb. 3

Das folgende Lemma zeigt, daß die Zuverlässigkeitsfunktionen, die mit Markoffschen Modellen verbunden sind, immer durch eine Exponentialfunktion beschränkt sind.

Lemma 1 *Es gibt ein* $a > 0$, *so daß für alle* $i \in U$

$$\overline{F}_i(t) \leqslant e^{-at} \quad \text{für } t \geqslant 1. \tag{2}$$

B e w e i s. Im neuen, modifizierten Markoffschen Modell sind die Zustände von U nach den eingangs dieses Abschnitts gemachten Voraussetzungen transient. Es gibt daher für alle $i \in U$ einen Pfad zu einem $k \in D$, und nach Lemma 13.2.2 ist dann $p_{ik}(t) > 0$ für $t > 0$.

Daraus folgt, weil $P(t)$ eine stochastische Matrix ist (siehe vorangehenden Abschnitt)

$$\overline{F}_i(t) = \sum_{j \in U} p_{ij}(t) = 1 - \sum_{k \in D} p_{ik}(t) < 1 \tag{3}$$

und auch

$$f(t) = \max_{i \in U} \overline{F}_i(t) < 1 \quad \text{für alle } t > 0. \tag{4}$$

Es gibt daher ein $a > 0$, so daß $f(1) = e^{-2a}$.

Da für $k \in D, j \in U$ $p_{kj}(t) = 0$ ist, folgt aus den Chapman-Kolmogoroffschen Gleichungen für $i, j \in U$

$$p_{ij}(t + s) = \sum_{k \in U} p_{ik}(t)p_{kj}(s). \tag{5}$$

Daraus wiederum ergibt

$$f(t + s) = \max_{i \in U} \sum_{j \in U} \sum_{k \in U} p_{ik}(t)p_{kj}(s) = \max_{i \in U} \sum_{k \in U} p_{ik}(t) \sum_{j \in U} p_{kj}(s)$$

$$\leqslant \max_{i \in U} \sum_{k \in U} p_{ik}(t) \max_{k \in U} \sum_{j \in U} p_{kj}(s) = f(t)f(s). \tag{6}$$

Weil $f(t) < 1$, folgt aus (6), daß $f(t)$ eine monoton abnehmende Funktion ist, und indem man (6) für $t = s = 1$ anwendet, findet man $f(2) \leqslant e^{-4a}$ und daraus durch Induktion $f(n) \leqslant e^{-2na}$. Ist nun $t \geqslant 1$ beliebig, dann gibt es ein n, so daß $n \leqslant t < n + 1 \leqslant 2n$. Dann ergibt das eben Gesagte

$$f(t) \leqslant f(n) \leqslant e^{-2na} \leqslant e^{-at}, \tag{7}$$

und daraus folgt die Behauptung. ∎

Man kann sich nun weiter für die Momente der ausfallfreien Zeiten T_i interessieren. Es gilt für den Erwartungswert

$$E(T_i) = \int_0^\infty \overline{F}_i(t)\,dt \tag{8}$$

und für die höheren Momente

$$E(T_i^n) = \int_0^\infty nt^{n-1}\overline{F}_i(t)dt. \tag{9}$$

Aus dem Lemma 1 folgt, daß alle diese Momente e n d l i c h sind (vergleiche (7.2.16) und (7.2.17)). Die folgenden zwei Sätze zeigen, daß diese Momente recht einfach als Lösungen gewisser linearer Gleichungssysteme erhältlich sind.

Satz 1 *Die Erwartungswerte* $E(T_i)$, $i \in U$, *der ausfallfreien Zeiten bilden die* e i n d e u - t i g *bestimmte Lösung des Gleichungssystems*

$$\sum_{j \in U, j \neq i} q_{ij}E(T_j) = q_iE(T_i) - 1, \quad i \in U. \tag{10}$$

B e w e i s. Befindet sich der Prozeß zum Zeitpunkt $t = 0$ im Zustand i, dann verbleibt er dort eine erwartete Zeit der Länge $1/q_i$. Nachher verläßt er Zustand mit Wahrscheinlichkeit q'_{ij} $(= q_{ij}/q_i)$, um in den Zustand $j \neq i$ überzugehen. Ist $j \in U$, dann dauert es noch die erwartete Zeit $E(T_j)$ bis zum ersten Ausfall. Daher gilt

$$E(T_i) = 1/q_i + \sum_{j \in U, j \neq i} q'_{ij}E(T_j). \tag{11}$$

Multipliziert man diese Gleichungen mit q_i, dann folgt (10). Die Erwartungswerte $E(T_i)$, $i \in U$, erfüllen also das Gleichungssystem (10).

Das zu (10) gehörende h o m o g e n e Gleichungssystem hat die Form

$$q_ix_i = \sum_{j \in U, j \neq i} q_{ij}x_j, \quad i \in U. \tag{12}$$

Ist x_i irgendeine Lösung von (12), dann ist $p_i(t) = x_i$, $i \in U$, eine Lösung des Differentialgleichungssystems

$$\dot{p}_i(t) = -q_ip_i(t) + \sum_{j \in U, j \neq i} q_{ij}p_j(t), \quad i \in U, \tag{13}$$

mit den Anfangsbedingungen $p_i(0) = x_i$. Weil für $k \in D$, $j \in U$ $p_{kj}(t) = 0$ im modifizierten Markoffschen Modell gilt, ist $p_{ij}(t)$, $i \in U$, für jedes feste $j \in U$ auch eine Lösung des Systems (13) (vergleiche (13.2.10)). Dann ist

$$y_i(t) = \sum_{j \in U} p_{ij}(t)x_j, \quad i \in U, \tag{14}$$

eine weitere Lösung des Systems (13) mit den Anfangsbedingungen $y_i(0) = x_i$, wie man leicht verifiziert. Ein endliches, lineares Differentialgleichungssystem mit konstanten Koeffizienten hat aber für alle Anfangsbedingungen nur eine einzige Lösung. Also muß für alle $t \geqslant 0$

$$x_i = \sum_{j \in U} p_{ij}(t)x_j \tag{15}$$

gelten. Nach Lemma 1 gilt jedoch $\lim p_{ij}(t) = 0$ für $t \to \infty$, und daher folgt aus (15), daß $x_i = 0$ für alle $i \in U$ sein muß. Das homogene System (12) hat also nur die t r i v i a l e Lösung, und daher hat (10) die e i n d e u t i g bestimmte Lösung $E(T_i)$. ∎

Für die höheren Momente gibt der folgende Satz ein ähnliches Gleichungssystem.

Satz 2 *Die höheren Momente* $E(T_i^n)$ *ergeben sich der Reihe nach für* n = 2, 3, ...
jeweils als eindeutige Lösungen aus den Gleichungssystemen

$$\sum_{j \in U, j \neq i} q_{ij}E(T_j^n) = q_iE(T_i^n) - nE(T_i^{n-1}), \quad i \in U. \tag{16}$$

B e w e i s. Durch Differentiation von (1) nach t findet man unter Berücksichtigung
von (13)

$$\dot{\overline{F}}_i(t) = \sum_{j \in U} \dot{p}_{ij}(t) = -q_i \sum_{j \in U} p_{ij}(t) + \sum_{k \in U, k \neq i} q_{ik} \sum_{j \in U} p_{kj}(t)$$

$$= -q_i\overline{F}_i(t) + \sum_{k \in U, k \neq i} q_{ik}\overline{F}_k(t). \tag{17}$$

Aus (7.2.14) folgt auch

$$nE(T_i^{n-1}) = -n \int_0^\infty t^{n-1}\dot{\overline{F}}_i(t)dt. \tag{18}$$

Setzt man hier (17) ein, so folgt

$$nE(T_i^{n-1}) = -n \int_0^\infty t^{n-1}(-q_i\overline{F}_i(t) + \sum_{k \in U, k \neq i} q_{ik}\overline{F}_k(t))dt$$

$$= q_i \int_0^\infty nt^{n-1}\overline{F}_i(t)dt - \sum_{k \in U, k \neq i} q_{ik} \int_0^\infty nt^{n-1}\overline{F}_k(t)dt$$

$$= q_iE(T_i^n) - \sum_{k \in U, k \neq i} q_{ik}E(T_k^n). \tag{19}$$

Dies entspricht genau (16). Die n-ten Momente $E(T_i^n)$, $i \in U$, genügen also dem Gleichungssystem (16).

Das zu (16) gehörende h o m o g e n e Gleichungssystem ist genau das gleiche wie das
zu (10) gehörende, das nach dem Beweis von Satz 1 nur die triviale Lösung besitzt. Also
hat auch (16) eine eindeutig bestimmte Lösung. ∎

Diese Ergebnisse sollen wieder durch ein Beispiel illustriert werden.

(4) Es soll erneut das k-von-n-System betrachtet werden, das schon im obigen Beispiel (3)
besprochen wurde. Der Übergangsgraph des modifizierten Markoffschen Modells ist in der
Abb. 3 dargestellt. Das dazu gehörende Gleichungssystem (10) hat hier die folgende
Form, wenn $E(T_i) = e_i$ gesetzt wird:

$$\lambda_n e_n - \lambda_n e_{n-1} = 1,$$

$$(\lambda_i + \mu_{n-i})e_i - \lambda_i e_{i-1} - \mu_{n-i}e_{i+1} = 1, \quad k < i < n,$$

$$(\lambda_k + \mu_{n-k})e_k - \mu_{n-k}e_{k+1} = 1. \tag{20}$$

Diese Gleichungen werden mit Vorteil zunächst umgeformt, indem zuerst die erste Gleichung mit μ_1/λ_n multipliziert und dann zur zweiten addiert wird, die neue Gleichung

mit μ_2/λ_{n-1} multipliziert und zur dritten addiert wird etc. Dabei entstehen die folgenden neuen Gleichungen:

$$\lambda_n e_n - \lambda_n e_{n-1} = 1,$$

$$\lambda_{n-1} e_{n-1} - \lambda_{n-1} e_{n-2} = 1 + \mu_1/\lambda_n,$$

$$\vdots$$

$$\lambda_i e_i - \lambda_i e_{i-1} = 1 + \sum_{j=1}^{n-i} \left(\prod_{h=1}^{j} \mu_{n-i-h+1} / \prod_{h=1}^{j} \lambda_{i+h} \right), \quad \text{für } i = n-1, \ldots, k+1$$

$$\lambda_k e_k = 1 + \sum_{j=1}^{n-k} \left(\prod_{h=1}^{j} \mu_{n-k-h+1} / \prod_{h=1}^{j} \lambda_{k+h} \right). \tag{21}$$

Dieses Gleichungssystem ist direkt lösbar. Folgendes Rechenverfahren kann vorgeschlagen werden. Man bezeichne die rechten Seiten von (21) mit r_i, $i = n, n-1, \ldots, k, r_n = 1$. Dann lassen sich die r_i iterativ berechnen

$$r_i = 1 + (\mu_{n-i}/\lambda_{i+1}) r_{i+1}. \tag{22}$$

Daraus ergibt sich dann insbesondere $e_k = r_k/\lambda_k$. Dann können schließlich die e_i, $i = k+1, \ldots, n$, iterativ berechnet werden

$$e_i = e_{i-1} + r_i/\lambda_i. \tag{23}$$

In einfachen Fällen lohnt es sich, explizite Formeln für die erwarteten ausfallfreien Zeiten anzugeben. Bei einem 1-von-2-System lauten obige Gleichungen (wenn $\mu_1 = \mu$ gesetzt wird)

$$\lambda_2 e_2 - \lambda_2 e_1 = 1, \qquad \lambda_1 e_1 = 1 + \mu/\lambda_2. \tag{24}$$

Daraus erhält man leicht

$$e_2 = (\lambda_1 + \lambda_2 + \mu)/\lambda_1 \lambda_2. \tag{25}$$

Bei einem System mit h e i ß e r Reserve wird daraus

$$e_2 = (3\lambda + \mu)/2\lambda^2, \tag{26}$$

und bei einem System mit k a l t e r Reserve ergibt sich

$$e_2 = (2\lambda + \mu)/\lambda^2. \tag{27}$$

Kommentar zum Kapitel 13

Als ergänzende Lektüre zur Einführung in die Theorie der Markoff-Ketten wird auf G a e d e (1977) oder K o h l a s (1977 oder 1983) verwiesen. Das Verfahren zur numerischen Berechnung der Lösung der Kolmogoroffschen Gleichung stammt von G r a s s m a n n (1977a und b), siehe auch K o h l a s (1983). Zur numerischen Lösung der Gleichungen (13.3.18) und (13.3.19) ist in G r a s s m a n n , T a k s a r , H e y m a n (1985) ein gutes Verfahren beschrieben. Für die numerische Lösung der Gleichungen in den Sätzen 13.4.1 und 13.4.2 siehe K o h l a s (1987).

Systeme, bei denen Reparatur und Wartung mitberücksichtigt werden sollen, müssen durch s t o c h a s t i s c h e P r o z e s s e beschrieben werden. Markoff-Modelle sind nur einfachste Beispiele hierzu. Für den Beizug von E r n e u e r u n g s p r o z e s s e n , M a r k o f f - E r n e u e r u n g s p r o z e s s e oder S e m i - M a r k o f f - P r o z e s s e und R e g e n e r a t i v e P r o z e s s e siehe B i r o l i n i (1985) und G a e d e (1977). B e i c h t e l t , F r a n k e n (1983) besprechen darüber hinaus noch die Verwendung von P u n k t p r o z e s s e n .

Ein weiteres Mittel zur Erhöhung der Verfügbarkeit und Zuverlässigkeit von Systemen ist die Ersatzteil-Lagerhaltung; für eine Übersicht dazu wird auf K o h l a s (1981) verwiesen.

14 Unabhängige Reparatur

14.1 Verfügbarkeit von komplexen Systemen

Die Beschreibung von reparierbaren Systemen mittels Markoffschen Modellen muß aus praktischen Gründen auf Systeme mit relativ einfacher Struktur beschränkt bleiben, sonst wächst der Zustandsraum sehr rasch über alle Maße an. Damit ist dann weder die Modellierung noch die Berechnung mehr zu bewältigen. In der Tat haben sich die Beispiele im letzten Kapitel auf einfache Serie-, Parallel- oder k-von-n-Systeme beschränkt. Wenn man sich aber auf gewisse, ganz einfache Reparaturorganisationen beschränkt, dann können auch komplexere Systemstrukturen behandelt werden. Dabei kann auch in gewissen Fällen die Voraussetzung von exponential verteilten Lebensdauern und Reparaturzeiten der Elemente eines Systems abgeschwächt werden. Das soll in diesem Kapitel gezeigt werden.

Es wird im folgenden ein ganz allgemeines m o n o t o n e s System (B, S) mit $|B| = n$ Elementen betrachtet. Alle n Elemente haben voneinander unabhängige, exponential verteilte Lebensdauern mit Ausfallraten λ_i. Es wird nun angenommen, daß beim Ausfall eines Elements dessen Reparatur s o f o r t in Angriff genommen werden kann, unabhängig davon, wieviele andere Elemente eventuell bereits vorher ausgefallen und noch in Reparatur sind. Die Reparaturdauer eines ausgefallenen Elements i sei ferner unabhängig von allen anderen Elemente ebenfalls exponential verteilt, und zwar mit einer Reparaturrate μ_i. Bei diesen einschränkenden Annahmen spricht man von einem System mit u n a b h ä n g i g e r R e p a r a t u r. Die Modellannahmen laufen darauf hinaus, daß man eine Reparaturorganisation mit unbeschränkter Kapazität voraussetzt: Wie viele Elemente sich auch in Reparatur schon befinden, jeder neue, weitere Ausfall kann ohne Verzug oder Wartezeit sofort in Angriff genommen werden. Es kann nie einen Engpaß geben. Dieses Modell kann eine gute Näherung darstellen, wenn selten mit Engpässen in der Reparatur und Wartung eines Systems gerechnet werden muß.

Unter diesen Annahmen kann man für jedes einzelne Element i des Systems ein Markoffsches Modell wie im Beispiel (1) des Abschnitts 13.1 annehmen. $X_i(t)$ bezeichne den Markoffschen Prozeß, der mit diesem Modell verbunden ist. $X_i(t) = 1$ bedeutet, daß das Element i zur Zeit t intakt ist und $X_i(t) = 0$, daß es ausgefallen ist. Die Übergangswahrscheinlichkeits-Funktionen $p_{ij}(t)$ (i, j = 0 oder 1) dieses Markoffschen Modells sind im Beispiel (1) des Abschnitts 13.1 explizit angegeben. Für jeden Anfangszustand oder für jede Anfangsverteilung ist daher $P(X_i(t) = 1)$ bekannt. Diese Intaktwahrscheinlichkeit des i-ten Elements sei mit $a_i(t)$ bezeichnet, $a_i(t) = P(X_i(t) = 1)$.

Unter den oben gemachten Annahmen, sind die Markoffschen Prozesse $X_i(t)$ für alle i = 1, 2, . . ., n u n a b h ä n g i g voneinander. Es bezeichne X(t) den Vektor mit den Komponenten $X_i(t)$, i = 1, 2, . . ., n. Ist dann x ein beliebiger n-dimensionaler Boolescher

Vektor, dann gilt

$$P(X(t) = x) = \prod_{i \in M(x)} a_i(t) \cdot \prod_{i \in \overline{M}(x)} (1 - a_i(t)). \tag{1}$$

Ist $a(t)$ der Vektor der Intaktwahrscheinlichkeiten $a_i(t)$, $i = 1, 2, \ldots, n$, der Elemente, dann ist die Wahrscheinlichkeit, daß das System zur Zeit t funktionsfähig ist, gleich

$$a(t) = P(M(X(t)) \in S) = z(a(t)) \tag{2}$$

(vergleiche Abschnitt 7.1, und für die Definition von $M(x)$ siehe (6.3.1)). $a(t)$ wird auch Verfügbarkeit des Systems zum Zeitpunkt t genannt. Daraus ergibt sich, daß für die Berechnung der Verfügbarkeit $a(t)$ des Systems (B, S) aus den (bekannten) Verfügbarkeiten $a_i(t)$ der Elemente alle Methoden und Verfahren des zweiten Teils dieses Buches zur Verfügung stehen.

Für $t \to \infty$ gilt $a_i(t) \to \mu_i/(\lambda_i + \mu_i) = a_i$. Da die Funktion z in allen Argumenten stetig ist (siehe (7.1.27)), folgt auch

$$a = \lim_{t \to \infty} a(t) = z(\lim_{t \to \infty} a(t)) = z(a)$$

$$= z(\mu_1/(\lambda_1 + \mu_1), \ldots, \mu_n/(\lambda_n + \mu_n)), \tag{3}$$

wobei a der Vektor mit den Komponenten a_i, $i = 1, 2, \ldots, n$ ist. Diese a s y m p t o - t i s c h e Verfügbarkeit entspricht auch der Verfügbarkeit des Systems, wenn für jedes Element i der Prozeß $X_i(t)$ mit der s t a t i o n ä r e n Verteilung $P(X_i(0) = 1) = a_i$, $P(X_i(0) = 0) = 1 - a_i$ startet. Auch diese asymptotische oder stationäre Verfügbarkeit des Systems kann mit den Methoden des zweiten Teils aus den Verfügbarkeiten a_i der Elemente berechnet werden.

Man kann das Ganze auch durch ein Markoffsches Modell beschreiben. Dessen Zustandsraum I besteht aus den 2^n verschiedenen Zuständen x. Der stochastische Prozeß auf diesem Zustandsraum wird durch den Vektor $X(t)$, $t \geqslant 0$, beschrieben. Von einem Zustand x sind Übergänge zu $(0_i, x)$ möglich, für alle $i \in M(x)$. Die dazugehörigen Übergangsraten sind λ_i. Ferner sind Übergänge zu $(1_i, x)$ für alle $i \in \overline{M}(x)$ möglich, und zwar mit den Übergangsraten μ_i. Man nennt ein solches Modell ein Markoffsches Modell mit u n a b - h ä n g i g e n K o m p o n e n t e n. Es handelt sich offenbar um ein irreduzibles Modell, und seine einzige stationäre Verteilung ist

$$u(x) = \prod_{i \in M(x)} a_i \cdot \prod_{i \in \overline{M}(x)} (1 - a_i). \tag{4}$$

Der Zustandsraum zerfällt in die Mengen $U = \{x: M(x) \in S\}$ und $D = \{x: M(x) \notin S\}$. Dieses Markoffsche Modell wird in den folgenden Abschnitten eingehender betrachtet.

14.2 Ausfallfreie Zeiten

Wie in jedem System mit Reparatur interessiert auch beim Modell der unabhängigen Reparatur die Zeit bis zum ersten Ausfall des Systems. Im vorangehenden Abschnitt wurde gezeigt, daß der Fall der unabhängigen Reparatur durch ein Markoffsches Modell beschrieben werden kann. Daher lassen sich für die Untersuchung der ausfallfreien Zeit die Methoden und Verfahren des Abschnitts 13.4 anwenden. Ist $x \in U$ ein Zustand, für den das System als funktionsfähig gilt, dann bezeichne T_x die Zeit bis zum ersten Ausfall, gegeben, daß das System im Zustand x startet, und $\bar{F}_x(t)$ sei die zugehörige Zuverlässigkeitsfunktion (vergleiche den Abschnitt 13.4).

Es ist aber klar, daß die allgemeinen Methoden des Abschnitts 13.4, obwohl im Prinzip anwendbar, problematisch werden, wenn U nicht eine Menge von relativ kleiner Mächtigkeit ist. Man ist daher daran interessiert, wirkungsvollere Ansätze zu finden, die im speziellen Fall der unabhängigen Reparatur anwendbar sind. Ein solcher Ansatz soll hier dargestellt werden. Dabei soll vorausgesetzt werden, daß das System im Zustand $x = 1$ startet, in dem alle Elemente intakt sind. Dieser Fall ist im allgemeinen sicher von besonderem Interesse. Dann wird die Zeit T_1 betrachtet, die der Einfachheit halber im folgenden einfach mit T bezeichnet wird. Nach einer gewissen Zeit wird durch den Ausfall eines Elements i ein Übergang von 1 in den Zustand $(0_i, 1)$ stattfinden. Nach diesem i-Ausfall gibt es zwei Möglichkeiten: Entweder wird der Prozeß nach einer gewissen Zeit wieder in den Zustand 1 zurückkehren, ohne daß das System durch einen Übergang des Prozesses in einen Zustand von D einen Ausfall erlitten hätte. In diesem Fall soll von einer e r f o l g r e i c h e n i - R e p a r a t u r gesprochen werden. Oder aber der Prozeß geht in einen Zustand von D über, bevor er wieder in den Zustand 1 kommt. In diesem Fall spricht man von einer e r f o l g l o s e n i - R e p a r a t u r . Das ist der Fall, in dem der i-Ausfall eine Reihe von weiteren, fatalen Elementausfällen nach sich zieht, die in einen Systemausfall münden, bevor die Reparaturen dies verhindern können.

Startet der Prozeß im Zustand 1, dann werden $k - 1$ Elementausfälle mit erfolgreicher Reparatur vorkommen, bis ein k-ter Elementausfall zu einer erfolglosen Reparatur und damit zum Systemausfall führt. Dabei ist k natürlich eine zufällige Größe. Es bezeichne L_h die Länge des Zeitintervalls von der Beendigung der $h - 1$-ten erfolgreichen Reparatur bis zum nächsten Element-Ausfall. L_1 sei die Zeit bis zum ersten Elementausfall. Es bezeichne ferner R_h die Zeitdauer der h-ten erfolgreichen Reparatur, vom Ausfall des ersten Elements bis zum Wiedererreichen des Zustandes 1. Schließlich bezeichne R die Zeitdauer der erfolglosen Reparatur bis zum Ausfall, d. h. die Zeit vom Ausfall des ersten Elements bis zum Erreichen eines Zustandes in D. Dann gilt

$$T = \sum_{h=1}^{k} L_h + \sum_{h=1}^{k-1} R_h + R. \tag{1}$$

Dabei folgt aus der Markoffschen Eigenschaft (vergleiche Abschnitt 13.2), daß alle diese Zufallsvariablen L_h, R_h und R u n a b h ä n g i g voneinander sind. Zudem haben alle L_h die gleiche exponentiale Verteilung mit Parameter

$$\lambda = \sum_{i=1}^{n} \lambda_i. \tag{2}$$

Auch die R_h haben unter sich alle die gleiche Verteilung, die aber — ebenso wie die Verteilung von R — aufwendiger zu berechnen ist.

Die Summe der Zeiten L_h, während der das System vollständig intakt ist,

$$L = \sum_{h=1}^{k} L_h, \tag{3}$$

wird r e p a r a t u r f r e i e Z e i t genannt. In vielen Fällen sind nun die Reparaturzeiten sehr viel kürzer als die Lebensdauern der Elemente. Dann kann man eventuell
die Reparaturzeiten vernachlässigen und $T \cong L$ annehmen. Die Verteilung der reparaturfreien Zeit kann man aber explizit angeben, wie im folgenden gezeigt wird.

Gegeben, daß $k - 1$ erfolgreiche Reparaturen stattfinden, ist L gleich der Summe von k
unabhängigen exponential verteilten Größen L_h. Eine solche Summe besitzt eine
Erlangverteilung k-ter Ordnung, deren Dichtefunktion durch

$$f_k(t) = \lambda \, \frac{(\lambda t)^{k-1}}{(k-1)!} \, e^{-\lambda t} \tag{4}$$

gegeben ist.

Es sei nun weiter A_i die Wahrscheinlichkeit, daß ein i-Ausfall zu einer erfolglosen
i-Reparatur führt. Dann ist λ_i/λ die Wahrscheinlichkeit, daß ein Elementausfall ein
i-Ausfall ist, und daher ist

$$A = \sum_{i=1}^{n} (\lambda_i/\lambda) A_i \tag{5}$$

die Wahrscheinlichkeit, daß irgendein Elementausfall zu einer erfolglosen Reparatur
führt. Mittels (4) und (5) kann nun die Dichtefunktion der reparaturfreien Zeit L
berechnet werden. Ist nämlich $F_k(t)$ die Verteilungsfunktion der Erlangverteilung
k-ter Ordnung, dann gilt nach der Formel der totalen Wahrscheinlichkeit für die Verteilungsfunktion von L

$$F(t) = \sum_{k=1}^{\infty} (1 - A)^{k-1} A F_k(t). \tag{6}$$

Differenziert man hier nach t, dann erhält man eine analoge Reihe für die Dichtefunktion f(t) von L, und setzt man dann noch (4) ein, dann folgt

$$f(t) = \sum_{k=1}^{\infty} \lambda A \, \frac{((1-A)\lambda t)^{k-1}}{(k-1)!} \, e^{-\lambda t} = \lambda A e^{-\lambda A t}. \tag{7}$$

Das heißt nichts anderes, als daß die reparaturfreie Zeit e x p o n e n t i a l verteilt
mit Parameter λA ist. Wenn es also gelingt, die Wahrscheinlichkeit einer erfolglosen
Reparatur zu bestimmen, dann ist die Verteilung der reparaturfreien Zeit bekannt. Es
ist im Prinzip immer möglich, A zu bestimmen, wenn die Berechnung auch oft sehr
aufwendig ist. Die nachfolgenden Beispiele zeigen aber, daß manchmal A auch sehr einfach bestimmt werden kann. Diese Beispiele illustrieren die erfolgreiche Anwendung der
beschriebenen Methode zur Bestimmung der reparaturfreien Zeit und zu deren Verwendung als Näherung für die ausfallfreie Zeit.

(1) Zur Einführung wird der allereinfachste Fall betrachtet, nämlich der eines P a r a l -
l e l s y s t e m s   m i t   z w e i   E l e m e n t e n. Ein 1-Ausfall führt zu einem Systemausfall, wenn während der Reparatur des ersten Elements das zweite Element ausfällt.
Die Wahrscheinlichkeit, daß dies innerhalb einer Zeit t nach dem 1-Ausfall geschieht, ist

$$A_1(t) = \int_0^t \lambda_2 \exp(-\lambda_2 s) \exp(-\mu_1 s)\,ds$$

$$= \{\lambda_2/(\lambda_2 + \mu_1)\}(1 - \exp(-(\lambda_2 + \mu_1)t)). \tag{8}$$

Analog findet man für die Wahrscheinlichkeit, daß ein 2-Ausfall innerhalb einer Zeit t
zu einem Systemausfall führt

$$A_2(t) = \{\lambda_1/(\lambda_1 + \mu_2)\}(1 - \exp(-(\lambda_1 + \mu_2)t)). \tag{9}$$

Für $t \to \infty$ strebt $A_i(t)$ gegen die Wahrscheinlichkeit A_i einer erfolglosen i-Reparatur,
nämlich

$$\lim_{t \to \infty} A_1(t) = A_1 = \lambda_2/(\lambda_2 + \mu_1),$$

$$\lim_{t \to \infty} A_2(t) = A_2 = \lambda_1/(\lambda_1 + \mu_2). \tag{10}$$

Daraus ergibt sich für die Wahrscheinlichkeit einer erfolglosen Reparatur nach (5)

$$\lambda A = \lambda_1\lambda_2/(\lambda_2 + \mu_1) + \lambda_1\lambda_2/(\lambda_1 + \mu_2) \tag{11}$$

mit $\lambda = \lambda_1 + \lambda_2$. Damit ist die Verteilung der reparaturfreien Zeit bestimmt. Wenn die
Reparaturraten μ_i sehr viel größer sind als die Ausfallraten λ_i, dann gilt näherungsweise

$$\lambda A = \lambda_1\lambda_2(1/\mu_1 + 1/\mu_2). \tag{12}$$

Greift man erneut das Beispiel (1) des Abschnitts 13.3 auf mit den dort definierten
Daten, dann findet man $\lambda A = 35/(4 \cdot 10^4)$ und daher eine erwartete reparaturfreie Zeit
von $1/\lambda A = 1142.8$h. Man vergleiche dies mit dem exakten Erwartungswert der ausfallfreien Zeit von $T_1 = 1542.6$h, den man mit Hilfe von Satz 13.4.1 findet.

(2) In einer Verallgemeinerung des letzten Beispiels soll hier ein etwas komplizierterer
Fall betrachtet werden. Das betrachtete System bestehe aus zwei S e r i e s y s t e m e n
von je n Elementen, wovon mindestens eines intakt sein muß, damit das ganze System
funktionsfähig ist. Die Ausfallrate des i-ten Elements sei in beiden Seriesystemen je
gleich λ_i. Auch habe das i-te Element beider Seriesysteme je die gleiche Reparaturrate μ_i.
Wenn in einem der beiden Seriesysteme ein Element ausgefallen ist, dann wird angenommen, daß kein weiteres Element dieses Seriesystems ausfällt, bis die Reparatur des ausgefallenen Elements beendet ist. Ein i-Ausfall in einem der beiden Seriesysteme führt
demnach zu einem Systemausfall, wenn irgendein Element des anderen Seriesystems
ausfällt, bevor das erste ausgefallene Element repariert ist. Die Wahrscheinlichkeit, daß
dies innerhalb der Zeit t nach Ausfall des Elements i geschieht, ist gleich

$$A_i(t) = \int_0^t \lambda e^{-\lambda s} \exp(-\mu_i s)\,ds = \{\lambda/(\lambda + \mu_i)\}(1 - \exp(-(\lambda + \mu_i)t)), \tag{13}$$

wobei $\quad \lambda = \sum\limits_{i=1}^{n} \lambda_i$ $\hfill$ (14)

gilt. Läßt man in (13) $t \to \infty$ streben, dann folgt

$$A_i = \lambda/(\lambda + \mu_i).$$ $\hfill$ (15)

Für die Wahrscheinlichkeit einer erfolglosen Reparatur folgt damit nach (5) schließlich

$$2\lambda A = 2 \sum\limits_{i=1}^{n} \lambda_i A_i = 2\lambda \sum\limits_{i=1}^{n} \lambda_i/(\lambda + \mu_i).$$ $\hfill$ (16)

Der Faktor zwei erscheint in dieser Formel links, weil λ nach (14) nur die Ausfallrate eines Seriesystems ist, so daß sich die Ausfallrate für die zwei Seriesysteme verdoppelt. Rechts erscheint der Faktor 2, weil insgesamt die Summe nach (5) über beide Serie-systeme zu nehmen ist.

(3) In einer weiteren Variante wird ein Seriesystem mit n Elementen mit Ausfallraten λ_i betrachtet. Anstatt zur Verstärkung des Systems wie im letzten Beispiel ein zweites gleiches System als Redundanz einzuführen (Redundanz auf Systemebene), kann auch jedem Element i ein zweites gleiches Element als Redundanz beigegeben werden (Redundanz auf Elementebene). Dabei wird angenommen, daß beide Elemente i die gleiche Ausfallrate λ_i haben. Ein i-Ausfall führt in diesem Fall in zwei Fällen zum Systemausfall:

> (a) wenn das zweite i Element ausfällt, bevor die Reparatur des ersten Ele-mentes beendet ist;
>
> (b) wenn eine Ausfallkette eines anderen Elements j während der Reparatur des Elements i zum Systemausfall führt.

Der zweite Fall ist viel unwahrscheinlicher als der erste, wenn die Ausfallraten der Elemente sehr viel kleiner sind als die Reparaturraten. Er kann deshalb vernachlässigt werden. Dann ist die Wahrscheinlichkeit, daß ein i-Ausfall innerhalb der Zeit t zu einem Systemausfall führt ähnlich wie im Beispiel (1) gleich

$$A_i(t) = \{\lambda_i/(\lambda_i + \mu_i)\}\,(1 - \exp\,(-\,(\lambda_i + \mu_i)t)).$$ $\hfill$ (17)

Im Grenzübergang $t \to \infty$ erhält man $A_i = \lambda_i/(\lambda_i + \mu_i)$. λ sei erneut gleich der Summe der λ_i und 2λ also die Summe der Ausfallraten aller Elemente des Systems. Dann ergibt sich für die Wahrscheinlichkeit einer erfolglosen Reparatur

$$2\lambda A = 2 \sum\limits_{i=1}^{n} \lambda_i^2/(\lambda_i + \mu_i).$$ $\hfill$ (18)

Die Methode, die in diesen Beispielen illustriert wurde, kann in eine allgemeine Form gekleidet werden. Es sei (B, S) ein m o n o t o n e s   S y s t e m , das aber so beschaf-fen sei, daß es mindestens ein Paar i, j von Elementen gibt, deren Ausfall auch einen

Systemausfall bedeutet, $B - \{i, j\} \notin S$. Es werden folgende Größen definiert:

$$c_i = \begin{cases} 1, & \text{wenn } B - \{i\} \in S, \\ 0, & \text{sonst;} \end{cases} \tag{19}$$

$$\text{und} \quad c_{ij} = \begin{cases} 1, & \text{wenn } B - \{i, j\} \in S, \\ 0, & \text{sonst.} \end{cases} \tag{20}$$

In der folgenden Betrachtung werden nun Systemausfälle, die nach einem Elementausfall infolge des Ausfalls von zwei oder mehr Elementen während der Reparatur des ersten Elements entstehen, vernachlässigt. Es wird also angenommen, daß diese Fälle viel unwahrscheinlicher sind als Systemausfälle infolge Ausfall e i n e s weiteren Elements nach einem Elementausfall.

Ist i ein Element, dessen Ausfall noch keinen Systemausfall nach sich zieht ($c_i = 1$), dann sei

$$\eta_i = \sum_{j\,:\,c_{ij}\,=\,0} \lambda_j \tag{21}$$

die Summe der Ausfallraten aller Elemente $j \neq i$, deren Ausfall nach einem i-Ausfall zum Systemausfall führt; $\eta_i = 0$, wenn für kein j gilt $c_{ij} = 0$. Dann ist die Wahrscheinlichkeit, daß ein i-Ausfall durch einen Ausfall eines weiteren Elements bis zur Zeit t zum Systemausfall führt gleich

$$A_i(t) = \int_0^t \eta_i \exp(-\eta_i s) \exp(-\mu_i s)\, ds$$

$$= \{\eta_i/(\eta_i + \mu_i)\}\, (1 - \exp(-(\eta_i + \mu_i)t)). \tag{22}$$

Dies ist näherungsweise gleich der Wahrscheinlichkeit, daß ein i-Ausfall zu einer erfolglosen i-Reparatur führt, wenn die oben gemachte Vernachlässigung zulässig ist, in Wirklichkeit ist die Wahrscheinlichkeit (22) etwas zu klein, da ja gewisse Ausfall-Möglichkeiten vernachlässigt werden. Für $t \to \infty$ strebt $A_i(t)$ gegen $A_i = \eta_i/(\eta_i + \mu_i) \cong \eta_i/\mu_i$, wenn die Reparaturraten viel größer als die Ausfallraten sind. Wenn $c_i = 0$, dann ist $A_i = 1$, der i-Ausfall impliziert selbst schon einen Systemausfall. Dann gilt für die Wahrscheinlichkeit einer erfolglosen Reparatur

$$\lambda A = \sum_{i\,:\,c_i\,=\,0} \lambda_i + \sum_{i\,:\,c_i\,=\,1} \lambda_i \eta_i/(\eta_i + \mu_i). \tag{23}$$

Infolgedessen darf man annehmen, daß unter den gemachten Voraussetzungen, die ausfallfreie Zeit näherungsweise exponential verteilt ist, mit dem in (23) gegebenen Parameter.

14.3   Die erwartete Intaktzeit

Es sei (B, S) wieder ein monotones System mit unabhängiger Reparatur seiner Elemente. In diesem Abschnitt wird die Zeit zwischen der Instandsetzung des Systems und seinem nächsten Ausfall betrachtet. $X(t)$ sei der in Abschnitt 14.1 eingeführte zum System gehörende Markoffsche Prozeß mit unabhängigen Komponenten. $U = \{x: M(x) \in S\}$ ist die Menge der Zustände, für die das System intakt ist und $D = \{x: M(x) \notin S\}$ die Menge der Zustände, für die das System ausgefallen ist. Es wird jetzt, genau gesagt, die Zeit zwischen einem Sprung von $X(t)$ von einem Zustand aus D in einen Zustand von U (Instandsetzung des Systems) bis zum nächsten Sprung von einem Zustand in U in einen Zustand von D (nächster Ausfall des Systems) betrachtet. Diese Zeit soll hier I n t a k t z e i t genannt werden.

Diese Zeit hängt vom Anfangszustand oder der Anfangsverteilung des Prozesses $X(t)$ ab und zudem noch von der Zeit, zu der der Sprung aus D nach U erfolgt. Es soll jetzt vorausgesetzt werden, daß die Anfangsverteilung die s t a t i o n ä r e Verteilung $u(x)$ (14.1.4) ist. Unter dieser Voraussetzung wird sich zeigen, daß die Intaktzeit nicht von der Zeit der Instandsetzung des Systems abhängig ist.

Jeder Sprung von einem Zustand aus D in einen Zustand in U erfolgt in Folge der Instandsetzung eines bestimmten Elements i. Es bezeichne $P_i(t, h, y)$ die Wahrscheinlichkeit, daß im Zeitintervall $[t, t + h]$ eine Intaktzeit beginnt durch Instandsetzung des Elements i und daß diese Intaktzeit länger als y dauert. Die Menge aller Zustände x in D, die durch eine Instandsetzung eines Elements i in einen Zustand $(1_i, x)$ in U übergeführt werden können, sei mit D_i bezeichnet,

$$D_i = \{x \in D: x_i = 0, (1_i, x) \in U\} \tag{1}$$

Wie im letzten Abschnitt bezeichne T_x für alle $x \in U$ die Zeit bis zum ersten Systemausfall, gegeben, daß das System im Zustand x startet und $\overline{F}_x(t) = P(T_x > t)$.

Die Wahrscheinlichkeit $P_i(t, h, y)$ entspricht nun dem Ereignis, daß der Prozeß $X(t)$ zur Zeit t in einem Zustand $x \in D_i$ ist, daß im nachfolgenden Intervall der Länge h das Element i instandgestellt wird und daß anschließend ab dem neu erreichten Zustand $(1_i, x)$ die ausfallfreie Zeit $T_{(1_i, x)}$ länger als y ist. Also gilt

$$P_i(t, h, y) = (\mu_i h + o(h)) \sum_{x \in D_i} u(x)\overline{F}_{(1_i, x)}(y). \tag{2}$$

Man beachte, daß diese Zeit unabhängig von der Zeit t ist. Das ist eine Konsequenz der Stationarität der Anfangsverteilung $u(x)$.

Es sei weiter $P(y|t)$ die b e d i n g t e Wahrscheinlichkeit, daß die Intaktzeit länger als y ist, gegeben, die Intaktzeit beginnt zur Zeit t. Da $P_i(t, h, 0)$ die Wahrscheinlichkeit dafür ist, daß im Intervall $[t, t + h]$ eine Intaktzeit mit der Instandstellung eines Elements i beginnt, erhält man

$$P(y|t) = \lim_{h \to 0} \frac{\sum\limits_{i=1}^{n} P_i(t, h, y)}{\sum\limits_{i=1}^{n} P_i(t, h, 0)} = \frac{\sum\limits_{i=1}^{n} \mu_i \sum\limits_{x \in D_i} u(x)\overline{F}_{(1_i, x)}(y)}{\sum\limits_{i=1}^{n} \mu_i \sum\limits_{x \in D_i} u(x)} \tag{3}$$

Wie man sieht, hängt auch diese Wahrscheinlichkeit nicht vom Zeitpunkt t ab. Man kann also $P(y\,|\,t) = P(y)$ schreiben.

Die Berechnung der Verteilung $P(y)$ nach der Formel (3) setzt voraus, daß die Zuverlässigkeitsfunktionen $\overline{F}_x(y)$ bekannt sind. Es wurde bereits im letzten Abschnitt darauf hingewiesen, daß die Berechnung dieser Funktionen, obwohl prinzipiell mit den Verfahren des Abschnitts 13.4 möglich, doch in der Regel bei den hier betrachteten Markoffschen Modellen mit unabhängigen Komponenten wegen der Mächtigkeit von U sehr aufwendig wird. Daher soll in der Folge versucht werden, wenigstens den Erwartungswert $E(T)$ der Intaktzeit zu bestimmen. Es gilt

$$E(T) = \int\limits_0^\infty P(y)\,dy. \tag{4}$$

Daraus folgt mit (3)

$$E(T) \sum_{i=1}^n \mu_i \sum_{x \in D_i} u(x) = \sum_{i=1}^n \mu_i \sum_{x \in D_i} u(x) \int\limits_0^\infty \overline{F}_{(1_i,\,x)}(y)\,dy$$

$$= \sum_{i=1}^n \mu_i \sum_{x \in D_i} u(x) E(T_{(1_i,\,x)}). \tag{5}$$

Dieser Erwartungswert kann nun in verschiedenen Formen dargestellt werden.

Satz 1 *Es gilt*

$$E(T) = a \Big/ \sum_{i=1}^n \mu_i \sum_{x \in D_i} u(x), \tag{6}$$

wobei $a = z(a)$ *die Verfügbarkeit* (14.1.3) *des Systems ist.*

B e w e i s. Es sei in Erinnerung gerufen, daß nach wie vor die stationäre Verteilung $u(x)$ als Anfangsverteilung für den Prozeß $X(t)$ vorausgesetzt ist. Es ist nun $X(t) \in U$, wenn entweder $X(s) \in U$ für alle $s \leqslant t$ oder wenn in einem Intervall $[s, s + ds]$ für $s < t$ eine Instandstellung des Systems stattgefunden hat und die Intaktzeit anschließend größer als $t - s$ war. Also gilt

$$a(t) = P(X(t) \in U) = \sum_{x \in U} u(x)\overline{F}_x(t) + \int\limits_0^t \sum_{i=1}^n P_i(s, ds, t-s)$$

$$= \sum_{x \in U} u(x)\overline{F}_x(t) + \sum_{i=1}^n \mu_i \sum_{x \in D_i} u(x) \int\limits_0^t \overline{F}_{(1_i,\,x)}(t-s)\,ds. \tag{7}$$

Für $t \to \infty$ strebt der erste Term in (7) gegen Null (siehe z. B. Lemma 13.4.1). Daher erhält man aus (7) für $t \to \infty$

$$a = \lim_{t \to \infty} a(t) = \sum_{i=1}^n \mu_i \sum_{x \in D_i} u(x) \int\limits_0^\infty \overline{F}_{(1_i,\,x)}(t)\,dt = \sum_{i=1}^n \mu_i \sum_{x \in D_i} u(x) E(T_{(1_i,\,x)}). \tag{8}$$

Vergleicht man dieses Resultat mit (5), dann folgt die Behauptung. ∎

Der nachstehende Satz gibt eine weitere Darstellung der erwarteten Intaktzeit.

Satz 2 *Es gilt*

$$E(T) = a \Big/ \sum_{A \in S} d(A) \prod_{j \in A} a_j \sum_{j \in A} \lambda_j, \tag{9}$$

wobei $d(A)$ *die* D o m i n a t i o n *der Menge* A *ist* (*siehe* Abschnitt 6.4) *und*
$a_j = \mu_j/(\lambda_j + \mu_j)$ *ist die asymptotische Verfügbarkeit des Elements* j.

Dieser Satz bringt also die erwartete Intaktzeit in Verbindung mit der L i n e a r f o r m
(6.4.4) der Booleschen Funktion des betrachteten Systems.

B e w e i s. Nach (7.1.28) gilt

$$\partial z(a)/\partial a_i = z(1_i, a) - z(0_i, a). \tag{10}$$

Schreibt man die beiden Terme rechts in (10) in der disjunktiven Normalform (7.1.3) hin,
dann sieht man, daß alle Terme, die Zuständen x mit $M(1_i, x) \in S$ u n d $M(0_i, x) \in S$
entsprechen, sich aufheben. Es verbleiben also nur Terme in der disjunktiven Normalform von $z(1_i, a)$, die Zuständen x mit $M(1_i, x) \in S$, aber $M(0_i, x) \notin S$ entsprechen. Das
heißt aber nichts anderes, als daß

$$\partial z(a)/\partial a_i = \sum_{x \in D_i} \prod_{k \in M(x)} a_k \prod_{k \in \bar{M}(x),\, k \neq i} (1 - a_k) \tag{11}$$

gilt. Setzt man in (5) $u(x)$ gemäß (14.1.4) explizit ein, dann sieht man, daß man schreiben kann

$$E(T) \sum_{i=1}^{n} \mu_i(1 - a_i)(\partial z(a)/\partial a_i) = a. \tag{12}$$

Schreibt man nun $z(a)$ in der L i n e a r f o r m gemäß (7.1.16) und bildet man die
partielle Ableitung von z nach a_i in dieser Form, dann folgt die Behauptung, wenn
man noch beachtet, daß $\mu_i(1 - a_i) = \lambda_i a_i$ ist.   ∎

Die Ergebnisse dieses Abschnitts bilden eine alternative Möglichkeit zu den Ansätzen
des vorangehenden Abschnitts, um die ausfallfreien Zeiten zu untersuchen. Wenn die
Reparaturraten, wie das oft der Fall ist, sehr viel größer als die Ausfallraten sind, dann
ist die hier betrachtete Intaktzeit auch ungefähr gleich der Zeit bis zum ersten Ausfall.

14.4   Alternierende Erneuerungsprozesse

Einige Ergebnisse aus den vorangehenden Abschnitten dieses Kapitels gelten unter
weit allgemeineren Voraussetzungen, als denjenigen, die im Abschnitt 14.1 formuliert
worden sind. Insbesondere können die Annahmen der e x p o n e n t i a l verteilten
Lebensdauern und Reparaturzeiten fallen gelassen werden. Das soll in diesem Abschnitt
getan werden.

Es wird zunächst ein einzelnes Element betrachtet, dessen Lebensdauer L eine beliebige
Verteilungsfunktion $F(t) = P(L \leq t)$ besitzt. Da eine Lebensdauer nur positiv sein kann,

wird F(t) = 0 vorausgesetzt für t ≤ 0. Beim Ausfall dieses Elements wird sofort dessen
Reparatur begonnen, und die Reparaturdauer R habe eine Verteilungsfunktion
G(t) = P(R ≤ t), wobei auch hier G(t) = 0 für t ≤ 0 vorausgesetzt wird. Es wird für den
Moment angenommen, daß die Lebensdauer und die Reparaturdauer unabhängig von-
einander sind, eine Voraussetzung, die sich später als nicht unbedingt notwendig erweist.
Nach Beendigung der Reparatur soll das Element so gut wie neu sein, so daß eine wei-
tere Lebensdauer L mit der Verteilung F(t) anschließen kann etc. Es findet also eine
Folge von Z y k e l n statt. Jeder Zykel beginnt mit einer Instandsetzung des Elements,
worauf eine Lebensdauer folgt, die mit einem Ausfall endet; darauf folgt eine Reparatur,
die mit einer erneuten Instandsetzung endet, worauf der nächste Zykel folgt. Man vergleiche dazu Abb. 1. Es kann dabei angenommen werden, daß der ganze Prozeß zur
Zeit 0 mit einer (virtuellen) Instandsetzung beginnt. Man kann einen Zykel auch mit
einem Ausfall des Elements beginnen lassen. In diesem Fall wird auch angenommen,
daß der Prozeß zur Zeit t = 0 mit einem (virtuellen) Ausfall beginnt. Wenn F(t) und
G(t) Exponentialverteilungen sind, dann hat man hier genau den Fall des Beispiels (1)
im Abschnitt 13.1.

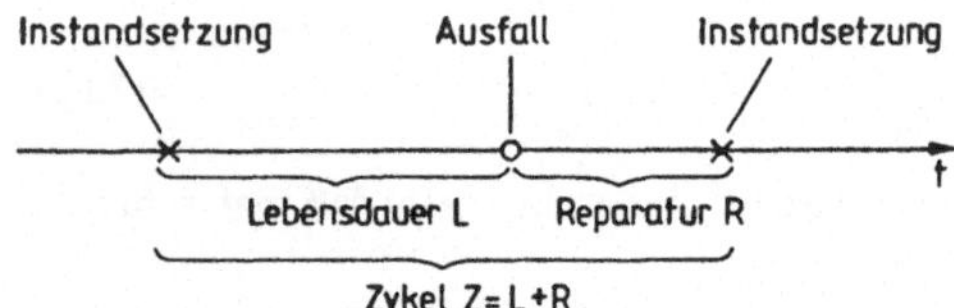

Abb. 1

Die Dauer des i-ten Zykels sei Z_i, i = 1, 2, ... Es ist natürlich $Z_i = L_i + R_i$, wenn L_i,
R_i die i-te Lebens- bzw. Reparaturdauer sind. Zur Vereinfachung wird vorausgesetzt,
daß die Verteilungsfunktionen F(t) und G(t) für die Lebensdauern L_i und die Reparaturdauern R_i Dichtefunktionen f(t) und g(t) besitzen. Dann haben die Zykeldauern Z_i
eine Verteilungsfunktion H(t) = P(Z_i ≤ t), die ebenfalls eine Dichtefunktion h(t) besitzt,
und es gilt

$$h(t) = \int_0^\infty f(s)g(t - s)ds. \tag{1}$$

Wenn die Lebensdauern L_i und die Reparaturdauern R_i für i = 1, 2, . . . untereinander
unabhängig sind, dann gilt das gleiche auch für die Z_i, i = 1, 2, ...
Für das Folgende wird nun nur vorausgesetzt, daß die Z_i, i = 1, 2, . . ., u n a b h ä n g i g
voneinander sind und alle die gleiche Verteilungsfunktion H(t) mit H(t) = 0 für t ≤ 0
besitzen. Zur Vereinfachung wird nach wie vor angenommen, daß H(t) eine Dichtefunktion besitzt. Es ist nicht unbedingt notwendig, daß die Lebens- und Reparaturdauer
eines Zyklus voneinander unabhängig sind, wie oben vorausgesetzt; diese Voraussetzung
kann also auch noch abgeschwächt werden. Eine solche Folge von Zykeln Z_i definiert
einen sogenannten E r n e u e r u n g s p r o z e ß. Weil aber hier speziell noch innerhalb eines jeden Zyklus eine Zustandsänderung von „intakt" zu „ausgefallen" stattfindet,
spricht man von einem a l t e r n i e r e n d e n Erneuerungsprozeß.

Es wird nun vorausgesetzt, daß das Element zu Beginn (t = 0) neu ist, so daß der Prozeß mit einer virtuellen Instandsetzung startet. X(t) bezeichne den Zustand des Elements zur Zeit t, wobei 1 den Zustand „intakt" und 0 den Zustand „ausgefallen" bezeichnet. Dann sei a(t) = P(X(t) = 1) die Wahrscheinlichkeit, daß das Element zur Zeit t intakt ist; a(t) wird auch als P u n k t v e r f ü g b a r k e i t des Elements bezeichnet. Es kann nun für a(t) eine Gleichung mit einem ähnlichen Ansatz wie im Beispiel (1) des Abschnitts 13.1 aufgestellt werden. Damit das Element zur Zeit t intakt ist, muß es entweder bis zur Zeit t ohne Ausfall überlebt haben. Die Wahrscheinlichkeit dafür ist $\overline{F}(t) = 1 - F(t)$. Oder aber es hat vor der Zeit t einen ersten Ausfall erlitten und ist in einem Zeitintervall [s, s + ds] (s < t) wieder instandgesetzt worden. Die Wahrscheinlichkeit hierfür ist h(s)ds, denn diese erste Wiederinstandsetzung entspricht dem ersten Zyklus Z_1. Nach dieser ersten Wiederinstandsetzung beginnt der gleiche Erneuerungsprozeß von neuem (daher der Name), und die Wahrscheinlichkeit, daß der Prozeß vom Zustand X(s) = 1 wieder in den Zustand X(t) = 1 im verbleibenden Zeitintervall der Länge t − s übergeht, ist daher gleich a(t − s). Auf Grund dieser Überlegung muß

$$a(t) = \overline{F}(t) + \int_0^t h(s)\,a(t-s)\,ds \tag{2}$$

gelten. Diese Art der Aufstellung einer Gleichung nennt man ein Erneuerungsargument, und eine Integralgleichung der Form (2) heißt eine E r n e u e r u n g s g l e i c h u n g. Eine Erneuerungsgleichung der Form (2) besitzt im allgemeinen keine direkt auswertbare, explizite Lösung (außer eben in Spezialfällen, wie demjenigen des Beispiels (1) im Abschnitt 13.1 bei exponential verteilten Lebens- und Reparaturdauern). Hingegen erlaubt der Hauptsatz der Erneuerungstheorie den Grenzwert der Lösung einer Erneuerungsgleichung für $t \rightarrow \infty$ anzugeben, und oft ist man eben gerade in diesem asymptotischen Wert interessiert.

Satz 1 (Hauptsatz der Erneuerungstheorie) *Ist*

$$Z(t) = z(t) + \int_0^t Z(t-s)\,h(s)\,ds \tag{3}$$

eine Erneuerungsgleichung zu einem Erneuerungsprozeß Z_i, $i = 1, 2, \ldots$, *wobei* h(t) *die* D i c h t e f u n k t i o n *von* Z_i *ist, und ist* z(t), $t \geqslant 0$, m o n o t o n *in* t, b e s c h r ä n k *und gilt*

$$\int_0^\infty |z(t)|\,dt < \infty, \tag{4}$$

dann gilt für die Lösung Z(t) *von* (3)

$$\lim_{t \to \infty} Z(t) = (1/\mu) \int_0^\infty z(t)\,dt. \tag{5}$$

Dabei ist

$$\mu = \int_0^\infty t\,h(t)\,dt = \int_0^\infty \overline{H}(t)\,dt \tag{6}$$

der E r w a r t u n g s w e r t *von* Z_i.

Der Beweis dieses Satzes erfordert recht tiefschürfende Methoden und wird daher hier
nicht geführt, sondern es wird auf die einschlägigen Lehrbücher verwiesen (siehe Referenzen). Es ist auch zu erwähnen, daß die im obigen Satz der Funktion $z(t)$ auferlegten
Bedingungen zwar für unsere Zwecke hier genügen, keineswegs aber die schwächsten
oder allgemeinsten Bedingungen darstellen. Die Formulierung des Satzes unter den allgemeinsten Voraussetzungen für $z(t)$ ist wiederum eine recht subtile Angelegenheit.

Im Falle der Erneuerungsgleichung (2) ist $\mu = E(Z) = E(L) + E(R)$ und $z(t) = \overline{F}(t)$. Die
Voraussetzungen des Satzes 1 sind erfüllt, wenn die Lebensdauern L einen e n d l i -
c h e n Erwartungswert besitzen. Daher gilt

$$a(\infty) = \lim_{t \to \infty} a(t) = 1/(E(L) + E(R)) \int_0^\infty \overline{F}(t)\,dt = E(L)/(E(L) + E(R)). \tag{7}$$

Das entspricht ganz genau (13.1.9). Es zeigt sich also, daß die asymptotische Verfügbarkeit des Elementes nur von den Erwartungswerten der Lebensdauer und der Reparaturdauer abhängen, sonst aber unabhängig von der genauen Form der Verteilungen dieser
zwei Größen sind. Das ist ein sehr nützliches Ergebnis, denn sehr oft kennt man die
erwarteten Lebensdauern und Reparaturdauern, nicht aber deren Verteilungen.

Man kann auch die I n t e r v a l l v e r f ü g b a r k e i t des Elements berechnen. Das
ist die Wahrscheinlichkeit $a(t, h)$, daß das Element in einem Intervall von t bis $t + h$
intakt ist. Es ist dann $a(t) = a(t, 0)$. Ähnlich wie für $a(t)$ kann man auch für $a(t, h)$
mittels einem Erneuerungsargument eine Erneuerungsgleichung aufstellen. Entweder
überlebt das Element bis zur Zeit $t + h$, oder es findet eine erste Wiederinstandsetzung
zu einer Zeit $s \leq t$ statt. Das ergibt die Gleichung

$$a(t, h) = \overline{F}(t + h) + \int_0^t h(s)a(t - s, h)\,ds. \tag{8}$$

Aus Satz 1 folgt für $t \to \infty$

$$a(\infty, h) = 1/(E(L) + E(R)) \int_0^\infty \overline{F}(t + h)\,dt = 1/(E(L) + E(R)) \int_h^\infty \overline{F}(t)\,dt. \tag{9}$$

Im Falle einer E x p o n e n t i a l v e r t e i l u n g für die Lebensdauer findet man für
die asymptotische Intervallverfügbarkeit

$$a(\infty, h) = 1/(E(L) + E(R)) \int_h^\infty e^{-\lambda t}\,dt = E(L)/(E(L) + E(R))e^{-\lambda h} \tag{10}$$

Dieses Resultat gilt unabhängig von der Form der Verteilung der Reparaturzeiten, nur
deren Erwartungswert spielt hier eine Rolle.

Betrachtet man nun ein m o n o t o n e s System (B, S) dessen i-tes Element eine
Lebensdauerverteilung $F_i(t)$ mit einem Erwartungswert $E(L_i)$ besitzt und setzt man
weiter unabhängige Reparatur aller Elemente wie im Abschnitt 14.1 voraus, wobei
$G_i(t)$ die Verteilung der Reparaturzeiten mit Erwartungswert $E(R_i)$ ist, dann gelten
alle Ergebnisse des Abschnitts 14.1. Insbesondere sei $X(t)$ der Prozeß mit den Komponenten $X_i(t)$, wobei letzteres der oben betrachtete Prozeß für das Element i ist,

$a_i(t) = P(X_i(t) = 1)$. Dann gelten (14.1.1) und (14.1.2) offenbar ohne Abstrich, und insbesondere gilt auch (14.1.3) in der Form

$$a = \lim_{t \to \infty} a(t) = \lim_{t \to \infty} P(M(X(t)) \in S) = z(a)$$

$$= z(E(L_1)/(E(L_1) + E(R_1)), \ldots, E(L_n)/(E(L_n) + E(R_n))). \tag{11}$$

Insofern läßt sich das Modell der unabhängigen Reparatur wesentlich verallgemeinern. Sogar die Ergebnisse des letzten Abschnitts 14.3, insbesondere die Sätze 14.3.1 und 14.3.2 gelten unter den allgemeineren Voraussetzungen dieses Abschnitts, wie sich zeigen läßt (dazu muß auf die Referenzen verwiesen werden).

Die Theorie der alternierenden Erneuerungsprozesse läßt sich auch auf das ganze System (B, S) selbst anwenden. L_i bezeichne jetzt eine Intaktzeit im Sinne des letzten Abschnitts. R_i dagegen bezeichne jetzt die Zeit von einem Sprung des Prozesses $X(t)$ von einem Zustand in U in einen Zustand in D (Ausfall des Systems) bis zum nächsten Sprung von einem Zustand in D in einen Zustand in U (Instandstellung des Systems). R_i ist also eine Ausfallperiode des Systems. Im Falle des Markoffschen Modells mit unabhängigen Komponenten, also im Falle von Elementen mit exponential verteilten Lebensdauern und Reparaturzeiten, sind die L_i und R_i für $i = 1, 2, \ldots$ offenbar wegen der Markoff Eigenschaft unabhängig voneinander. Man überlege sich, daß dies unter den allgemeineren Voraussetzungen dieses Abschnitts nicht mehr gilt. Im Falle des Markoffschen Modells mit der stationären Anfangsverteilung u(x) geht aus den Ergebnissen des letzten Abschnitts hervor, daß die L_i alle die gleiche Verteilungsfunktion haben, und das gleiche kann analog auch für die R_i gezeigt werden. Damit bilden die Zyklen $Z_i = L_i + R_i$ einen Erneuerungsprozeß, und die Resultate von oben können übernommen werden. Insbesondere gilt für die asymptotische Verfügbarkeit des Systems

$$a = E(L)/(E(L) + E(R)), \tag{12}$$

wobei hier E(L) die erwartete Intaktzeit ist, die mit den Methoden des letzten Abschnitts berechnet werden kann, und E(R) ist die erwartete Ausfallzeit des Systems. Diese kann demnach, wenn a und E(L) einmal bekannt sind, einfach aus (12) mit

$$E(R) = ((1 - a)/a)E(L) \tag{13}$$

bestimmt werden. Dieses Resultat ist selbst unter den Voraussetzungen dieses Abschnitts gültig, auch wenn es im allgemeinen Fall auf eine andere Weise bewiesen werden muß (auch hier muß auf die Referenzen verwiesen werden).

Kommentar zu Kapitel 14

M a r k o f f s c h e   M o d e l l e mit unabhängigen Komponenten sind eingehend bei K e i l s o n (1979) besprochen. Abschnitt 14.2 beruht auf S t ö r m e r (1970). Abschnitt 14.3 geht auf I s p h o r d i n g (1968) zurück, siehe auch S t ö r m e r (1970). Für den Hauptsatz der Erneuerungstheorie wird auf K o h l a s (1977 oder 1983) verwiesen, für die übrigen Ergebnisse im Abschnitt 14.4 auf S t ö r m e r (1970).

15 Warteschlangen-Netzwerkmodelle

15.1 Geschlossene Systeme

In diesem Kapitel soll eine weitere Klasse von speziellen Markoffschen Modellen, die die Beschreibung relativ komplizierter Reparatur- und Betriebsorganisationen erlaubt, dargestellt werden. Es handelt sich um Modelle, die auf der Vorstellung eines Netzwerkes von Bedienungsstellen, zwischen denen gewisse Elemente zirkulieren, beruhen. In diesem einführenden Abschnitt soll zunächst das Modell allgemein formuliert und die mit ihm verbundenen Ergebnisse abgeleitet werden. Im nächsten Abschnitt werden sodann Anwendungsbeispiele dieses Modellkonzepts im Rahmen der Verfügbarkeitsanalyse von Systemen vorgestellt. Im dritten Abschnitt dieses Kapitels werden schließlich die Algorithmen, die der Berechnung der Modelle dienen, dargestellt.

Es seien m Bedienungsstellen vorhanden, die mit $i = 1, 2, \ldots, m$ numeriert sind. Zwischen diesen Bedienungsstellen zirkulieren N Individuen (Systeme, Elemente oder anderes). Zu jedem Zeitpunkt t befindet sich jedes der N Individuen bei einer bestimmten Bedienungsstelle. Der Zustand dieses Systems soll durch Zustandsvektoren $y = (y_1, y_2, \ldots, y_m)$ festgehalten werden, wobei y_i die Zahl der Individuen in der Bedienungsstelle i bedeutet. Es wird ein Markoffsches Modell definiert, dessen Zustandsraum Y aus allen Zuständen y besteht, deren Komponentensumme gleich N ist, denn es gibt genau N Individuen im System:

$$Y = \left\{ y: y_i = 0, 1, 2, \ldots, N, \sum_{i=1}^{n} y_i = N \right\}. \tag{1}$$

Von Zeit zu Zeit wird die Bedienung (das Wort „Bedienung" kann vierlei Bedeutungen haben, siehe nächsten Abschnitt) eines Individuums in einer Bedienungsstelle i beendet, und das Individuum geht zu einer anderen, nächsten Bedienungsstelle j über $(j \neq i)$. Dies entspricht einer Zustandsänderung, die durch den nachstehend definierten Operator T_{ij} ausgedrückt wird:

$$T_{ij}y = (y_1, \ldots, y_i - 1, \ldots, y_j + 1, \ldots, y_n). \tag{2}$$

Es wird nun angenommen, daß die Bedienungsraten in einer Bedienungsstelle i von der Anzahl dort vorhandener Individuen y_i abhängig sein kann; deswegen sei die Bedienungsrate in der Bedienungsstelle i mit $\mu_i(y_i)$ bezeichnet. Es wird vorausgesetzt, daß $\mu_i(y_i) > 0$ ist für $y_i > 0$ und $\mu_i(0) = 0$. Diese Annahmen sichern dann, daß das Markoffsche Modell irreduzibel wird. Man kann immer $\mu_i(k) = a_i(k)\mu_i$ setzen, wobei $a_i(0) = 0$ und $a_i(1) = 1$ ist.

Ferner seien Übergangswahrscheinlichkeiten p_{ij} vorgegeben dafür, daß bei Beendigung einer Bedienung in der Bedienungsstelle i das Individuum sich zur Bedienungsstelle j begibt. Die p_{ij} müssen eine s t o c h a s t i s c h e Matrix bilden,

$$0 \leqslant p_{ij} \leqslant 1, \qquad \sum_{j=1}^{m} p_{ij} = 1 \quad \text{für alle } i = 1, 2, \ldots, m. \tag{3}$$

Da nach Verlassen einer Bedienungsstelle i eine Bedienungsstelle $j \neq i$ besucht wird, gilt $p_{ii} = 0$. Zudem sollen diese Übergangswahrscheinlichkeiten so beschaffen sein, daß der zugehörige Übergangsgraph (ein Knoten i ist mit einem Knoten j durch einen von i nach j gerichteten Bogen verbunden, wenn $p_{ij} > 0$ ist) s t a r k   z u s a m m e n - h ä n g e n d ist. Das heißt dann, daß ein Individuum von jeder Bedienungsstelle im Laufe der Zeit mit positiver Wahrscheinlichkeit jede andere Bedienungsstelle erreichen kann.

Mit diesen Daten ergeben sich dann die folgenden Übergangsraten für das Markoffsche Modell

$$q(y, T_{ij}y) = a_i(y_i)\mu_i p_{ij}, \quad i, j = 1, 2, \ldots, m. \tag{4}$$

Alle anderen Übergangsraten sind gleich Null. Man beachte, daß wegen $a_i(0) = 0$ auch $q(y, T_{ij}y) = 0$ wird, wenn $y_i = 0$ ist. Damit sind die Bedingungen $y_i \geqslant 0$ gewährleistet.

Ist nun $N = 1$ (nur ein einziges Individuum im Netzwerk), dann ist die Bedienungsrate in der Bedienungsstelle i gleich μ_i, und der Systemzustand gibt dann einfach an, bei welcher Bedienungsstelle sich das Individuum befindet. Den Systemzustand y mit $y_i = 1$ kann man auch kurz mit i bezeichnen und äquivalent den Zustandsraum $I = \{1, 2, \ldots, m\}$ statt Y betrachten. Dieses Markoffsche Modell ist dank den für p_{ij} getroffenen Annahmen offenbar i r r e d u z i b e l und besitzt daher nach Satz 13.3.1 eine eindeutig bestimmte stationäre Verteilung u_i, die dem Gleichungssystem

$$u_i \sum_{j=1}^{m} \mu_i p_{ij} = \sum_{j=1}^{m} u_j \mu_j p_{ji}, \quad i = 1, 2, \ldots, m \tag{5}$$

$$\sum_{i=1}^{m} u_i = 1 \tag{6}$$

genügt. Dieses Gleichungssystem (5), (6) hat eine eindeutig bestimmte Lösung, während die ersten m Gleichungen von (5) homogen sind und einen eindimensionalen Lösungsraum besitzen, d. h. die Lösung ist nur bis auf einen multiplikativen Faktor bestimmt.

Der folgende Satz gibt nun die explizite Form der stationären Verteilung des oben eingeführten Markoffschen Modells eines Netzwerks von Bedienungsstellen für $N \geqslant 1$.

Satz 1 *Das Markoffsche Modell eines Netzwerkes von Bedienungsstellen besitzt eine eindeutig bestimmte,* s t a t i o n ä r e *Verteilung*

$$u(y) = C_N \prod_{j=1}^{m} \left(u_j^{y_j} \bigg/ \left(\prod_{k=1}^{y_j} a_j(k) \right) \right), \quad y \in Y. \tag{7}$$

$u_i, i = 1, 2, \ldots, m$ *ist dabei eine beliebige Lösung des Gleichungssystems (5) und* C_N *ist eine Normalisierungskonstante, die garantiert, daß*

$$\sum_{y \in Y} u(y) = 1 \tag{8}$$

gilt. C_N *hängt von der Wahl der Lösung* u_i *ab. Das Produkt im Nenner von* (7) *ist gleich* 1 *zu setzen, wenn* $y_j = 0$ *ist.*

B e w e i s. Die Modellvoraussetzungen garantieren, daß das Markoffsche Modell eines Netzwerkes von Bedienungsstellen i r r e d u z i b e l ist. Nach Satz 13.3.1 gibt es daher genau eine stationäre Verteilung. Das Gleichungssystem (13.3.18) lautet im Falle dieses Modells

$$u(y) \sum_{j=1}^{m} \sum_{k=1}^{m} q(y, T_{jk}y) = \sum_{j=1}^{m} \sum_{k=1}^{m} u(T_{jk}y)q(T_{jk}y, y). \tag{9}$$

Setzt man die Übergangsraten gemäß (4) ein, dann erhält man die Gleichungen

$$u(y) \sum_{j=1}^{m} \sum_{k=1}^{m} p_{jk}\mu_j a_j(y_j) = \sum_{j=1}^{m} \sum_{k=1}^{m} u(T_{jk}y)p_{kj}\mu_k a_k(y_k + 1) \tag{10}$$

Dabei ist $u(y) = 0$ zu setzen, wenn $y \notin Y$. Diese Gleichungen sind sicher erfüllt, wenn sogar die Teilbeziehungen

$$u(y) \sum_{k=1}^{m} p_{jk}\mu_j a_j(y_j) = \sum_{k=1}^{m} u(T_{jk}y)p_{kj}\mu_k a_k(y_k + 1) \tag{11}$$

erfüllt sind. Man kann nun leicht nachprüfen, daß $u(y)$ gemäß (7) in der Tat die Gleichungen (11) erfüllt. Es ist nämlich gemäß (7)

$$u(T_{jk}y) = u(y) \, \frac{u_k/a_k(y_k + 1)}{u_j/a_j(y_j)} \tag{12}$$

Setzt man dies in (11) ein, dann folgt gerade das Gleichungssystem (5) für die u_i, das diese nach Voraussetzung erfüllen. Daraus folgt die Behauptung.   ■

(7) hat die bemerkenswerte Form eines Produkts von Termen, die nur je von einer Bedienungsstelle abhängig sind. Solche Formen einer Verteilung nennt man eine P r o d u k t f o r m. Für die numerische Auswertung dieser Lösung ist das Hauptproblem die Bestimmung der Konstanten C_N. Auf dieses Problem wird im dritten Abschnitt dieses Kapitels eingegangen.

Wenn jede Bedienungsstelle i eine k o n s t a n t e Bedienungsrate $\mu_i(y_i) = \mu_i$ hat, dann ist $a_i(k) = 1$ für alle $k = 1, 2, \dots$. (7) läßt sich in diesem Fall in der Form

$$u(y) = C_N \prod_{i=1}^{m} u_i^{y_i} \tag{13}$$

schreiben.

15.2   Anwendungsbeispiele

In diesem Abschnitt soll das Modellkonzept des vorangehenden Abschnitts verwendet werden, um einige Verfügbarkeitsprobleme zu modellieren.

(1) Zur Einleitung sei ein ganz einfaches Beispiel betrachtet, das bereits in früheren Abschnitten behandelt worden ist. Und zwar sei ein P a r a l l e l s y s t e m , bestehend aus zwei g l e i c h a r t i g e n Elementen mit e x p o n e n t i a l verteilten Lebensdauern mit Ausfallrate λ, betrachtet. Das ist ein Spezialfall eines k-von-n-Systems mit gleichartigen Elementen, das bereits in den Beispielen (5) im Abschnitt 13.2 und (4) im Abschnitt 13.3 untersucht wurde. Hier soll gezeigt werden, daß dieses Beispiel alternativ auch mit dem Modellierungsansatz des vorangehenden Abschnitts behandelt werden kann.

Zu diesem Zweck wird ein Netzwerk, bestehend aus z w e i Bedienungsstellen, gebildet. Es zirkulieren in diesem Netzwerk die zwei Elemente des Systems. Ein Element befindet sich in der Bedienungsstelle 1, wenn es intakt ist. Offenbar ist die „Bedienungsrate" der Bedienungsstelle 1 gleich $\mu_1(k) = k\lambda$, $k = 0, 1, 2$, denn ein Element verläßt Bedienungsstelle 1 bei einem Ausfall. Es ist somit $a_1(k) = k$ für $k = 0, 1, 2$. Bedienungsstelle 2 stellt die Reparaturstelle dar. Wird ein einziger Reparaturkanal vorausgesetzt, dann gilt $\mu_2(k) = \mu$ und $a_2(k) = 1$ für $k \neq 0$. Beim Verlassen der Bedienungsstelle 1 geht das Element in die Bedienungsstelle 2 über, also ist $p_{12} = 1$. Beim Verlassen der Bedienungsstelle 2 geht das Element in die Bedienungsstelle 1 über, also ist auch $p_{21} = 1$. Das entsprechende Netzwerk ist in Abb. 1 dargestellt.

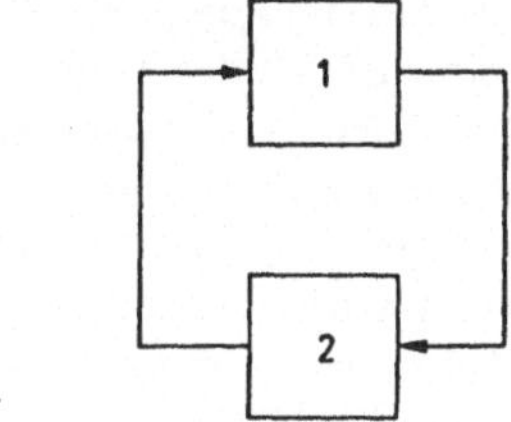

Abb. 1

Die Gleichungen (15.1.5) lauten in diesem Beispiel

$$u_1\lambda = u_2\mu, \qquad u_2\mu = u_1\lambda, \tag{1}$$

so daß $u_1 = 1$ und $u_2 = \lambda/\mu = \rho$ eine Lösung ist. Damit erhält man nach Satz 15.1.1 die folgende stationäre Verteilung zu diesem Markoffschen Modell

$$u(2, 0) = C_2/2, \qquad u(1, 1) = C_2\rho, \qquad u(0, 2) = C_2\rho^2. \tag{2}$$

Die Normalisierungsbedingung für C_2 lautet

$$C_2(1/2 + \rho + \rho^2) = 1, \tag{3}$$

woraus sich C_2 ergibt. Damit ist die stationäre Verteilung bestimmt. Insbesondere erhält man für die Verfügbarkeit des Systems

$$u(2, 0) + u(1, 1) = C_2(1/2 + \rho) = (1/2 + \rho)/(1/2 + \rho + \rho^2). \tag{4}$$

Dies ist ein Ergebnis, daß man auch leicht aus den Gleichungen des Beispiels (4) im Abschnitt 13.3 erhalten kann.

(2) In einer leichten Variation des ersten Beispiels soll hier ein P a r a l l e l s y s t e m mit zwei Elementen, aber k a l t e r Reserve betrachtet werden. Das Netzwerk ist wie im Beispiel (1) durch Abb. 1 bestimmt. Das einzige, was sich ändert, ist die Bedienungsrate in der Bedienungsstelle 1. Es wird angenommen, daß die Ausfallrate des Elements im Betrieb gleich λ_1 ist, während das Element im Standby eine Ausfallrate von λ_2 $(\leqslant \lambda_1)$ habe. λ_2 kann auch gleich Null sein. Dann ist $\mu_1(1) = \lambda_1, \mu_1(2) = \lambda_1 + \lambda_2$. Damit erhält man $a_1(1) = 1, a_1(2) = (1 + \lambda_2/\lambda_1)$ und $\mu_1 = \lambda_1$. Sonst ändert sich gegenüber dem Beispiel (1) nichts.

Man erhält dann ähnlich wie in Beispiel (1) eine Lösung $u_1 = 1$ und $u_2 = \lambda_1/\mu = \rho$ für das Gleichungssystem (15.1.5). Die stationäre Verteilung für dieses System wird dann

$$u(2, 0) = C_2\lambda_1/(\lambda_1 + \lambda_2), \qquad u(1, 1) = C_2\rho, \qquad u(0, 2) = C_2\rho^2 \tag{5}$$

und $C_2(\lambda_1/(\lambda_1 + \lambda_2) + \rho + \rho^2) = 1.$ $\tag{6}$

Für $\lambda_2 = \lambda_1$ geht dieses Beispiel natürlich in den Fall der heißen Reserve in Beispiel (1) über.

(3) Auch das obige Beispiel (2) ist noch ein Spezialfall des Modells eines k-von-n-Systems mit gleichartigen Elementen, wie es im Beispiel (5) im Abschnitt 13.2 eingeführt und in den Beispielen (4) (Abschnitt 13.3) und (3), (4) (Abschnitt 13.4) untersucht wurde. In diesem dritten Beispiel hier soll nun gezeigt werden, wie das allgemeine Modell des Beispiels (5) im Abschnitt 13.2 als ein einfaches Netzwerkmodell von Bedienungsstellen formuliert werden kann.

Das Netzwerk ist in der Tat immer noch das gleiche wie in Abb. 1 dargestellt, wo Bedienungsstelle 1 die intakten Elemente enthält und Bedienungsstelle 2 die Reparaturstelle für die ausgefallenen Elemente darstellt. Das allgemeine Modell unterscheidet sich nun von den Beispielen (1) und (2) nur in den Bedienungsraten der beiden Bedienungsstellen. Wie im Beispiel (2) wird angenommen, daß Elemente im Betrieb eine Ausfallrate von λ_1 haben, während intakte Elemente in Standby eine Ausfallrate von λ_2 $(0 \leqslant \lambda_2 \leqslant \lambda_1)$ aufweisen. Bei einem k-von-n-System sind maximal k Elemente in Betrieb, während die überzähligen Elemente im Standby sind. Die Bedienungsrate der Bedienungsstelle 1 ist nichts anderes als die Ausfallrate des Systems bestehend aus i Elementen,

$$\mu_1(i) = \begin{cases} i\lambda_1, & \text{für } i < k, \\ k\lambda_1 + (i - k)\lambda_2, & \text{für } i \geqslant k. \end{cases} \tag{7}$$

In der Schreibweise $\mu_1(i) = a_1(i)\mu_1$ folgt $\mu_1 = \lambda_1$ und

$$a_1(i) = \begin{cases} i & \text{für } i < k, \\ k + (i - k)\lambda_2/\lambda_1, & \text{für } i \geqslant k. \end{cases} \tag{8}$$

Zur Erleichterung der Schreibweise sei allgemein die Größe

$$A_j(i) = \prod_{k=1}^{i} a_j(k) \quad (= 1, \text{wenn } i = 0), \tag{9}$$

die im Nenner der stationären Verteilung (15.1.7) auftritt, eingeführt. Es gilt dann

$$A_1(i) = \begin{cases} i!, & \text{für } i < k, \\ (k-1)! \prod_{h=0}^{i-k} (k + h\lambda_2/\lambda_1), & \text{für } i \geqslant k. \end{cases} \tag{10}$$

Für die Reparaturstelle seien s ($\geqslant 1$) Reparaturkanäle vorgesehen, wobei jeder Kanal mit einer Reparaturrate von μ ein Element reparieren kann. Dann wird die Bedienungsrate der Bedienungsstelle 2 gleich $\mu_2(i) = \min(i, s)\mu$ und damit $a_2(i) = \min(i, s)$ und $\mu_2 = \mu$. Daraus folgt

$$A_2(i) = \begin{cases} i!, & \text{für } i < s, \\ s! s^{i-s}, & \text{für } i \geqslant s. \end{cases} \tag{11}$$

Als Lösung des Gleichungssystems (15.1.5) kann man wie in Beispiel (2) $u_1 = 1$ und $u_2 = \lambda_1/\mu = \rho$ nehmen. Als stationäre Verteilung erhält man gemäß (15.1.7)

$$u(x, y) = C_n(1/A_1(x))(\rho^y/A_2(y)), \tag{12}$$

wobei $x + y = n$ gilt. Die Verfügbarkeit des Systems ist gleich

$$\sum_{x=k}^{n} u(x, n - x). \tag{13}$$

Dieser Ansatz gibt also eine zweite, alternative Möglichkeit zur Bestimmung der stationären Verfügbarkeit eines k-von-n-Systems mit gleichartigen Komponenten.

(4) In diesem Beispiel wird ein S e r i e s y s t e m , bestehend aus m Elementen mit Ausfallraten λ_i, i = 1, 2, . . ., m, betrachtet. Es seien n solche, gleichartige Seriesysteme vorhanden. Ferner wird angenommen, daß für die Reparatur jedes Elements vom Typ i eine eigene Reparaturstelle mit s_i Reparaturkanäle zur Verfügung stehe, und jeder Reparaturkanal habe eine Reparaturrate μ_i für die Reparatur eines Elements i. Wenn ein Element eines Seriesystems ausgefallen ist, dann werde dieses System bis zur Reparatur des ausgefallenen Elements stillgelegt, so daß kein weiteres Element des Systems ausfallen kann.

Diese Situation kann durch ein Netzwerk dargestellt werden, in dem die Bedienungsstelle 0 die Systeme im Betrieb enthält und die Bedienungsstellen i = 1, 2, . . ., m den Reparaturstellen für die Elemente vom Typ i entsprechen. Die Bedienungsrate $\mu_0(h)$ der Bedienungsstelle 0 ist gleich der Ausfallrate von h intakten Seriesystemen bestehend aus je m Elementen, nämlich $\mu_0(h) = h\lambda$, wobei λ die Ausfallrate eines Seriesystems ist, $\lambda = \lambda_1 + \lambda_2 + \ldots + \lambda_m$. Beim Ausfall eines dieser Systeme, also beim Verlassen der Bedienungsstelle 0, geht das System zur Bedienungsstelle i über, wenn der Systemausfall durch den Ausfall des Elements i verursacht worden ist. Die Wahrscheinlichkeit dafür ist gleich $p_{0i} = \lambda_i/\lambda$. Die Bedienungsrate der Bedienungsstelle i ist gleich $\mu_i(h) = \mu_i \min(h, s_i)$. Nach Verlassen der Bedienungsstelle i geht das System wieder zur Bedienungsstelle 0 zurück, so daß $p_{i0} = 1$ gilt. Für alle anderen Übergänge gilt $p_{ij} = 0$. Dieses Netzwerk ist in Abb. 2 veranschaulicht.

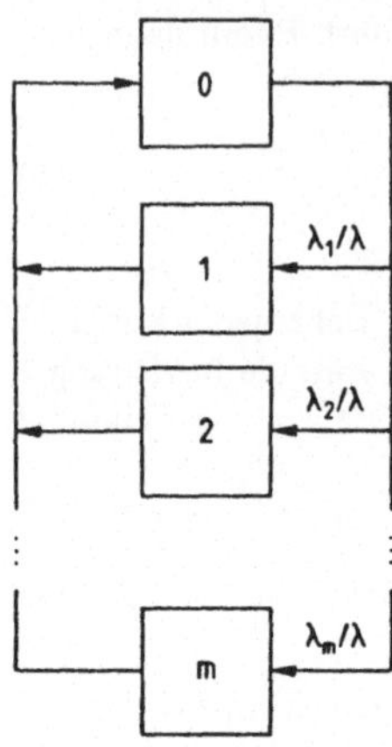

Abb. 2

Das Gleichungssystem (15.1.5) lautet hier

$$\lambda u_0 = \mu_1 u_1 + \ldots + \mu_m u_m,$$

$$\mu_i u_i = \lambda(\lambda_i/\lambda) u_0 = \lambda_i u_0, \quad i = 1, 2, \ldots, m. \tag{14}$$

Eine Lösung dafür ist $u_0 = 1$, $u_i = \lambda_i/\mu_i = \rho_i$. Es ist ferner $A_0(h) = h!$, und A_i für $i = 1, 2, \ldots, m$ ist wie (11) definiert mit $s = s_i$. Dann ist die stationäre Verteilung dieses Netzwerkes von Bedienungsstellen nach (15.1.7)

$$u(y) = C_n (1/y_0!) \prod_{i=1}^{m} (\rho_i^{y_i}/A_i(y_i)). \tag{15}$$

In diesem Beispiel interessiert man sich natürlich besonders für die Anzahl der intakten Systeme, d. h. für die Randverteilung

$$u_0(h) = \sum_{y:\, y_0 = h,\, y \in Y} u(y), \quad h = 0, 1, 2, \ldots, n. \tag{16}$$

Für größere n ist sowohl die Bestimmung der Konstanten C_n wie auch der Randverteilung $u_0(h)$ keine ganz einfache Aufgabe mehr, auch wenn es sich dabei immer nur um die Berechnung endlicher Summen handelt. Es wird hierzu auf den nächsten Abschnitt verwiesen.

(5) Ein System kann unter Umständen im Betrieb durch wechselnde Betriebsphasen mit unterschiedlicher Betriebsdauer gehen. Da die Belastungen in den einzelnen Betriebsphasen oft unterschiedlich groß sind (man denke an die Startphase eines Flugzeuges), sind in den einzelnen Betriebsphasen unterschiedliche Ausfallraten anzunehmen. Zudem können in den einzelnen Betriebsphasen unterschiedliche Arten von Defekten auftreten, die die Einlieferung der Systeme in unterschiedliche Reparaturstellen erforderlich machen. Wenn mehrere Systeme unter solchen Bedingungen im Einsatz stehen, dann kann man diese Situation durch ein Netzwerk von Bedienungsstellen modellieren.

Für jede Betriebsphase j wird eine Bedienungsstelle j eingeführt. Ebenso wird jede
Reparaturstelle k durch eine Bedienungsstelle k dargestellt. Ist die Ausfallrate eines
Systems in der Betriebsphase j gleich λ_j und ist die Dauer der Betriebsphase j exponential
verteilt mit Mittelwert $1/\eta_j$, dann wird die Bedienungsrate der Bedienungsstelle gleich

$$\mu_j(h) = h(\lambda_j + \eta_j). \tag{17}$$

Ist weiter b_{ji} die Wahrscheinlichkeit, daß sich einer Betriebsphase j eine neue Betriebsphase i anschließt (falls kein Ausfall in der Betriebsphase j stattfindet) und ist r_{jk} die
Wahrscheinlichkeit, daß ein Ausfall in der Betriebsphase j eine Einlieferung in die Reparaturstelle k erfordert, dann sind die

$$p_{ji} = b_{ji}\eta_j/(\lambda_j + \eta_j), \qquad p_{jk} = r_{jk}\lambda_j/(\lambda_j + \eta_j) \tag{18}$$

die Übergangswahrscheinlichkeiten für die nächste Bedienungsstelle nach Verlassen der
Betriebsphase j. Ferner kann für jede Reparaturstelle k eine Reparaturrate $\mu_k(h)$ ange-
nommen werden, und es ist noch festzulegen, mit welcher Wahrscheinlichkeit p_{kj} das
System nach Beendigung der Reparatur in die Betriebsphase j zurückgeht.

(6) Auf ähnliche Weise, wie im letzten Beispiel komplexe Betriebsabläufe beschrieben
worden sind, können auch komplexe Reparaturabläufe beschrieben werden. Ein defek-
tes System muß unter Umständen mehrere, verschiedene Bearbeitungsstellen durchlaufen, um repariert zu werden. Dies kann auf recht offensichtliche Weise durch ein Netzwerk von Reparaturstellen dargestellt werden. Die hauptsächlichste Einschränkung des
hier behandelten Modells für die Darstellung solcher komplexer Reparaturabläufe
besteht darin, daß die Routen durch die Bedienungsstellen nur durch die Übergangswahrscheinlichkeiten p_{ij} stochastisch festgelegt werden können, während man oft Situationen hat, wo es zwar mehrere, aber fix festgelegte Routen durch die Bedienungsstellen gibt. Die Behandlung solcher Fälle erfordert eine Ausweitung des Modellkonzeptes
(vergleiche Referenzen).

15.3   Algorithmen zur Berechnung von Bedienungs-Netzwerken

Satz 15.1.1 gibt eine explizite Form der Verteilung der Anzahl des Individuen in den
Bedienungsstellen eines Bedienungs-Netzwerkes. Der einzige Term in der Produktform
(15.1.7) dieser Verteilung, der nicht unmittelbar berechenbar ist, ist die N o r m a l i -
s i e r u n g s k o n s t a n t e C_N. Ihre Bestimmung ist im Prinzip einfach. Die Bedingung (15.1.8) ist erfüllt, wenn

$$1/C_N = \sum_{y \in Y} \prod_{j=1}^{m} (u_j^{y_j}/A_j(y_j)) \tag{1}$$

gilt. Dabei ist Y die Menge aller möglichen Zustände des Bedienungs-Netzwerkes
(siehe (15.1.1)) und (vergleiche (15.2.9))

$$A_j(i) = \prod_{k=1}^{i} a_j(k), \quad (= 1, \text{ wenn } i = 0). \tag{2}$$

Die Anzahl der Zustände im Zustandsraum Y und damit auch die Anzahl Summanden in der Summe (1) steigen mit wachsendem N und m sehr rasch an, und zwar so rasch, daß die Berechnung der Summe (1) bald unmöglich wird. Eine wirkungsvollere Methode zur Berechnung von C_N ist daher notwendig.

Der Schlüssel dazu liegt in der Betrachtung einer ganzen Familie von Bedienungs-Netzwerken mit einer Anzahl von Individuen $n \leqslant N$ und einer Anzahl von Bedienungsstellen $k \leqslant m$. Dementsprechend sei

$$Y(n, k) = \left\{ y \colon y_i = 0, 1, 2, \ldots, n, \ \sum_{i=1}^{k} y_i = n \right\}. \tag{3}$$

Die entsprechende Inverse der Normierungskonstanten (1) sei mit $c(n, k)$ bezeichnet,

$$c(n, k) = \sum_{y \in Y(n,k)} \ \prod_{j=1}^{k} (u_j^{y_j}/A_j(y_j)). \tag{4}$$

Man beachte, daß $C_N = 1/c(N, m)$ gilt. Ferner folgt aus (4), daß $c(0, k) = 1$ für $k = 1, 2, \ldots, m$ und

$$c(n, 1) = u_1^n/A_1(n), \quad n = 0, 1, \ldots, N. \tag{5}$$

Aus (4) folgt weiter

$$\begin{aligned}
c(n, k) &= \sum_{h=0}^{n} \ \sum_{y \in Y(n,k), y_k = h} \ \prod_{j=1}^{k} (u_j^{y_j}/A_j(y_j)) \\
&= \sum_{h=0}^{n} (u_k^h/A_k(h)) \sum_{y \in Y(n-h, k-1)} \ \prod_{j=1}^{k-1} (u_j^{y_j}/A_j(y_j)) \\
&= \sum_{h=0}^{n} (u_k^h/A_k(h)) c(n - h, k - 1). \tag{6}
\end{aligned}$$

Dies ist eine rekursive Formel, die die Bestimmung von $c(n, k)$ zusammen mit den Anfangsbedingungen (5) für $k = 1, 2, \ldots, m$ und $n = 1, 2, \ldots$ erlaubt. Man beachte, daß $1/c(n, m) = C_n$, so daß bei diesem Verfahren gleich die Normierungskonstanten für alle „Bevölkerungszahlen" $n \leqslant N$ des Bedienungs-Netzwerkes bestimmt werden. Die Tabelle 1 illustriert das Rechenverfahren in übersichtlicher Form. Man überlege sich, daß damit der Rechenaufwand weit kleiner ist als mit der direkten Summierung nach (1). Das folgende Beispiel soll dieses Verfahren illustrieren.

(1) Entsprechend Beispiel (4) im Abschnitt 15.2 seien Seriesysteme, bestehend aus zwei Elementen mit Ausfallraten $\lambda_1 = 1/4$ und $\lambda_2 = 3/4$, betrachtet. Für jeden Elementtyp gibt es eine Reparaturstelle, beide haben je einen Reparaturkanal mit einer Reparaturrate von $\mu_1 = \mu_2 = 25$. Aus Beispiel (4) im Abschnitt 15.2 folgt für dieses Beispiel $u_0 = 1$, $u_1 = \lambda_1/\mu_1 = 10^{-2}$, $u_2 = \lambda_2/\mu_2 = 3 \cdot 10^{-2}$. Die Reihenfolge, in der die Bedienungsstellen im obigen Rechenverfahren behandelt werden, ist beliebig. In diesem Beispiel empfiehlt es sich, zuerst die Bedienungsstellen 1 und 2 (die beiden Reparaturstellen) und dann erst die Bedienungsstelle 0 zu behandeln. Die Ergebnisse der Rechnungen, die sich daraus ergeben, sind in der Tabelle 2 zusammengestellt.

Tab. 1

	1	...	k − 1		k	...	m
0	1	...	1	$\times\ u_k^n/A_k(n)$	1	...	1
1			$c(1, k-1)$	$\times\ u_k^{n-1}/A_k(n-1)$			
2			$c(2, k-1)$	$\times\ u_k^{n-2}/A_k(n-2)$	$\vdots$		
$\vdots$			$\vdots$	$\vdots$			
n			$c(n, k-1)$	$\times\ 1 \longrightarrow$	$c(n, k)$		
$\vdots$			$\vdots$		$\vdots$		
N							

Tab. 2a Werte der Tabelle 1 für n = 5 Seriesysteme

	1	2	0
0	1	1	1
1	10^{-2}	$4 \cdot 10^{-2}$	1.04
2	10^{-4}	$1.3 \cdot 10^{-3}$	0.5413
3	10^{-6}	$4 \cdot 10^{-5}$	0.188
4	10^{-8}	$1.21 \cdot 10^{-6}$	0.049
5	10^{-10}	$3.64 \cdot 10^{-8}$	0.0102

Tab. 2b Werte der stationären Verteilung $u(y_0, y_1, y_2)$ für n = 5 Seriesysteme

y_2 \ y_1	0	1	2	3	4	5
0	0.8139	0.0407	$1.6 \cdot 10^{-3}$	$4.8 \cdot 10^{-5}$	$9.7 \cdot 10^{-7}$	$9.7 \cdot 10^{-9}$
1	0.1221	$4.8 \cdot 10^{-3}$	$1.4 \cdot 10^{-4}$	$2.9 \cdot 10^{-6}$	$2.9 \cdot 10^{-8}$	
2	0.0146	$4.4 \cdot 10^{-4}$	$8.7 \cdot 10^{-6}$	$8.7 \cdot 10^{-8}$		
3	$1.3 \cdot 10^{-3}$	$2.6 \cdot 10^{-5}$	$2.6 \cdot 10^{-7}$			
4	$7.9 \cdot 10^{-5}$	$7.9 \cdot 10^{-7}$				
5	$2.3 \cdot 10^{-6}$					

Sehr oft interessiert man sich speziell für die Verteilung der Anzahl Individuen in einer bestimmten Bedienungsstelle. Dies ist insbesondere der Fall, wenn Verfügbarkeiten bestimmt werden sollen. Solche Verteilungen erhält man als R a n d v e r t e i l u n g e n von u(y). Die Randverteilung für die i-te Bedienungsstelle ist

$$u_i(k) = \sum_{y \in Y,\, y_i = k} u(y), \quad k = 0, 1, \ldots, N. \tag{7}$$

Diese Summe ist ebensowenig wie die Summe (1) für größere N und m direkt zu berechnen. Wenn man die m-te Bedienungsstelle betrachtet, dann erhält man aus (7)

$$u_m(k) = \sum_{y \in Y,\, y_m = k} C_N \prod_{j=1}^{m} (u_j^{y_j}/A_j(y_j))$$

$$= (u_m^k/A_m(k))C_N c(N - k, m - 1), \quad k = 0, 1, \ldots, N. \tag{8}$$

Auf diese Weise kann die Randverteilung der m-ten Bedienungsstelle leicht aus den Ergeb nissen der Berechnung der Normalisierungskonstanten erhalten werden. Allerdings gilt dieses Ergebnis eben nur für die m-te, d. h. letzte Bedienungsstelle. Muß die Randverteilung einer anderen Bedienungsstelle i ($< $ m) vorgenommen werden, dann muß die Berechnung der Normalisierungskonstante C_N bis zur zweitletzten Spalte in der Tabelle 1 wiederholt werden, und zwar mit einer Permutation der Bedienungsstellen, so daß die i-te Bedienungsstelle a m S c h l u ß kommt. In gewissen speziellen Fällen kann dieses Verfahren noch abgekürzt werden (siehe dazu die Referenzen). Das folgende Beispiel illustriert das Verfahren.

(2) Es soll das Beispiel (1) erneut aufgegriffen werden. In diesem Beispiel interessiert man sich für die Anzahl verfügbarer Systeme. Deren Verteilung ist gerade durch die Randverteilung zur Bedienungsstelle 0 gegeben. Im Beispiel (1) wurde die Berechnung der Normalisierungskonstanten so angelegt, daß diese Bedienungsstelle 0 als l e t z t e genommen wurde. Dies geschah im Hinblick eben darauf, daß vor allem die Randverteilung der Bedienungsstelle 0 interessant ist. Man kann nun die Ergebnisse von Tabelle 2 verwenden, um mittels (8) diese Randverteilung zu bestimmen. Die Ergebnisse sind in Tabelle 3 zusammengestellt.

Tab. 3 Randverteilung zur Bedienungsstelle 0 für n = 5 Seriesysteme

k	0	1	2	3	4	5
$u_0(k)$	$3.5 \cdot 10^{-6}$	$1.1 \cdot 10^{-4}$	$1.9 \cdot 10^{-3}$	0.0211	0.1628	0.8139

Kommentar zu Kapitel 15

Eine systematische Diskussion von W a r t e s c h l a n g e n - N e t z w e r k e n mit einer stationären Verteilung in P r o d u k t f o r m ist in B a s k e t t , C h a n d y , M u n t z , P a l a c i o s (1975) enthalten. K e l l y (1979) und auch K e i l s o n (1979) enthalten eine Analyse des mathematischen Hintergrunds der Produktform (die R e v e r s i b i l i t ä t des Markoffschen Prozesses).

Für weiteres zu R e c h e n v e r f a h r e n für Warteschlangen-Netzwerke wird auf B u z e n (1973), C h a n d y , S a u e r (1980) und R e i s e r (1977) verwiesen.

Anhang

Exponential-Verteilung

Dichtefunktion: $\lambda e^{-\lambda t}; \lambda > 0, t \geqslant 0$

Zuverlässigkeitsfunktion: $e^{-\lambda t}$

Ausfallrate: $\lambda = \text{konstant}$

Mittelwert: $1/\lambda$

Varianz: $1/\lambda^2$

Erlang-Verteilung

Dichtefunktion: $\dfrac{\lambda e^{-\lambda t}(\lambda t)^{k-1}}{(k-1)!}; \lambda > 0, t \geqslant 0$

k: positive ganze Zahl

Zuverlässigkeitsfunktion: $e^{-\lambda t}\displaystyle\sum_{r=0}^{k-1}\dfrac{(\lambda t)^r}{r!}$

Ausfallrate: $\dfrac{\lambda^k t^{k-1}}{(k-1)!\displaystyle\sum_{r=0}^{k-1}\dfrac{(\lambda t)^r}{r!}}$

Mittelwert: k/λ

Varianz: k/λ^2

Weibull-Verteilung

Dichtefunktion: $\beta\lambda(\lambda t)^{\beta-1}e^{-(\lambda t)^\beta}; \lambda > 0, \beta > 0, t \geqslant 0$

Zuverlässigkeitsfunktion: $e^{-(\lambda t)^\beta}$

Ausfallrate: $\beta\lambda(\lambda t)^{\beta-1}$

Das Moment der Ordnung r der Weibull-Verteilung ist

$$E(T^r) = 1/\lambda^r \Gamma\left(\frac{r}{\beta} + 1\right)$$

wobei Γ die Eulersche Gamma-Funktion ist:

$$\Gamma(x) = \int\limits_{0}^{\infty} t^{x-1} e^{-t} dt$$

Mittelwert: $\qquad\qquad 1/\lambda\,\Gamma\left(\frac{1}{\beta} + 1\right)$

Varianz: $\qquad\qquad 1/\lambda^2\left(\Gamma\left(\frac{2}{\beta} + 1\right) - \Gamma^2\left(\frac{1}{\beta} + 1\right)\right).$

Log-Normal-Verteilung oder Galton-Verteilung

Dichtefunktion: $\qquad \dfrac{1}{\sigma t\sqrt{2\pi}}\, e^{-(\ln t - \mu)^2/2\sigma^2}\,;\ \sigma > 0,\, t \geqslant 0$

μ: beliebige reelle Zahl

Zuverlässigkeitsfunktion: $\qquad \dfrac{1}{\sigma\sqrt{2\pi}}\int\limits_{t}^{\infty} \dfrac{1}{u}\, e^{-(\ln u - \mu)^2/2\sigma^2}\,du$

Ausfallrate: $\qquad \dfrac{e^{-(\ln t - \mu)^2/2\sigma^2}}{t\int\limits_{t}^{\infty}\dfrac{1}{u}\,e^{-(\ln u - \mu)^2/2\sigma^2}\,du}$

Mittelwert: $\qquad e^{\mu + \sigma^2/2}$

Varianz: $\qquad e^{2\mu + \sigma^2}(e^{\sigma^2} - 1)$

Die Log-Normal-Verteilung ist die Verteilung einer Zufallsvariable T, deren Logarithmus

$$X = \ln(T)$$

eine Normal-Verteilung mit Parameter (μ, σ^2) besitzt. Dann besitzt die Variable

$$Y = \frac{\ln T - \mu}{\sigma}$$

eine Standard-Normal-Verteilung mit Dichtefunktion

$$g(y) = \frac{1}{\sqrt{2\pi}}\, e^{-y^2/2}$$

und Komplement-Verteilungsfunktion

$$G(y) = \frac{1}{\sqrt{2\pi}}\int\limits_{y}^{\infty} e^{-u^2/2}\,du$$

Diese Funktionen erlauben dann eine einfachere Darstellung der Dichtefunktion bzw. Zuverlässigkeitsfunktion bzw. Ausfallrate gemäß

Dichtefunktion:
$$\frac{1}{\sigma t}\, g\!\left(\frac{\ln t - \mu}{\sigma}\right)$$

Zuverlässigkeitsfunktion:
$$G\!\left(\frac{\ln t - \mu}{\sigma}\right)$$

Ausfallrate:
$$\frac{g\!\left(\dfrac{\ln t - \mu}{\sigma}\right)}{\sigma t\, G\!\left(\dfrac{\ln t - \mu}{\sigma}\right)}\,.$$

Gestutzte Normal-Verteilung

Dichtefunktion:
$$\frac{1}{h\sigma\sqrt{2\pi}}\, e^{-(t-b)^2/2\sigma^2}\,;\ \sigma > 0,\, t \geqslant 0$$

b: beliebige reelle Zahl

$$h = \frac{1}{\sigma\sqrt{2\pi}} \int\limits_{0}^{\infty} e^{-(t-b)^2/2\sigma^2}\,dt$$

Zuverlässigkeitsfunktion:
$$\frac{1}{h\sigma\sqrt{2\pi}} \int\limits_{t}^{\infty} e^{-(u-b)^2/2\sigma^2}\,du$$

Ausfallrate:
$$\frac{e^{-(t-b)^2/2\sigma^2}}{\displaystyle\int\limits_{t}^{\infty} e^{-(u-b)^2/2\sigma^2}\,du}$$

Mittelwert:
$$b + \frac{\sigma}{h}\, g\!\left(\frac{b}{\sigma}\right)$$

Varianz:
$$\frac{\sigma^2}{2h} - \frac{\sigma^2}{h\sqrt{\pi}}\, \Gamma_{b^2/2\sigma^2}\!\left(\frac{3}{2}\right) - \left(\frac{\sigma}{h}\, g\!\left(\frac{b}{\sigma}\right)\right)^2$$

Hier sind g und G die oben (bei der Log-Normal-Verteilung) definierten Funktionen und

$$\Gamma_x(h) = \int\limits_{0}^{x} u^{h-1} e^{-u}\,du$$

die unvollständige Gamma-Funktion.

Man kann auch die Dichtefunktion bzw. Zuverlässigkeitsfunktion bzw. Ausfallrate mittels g und G ausdrücken:

Dichtefunktion:

$$\frac{1}{h\sigma}\, g\!\left(\frac{t-b}{\sigma}\right)$$

Zuverlässigkeitsfunktion:

$$\frac{1}{h}\, G\!\left(\frac{t-b}{\sigma}\right)$$

Ausfallrate:

$$\frac{g\!\left(\dfrac{t-b}{\sigma}\right)}{\sigma G\!\left(\dfrac{t-b}{\sigma}\right)}$$

$$\text{wobei } h = G\!\left(-\frac{b}{\sigma}\right).$$

Literaturverzeichnis

A g r a w a l , A.; B a r l o w , R. E. (1984): A survey of network reliability and domination theory. Operations Research **32**, 478–492

A g r a w a l , A.; S a t y a n a r a y a n a , A. (1983): Source to k terminal reliability analysis of rooted communication network. Operations Research Center, University of California, Berkeley ORC 83-2

A g r a w a l , A.; S a t y a n a r a y a n a , A. (1984): An $O(|E|)$ time algorithm for computing the reliability of a class of directed networks. Operations Research **32**, 493–515

B a l l , M. O. (1979): Computing network reliability. Operations Research **27**, 823–838

B a l l , M. O. (1980): Complexity of network reliability computations. Networks **10**, 153–165

B a l l , M. O.; N e m h a u s e r , G. L. (1979): Matroids and a reliability analysis problem. Math. of Operations Research **4**, 132–143

B a l l , M. O.; P r o v a n , J. S. (1982): Bounds on the reliability polynomial for shellable independence systems. SIAM J. Alg. Disc. Meth. **3**, 166–181

B a l l , M. O.; P r o v a n , J. S. (1983): Calculating bounds on reliability and connectedness in stochastic networks. Networks **13**, 253–278

B a l l , M. O.; V a n S l y k e , R. M. (1977): Backtracking algorithms for network reliability analysis. Ann. Discrete Math. **1**, 49–64

B a r l o w , R. E. (1982): Set theoretic signed domination for coherent systems. Operations Research Center. University of California, Berkeley ORC 82-1

B a r l o w , R. E.; P r o s c h a n , F. (1975): Statistical theory of reliability and life testing. Probability models. New York

B a r l o w , R. E.; W u , A. S. (1978): Coherent systems with multistate components. Math. Operations Research **3**, 275–281

B a s k e t t , K. M.; C h a n d y , K. M.; M u n t z , R. R.; P a l a c i o s , F. G. (1975): Open, closed and mixed networks of queues with different classes of customers. J. ACM **22**, 248–260

B e i c h t e l t , F.; F r a n k e n , P. (1983): Zuverlässigkeit und Instandhaltung. Berlin

B i r n b a u m , Z. W.; E s a r y , J. D. (1965): Modules of coherent systems. J. SIAM **13**, 444–462

B i r n b a u m , Z. W.; E s a r y , J. D.; S a u n d e r s , S. C. (1961): Multicomponent systems and structures, and their reliability. Technometrics **3**, 55–77

B i r o l i n i , A. (1985): On the use of stochastic processes in modeling reliability problems. Berlin – Heidelberg – New York – Tokyo

B o e s c h , F. T.; H a r a r y , F.; K a b e l l , J. A. (1981): Graphs as models of communication network vulnerability: connectivity and persistence. Networks **11**, 57–63

B o n d i n , L. D. (1970): Approximations to systems reliability using a modular decomposition. Technometrics **12**, 335–344

B u t l e r , D. A. (1982): Bounding the reliability of multistate systems. Operations Research **30**, 530–544

B u z a c o t t , J. A. (1980): A recursive algorithm for finding reliability measures related to the connection of nodes in a graph. Networks **10**, 311–327

B u z e n , J. P. (1973): Computational algorithms for closed queueing networks with exponential servers. Comm. ACM **16**, 527–531

C h a n d y , K. M.; S a u e r , C. H. (1980): Computational algorithms for product form queueing networks. Comm. ACM **23**, 573–583

D a w s o n , D. A.; S a n k o f f , D. (1967): An inequality for probabilities. Proc. Amer. Math. Soc. **18**, 505–507

E l - N e w e i h i , E.; P r o s c h a n , E.; S e t h u r a m a n (1978): Multistate coherent systems. J. Appl. Prob. **15**, 675–688

E s a r y , J. D.; P r o s c h a n , F. (1970): A reliability bound for systems of maintained, interdependent components. J. Amer. Stat. Ass. **65**, 329–338

E s a r y , J. D.; P r o s c h a n , F.; W a l k u p , D. W. (1967): Association of random variables, with applications. Ann. Math. Stat. **38**, 1466–1474

E v e n , S. (1977) Algorithm for determining whether the connectivity of a graph is at least k. SIAM J. Comput. **4**, 393–396

E v e n , S. (1979): Graph algorithms. Berlin – Heidelberg – New York

F r a n k ; F r i s c h , I. T. (1970): IEEE Trans. Commun. **18**, 501–519

F r e y , H. (1973): Computerorientierte Methodik der System-Zuverlässigkeits- und Sicherheitsanalyse. Diss. ETH Nr. 5244, Zürich

F r i s c h , I. T. (1967a): Analysis of the vulnerability of communication nets. Proc. 1. Annual Princeton Conf. System Science, Princeton N.J., 188–192

F r i s c h , I. T. (1967b): An algorithm for vertex-pair connectivity. Int. J. Control **6**, 579–593

F r i s c h , I. T. (1969): Flow variation in multiple min-cut calculations. J. Franklin Inst. **287**, 61–72

G a b o w , H. N.; M y e r s , E. W. (1978): Finding all spanning trees of directed and undirected graphs. SIAM J. Comput. **7**, 280–287

G a e d e , K. W. (1977): Zuverlässigkeit. Mathematische Modelle. München – Wien

G o m o r y , R. E.; H u , T. C. (1961): Multi-terminal network flows. J. SIAM **10**, 551–570

G r a s s m a n n , W. K. (1977a): Transient solutions in Markovian queueing systems. Comput. Operations Research **4**, 47–53

G r a s s m a n n , W. K. (1977b): Transient solutions in Markovian queues. Eur. J. Operations research **1**, 396–402

G r a s s m a n n , W. K.; T a k s a r , M. i.; H e y m a n , D. P. (1985): Regenerative analysis and steady state distributions for Markov chains. Operations Research **33**, 1107—1116

G r i f f i t h , W. S. (1980): Multistate reliability models. J. Appl. Prob. **17**, 735—744

H a l p e r i n , T. (1965): Best possible inequalities for the probability of a logical function of events. Am. Math. Monthly. **72**, 343—359

H a r a r y , F. (1969): Graph theory. Reading, Mass.

H o p c r o f t , J. E.; T a r j a n , R. E. (1973): Dividing a graph into triconnected components. SIAM J. Comput. **2**, 135—158

H u , T. C. (1972): Ganzzahlige Programmierung und Netzwerkflüsse. München — Wien

H u n t e r , D. (1976): An upper bound for the probability of a union. J. Appl. Prob. **13**, 597—603

H u n t e r , D. (1977): Approximating percentage points of statistics expressible as maxima. In: N e u t s , M. F.: Algorithmic methods in probability, 35—36. Amsterdam

I s p h o r d i n g , U. (1968): Methoden zur Berechnung von Zuverlässigkeitsgrößen redundanter komplexer Systeme. Arch. elektr. Übertragung **22**, 337—342

J e n s e n , P. A.; B e l l m o r e , M. (1969): An algorithm to determine the reliability of a complex system. IEEE Trans. Rel. **18**, 169—174

K a u f m a n n , A.; G r o u c h k o , D.; C r u o n , R. (1977): Mathematical models for the study of the reliability of systems. New York — San Francisco — London

K e i l s o n , J. (1979): Markov chain models — rarity and exponentiality. New York — Heidelberg — Berlin

K e l l y , F. P. (1979): Reversibility and stochastic networks. Chichester — New York

K i m , Y. H.; C a s e , K. E.; G h a r e , P. M. (1972): A method for computing complex system reliability. IEEE Trans. Rel. **21**, 215—219

K l e i t m a n , D. J. (1969): Methods for investigating connectivity of large graphs. IEEE Trans. Circuit Theory, 232—233

K o h l a s , J. (1977): Stochastische Methoden des Operations Research. Stuttgart

K o h l a s , J. (1979) Einfache Berechnungsverfahren für Zuverlässigkeitsanalysen. Output **8**, 29—36

K o h l a s , J. (1981): Ersatzteilbemessung für reparierbare Geräte. OR Spektrum **3**, 129—143

K o h l a s , J. (1982): Stochastic methods of Operations Research. Cambridge (UK)

K o h l a s , J. (1986): Numerical computation of mean passage times and absorption probabilities in Markov and Semi-Markov models. Z. f. Operations Research **30**, A197—A207

K o r b u t , A. A.; F i n k e l s t e i n , J. J. (1982): More on independence systems. Math. Operationsforsch. Statist. Ser. Optimization **13**, 349—358

K o u n i a s , E. G. (1968) Bounds for the probability of a union, with applications. Ann. Math. Stat. **39**, 2154—2158

L e e , S. H. (1980): Reliability evaluation of a flow network. IEEE Trans. Rel. **29**, 24—26

N a t v i g , B. (1980): Improved bounds for the availability and unavailability in a fixed time interval for systems of maintained, interdependent components. Adv. Appl. Prob. **12**, 200–221

N e l s o n , A. C.; B a t t s , J. A.; B e a d l e s , R. L. (1970): A computer program for approximating system reliability. IEEE Trans Rel. **19**, 61–65

P a p a d i m i t r i o u , C. H.; S t e i g l i t z , K. (1982): Combinatorial optimization. Algorithms and Complexity. Englewood Cliffs, N.J.

P a s q u i e r , J. (1982): IRAP3: An interactive program for reliability analysis. OR Spektrum **4**, 161–170

P o l i t o f , T.; S a t y a n a r a y a n a , A. (1984): An $0(|V|^2)$ algorithm for a class of planar graphs to compute the probability that the graph is connected. Operations Research Center, University of California, Berkeley Orc 84-4

P r o v a n , J. S.; B a l l , M. O. (1983): The complexity of counting cuts and of computing the probability that a graph is connected. SIAM J. Comput. **12**, 777–788

P r o v a n , J. S.; B a l l , M. O. (1984): Computing network reliability in time polynomial in the number of cuts. Operations Research **32**, 516–526

R e a d , R. C.; T a r j a n , R. E. (1975): Bounds on backtrack algorithms for listing cycles, paths, and spanning trees. Networks **5**, 237–252

R e i n s c h k e , K. (1981): Ermittlung der Zuverlässigkeit für monotone mehrwertige Systeme. Z. Elektr. Inform.- u. Energietechnik **11**, 549–562

R e i s e r , M. (1977): Numerical methods in separable queueing networks. In: N e u t s , M.: Algorithmic methods in probability, S. 113–142. Amsterdam

R o s e n t h a l , A. (1977): Computing the reliability of complex networks. SIAM J. Appl. Math. **32**, 384–393

R o s e n t h a l , A. (1981): Series-Parallel reduction for difficult measures of network reliability. Networks **11**, 323–334

R o s e n t h a l , A.; F r i s q u e , D. (1977): Transformations for simplifying network reliability calculations. Networks **7**, 97–111

S a t y a n a r a y a n a , A.; C h a n g , M. K. (1983): Network reliability and the factoring theorem. Networks **13**, 107–120

S a t y a n a r a y a n a , A.; H a g s t r o m , J. N. (1981a): A new algorithm for the reliability analysis of multi-terminal networks. IEEE Trans. Rel. **30**, 325–334

S a t y a n a r a y a n a , A.; H a g s t r o m , J. N. (1981b): Combinatorial properties of directed graphs useful in computing network reliability. Networks **11**, 357–366

S a t y a n a r a y a n a , A.; P r a b h a k a r , A. (1978): New topological formula and rapid algorithm for reliability analysis of complex networks. IEEE Trans. Rel. **27**, 82–100

S h a r m a , J. (1976): Algorithm for reliability evaluation of a reducible network. IEEE Trans. Rel. **25**, 337–339

S h u r a w l e w , J. I. (1980): Algorithmen zur Konstruktion minimaler alternativer Normalformen für Boolesche Funktionen. In: J a b l o n s k i , S. W.; L u p a n o w , O. B.: Diskrete Mathematik und mathematische Fragen der Kybernetik. Berlin

S r i n i v a s a n , S. K.; S u b r a m a n i a n , R. (1980): Probabilistic analysis of redundant systems. Berlin — Heidelberg — New York

S t ö r m e r , H. (1970): Mathematische Theorie der Zuverlässigkeit. München

T a r j a n , R. (1972): Depth-first search and linear graph algorithms. SIAM J. Comput. 1, 146—160

T s u k i y a m a , S.; S h i r a k a w a , I.; O z a k i , H.; A r i y o s h i , H. (1980): An algorithm to enumerate all cutsets of a graph in linear time per cutset. J. ACM 27, 619—632

V a l i a n t , L. G. (1979): The complexity of enumeration and reliability problems. SIAM. J. Comput. 8, 410—421

W i l k o v , R. S. (1972): Analysis and design of reliable computer networks. IEEE Trans. Commun. 20, 660—678

W i l l i e , R. R. (1980): A theorem concerning cyclic directed graphs with applications to network reliability. Networks 10, 71—78

W o o d , R. K. (1982): Polygon-to-chain reductions and extensions for reliability evaluation of undirected networks. Diss. University of California, Berkeley

Z e m a l , E. (1982): Polynomial algorithms for estimating network reliability. Networks 12, 439—452

Sachverzeichnis

Teubner Studienbücher Fortsetzung

Mathematik Fortsetzung

Stummel/Hainer: **Praktische Mathematik.** 2. Aufl. DM 38,–

Topsøe: **Informationstheorie.** DM 16,80

Uhlmann: **Statistische Qualitätskontrolle.** 2. Aufl. DM 39,– (LAMM)

Velte: **Direkte Methoden der Variationsrechnung.** DM 26,80 (LAMM)

Vogt: **Grundkurs Mathematik für Biologen.** DM 21,80

Walter: **Biomathematik für Mediziner.** 2. Aufl. DM 24,80

Winkler: **Vorlesungen zur Mathematischen Statistik.** DM 28,80

Witting: **Mathematische Statistik.** 3. Aufl. DM 28,80 (LAMM)

Wolfsdorf: **Versicherungsmathematik.** Teil 1: Personenversicherung. DM 38,–

Informatik

Berstel: **Transductions and Context-Free Languages.** DM 42,– (LAMM)

Beth: **Verfahren der schnellen Fourier-Transformation.** DM 36,– (LAMM)

Bolch/Akyildiz: **Analyse von Rechensystemen.** DM 29,80

Dal Cin: **Fehlertolerante Systeme.** DM 25,80 (LAMM)

Ehrig et al.: **Universal Theory of Automata.** DM 27,80

Giloi: **Principles of Continuous System Simulation.** DM 27,80 (LAMM)

Kupka/Wilsing: **Dialogsprachen.** DM 22,80 (LAMM)

Maurer: **Datenstrukturen und Programmierverfahren.** DM 28,80 (LAMM)

Oberschelp/Wille: **Mathematischer Einführungskurs für Informatiker** DM 24,80 (LAMM)

Paul: **Komplexitätstheorie.** DM 27,80 (LAMM)

Richter: **Logikkalküle.** DM 25,80 (LAMM)

Schlageter/Stucky: **Datenbanksysteme: Konzepte und Modelle.** 2. Aufl. DM 36,– (LAMM)

Schnorr: **Rekursive Funktionen und ihre Komplexität.** DM 25,80 (LAMM)

Spaniol: **Arithmetik in Rechenanlagen.** DM 25,80 (LAMM)

Vollmar: **Algorithmen in Zellularautomaten.** DM 25,80 (LAMM)

Weck: **Prinzipien und Realisierung von Betriebssystemen.** 2. Aufl. DM 38,– (LAMM)

Wirth: **Compilerbau.** 3. Aufl. DM 18,80 (LAMM)

Wirth: **Systematisches Programmieren.** 5. Aufl. DM 25,80 (LAMM)

Preisänderungen vorbehalten